JN146535

叢書・ウニベルシタス　1081

生命倫理学

自然と利害関心の間

ディーター・ビルンバッハー
アンドレアス・クールマン 序文
加藤泰史／高畑祐人／中澤武 監訳
遠藤寿一・河村克俊・小谷英生・瀬川真吾・馬場智一・
府川純一郎・松本大理・南孝典・山蔦真之・横山陸 訳

法政大学出版局

Dieter Birnbacher
BIOETHIK ZWISCHEN NATUR UND INTERESSE

Japanese edition published by arrangement through The Sakai Agency.

生命倫理学——自然と利害関心の間　目次

凡例

一、本書は Dieter Birnbacher, *Bioethik zwischen Natur und Interesse*, Suhrkamp Verlag, Frankfurt am Main, 2006 の全訳である。アンドレアス・クールマンによる序文は原書に付いているものである。
二、原文で誤記と思われるものは原著者に問い合わせた上で訂正して翻訳する。
三、原文でイタリックとなっている箇所は傍点や〈 〉などで強調する。書名の場合は『 』とする。
四、原文の» «は「 」とする。原文の［ ］は本訳書でも［ ］とする。
五、〔 〕は訳者が読者の便宜を考慮して新たに挿入したものである。原語やそのカタカナ表記などを補う際は（ ）にする場合がある。
六、引用参考文献は原書に記載のものである。
七、原注は番号を（ ）で囲み、傍注とする。訳注は番号に＊を付け、各章末に原著者による引用参考文献の後に付ける。
八、邦訳があるものはそれを参考にしつつも、訳者があらためて訳し直した場合もある。
九、索引は著作権者の了解のもと、日本語訳版のためにあらたに付けたものである。

前書き

本書は、生命倫理学の個別の問いについて一九九〇年から現在までに著した重要な論考をまとめたものである。これらの論考のほとんどは——言葉の最善の意味において——派生的な臨時の仕事として書かれた。つまり、技術革新や医療上の進歩に関連して行なわれた公開の論争に寄せた論考である。しかし私は、これらの論考の役割はそれだけには尽きないと思っている。生命倫理学の具体的問題に取り組むことは、哲学者にとって特に挑戦となる。まさに生命倫理学の複雑な問題は長らく哲学において行なわれてきた倫理学ならびに形而上学の根本問題に関わる論争を活性化するからである。自然保護・動物の殺処分・自殺防止・クローニング・脳死・臨死介助・脳組織移植・遺伝学・幹細胞研究の領域での具体的な問いでもって議論の対象となっているのはつねに、外的および内的自然に対する人間の関係に関する根本的な問いなのである。

私は名前を挙げきれない多くの人々との対話によって受けた示唆と激励に感謝する。特に私は、思いやりのある序論を寄せて、このような形で本書を刊行することを提案してくれたことに対してアンドレアス・クールマンに感謝する。

デュッセルドルフ、二〇〇五年、八月

ディーター・ビルンバッハー

序文　ドイツにおける生命倫理学論争

アンドレアス・クールマン

生命科学の画期的成果は、「外的」自然に広範な変化をもたらすばかりではなく、人間の身体的条件までをも改変するに至る。生物医学の影響のもとで、人間は、二重の意味で技術的介入を受けることになる。すなわち、患者としての人間は、提供される診断や予防および治療のサービスがますます増えてゆく状況に置かれる。その一方で人間は、他人を治療するための資源としても利用されうるがゆえに、生命のさまざまな段階において欲望の対象ともなるのである。

こうして、新たな治療の可能性が生み出されるとともに、人間の果たす役割は二重化し、その結果として二つの問題が生じる。その一つは、人間のために何をしなければならないか、あるいは少なくとも何をするべきなのかという問題であり、もう一つは、人間に対してどのような取り扱いが許されるのかという問題である。実際に支援を行う際には様々な支援のかたちがありうるのだから、その支援が本当に患者の利益になるのはどのような場合なのかという問題を、どうしても検討しておく必要がある。たとえば、生命の終わりに際して、どのような場合でもつねに手厚い延命措置を施すのが良いことなのかという問題を見過ごすことはできない。このような問題に関われば、一般の人でもいろいろと想いをめぐらすことになるし、多くの国でも、かなり以前から数々の裁判でこの問題が争われてきた。さらにまた、将来は、何らかの症状が現れるよりもずっと早く、病気の素因が認識できるようになるかもしれない。こうした可能性だけでも、その影響は、延命措置と比べてはるかに大きく、人生の全体に及ぶだろう。患者個人は、どの程度の情報を知りたいと願い、そうした予後診断にもとづいて、どのような予防策を取るのだろうか。その点に関する判断が、患者のＱＯＬにきわめて大きな影響を及ぼすことになる。しかも、これとは別に、遺伝子診断によって検出された情報を第三者がどのように使用するのかという問題も生ずるのである。

人間が欲求の対象として注目の的になるのは、研究目的の被験者になる見込みがあったり、細胞物質や臓器の「提供者」になったりして、そういう意味で人間が重要視される場合である。しかも、そのような注目を浴びるのは、病人や昏睡状態に陥った人、あるいは「脳死」認定を受けた人だけではない。初期段階の人間生命を用いて実験を行い、発育後の有機体を治療するために初期段階の人間生命を利用する可能性については、一九八〇年代の初頭以来、さかんに論争が交わされてきた。一九九九年に初めてＥＳ細胞の分離と個別分化の促進が成功すると、そのような可能性は飛躍的に重要度を増した。「治療目的でのクローニング」と、これに続く幹細胞の利用によって、再生医療と「修復」医療の関係は密接なものになる。つまり、「古い」有機体の生存を保証するだけのために、新しい有機体が作製されることになるのだ。

患者の中でもある特定の種類の患者では、以上の二つの役割が結び付く場合も考えられる。何年間も覚醒昏睡状態にあって、不可逆的な意識喪失に陥っている可能性が非常に大きい患者については、そうした患者が「自然な」最期を迎えるまで人工的な栄養補給を続けるべきか、それとも栄養を絶って死期を早めてもよいのかという問題をめぐって、公の場でも法廷においても、長く激しい議論が交わされてきた。[1]「失外套症候群の患者」が「部分的な脳死患者」であることは広く認められている。だが、その一方で、この同じ患者は、臓器摘出の候補者とも見なされている（Veatch 1993; Hoffenburg et al. 1997 を参照）。つまり、同一の患者グループに関して、一方では、人工的な栄養補給への要請があり、しばしば小規模の手術を何度も繰り返すことによって、何が何でも栄養補給を維持しなければならないという主張が聞かれるのに対して（この点については、本書十八頁以下を参照）、他方では、この同じ患者たちを「切り刻み」、臓器を取り出したらどうかと考える論者もいるのである。

さまざまな新しい医学上の選択肢に目を向ければすぐに分かるとおり、われわれは、今まで思いもしなかったような決定を迫られており、弱い立場の人をどのように取り扱うべきかという問題について、どの程度しっかりした考えを持っているのかを試されている。しかも、このようなすべての選択肢にともない、人間という有機体および患者に対して向けられる視線は、どうしても細分化され、個別化されざるをえない。患者のためには、何をしなければならないのか。患者に対しては、どのような取り扱いが許されるのか。このような問いに答えるためには、まず当事者となる個人の状況および個別の要求を

（1）ドイツでは、一九九四年に初めて、持続的な意識喪失状態にある患者について、栄養補給の差し控えがこうした患者の推定的意志に適うものと確信され得る場合には、栄養補給を差し控えてもよいという連邦裁判所の判断が示された（Neue juristische Wochenschrift 48 (1995) Heft 3, S. 204-207 を参照）。二〇〇三年三月の連邦裁判所第十二民事法廷判決は、この判断を原則的に確認し、そのうえで厳格な制限を課した。すなわち、治療の差し控えまたは治療の中止に関する決定が死を招くような場合には、患者の「基礎疾患」がすでに「致死的な不可逆的経過をたどっている」ときにかぎってこれが認められるべきである。しかも、文書または口頭で表明された患者の意志を拠り所にできる法的後見人が、前記の決定を下した場合であっても、その決定については、さらに後見裁判所の検査を受ける必要がある。（この判決に対する批判的意見については、Bockenheimcr-Lucius 2003; Höfling/Rixen 2003 を参照。）

確定しなければならない。生物医学の個別問題に深く関わるかぎり最近では生命倫理学もかなり高度に専門化しているけれども、このような確定こそが、生命倫理学の課題なのである。人間を資源として利用し、きわめて広範囲に及ぶ道具化の対象とすることは許されるのだろうか。この問いに答えるためには、生命のある特定の段階で主張されうる道徳的要求および法的要求を考慮しなければならない。さらには、医療支援の有益性を吟味するためにも、疾患のさまざまな段階に応じて患者の願望や要求および可能性を考慮に入れる必要がある。要するに、（生命の最も初期の段階を含む）患者の道徳的地位および法的地位、ならびに患者固有の関心事こそが、生命倫理学の最重要課題なのである。

ところが、他でもないこうした概念の明確化が実施されることよって、ドイツでは、生命倫理学が一般から疑惑の目で見られるようになってしまった。人間が、生命および疾病のさまざまな時期に応じて、さまざまに異なった仕方で現に取り扱われており、またさまざまに異なった仕方で取り扱われるべきだと主張されるならば、基本的な道徳的命令や法的命令は真っ向から否定されることになる。誰がどのような支援の成果を受け取るべきなのかという純然たる問題提起が、あたかも〔生命倫理学という〕新しい学問分野の前提に根差した、差別主義の表れであるかのように受け取られている。つまり、この学問分野を代表する人々は、胚を研究することも、あるいは胎児や脳死者を移植医療のために貯蔵庫として利用することも、特定の条件のもとでは許されると思っていて、このことが、原則的な道具化禁止命令に対する侵害を意味すると受け止められているのだ。こうして、人間の生命が容赦なく搾取されているのに、〔生命倫理学は〕これを正当化しているだけだと考えられている。生命倫理学とは「社会の近代化と技術的進歩の加速化に与する実行の倫理学」であり、生命倫理学の「勝利」とは「シニカルな理性の勝利」（Wunder 1994, S. 115）であると見なされている。ある証言によれば、生命倫理学の視点とは、「渇望されると同時にかぎられた財である『生命』の最適な配分と管理を追求する」「管理者の視点」なのである（Braun 2000, S. 57)。

人間の生命には原則として平等な価値があるという信念は、ドイツでは、どのような形の人間の生命にも「尊厳」が認められるという原則に表されている。このようなドグマがほとんど市民宗教の様相を呈するまでになったのも、これがナチズムによる凶悪犯罪を十分に総括したうえでの結論であると信じられたからだった。そもそもナチズムによる凶悪な排斥行為は、誰が「価値のある」人間であって保護に値し、誰を「生きる価値のない」、それゆえにまた権利もない人間と見なすべきかという恣意的所見にもとづいていた。人間生命のさまざまな段階の間で、それぞれが有する価値や、それぞれが保護に値する程度について、区別をまったく行わないという方針が取られているのも、他ならぬこうした傲岸不遜な考え方に対抗するためなのである。人間の尊厳を正当化する仕方は、論者によってさまざまである。けれども、能力のある人が「勝手に」、保護を必要とする個人および保護に値すると思われる個人の地位よりも高いところに自分を置くのは許されないのだと指摘しない論者は、ほとんどいないのである。

ヒト胚にも細胞核融合の時点からすでに人間の尊厳が保証される理由は、憲法学の文献の中で簡潔に説明されている。たとえば、比較的最近では、エルンスト＝ヴォルフガング・ベッケンフェルデが、先行する多くの憲法学者（たとえば、Graf Vitzthum 1985; Pap 1986; Günther 1990; Starck 2001 を参照）とよく似た立場から、次のように発言している。

> 受精によって、［…］形成されるのは、人間という一個の［…］新しい、自立した生物である。この生物の特徴は、ある決まったゲノムの組み合わせによって、他の個体と見間違いようもなく明確

> である。これこそが、［…］個々の人間の生物学的基盤なのである。その後に生じる精神的ないし心理的な発達は、この生物学的基盤の成立とともに、すでに与えられている。人間とは、身体と精神および心の統一体である。つまり、個体のゲノムが確定されてしまえば、その後の発生に対して、質的な面での介入はありえない。発生のプログラムは、遺伝子上ではすでに出来上がったものとして在り、それ以上完全なものにされる必要は全然なく、生命のプロセスが進むにつれて、有機体固有の尺度に従って内発的に展開するのである。（Böckenförde 2003, S. 812）

胚には細胞核融合の瞬間から人間の尊厳が与えられているという意見に裏付けを与えるために、ベッケンフェルデは、暗黙裡にあるカテゴリーを用いている。このカテゴリーは、道徳哲学および法哲学の分野で、長年にわたり論争の的となってきたものにほかならない（Damschen/Schönecker 2003を参照）。すなわち、ベッケンフェルデの主張によれば、接合子が四分割胚または八分割胚に至った段階で、すでに尊厳の保護を認めるようにと命じられる理由は、この接合子が一個の人格を備えた人間にまで成長する潜在的可能性を持ち、そのような発生に継続性があり、しかも人間生命の初期段階と出生後の人間の間に実体的同一性があるからなのである。以上の議論は、「人間の尊厳」という概念が生命倫理学論争の中で「自然化」されており、もはや自律の保護を第一義とはせず、その代わりに、人間の「自然な発生」を保護するために用いられていることを示す顕著な事例である（Birnbacher 2004, S. 250）。

　ところが、憲法裁判の判決でも明らかに是認されているとおり、ドイツの法律は、実際には、生命の保護に関して、一方では人間生命が出生に至る以前のさまざまな発生段階に大きな違いを認め、他方では出生前の生命と出生後の人間の間にも、同じように大きな違いを認めている。最近では、憲法学者たちもまたこの事実に鑑み、人間の尊厳という原則が持つ規範としての効力に対して、懐疑的な態度をとり始めている（Dreier 2002, Heun 2002 を参照）。ただ単に、人間の尊厳を論拠とする議論がインフレーションを起こしているという診断にとどまらず、それとともに「統一性を与える理念としての人間の尊厳が崩壊しつつある」という次のような指摘も聞かれるのである。

この概念は、世間を騒がす対立に終止符を打つため、論争の場に投げ入れられる。ところが突然に、この概念は、満足な結果をもたらさなくなる。争いを終わらせるどころか、この概念自身が争いを長引かせるもとになるのだ［…］。もはや人間の尊厳は、権威ある言葉として恭しく聞き入れられることがなく、せいぜいその他の論拠と並ぶ一つの論拠にすぎないのである。

この論者によると、生物医学をめぐる最近の「重大な論争」では、人間の尊厳を拠り所にしようとしても、まったく役に立たない。「これまでのところ、この論争がもたらしたものは、深刻な不安だけであり、当初は一般に受け入れられていた基本原則も、決して確かな基盤を与えるものではないという認識にすぎない」（Volkmann 2003）。

今までになかったような新しい選択肢をめぐって激しい論争が交わされている場合には、人間の尊厳という原則だけでは、全員が納得するような法的規制を導き出すことができないように見える。しかし、だからといって、人間が「尊厳に反する」扱いを受けている状況について、市民の日常道徳による判断が、これまでどおりの確かさを失うわけでは決してない。たとえば、死にゆく人がみすぼらしい小部屋に押しこめられたり、集中治療機器の単なる「付属品」にされたりするのは受け入れ難いことであり、人間の尊厳に対する重大な侵害であると考えられる。また、認知症を患って頭が混乱している患者を排泄物まみれにして寝かせておくような場合にかぎらず、この患者に話しかける人が、いつもまるで頑是ない幼児に話しかけるような言い方しかしないような場合にも、患者の尊厳がないがしろにされているのではないかと思われるのである。

　ディーター・ビルンバッハーは、哲学者としても生命倫理学者としても、決して、湯水と一緒に赤ん坊を流すような乱暴な議論はしない。人間の尊厳が往々にしてあまりにも大雑把に断定口調で語られながら、しかもまったく意見の一致をもたらしていないという現状を見ても、ビルンバッハーは、その現状から、人間の尊厳など無意味で空虚な概念なのだという結論を導き出しはしない。これは、ビルンバッハーの重要な功績である。さて、ビルンバッハーは、まずは概念の再構成を意図して、人間の尊厳に一つの「強い」意味と、二つの「弱い」意味とを区別する（この点に関して詳しくは、Birnbacher 2004 を参照。本書の一〇六頁以下も参照のこと）。ビルンバッハーの意見によれば、このような区別は、意味の適用条件と規範的内実にもとづいている。つまり、「人間の尊厳」は、「強い」意味ではすべての「出生後の人間」に関して用いられ、総じて比較考量の対象外となるいくつかの本質的な道徳上の命令を含意している。出生後の人格は尊厳原則に結び付いた権利を有しており、ビルンバッハーの見るかぎり、その権利とは、「中傷や屈辱という意味での尊厳の毀損を受けずにいる権利」であり、「行為し決定を下すための最小限の自由への権利」であり、「自分の落ち度がなくて陥った苦難の中で援助を求める権利」であり、「苦痛からの自由という意味での最小限のＱＯＬへの権利」、ならびに「同意なしに深刻な仕方で他人の目的の道具にされない権利」である（Birnbacher 2004, S. 254f.）。これに対して、ビルンバッハーは、人生の「事前段階および事後段階」（ebd., S. 260）――つまり、胚と死者――に目を向けて、これらが道徳的権利の主体ではないと述べる。「胚についても、遺体についても、それらが侮辱されたり、自由を奪われたり、自分の落ち度がなくて陥った苦難の中に放置されたりしているなどと言っても意味がない」(ebd., S. 260)。生まれる前の人間の生も、かつて生きていた人間の生も、同様に「弱い種類の尊敬」(ebd., S. 261) を受けるには値しており、とりわけ、深刻な形での道具化が、こうした尊敬のゆえに禁じられるのだ。最後に、ビルンバッハーは、「類の尊厳」としての人間の尊厳が一種の「純粋令」であると考える。「全体としての類の同一性と独自性」(ebd., S. 263) を危うくするようなことは、この「純粋令」によって禁止される。そういう意味で、尊厳という前提は、ハイブリッド作成の禁止に関連するだけではなく、生殖目的でのクローニングをめぐる論争にも関連するのである。

尊厳概念には、絶対的妥当性への権利主張が内在しているように見える。この権利主張は、もしも尊厳概念がいわば分割されるとすれば、それだけでもすでに決定的に弱められざるをえない。ところが、ビルンバッハーは、さらに弱体化を一歩推し進める。すなわち、ビルンバッハーから見れば、「尊厳」は、たしかに意義深い概念であり、記述可能な日常道徳に不可欠の概念だけれども、道徳理論の概念ではなく、つまり倫理学の概念ではない。そのため、この概念は、道徳規範を哲学の立場から基礎づけるためには役立たず、かえって、「尊厳」自体が正当化を要する概念なのである。だから、ビルンバッハーが擁護する「古典的功利主義」の視点に立てば、尊厳原則が人間の基本的な関心事および必要なものを保護するという点は、証明されなければならない課題なのである。[2] この点が、強い意味での尊厳概念に妥当することは、すでにこの概念の解明によって明らかになるので、明白である。それに対して、前

(2) ビルンバッハーによる道徳理論の構想に関して、詳細は、本書の五三頁以下および一三三頁以下を参照のこと。

記のように二種類の弱い意味に解釈された尊厳原則が、それでもなお規範的能力を発揮できるというのは、即座に納得の行く話ではない。なぜなら、未成熟の胚や人間の遺体、ましてや集合的主体としての人「類」が、自分の状態をいちいちプラスに評価したりマイナスに評価したりできるなどと想定してみたところで、ほとんど意味がないからである。したがって、また、このような胚や遺体、あるいは集合的主体としての人「類」は、尊厳を認められる客体であるにすぎず、拘束力のある権利主張の主体となることはできない。とはいえ、ビルンバッハーにとっては、人間の胎児や死者の「尊厳」を云々するのも意味のないことではない。ただし、ビルンバッハーによれば、その際に保護の対象となるのは、いわゆる直接的当事者の関心事ではなく、むしろ第三者の感情である。というのも、胚または遺体が道具化される場合には、人類の一員としてのあらゆる個人に対する連帯という根本的な心情が侵されるからである。「ヒト胚の能力は、成長した動物の能力に比べてはるかに劣っており、ヒト胚には、こうした能力を獲得する潜在的な力さえもない。それにもかかわらず、ヒト胚は、『われわれの』一員であると感じられるのだ」(Ebd., S. 268)。

以上のように、ビルンバッハーは、尊厳概念の妥当性を機能的に解明しており、その際には、行為の受益者あるいは犠牲者として直接の当事者となるわけではない人々の感情までをも考慮する。このことが、道徳的反省に深い影響を及ぼすことになる。なぜなら、ある一つの態度を価値評価するためには、今度は、たとえば感情移入している観察者や潜在患者たちのように、問題になる実施行為に対して間接的に関与しているだけの人々が懐く価値観や関心事、およびその心情までもが、考慮の対象にならざるをえないからである。

ビルンバッハーは、数々の事例研究をとおして、功利主義に基づく効用計算を試みている。積極的臨死介助をめぐる議論は、その典型例であり、これを手掛かりに、ビルンバッハーの効用計算の強みと限界を見ることができる。さて、ピーター・シンガーおよびヘルガ・クーゼは、重篤な疾患を持つ新生児について、もしも積極的臨死介助（「新生児安楽死」）が幼い患者を激しい苦痛から救うと思われる場合には、積極的臨死介助が道徳上の急務になると考え、このような信念を宣教師的な熱意で述べ伝えている（Kuhse/Singer 1993 を参照）。これに対して、ビルンバッハーは、治療を差し控えるだけの消極的臨死介助にも次のような理由で効用があると指摘する。

理由の一つは、小児を持つ両親が比較的時間をかけて、その小児が亡くなるに至る今後の見通しを受容できることである。両親には、告別の時間が与えられるのだ。二つめの理由としては、こうして時間的余裕が得られれば、新生児の病気を知った両親がまだその衝撃を受けているうちにその小児の積極的臨死介助に同意したり、後日そのことで後悔したりすることがないように、防ぐこともできる。三つめの理由は、積極的臨死介助に対して、関係者の全員が罪悪感を懐く恐れが比較的大きいということである。死の訪れを妨げないでおくだけならば、心理的距離は、かなり取りやすくなる。もちろん、因果的な関与の度合いが低くなるなどと考えるのは、結局のところ、思い違いなのかもしれないけれども。（Birnbacher 1995, S. 371）

ところが、ビルンバッハーは、このように消極的臨死介助の効用を説く一方で、もしも積極的臨死介助が合法となれば、病者や潜在患者までもが、みずから望んだのではない殺害の犠牲になりうるのだから脅威を感じることになるという一般に流布している主張には反対しており、次のような論拠を示している。

私の経験では、患者にとって、必要とあらば苦痛制限の最終手段である積極的臨死介助に頼る選択肢があると知っておくのは、どちらかといえば幸いなことである。多くの医師は、積極的臨死介助を行う意志がない。これは、必ずしも患者の心に安らぎを与える要因ではないのだ。なぜなら、積極的臨死介助がまったく行われないか、あるいは、せいぜい消極的臨死介助だけしか行われないという見通しのもとでは、多くの人が、かえって不安を感じるからである。(Birnbacher 1995, S. 356)

まさに、その通りである。現代では、高齢者が増加の一途をたどると同時に、ますます多くの人が、深刻な慢性疾患に苦しむ恐れの高まることを知っている。苦痛に満ちた「晩年」への恐怖は、すでに世間にはびこっている。だが、もしも生き続けるのが耐えがたい状況に陥った場合に、信頼のおける医師の手で苦しみを終わりにしてもらえるのだと確実に分かっているならば、このような晩年への怖れは、脅威ではなくなるだろう。臨死介助を依頼できるということになれば、多くの人は安心するだろうし、それによって「癒される」思いがするのは、実際に臨死介助を利用する人だけにかぎらないだろう。

とはいえ、積極的臨死介助を合法化すれば、以上のようなプラス効果が考えられるとしても、本人以外の間接的当事者が積極的臨死介助に対して拒絶反応を示す場合には、どうすれば、そのようなプラス効果と拒絶反応を調和させることができるのだろうか。積極的臨死介助に対する反発の現れ方には三通りの可能性があり、反発が道徳的批判という形をとることもあれば、もっぱら主観的に条件づけられた怖れとして現れる可能性もあり、さらには、多かれ少なかれ信頼性のある経験的データに基づく警告が、この反発の表現であることも考えられる。ビルンバッハー自身の主張によれば、道徳感情が「合理化」

にそぐわないことは分かっていても、道徳感情が侵害された場合には配慮が必要であり、この侵害自体が効用計算の中に盛り込まれなければならない。ところが、人間の命を自由に左右できるなどという心得違いは、今も昔も、多くの人に強い道徳的憤りを呼び起こすのであり、この点は見過ごしにできない。さらに重大なのは、個人がそれぞれに感じる脅威である。特に、功利主義の立場が示唆しているとおり、当事者本人が「慈悲殺」への望みをまったく表明していない場合でも、原則として「慈悲殺」が道徳的に正当だと見なされるとすれば、個人の感じる脅威は、なおさら大きい。そのような慈悲殺が実施されれば、自分や近親者が、みずからの意志に反して殺害されるかもしれないという恐れが生じるのは、ほとんど避けられないだろう。また最後に、「オランダの実験」から得られた、入念な意識調査にもとづく信頼性のあるデータによれば、積極的臨死介助の疑似的合法化に伴って、非合法の非自発的臨死介助が実施されているのも、かなり確実なことである（Gordijn 1997 を参照）。

さて、功利主義の効用計算がまさしく「応用倫理学」として実地に適用される場合には、以上の実例から分かるとおり、功利計算は閉じていないので、その開放性に対して責任を持てるのかどうかが問題になる。たとえ、実際に積極的臨死介助による相当な苦痛軽減が予想されるとしても、積極的臨死介助の実施が許容されることによって、当事者本人の望まぬ殺害が誘発される恐れがあるならば、その意味は比較的大きいだろうし、結果にも影響が出るだろう。なぜなら、いったん許容された「慈悲殺」を制限範囲内に収めるのが困難であることは、社会科学的な付随研究など行わなくとも、かなりの程度確からしく思われるからである。そうすると、結局は、当事者本人の意志に反した殺害に対する禁止命令が決定的に重要とならざるをえないのではないか。そのような不法行為の危険が差し迫っている場合でも、まだ財を比較考量し続けて、積極的臨死介助のプラス効果を計算に入れることなどできるのだろうか。

それにまた、このような論証を続けたとしても、結局のところやはり「根拠」に到達してしまい、そうすれば自分の生命を意のままにする自律的態度が根本規範として登場し、これに対して、苦痛軽減や効用最大化をめぐる努力など、すべて道を譲らざるをえなくなるのではないだろうか。

ところで、失外套症候群（「覚醒昏睡」）を患う人や進行した老人性認知症患者の問題に関する論争が近頃とみに活発化していることから分かるように、生命と死の境界領域では、往々にして、人間の尊厳を拠り所として導き出される行為規則に負けず劣らず論争の的になるような行為規則が、自律原則に基づいて導き出される。このようなコンテクストの中では、多くの問題が論争を呼んでいる。たとえば、アルツハイマー症の末期における人工的な栄養補給は、そもそも、重篤な患者のＱＯＬを改善することになるのか、あるいは、むしろＱＯＬを悪化させることになるのではないか。また、重篤な病を持った人の自立した願望または「意志」は、この患者が同意能力をもはや持っていない場合に、それにもかかわらず、どの程度まで履行されうるのだろうか。このような、明らかに厄介な問題が論争を呼んでいるのだ（関連した問題の全体像については、Kolb 2003; Ethik in der Medizin 2004 を参照）。一見したところ、以上のような問題を解決するためには、疾患が初期段階にあるうちに患者を促して、みずから事前指示を書くか、または法にもとづく正式な代理人を指名するようにさせ、これによって、いわば患者の意志が病気の進行過程全体にわたって治療プロセスを制御するように配慮すればよいように思われる。たとえば、著名な法哲学者であるロナルド・ドウォーキンが、すでに著書『ライフズ・ドミニオン』の中で主張している意見によれば、そのような願望が文書に記されるか、または口頭で表明されていれば、たとえ当事者本人が現状では決して苦しんでいないように見え、それどころか日常生活のありふれた出来事に喜びを感じてさえいるかもしれない場合であっても、治療を中止するか、または差し控えるという措置を取らざるをえないのである（Dworkin 1994, S. 313ff. を参照）。ピーター・シンガーに代表されるような「選好功利主義」の考え方ならば、おそらくこの意見に賛成だろう。というのも、シンガーから見れば、「合理的」で洞察力と反省能力および同意能力のある人格によって、明確に言葉で示された主観的価値観だけが、正当化の力を持つのだからである。

ところが、ビルンバッハーが擁護する「古典的功利主義」のような、一人の人間の具体的な幸せを志向する道徳哲学の観点に立てば、現に目の前で生の喜びを感じている認知症患者が、かつて現在の状況を想定して、延命に反する決定を自律的に下したことにもとづき、いまや現実となったその状況の中で、この患者の生の喜びを安易に無意味なものと見なすのは許されない。しかも、それは、現在の状況の中でもまだ当事者本人に与えられていると思われる「効用」を、道徳的計算に含めないわけにはゆかないという理由だけのためではない。ビルンバッハーに代表されるような功利主義は、見るからに生への意欲がある人に対する延命を差し控えた場合に、看護者や医師、ならびに直接の当事者ではない人々が懐くことになる感情的反応までをも考慮に入れる。ましてや、ここで問題になっている差し控えの対象が、費用のかかる延命手術ではなく、人工的な栄養補給に「すぎない」とすれば、なおさらである。飲食物の提供は、弱い立場の人や支援を必要とする人ならば全員が例外なく与えられるべき「基礎的ケア」として広く認められており、そのような基本的支援に関する不作為は、しばしば、「餓死するにまかせる」残酷な仕打ちと見なされるのである。

道徳判断を下すにあたって、前記のような反応や批判を無視することは許されない。とはいえ、それでも問題がすべて片付くわけではない。というのも、与えられた飲食物を受け入れようとしないアルツハイマー症患者も珍しくはないからである。こうした患者では、嚥下障害その他の生理的不具合、あるいはケアの不十分さが拒絶的態度の原因であるよりも、外から見るかぎりでは、むしろ、世に言うところの「自然な意志」が、生活機能の維持に抵抗しているように思われる。そのような場合には、直接関与している人にとっても、患者を死ぬにまかせるほうが楽なのかもしれない。しかし、このような場合に胃管の使用差し控えを、建前上の自律的決定を拠り所として正当化しようとしても、説得力はない。なぜなら、この患者が示す自発的防衛反応には、とりわけ認知能力および情報理解という特性が欠けているからであり、これらの特性こそが、医療倫理の歴史上とりわけ意義深い「インフォームド・コンセント」をめぐる議論において、自立した意志形成の前提条件として指定された中心な特性だからである。したがって、この場合には、かつてある時点に表明された選好ではなく、患者の厳然たる幸せを志向するという、ビルンバッハーに代表されるようなパラダイムが効力を発揮するだろう。つまり、もしも、ある程度の期間にわたり最善の注意を払ってケアを行い、飲食物を与える試みを繰り返したうえで、それにもかかわらず、この患者が飲食物を拒絶するならば、この徴候から考えて、患者が飲食物の摂取を非常な不快と感じており、いわゆる動物的な生命への意志さえ、もはや持ってはいないのだと評価することができる。このような場合には、たとえ患者の「意志」などという高水準の建前を持ち出さなくとも、その他のケアは継続する一方で、飲食物の提供を差し控えることが認められるのである。

さて、失外套症候群（「覚醒昏睡」）患者に対する栄養補給の継続という問題は、アルツハイマー症患者の例に類似しているけれども、そこにはやはり明らかな違いがある。失外套症候群患者は、大脳皮質の機能を失っており、持続的な意識喪失状態にあるものの、人工的な栄養補給およびその他のケアによって何年間も生き続け、場合によっては何十年間も生き続ける例さえ珍しくない。このような患者は、光や接触に対する反射的反応を示し、みずから音声を発したり、激しい筋収縮を呈したりする。だが、広く支持されている見解によれば、こうした患者には、もはや何の知覚や感覚の能力もなく、昏睡状態に陥ってから一年もたてば、患者が再び意識を取り戻す見込みは、ほとんどない(The Multi-Society Task Force on PVS 1994 を参照)。

このような患者に対する栄養補給は、世に言うところの「自然な最期」に至るまで継続されなければならないのだろうか。この問題は、最近では主に事前指示の有効性に関するコンテクストの中で論争の的になってきた。たとえば、学際的な人材で構成されたワーキンググループである「医療倫理協会」は、医学的措置の差し控えおよび中止を含んだ「消極的臨死介助」の領域全体に対する法的規制と、それによる患者の自律の保障を要求している。この医療倫理協会の「大多数の見解によれば」、「生命を維持する措置」が差し控えられるべきだという患者の決定は、この事前指示が、明白に「不可逆的な覚醒昏睡の状態」または「認知症の末期」と関連している場合にも、有効である(Oehmichen et al. 2003, S. 240)。

これに対して、ドイツ連邦議会の「現代医療の法と倫理審議会」の意見によれば、栄養と水分は、いわゆる「基礎的補給」の一環であり、どのような場合にも、すべての患者に当然与えられるべきものである。したがって、たとえ誤解の余地のない文書による指示があったとしても、栄養と水分の補給を拒否することはできない。また、審議会は、事前指示の拘束力をさらにもう一歩制限しており、その見解によれば、生命を維持する措置の差し控えが許されるのは、どんな場合であれ明らかな臨死期が始まったときだけである(Riedel 2005 を参照)。

大脳皮質に重度の障害を負い持続的な意識喪失状態にある患者でも、死にゆくプロセスがまだ始まっていないときには、栄養補給が継続されるべきである。その理由について、ドイツで交わされている最近の論争の中でも、際立って特徴的な議論を提供しているのが、神学者で医療倫理学者のウルリッヒ・

アイバッハである。権威ある専門誌『医療法』の中で、アイバッハは、次のように述べている。「もしも、乳児が必要としていながら自分では満足させられない要求をすべて含んだものが基本的欲求の満足だとすれば、そこから一つの実に意義深い区別が導き出される。すなわち、基本的要求の満足といっても、自然な、常に命じられている満足と、自然ではなく、したがって普通ではなく、常に義務づけられるわけでもない満足との間には区別があるのだ。」さらにアイバッハは、具体的な問題に目を転じて、次のように論ずる。「『自然な栄養提供』とは、消化管を通して行われ得るすべての栄養提供のことだと考えるべきであり、したがって、鼻あるいは胃瘻管を通した栄養提供もまた、これがもはや経口では行われず、小さな手術介入を必要とするにもかかわらず、『自然な栄養提供』に含まれるものと考えるべきである」(Eibach 2002, S. 127)。

アイバッハは、まだ死の差し迫っていない人に栄養を与えないことを「『積極的な』不作為による殺害」(Ebd., S. 129) と見なすのだから、医師が患者の意向に強いられて、患者に栄養を与えないなどということは考えられない。さらにまた、社会倫理学の立場から見ても、個人の自律的決定に従わない理由は、次のように考えられる。

> 個人の生命に関する本人の自由な決定が他人に拘束力を及ぼせる範囲は、その決定の影響範囲である社会的コンテクストの中にかぎられるのであり、この場合には、結局、医療施設およびケア施設の内外で、最も手厚いケアを必要とする人たちを扱う領域の全体が、そのようなコンテクストになる。最も手厚いケアを必要とする人たちが世話されている領域の中に居る医師およびケアスタッフは、栄養提供の中止という判断によって、いつも、自分たちの行為は多かれ少なかれ『人間の尊厳

に反する』生命を維持しているにすぎないのではないかという、きわめて深刻な問題に直面させられる［…］。個人の自由は、次のような場面で打ち切りになる。それは、すべての人（特にその中でも最も立場の弱い人）の生命および自由の保護と引き換えに、たとえば殺害禁止のような基礎的な倫理規範ならびに、たとえば生命権のような権利を脅威にさらす恐れが生じる場面である。（Ebd., S. 129 f.）

アイバッハは、保護に値する人間生命と、「人間の尊厳に反する」生命あるいは「生きるに値しない」生命との間に区別をつけることに反対し、警告をやめない。そのため、アイバッハは、尊厳の中にある生命というものを一体どのように理解するべきか決定する義務は自分にはないと感じており、次のように語っている。「人工的な栄養補給が必要になるような状態で一人の人間が苦しんでおり、この栄養補給が行われているという事実だけでは、人間の尊厳は失われない。それは、病気という条件のもとで身体的および心理的・精神的な力が衰退する場合にも、人間の尊厳が失われないのと同じである」（Ebd., S. 130）。アイバッハは、このような発言をしばしば繰り返しているが、そこに表れた信念には、多くの人が生命の終わりについて考えをめぐらす際に、実際には何を尊厳ある死にゆくことだと考えているかを誤解しているという点で、問題がある。すべての人間生命が、たとえどのような状態にあろうとも「尊厳」を認められるのだという断定は、多くの人が口にする願望を軽視しているのだ。すなわち、多くの人は、ある種の「衰退」期が医学的支援によってもたらされるか、あるいは引き延ばされるかするものであるかぎり、できることなら、そのような「衰退」期だけは体験したくないと望んでいるのである。このような人々にとっては、みずからの意志に反して、長期にわたって意識を失ったまま、弱い立場で他人に依存したまま生き続けなければならないという事実こそが、みずからの尊厳に対する重大な侵害であると感じられるのだ。

このような場合にもまた、ビルンバッハーに代表されるパラダイムが役に立つ。ビルンバッハー以外の多くの論者たちは、人間の自律という抽象的な原則を拠り所としており、客観的に広く認められ確立された人間の「尊厳」が生命の短縮を禁じているのに対して、この自律原則を競合させようとする。だが、ビルンバッハーは、そのような仕方でこの抽象的な原則に拠り所を求めたりはしない。また、功利主義者であるビルンバッハーとしては、覚醒昏睡に関して、そのような患者が主観的に感受する苦痛を拠り所とすることもできない。しかしながら、ビルンバッハーによれば、もしも、潜在的な患者やすでに発症している患者ならば決して「自然な」感じでは受け取らないような特定の介入に対して、患者が前もって反対投票を投じることなど全く不可能なのだと説明してみれば、実際に、そのことを尊厳の毀損だと感じる患者が無数に存在する。ビルンバッハーは、このような主張を広く認めさせることができるのである。

さらに、ドイツでは大抵の「反・功利主義者」が「社会倫理学的」比較考量を自分の考えだと言い張るのに対して、ビルンバッハーは、他ならぬ功利主義的観点が、そのような「社会倫理学的」比較考量を決して排除しないことを数多くの論文の中で示している。むしろ、このような〔ビルンバッハーによる功利主義的〕アプローチの前提条件の中には、そのような形で〔社会倫理学的に〕拡大された考え方が深く組み込まれているのである。この点に、ビルンバッハーと、その他のリベラルな背景を持つ生命倫理学者たちとの違いがある。すなわち、ビルンバッハーとは違って、そのような生命倫理学者たちは、別々に知覚の対象となった個々の患者の苦しみだけを引き合いに出して、それによってすでに、たとえば積極的臨死介助の許容性を支持するための反論できない論拠を見出したと確信する。これに対して、ビルンバッハーが「計算」を行う際には、「新生児安楽死」をめぐる論争の例でも分かるように、たとえば、殺害に賛同してしまったという感情を懐いてその後の人生を生きなければならない人の状況までもが考慮されている。さらに、進行した認知症を患いながらも実に満足げな表情を見せる人々に関して、この患者が死ぬにまかせることを以前に要求していたとすれば、ビルンバッハーとしては、その要求をたぶん次のような理由で拒絶することだろう。すなわち、もしも、かつて下された決定をそのような仕方で尊重したとすれば、特に介護士や医師および血縁者といった関係者たちにとって、それは耐えがたいことにならざるを得ないし、〔死ぬにまかせるという〕実施行為が確立したとすれば、その結果として「残虐化」を招いたり、あらゆるケアのために構成的なエートスの弱体化を招いたりするかもしれないというのが、ビルンバッハーの拒絶理由になるだろう。

　ドイツの生命倫理学論争では、あたかも、そこで議論されているのが大抵はオール・オア・ナッシングの問題であり、他に選択肢のない二者択一の問題であるかのような印象を受けることが多い。このような状況認識に対応して、尊厳や、万人の平等への要求、あるいは生命の保護といった基礎的な原則が拠り所とされ、それにもとづいて、世に言う無条件の命令が導き出される。この中で見過ごされてしまうのは、むしろわれわれにとっては、たとえば自律の原則とケアの原則との比較考量の問題や、特定の措置が個々の人に対してどの程度適切であり有効であるのかという問題のほうが、はるかに頻繁に問題になるという点である。もしも医学が今後ますます多くの選択肢を提供することによって、少なくとも潜在的には当事者の利益を約束し続けるのだとすれば、そのような選択肢によって当事者の健康状態が実際に改善するのかどうか、また、そのようなオプションの利用が進むにつれて、患者が影響力を発揮する可能性もまた強化されるべきなのではないかという問題も、それだけますます頻繁に検討されなければならない。以上のような理由から、直接的および間接的な当事者の主観的な体験に決定的な意味を見出す功利主義的パラダイムが、実践的な問題設定のためには大いに興味をひくのである。

だが、絶対的な「客観的」価値を拠り所とすることを差し控えるならば、不確定性が増大することも否定できない。というのも、一体誰が「当事者」となり、万事にわたって考慮を要求する正当な権利を主張できるのか、という点が決して明白ではないからである。さらに重大なのは、どのような関心事や心情に、どのような重みづけをするべきか、という問題に答えようがない場合が非常に多いという事実である。「選択的に子どもを産むこと」に関するビルンバッハーの議論によれば、この事実は、次のことを意味している。すなわち、障害児を産む前の母親の恐れと、障害者の持つ「自分のような人間」は望まれていないのだという傷ついた意識とでは、どちらが「より重大な意味を持つ」のかという問題は、決して論争の余地のないような明白な問題ではないのである(本書の四一九頁以下を参照)。いずれにせよ、しばしば指摘されるように、出産を控えた母親は、たいていの場合、障害のある子のいる生活について実際には何も知らないか、あるいは、ごくわずかな知識しか持っていない。それにもかかわらず、もしも女性に、障害児を産まないという決定を下す権利、および出生前診断の結果が陽性である場合には堕胎する権利を認めるとすれば、それは、おそらくわれわれが、直接的な当事者の、自律的決定への権利に、最高の優先順位を認めているからであろう。

しかし、そのような形で自律原則を用いるのは、進行した認知症を患う人々に関する前記の議論が示すように、決して、いつでも歩んで行ける王道ではない。同様に、不安定な状況の中で生きている人間に対して、われわれには、どのような責任があるのかという問いに関しては、すべての場合に尊厳への要請が答えとなるわけではない。こうした状況の中で必要となるのは、人間の感受性や必要および関心事に対する、可能なかぎり共感的な配慮である。そもそも、理論的反省だけを頼りにこのような要求に応えることが可能であるかぎりにおいて、ビルンバッハーに代表される功利主義によってこそ、確実に、そのような要求に応えることが保証されうるのである。

引用参考文献

Birnbacher, Dieter, *Tun und Unterlassen*, Stuttgart 1995. Ders., »Menschenwürde – abwägbar oder unabwägbar?«, in:Kettner, Matthias (Hg.), *Biomedizin und Menschenwürde*, Frankfurt am Main 2004, S. 249-271.

Bockenheimer-Lucius, Gisela, »Verwirrung und Unsicherheit im Umgang mit der Patientenverfügung«, in: *Ethik in der Medizin 15* (2003), Heft 4, S. 302-306.

Böckenförde, Ernst-Wolfgang, »Menschenwürde als normatives Prinzip. Die Grundrechte in der bioethischen Debatte«, in: *Juristenzeitung 58* (2003), Heft 17, S. 809-814.

Braun, Kathrin, *Menschenwürde und Biomedizin. Zum philosophischen Diskurs der Bioethik*, Frankfurt am Main/New York 2000.

Damschen, Gregor/Schönecker, Dieter (Hg.), *Der moralische Status menschlicher Embryonen. Pro und contra Spezies-, Kontinuums-, Identitäts- und Potenzialitätsargiment*, Berlin/New York 2003.

Dreier, Horst, »Stufungen des vorgeburtlichen Lebensschutzes«, in: *Zeitschrift für Rechtspolitik 35* (2002), Heft 9, S. 377-383.

Dworkin, Ronald, *Die Grenzen des Lebens. Abtreibung, Euthanasie und persönliche Freiheit*, Reinbek 1994.

Eibach, Ulrich, »Künstliche Ernährung um jeden Preis? Ethische Überlegungen zur Ernährung durch ›percutane enterale Gastrostomie‹ (PEG-Sonden)«, in: *Medizinrecht 20* (2002), Heft 3, S. 123-131.

Ethik in der Medizin, Sondenernährung am Lebensende (Themenschwerpunkt), Band 16 (2004), Heft 3.

Gordijn, Bert, *Euthanasie in den Niederlanden – eine kritische Bestandsaufnahme*, Dortmund 1997.

Günther, Hans-Ludwig, »Strafrechtliche Verbote der Embryonenforschung?«, in: *Medizinrecht 7* (1990), Heft 4, S. 161-66.

Heun, Werner, »Embryonenforschung und Verfassung – Lebensrecht und Menschenwürde des Embryos«, in: *Juristenzeitung 57* (2002), Heft 11, S. 517-524.

Höfling, Wolfgang/Rixen, Stephan, »Vormundschaftliche Sterbeherrschaft?«, in: *Juristenzeitung 58* (2003), Heft 18, S. 884-894.

Hoffenburg, R. et al., »Should Organs from Patients in Permanent Vegetative State be used for Transplantation?«, in: *The Lancet 350* (1997), S. 3120f.

Kolb, Christian, *Nahrungsverweigerung bei Demenzkranken. PEG-Sonde – ja oder nein?*, Frankfurt am Main 2003.

Kuhse, Helga/Singer, Peter, *Muß dieses Kind am Leben bleiben? Das Problem Schwerstgeschädigter Neugeborener*, Erlangen 1993.

Oehmichen, Frank u. a., »Gesetzlicher Regelungsbedarf der passiven und indirekten Sterbehilfe in Deutschland. Praxisorientierte Empfehlungen einer interdisziplinären Arbeitsgruppe in der Akademie für Ethik in der Medizin«, in: *Ethik in der Medizin 15* (2003), Heft 3, S. 239-242.

Pap, Michael, »Die Würde des werdenden Lebens in vitro. Verfassungs-rechtliche Grenzen der extrakorporalen Befruchtung«, in: *Medizinrecht 4* (1986), Heft 5, S. 229-236.

Riedel, Ulrike, »Patientenverfügungen. Zwischenbericht der Enquetekommission Ethik und Recht der modernen Medizin des Deutschen Bundestages«, in: *Ethik in der Medizin 17* (2005), Heft 1, S. 28-33.

Starck, Christian, »Hört auf, unser Grundgesetz zerreden zu wollen. Auch im Reagenzglas gilt die Menschenwürdegarantie«, in: *Frankfurter Allgemeine Zeitung* vom 30. Mai 2001.

The Multi-Society Task Force on PVS, »Medical Aspects of the Persistent Vegetative State«, in: *The New England Journal of Medicine 330* (1994), Heft 21, S. 1499-1508; Heft 22, S. 1572-1579.

Veatch, M. Robert, »The impending Collapse of the Whole-Brain Definition of Death«, in: *Hastings Center Report 23* (1993), Heft 4, S. 18-24.

Vitzthum, Wolfgang Graf, »Die Menschenwürde als Verfassungsprinzip«, in: *Juristenzeitung 40* (1985), Heft 4, S. 201-209.

Volkmann, Uwe, »Nachricht vom Ende der Gewißheit«, in: *Frankfurter Allgemeine Zeitung* vom 24. November 2003.

Wunder, Michael, »Prävention und Bioethik«, in: Neuer-Miebach, Therese/Tarneden, Rudi (Hg.), *Vom Recht auf Andensein. Anfragen an pränatale Diagnostik und humangenetische Beratung*, Marburg 1994, S. 113-122.

第Ⅰ部　生命倫理学の根本問題

第1章　どのような倫理学が生命倫理学として役立つのか

1　序論　倫理学と生命倫理学

倫理学とは、通常の理解に従えば、道徳という現象に対する理論的な取組みの総体であり、道徳的規範が経験的理論という性格を持たないかぎりでの、道徳的規範に対する理論的な取組みの総体である。このとき道徳という現象の領域に属するのは、カント以来この領域の中心にある道徳的行動規範（「私は何を為すべきか」という問いの答え）だけではない。道徳的判断、動機、思慮、および行動を左右する魂の状態つまり徳、感情、理想およびユートピア、ならびに、道徳の枠外にありながらも何らかの仕方で道徳的行動規範や評価に関わる価値の総体、これらもまた、道徳という現象の領域に属するのである。

ここで、道徳に対する倫理学の関係は、次のような四つの課題が一組になり、密接に絡み合ったものとして説明することができる。すなわち、それは、

1. 分析、
2. 批判、
3. 構成および

4. 道徳の実用化である。

分析とは、道徳的概念、議論および理由づけの手順を解明し再構成することであり、暗黙のうちに前提されている事柄、および意味の構成要素を明るみに出すことである。その目指すところは、透明性、分かりやすさ、および自己理解を作りあげることにある。このとき普通は、倫理学者にとって、分析は、それ自体が目的ではない。むしろ、分析の目的とは、本質的には、たとえば明晰性、明確性、一貫性および信頼性といった領域横断的な認識基準に従って、道徳的概念や理由づけ、自己主張や妥当性要求を批判するための出発点となることである。

三つ目の課題である構成の内実は、個別の規範的アプローチに明確な定式を与え、根拠を示すことであり、特定の道徳問題に対する個別の解決策を立案することである。

最後に、倫理学は、四つ目の課題であり、往々にして等閑視されがちな課題〔である実用化〕に取組み、提案された規範の教育による伝達、ならびに実用的かつ政治的な実現の問題を論じ、さらには、規範に沿った行動への動機づけ、目的に適った処罰の在り方、ならびに、どのような制度を社会に根づかせるべきかといった問題を論究する。この四つ目の課題が解決できるためには、明らかに、哲学的倫理学は心理学、社会学および教育学と連携して、学際的に対処する必要がある。（学際的な取組みは、三つ目の課題である規範の構成という課題を解決するためにも必要なのだが、この点は、それほど自明ではない。）

以上のことから、生命倫理学は、生という現象に関わりのある道徳問題に関与する倫理学の分野と規定することができる。この分野には、とりわけ、医療倫理、生と死に関する倫理上の問題、人口問題の倫理、動物擁護の倫理、および環境倫理の大部分が含まれる。

生命倫理学は倫理学の一分野なのだから、〔以下で示すとおり、〕生命倫理学の掲げる課題も、倫理学一般の課題と比べて本質的に異なるものではない。

生命倫理学の問題は、感情に強く訴えかける場合が多く、そのため、道徳に関連のある重要な概念および議論の分析がどうしても必要になる。さまざまな概念が形作られさまざまな議論が交わされる中には、往々にして情念が紛れ込んでいるので、たとえ概念や議論が説明不足だったり、恣意的な面があったりしても、そのような欠点は、いとも容易く覆い隠されてしまうのである。

そのような例の第一が「人間の尊厳」という概念である。この概念は、ある種の議論が行き詰まったとき、たとえば、妊娠中絶、ヒト胚研究、遺伝子操作などのように、人間の生命との関わり方が論議の的となっている場合に、これらの関わり方を道徳的観点から断固禁止するために持ち出されることが多い。ところが、そのような場合には、〔「人間の尊厳」という〕この原則の内実および地位が論争の的となっており、ほとんど不明のままであるにもかかわらず、その問題に立ち入って論じる必要があるとは思われないのである。率直な物言いをする英米系の論者は、「人間の尊厳」による論法のことを「ノック・ダウン論法」と呼んでいる。つまり、「人間の尊厳」による論法は、この論法から無差別攻撃を受けると、反対論法がそのダメージから回復するのは容易ではないほどであるにもかかわらず、自分が一体どのような武器で殴られたのかさえ、よく分からないままであるような論法だというのである。

生命倫理学における中心的な概念に深刻な説明不足の面があるというもう一つの例は、「生命を勝手に左右する」という概念である。そもそも、どのような場合に、生命は「勝手に左右された」ことになるのだろうか。それは、積極的な働きかけによって、すなわち当該者に影響を及ぼす能動的行為によって、自分自身の命を奪ったり、あるいは他人の命を奪ったりしたときであろうか。あるいはまた、生命に介入すればこれを長引かせることもできるのに、何ら介入しないことで生命を終わるに任せたときであろうか。しかしながら、「他人の生命を勝手に左右」してはならないと強硬に主張する論者の多くは、消極的な臨死介助、つまり、死に臨んだ重篤な病人を意図的に死ぬに任せることには、ひとつも反対しない。しかも、〔そのような論者は、〕場合によっては、臨死介助を希望する病人の意志表明が無くても、消極的臨死介助に反対しないのである。とはいえ、死にゆく人を意図的に死ぬに任せるとしても、それは、生命を「勝手に左右した」ことには、ならないのだろうか。つまり、ある種の目的をもって生命に限界を設けたことにはならないのだろうか。たとえば、みずから食を絶って餓死する場合のように、「消極的」な方法で自殺した人もまた、自分自身の命を「勝手に左右した」ことになるのではないだろうか。

　生命倫理学でも特に激しい論争の的となっている問題については、さまざまな意見が交わされており、そのような意見の多くは、矛盾点を含んでいる。これらの矛盾点は、むき出しになっている部分もあるが、覆い隠されている部分もある。だから、前記の例に負けず劣らず、こうした矛盾点をすっかり明るみに出すこともまた、どうしても必要なのである。このような矛盾点は、大抵の場合、現代の医療技術の進展に伴って生じる道徳上のジレンマに向き合う苦しさを免れようとして、問題の所在を認めないでおくという策略が露呈したものである。これの典型的なケースが、重度障害新生児に対する治療差し控えの問題であり、このテーマについては、どれほど屈強な倫理学者も、むしろみずから進んで「言葉を失った」のを認めるのである。その点で、シンガー論争に関してしばしば引用される、ドイツ医事法学会のいわゆる「アインベック勧告」[*1]は、「原則を貫き、しかも臨機応変」という標語に従う知的不誠実の顕著な例である。というのも、「アインベック勧告」は、一方では、I・2項において、生命保護のあらゆる段階づけ、とりわけ身体の状況や精神状態に応じた段階づけを否定していながら、同時に他方では、Ⅳ・3項において、「医師が医学上の治療可能性を全範囲にわたって尽くさなくてもよい」(Grenzen 1992, S. 104) 場合を云々しているからである。つまり、この勧告は、「身体の状況」という基準を、いったんは生命が保護に値するかどうかの区別には関わりのないものと見なしておきながら、後では、その同じ基準に従って消極的な新生児安楽死を許容しているのである。

法制度もまた、ドイツでは矛盾に陥っているように思われる。ドイツの法制度は、一方では、一九九〇年の胚保護法によって、一四日目までの発生段階にあるヒト胚を、あらゆる種類の操作から保護している。だが他方で、刑法典の第二一八条は、この同じ発生段階にあるヒト胚を、第二一八条が保障している保護の対象から明らかに除外している。その目的は、とりわけ、子宮内避妊器具(IUD)による避妊を妨げないためである。なぜES細胞を得るために胚を殺す方が、「子宮内避妊器具」を用いて胚を殺すことに比べて、(多くの人の意見によれば)より深刻な道徳問題になるのだろうか。この点は、よく分からない。子宮内避妊器具を用いる場合でも、〔胚を〕殺害するという意図に変わりはないではないか!

生命倫理学の実用的次元もまた、見過ごしにはできない。これについては、おそらくエコロジー倫理学が最も良い見本になるだろう。というのも、エコロジー倫理学では、ともすると道徳規範が高尚で中味のない綺麗ごとを並べたお説教に終始して、日常生活の方は、相変わらず、いわゆる「欠陥執行」による決定的影響を受け続ける、という事情が見えてくるからである。倫理学は、この分野では、ためらうことなく実践に踏み込んで、多かれ少なかれ抽象的な原則ばかりではなく、行為者の具体的な認識能力や行動意欲に合わせた具体的なガイドラインや行動モデルを開発するべきであると私は考える。倫理学の課題は、倫理原則を展開することだけではない。ある種のエートスを開拓することもまた、倫理学の課題なのであり、倫理原則は、このエートスによって初めて、あらゆる内的・外的抵抗を乗り越えて実現され得るのである。一九三〇年代に、アメリカの生態学者アルド・レオポルドが提唱した「土地の倫理」は、こうした実用的エコロジー倫理学のモデルとして、現在もなお通用する。レオポルドは、次のように述べて、「土地の倫理」の明らかな機能的動機づけを説明している。すなわち、〔「土地の倫理」とは、〕「その場その場の生態的状況に対応する際の指針だと思ってよかろう。生態的状況というのは、つねに新たに変わり、しかも複雑であり、反応がすぐには現れないため、このような指針がないことには、いったいどう対応すれば社会にとって都合がよいのか、ふつうの人間にはさっぱり分からないからである」(Leopold 1949, S. 203〔邦訳、三一七頁〕)。

最後に、規範の構成という、〔倫理学にとっての〕中心的課題であり、伝統的に最も重要視されてきた課題について言えば、私は、以下では二つのテーゼを立てて、みずからの論述を展開しようと思う。これらのテーゼは、基本的には自明の主張なのだが、しかし、実際には現在もなお論争の絶えない主張なのである。

一つ目のテーゼによれば、規範を定めることに関して、倫理学者の権威は、明晰な思考にもとづいて判断をくだす他のどの人に比べても、結局は決して勝るものではないのだから、倫理学者は、みずからの価値評価が政治的影響を及ぼすと思われる場合に、つねに謙虚な態度を保つべきなのであり、正当な決定権を有する民主主義的機関に決定を委ねるべきなのである。これが特に重要な主張である理由は、公衆や政治家、また特に医療者が、往々にして倫理学者に過大な期待をかけてしまい、科学および技術的学問が何らの義務も負わない立場を取らざるをえないのに対して、倫理学者は、確実性を保証してくれたり、信頼するに足る世界観や倫理観の方向を示してくれたりするものと思っているからである。生命倫理学の革新的な考え方が論争を巻き起こすと、倫理学者は、賛同者の側からも反対者の側からも、同じ様に要求を突き付けられて、賛否両論ある中でも多かれ少なかれ「決着のつかないままになっている」前提条件としての価値観に対して、できるかぎり信頼性の高い根拠を示し、〔生命倫理学という〕専門分野の権威によって〔この価値観に〕安定性を保証する役目を押し付けられるのである。だが、このような期待に応えることはできない。「永遠不変の価値」という意味での、あるいは議論の余地のない倫理原則正典といったような意味での、確実な方針を示すことは、倫理学のなしうる貢献ではない。そうではなくて、倫理学がなしうるのは、はるかにつつましい貢献なのである。すなわち、「選択肢を提示する」という意味で、考えられうる解決法を示したり分析したりすることであり、他の競合する解決策に比べれば多少は明解であり分かりやすさの点で勝っているような、独自の解決策を練り上げることである（とはいえ、〔そのような独自の解決策が〕最終解決法であると主張することはできないのである）。倫理学者がみずからの責任において営む生命倫理学は、学説でもなければ教理でもない。ましてや、啓蒙運動でないのは言うまでもない（この点は、ドイツでは特に強調しておく必要がある）。そうではなくて、生命倫理学とは、規範に関する系統的に構築された考察および議論のことである。責任ある生命倫理学の流儀は、独善的でもなければ権威的でもなく、むしろソクラテス的であり、討議にもとづいて進められるものなのである。

私の二つ目のテーゼ（あるいは自明の主張）によれば、生命倫理学は決して特殊な倫理学ではない。生命倫理学の原則として熟慮の対象となる原則は、社会の中で、その他の生活分野でも通用する原則であるか、または生命倫理学以外の生活分野でも通用するべき原則にほかならない。もしも、道徳の応用分野の中で、生命倫理学の原則とそれ以外の分野の原則に違いがあるとすれば、それは〔生命倫理学の原則が〕特殊な規範だからではなく、その応用領域が特別な実情を含んでいるからである。一般的な倫理の原則とは異なる、特殊な原則を備えた環境倫理学など存在しないし、特殊な医療倫理なども存在しないのである。

環境の分野が他の分野と違うのは、環境の分野に当てはまる道徳規範が特殊だからではなく、この分野に当てはまる事情が特殊だからである。つまり、たとえば、数々の環境破壊は、空間・時間上の距離を隔てて〔環境破壊が〕及ぼす影響、破壊の累積、および当事者の匿名性、ならびに当事者が大抵は統計的性格を持つことを特徴としている。

また、医療倫理学がそれ以外の倫理学の応用分野から区別されるのも、医療倫理学に当てはまる道徳規範が特殊だからではない。世間に言うところの「医師の倫理」、つまり医師の職分における道徳的行動規範もまた、一般には誤解されている場合が多いのだけれど、一般的な道徳から切り離して理解されるようなものではない。医師の行動規範に違いがあるとすれば、せいぜいのところ、それは、医師の行動規範が特にしばしば人間の限界状況の克服に関わらざるをえず、生存にとって重大な意味を持つ道徳的決定に関わらざるをえない点にある。医療の分野では、事柄の性質上、苦痛回避および苦痛緩和の原則が特に中心的な役割を果たしているけれども、だからと言って、この原則がそれ以外の生活分野でも同じように重要な意味を持たないということにはならないのである。

医療倫理が、たとえば、医師の従うべき守秘義務のような職務規範を含んでいるのは事実である。だが、この事実もまた、そのような規範を特殊な倫理規範とする理由にはならない。というのも、ある宗派の特別な規範とは違って、そのような〔医療倫理の〕職務規範は、職務の区別を超えて当てはまる道徳規範、および個別の実情にもとづいて拘束力を発揮するからである。宗教上の行動規範は、本来、宗教団体の結束を保つためのものであり、特定の信仰共同体のメンバーだけに当てはまる妥当性を要求している。これに対して、社会分業の枠内で特定の職務を果たす人に当てはまる規範は、万人向けの規範と同様の普遍的拘束力を要求している。たとえ、そのような規範の遵守を期待されているのは、この〔特定の職務を果たす人の〕集団のメンバーだけであるとしても、それでもなお、こうした規範は、普遍的な道徳的行動規範とまったく同様、万人からの無条件の承認を要求しているのである。

さて、もしも生命倫理学が特殊な倫理学ではなくて、ある特別な実情を特徴とする領域に普遍的な倫理学を応用しただけであるならば、生命倫理学の方法への問いは、倫理学一般の方法への問いとほぼ一致することになる。

ここで触れた「倫理学の方法」というキーワードは、倫理学の書物の中で最も重要な、また疑いなく最も優れた書物の一つの表題と同じ言葉である。すなわちそれは、一九〇七年に第七版が出版されたヘンリー・シジウィックの『倫理学の方法』である。シジウィックは、この本の中で、応用倫理学の方法として、二つの競合する方法について論じている。その一つは、帰納的方法による倫理学であり、シジウィックは、これを常識（コモン・センス）の倫理学と呼んでいる。もう一つは、功利主義の倫理学である。これは、比較的一般的な言い方をすれば、演繹的方法による倫理学であり、究極の原則によって具体的な規範を基礎づける倫理学である。以下の論述では、二つの方法を取り上げ、それらの概略をいわゆる理念型として論じたいと思う。これらの二つの方法は、全体としては、シジウィックが一九世紀末に論じたものと同じである。すなわち、その一つは、帰納的倫理学であり、私は、むしろこれを「再構成的」倫理学と呼んでおきたい。もう一つは、「基礎づけ」倫理学であり、ここでは、シジウィックに倣って、根拠づけとなる原則が数多くある中から、功利主義における基礎づけの一形態を選択しようと思う。

これらの「倫理学の方法」は、それぞれの従う範型も違えば、長所や短所も違っている。ところが、目標の点では、二つの「倫理学の方法」は一致している。その目標とは、道徳的な規範ならびに価値の体系を構成することであり、徳概念の体系、および個人ならびに集団の生活様式の体系を構成することである。こうした〔徳概念や生活様式〕は、協調性の不足を補い、合意形成にもとづく利害対立の調整、および行為ならびに予測の十分な確実性を可能にする最低限の要件なのである。

2 生命倫理学の再構成的モデル

生命倫理学の「再構成的」モデルは、「応用」のきく抽象的な原則をア・プリオリな思考から得るのではなく、実際に広く受け入れられている道徳的な思考および真実性の再構成から得るところに特長がある。私がこれを「帰納」と言わず「再構成」と言う理由は、生命倫理学が、経験的な道徳心理学または道徳社会学とは違い、既存の考え方を純粋な形で、つまり論理的不整合を取り除いた体系的な形で受け止めるからである。また私見によれば、再構成的倫理学が純然たる記述ではないことについて、さらに別の理由もある。それは、再構成的倫理学が、ただ単に自分の再構成した原則を説明するだけではなく、みずからこうした原則に支持を表明するのだからである。しかも、再構成的倫理学の支持表明は、「高尚な」哲学知の観点に立ったものではなく、再構成的倫理学は、そのような原則の妥当性が問題なく大方の承認を得ている共同体の中で、その共同体の一部としての立場から、原則に支持を表明するのである。とはいえ、再構成的倫理学の基礎は経験的な性質のものである。つまり、再構成的倫理学は、たとえば、功利主義の効用原則やカントの定言命法のような、できるかぎり統一的な究極の根本原則を追い求めてきた伝統に対して、意図的にこの伝統を放棄するものである。再構成的倫理学にとっての第一の関心事は、広範な合意を成し得る原則を根本原則によって根拠づけることではないし、こうした根本原則は、それ自体が論争を呼び起こす。むしろ、広範な合意を成しうる原則を応用することの方が、再構成的倫理学の第一の関心事なのである。再構成的倫理学では、複数の原則が存在する場合には、中程度の抽象にとどめておくのが普通である。

再構成的倫理学の典型は、すでに、古代のアリストテレスに見ることができる。アリストテレスの倫理学は、「言説」つまり当時ポリスの中で認められていた一般的な見解から出発して、その言説をさまざまな度合いで抽象化しつつ概念にまとめ上げる試みである。たとえば、徳とは、対極にある一組の有害な行き過ぎた対立項の間で、その都度「黄金の中道」を取ることである、というメソテース（中庸）の教説も、決して驚くような新規の結論が導き出される独自の教理などではなく、むしろ、多かれ少なかれ、数々の個別の徳に関する既存の「社会通念」を一般化したものなのである。

近代哲学では、ショーペンハウアーの倫理学が再構成的倫理学の典型に最も近い。ただし、その際には、このような構想を方法論的に反省し、正当性も主張しているところにショーペンハウアーの特徴がある（Birnbacher 1990a を参照）。というのも、ショーペンハウアーは、カントのア・プリオリ主義だけでなく、メタ哲学についての〔ショーペンハウアーの〕遺稿に記されているような、全般的な哲学構想を経て、倫理学に関する独自の再構成的理解に到達したのだからである。この全般的な哲学構想によれば、哲学は抽象的ではなくて具体的でなければならず、ア・プリオリに営まれるのではなくて広義の経験的根拠にもとづくべきであり、ある種の限定的な、教条主義的ではない妥当性を要求できるに過ぎない。すなわち、ショーペンハウアーの倫理学は限定的なのであって、現実に承認を受けて実践されている実際の道徳について、その中核を成す内容が、正義（何人をも害するなかれ）および人間愛（万人を助けよ）という二つの根本原則によって再構成されうる、という証明にまで限定されているのである。

現在では、生命倫理学の再構成的典型は、特にアメリカ合衆国で広く受け入れられている。これは、中でもトム・L・ビーチャムとジェイムズ・F・チルドレスによる『生命医学倫理』のおかげである。この本は、アメリカ合衆国における標準的な文献としての評価を受けており、アメリカ合衆国のような宗教観・世界観の異なる人々が暮らす社会で、合意形成を目指す生命倫理学が営まれ得るその有り様を明確に示している。

ビーチャムとチルドレスが主張し、解説し、医療分野での決疑論的問題に応用している「原則」は、決して伝統的な意味での倫理的原理または根本原則ではなく、むしろ、道徳的議論における中程度の主題（トポス）または指導概念である。これらの原則は、一方では、互いに相容れない数多くの根拠を受け入れる余地があり、他方では、互いに相容れない数多くの応用を受け入れる余地がある。

〔『生命医学倫理』の〕二人の著者は、ビーチャムの方がどちらかというと功利主義的な基本前提から出発し、チルドレスの方は、どちらかというと義務論的な基本前提から出発しており、このように出発点とする倫理的基本前提がかなり異なっているにもかかわらず、それでも中程度のレベルでは共通の立場に到達しているところに特徴がある。ビーチャムとチルドレスが表明しているところによれば、二人の意図は、伝統的に倫理学が重視してきた根拠づけの問題を考慮からはずした上で、道徳的判断の主導的観点について、経験上、相当程度の同意が成立するレベルで議論を始めるところにある。とはいえ、

「同意」を云々するためには、条件がある。すなわち、この同意が、道徳的な問題状況の判断に際して中程度の原則が関連するという点にかぎって当てはまり、これらの原則にどれほどの重要性が認められ、葛藤が生じた場合にはどの原則が優位に立つのかという問題にまで当てはまるものではないという条件である。ビーチャムとチルドレスは、その都度の「一見して自明な義務」を取り上げ、これを原則と見なして確立したに過ぎない。つまり、それらの原則は、葛藤が生じた場合には、比較考量されなければならないのである。

ビーチャムとチルドレスが再構成を意図して主張した四つの原則については、公知のことと思われるが、ここでもう一度、簡単に振り返っておこう。

第一の原則は、無危害（nonmaleficence）の原則である。無危害の原則によれば、他人の肉体、生命もしくは財産に危害を加えること、または、これらについて他人を重大なリスクに晒すことは、禁止される。この原則は、そもそもすべての倫理学で最も論議の余地がない、端的に中心的な原則である。伝統的な医療倫理学では、これは「何よりも、害を与えてはならない（primum non nocere）」という原則に対応する。この原則が、適用事例の大部分で他の競合する原則よりも優位に立つことについては、直観的に、疑いの余地がない。

第二の原則は、自律（autonomy）の原則である。この原則は、カント的な意味での倫理学的または形而上学的な自律に関わるというよりは、むしろ、政治的および法的な意味での自己決定に関わる。この原則が要求しているのは、他人の人生設計、理想、目的および願望の尊重であり、その際、これらの目的や願望が他人の自由な自己決定にもとづいているかどうかは問われない。だが、それにも増して、この原則によって尊重の義務を課せられた側の人が他人の人生設計、理想、目的および願望をみずから受け入れるかどうかは、問題にならないのである。たとえ、尊重義務を課せられた側から見て、そのような人生設計、理想、目的および願望が多かれ少なかれ理解不能であり、理不尽な、道徳的に疑わしいものと思われたとしても、自律の原則は他人の意志に対する尊重を命じ、他人の意志をいかなる「親切から出た」保護の下にも服させないように命じるのである。自律の原理に従うとすれば、たとえば医師は、もしも患者がみずから決定する自由を医師に委ねたとしても、患者の世界観にもとづく信念および価値観を尊重しなければならない。医師は、患者の利害の代理人に他ならないのだから、医師自身の価値観を患者に押し付けてはならないのである。

善行（beneficence）の原則は、医療倫理学では伝統的な福祉の原則に対応しており、三つの点で無危害原則を超え出ている。無危害原則が、危害（およびリスク）を加えないことを要求しているだけなのに対して、善行の原則は危害を除去および軽減し、ならびに他人の状況を改善するように命じている。

最後に、正義の原則は、最も内容を補って考える必要がある。正義、平等および公正を考慮することが原則的に重要であるという点については、当初は意見が一致しているように見えても、どのような基準に従ってこれらの概念を個別に具体化したらよいのかという点については、すぐさま意見の不一致が生じる。少なくとも、有意な観点から見て類似の事例が類似した判定および類似した取り扱いを受けるという「形式的な」平等の原則だけは、一般に承認された、どちらかといえば当たり前な正義の原則として、平等と正義の基準をめぐる数え切れないほどの論争にも巻き込まれることなく、妥当することができる。この原則は、同種の事例のあいだに単なる恣意的な道徳上の区別を設けることを禁じ、そのような区別をする人に対しては、そのような区別の基準を各人が必ず明らかにするよう義務づけるのである。

3 再構成的モデルの利点と欠点

生命倫理学における再構成的モデルの利点は明白である。第一に、実用的な利点がある。生命倫理学のこのモデルによれば、たとえ基本的な方向性が異なっていても、中程度のレベルでは合意形成が可能になる。中程度の合意が形成されれば、差し迫った道徳的現実問題の解決が、学術的な理論問題の解決に左右されることもなく、純然たる手続き上の解決に委託されてしまうこともない。生命倫理学で議論される問題の多くは、究極の根本問題について哲学者の意見が一致するまで待ってはくれない。「中間原則（axiomata media）」に比べれば、第一原則について合意が成立する場合の方がはるかに少ないのだから、まずは、生命倫理学における規範および規範適用に関する議論を、根拠づけに関する倫理学的な議論から切り離し、道徳的合意の根本的根拠づけに対する要求を抑制する方が望ましいのである。

再構成的生命倫理学の第二の利点は、ビーチャムとチルドレスの例に見るような原則のカタログの方が、唯一の実質的または手続き上の原理を前提とするような倫理学に比べて、実際の道徳上の紛争における規範構造をより分かりやすく示すことができるという点にある。四つの「原則」を基準として根底に置くことからしてすでに、最も頻繁に見られる規範の衝突が、同一状況に関連のある複数の原則に対して、さまざまに異なった重みづけをすることから生じる衝突であることを示している。というのも、これらの原則が、どれ一つとして単独で妥当しえないことは、明白だからである。たとえば、無危害原則が倫理学で中心的位置を占めるとしても、場合によっては、たとえば、さらに大きな危害を避けるためには、危害を加えることも許されねばならない。また、本質的に大きな利益を可能にするためであれば、比較的に深刻度の低い危害およびリスクを加えることが許されるのも議論の余地のないところである。たとえば、命を救う可能性のある医療手段を試験するために、リスクの少ない動物実験および人体実験を行う場合、あるいは、比較的に「侵襲度が高く」、リスクが大きいものの、同時にチャンスも大きな治療法を選択する場合である。自律の原則もまた無制限に妥当するわけではない。自律尊重が、無危害原則ならびに善行の原則によって制限されることは、一般に認められており、その際には、またもや、患者の福祉を思って患者の意志に反して行われるパターナリスティックな介入がどの程度まで正当化できるかが議論の的になる。善行の原則もまた、とりわけ自律および正義の原則の側から制限が加えられる。たとえば、患者の自発的なインフォームド・コンセントによる、治療の差し控え、または治療中止の決断は、たとえその決断がほぼ確実に、患者の最善の利益に反するとしても、尊重されるべきであるという考えは、広く認められているのである。

以上のような利点がある一方では、実践面でも理論面でも数多くの欠点が存在する。再構成的モデルの実践面での本質的な欠点は、このモデルが問題解決への要求を抑制してしまったため、実践の場で生じるほとんどすべての道徳上の決定問題に十分な解決を与えないまま、原則を拠りどころとしない個々人の判断力に委託してしまうところにある。そのために、実践の場では、再構成的なアプローチによって生まれた合意形成への期待は、中でも原則の解釈および重みづけがさまざまに異なることから、すぐに偽りの期待であることが分かってしまうのである。

ショーペンハウアーが、あるいはビーチャムとチルドレスが言及した原則は、明らかに、応用のためには解釈を要する。つまり、典型的な個別の応用プロセスを通じて、明示的または暗示的な仕方で内容を盛り込み、運用可能な原則としなければならないのである。この際、典型的な個別の応用プロセスは、ちょうど法における判例のように、規範を形成する役割を担う（Bayertz 1991, S. 34）。ところが、このような〔原則を応用するための〕解釈については、多くの議論がある。とりわけ問題が大きいのは、正義の原則である。正義の原則を応用するためには、相容れない正義の基準を数多く用いることによって、運用可能なものとされなければならない。また、「危害」あるいは「傷害」の概念も、一見明快な概念であるように見えながら、同様の事情が当てはまる。なぜなら、この概念は、法分野とは違って、あらかじめ定義された法益あるいは権利の一覧表に頼ることはできないからである。もしも、被害者が主観的にはまったく害を被ったとは思わないとすれば、そのような危害は「本当の」危害なのだろうか（この問いの答えは、特に、不可逆的昏睡状態のケースで人工呼吸器の停止をどう考えればよいのか、という問題を左右する）。無作為によって危害を加えることもできるのだろうか、それとも、傷害とは、つねに能動的な行為のことなのだろうか。

実際には、「中間原則」の解釈は、その都度の状況に応じて異なる個別事例についての直観の影響を受け、特に、〔原則を〕適用する人がそれぞれ持っている基本原則からも影響を受ける。そこで、たとえば、意識を持っていない生命に関しては直接的な保護義務を認めない功利主義者と、意識を持っていなくても人間の生命についてならば生命の保護を強く主張する伝統的キリスト教倫理学を支持する人とでは、「傷害」の概念の解釈が違ってくるかも知れないし、この概念の応用も、それに応じて違ってくるだろう。その一方で、功利主義者は、伝統に忠実なキリスト教倫理学者よりも、自然の経過に対する介入が行われないことによって危害が加えられた場合について、それを「傷害」と呼ぶ傾向が強い。たとえば、十分に効果のある鎮痛剤によって人に安らかな死を迎えさせることを怠った場合、功利主義者は、それを「傷害」と呼ぶのである。

中間原則のさまざまな重みづけは、その解釈にも増して、その都度の前提となっている基本原則に左右される。たとえば、功利主義者およびキリスト教倫理学者は、リバタリアンに比べれば、自律の原則と善行の原則との比較考量を要するパターナリスティックな介入が論争の的となる場合に、むしろパターナリスティックな自由の制限を全体として受け入れる傾向にある。臓器移植法をめぐる論争、ならびに社会には、臓器提供に反対の意志を明確にしていない人ならば、誰からでも死後に臓器を切除する権利があるのか（オプトアウト・ソリューション）、それとも前もって臓器提供に同意した人にかぎって死後に臓器を切除する権利があるのか（オプトイン・ソリューション）という問題をめぐる論争においては、ビーチャムとチルドレスの原則だけでは、選択可能なオプションのどれ一つとして優位に立つことはできない。ここでは、むしろ、一方の死後にも効力を失わない個人の自己決定権と、他方の社会的な連帯義務および援助義務とのあいだで配分される、〔基本原則相互の〕相対的な重みづけにすべてが係っているのである。〔功利主義者およびキリスト教倫理学者とリバタリアンとでは、基本原則に対する〕それぞれの重みづけが異なるために、功利主義者やキリスト教倫理学者は、前記の問題では概してオプトアウト・ソリューションを優位に置き、リバタリアンの方はオプトイン・ソリューションを優位に置くであろう（先ごろ臓器移植センターの研究チームが提示した臓器移植法の草案〔Schreiber u. a. 1991 を参照〕は、「情報提供ソリューション」によって、自律の原則と福祉の原則の両方の内実に正当な取り扱いを示そうとしている）。

さて、生命倫理学における多くの論争は、第三の理由からしても、はっきりした成果に結び付くとは期待できない。その理由とは、〔以上に述べた原則の他に、〕さらなる「原則」が競合しているからである。この「原則」については、ショーペンハウアーも、ビーチャムおよびチルドレスも言及を避けているが、もしかすると、それは賢明な選択だったのかもしれない。たとえば妊娠中絶やヒト胚研究の可否をめぐる論争のような、生命倫理学における最も厄介な論争の中には、たとえ論争が解決するとしても、それがビーチャムおよびチルドレスの数え上げた「原則」のうち、どの「原則」にどの程度の重みが認められるかによって左右されるとは思われないような論争がある。こうした論争の解決如何は、むしろ、ある一つの生命体が人間という生物種に帰属していることそれ自体が、どの程度の道徳的な重みを認められるかという点にかかっていると思われる。すなわち、いったんは前記の四原則から出発した以上、これらの四原則の他にも、人類としての人間の生命に特別な保護すべき価値を認める、という第五の原則が付け加えられるのかどうかが問われているのである。

リチャード・ヘアやピーター・シンガーといった公知の功利主義者は（それに、ドイツならばたとえばノルベルト・ヘルスターのような断固とした非功利主義者もまた）、生物種への帰属性の中には価値判断に関連したメルクマールを見出さず、〔人間という〕生物種への帰属性の他には、関連のあるすべての点で同等な、人間以外の個体に比べて、個々の人間の方に道徳的な特権的地位を認める考え方を、「種差別」と見なして拒絶する。これに対して、生物種への帰属性を論拠とする主張は、いわば「神の似姿」を論拠とする主張の世俗版なのであって、生命倫理学の中でも妊娠中絶反対を唱える論者の議論では中心的な役割を果たしている。妊娠中絶をめぐる論争の中で「潜在的可能性論」と呼ばれる議論の背後にも、大抵は、生物種への帰属性を論拠とする主張が隠されている。たとえば、個々のヒト胚が保護に値することを言うために、ヒト胚の個としての潜在的可能性を論拠とするのではなく、生物種の潜在的可能性もしくは「人間としての尊厳」を論拠とする場合には、つねに〔生物種への帰属性を論拠とする主張がその議論の背後に隠されているの〕である。このような事情から、妊娠中絶をめぐる論争が特に解決困難な論争となっている理由が説明できる。議論の分かれる究極の基本原則のレベルまでさかのぼらなくても、再構成的モデルの中で中間原則の規範にもう一つ別の「原則」を付け加えることが、すでに争いの種となるのであり、そのために、〔議論の〕判明性と問題解決能力は、深刻な損失を被るのである。

現在認められている道徳規範では十分に対応できないような新規の問題状況が持ち上がり、そのため生命倫理の再構成的モデルには、さらにもう一つの実践的問題が付け加わる。生命倫理学の応用分野では、医療技術、再生医療および遺伝子工学の可能性が急速に拡大するとともに、一部ではまったく新しい問題群が現れた（この流れが継続することは確実である）。このような新しい問題群の中には、根本的な倫理学的な問いに関わるものだけではなく、たとえば脳組織移植、死の定義、または生殖工学もしくは遺伝子工学の技術によるキメラ作製のように、形而上学的および人間学的な問いに関わる問題さえ含まれている。そこで、次のような問いが生じてくる。すなわち、果たして、再構成のみをこととする生命倫理学は、このような新しい問題の展望に正しく対応できるのだろうか。再構成された原則は、どうしても、技術発展に対して後れを取るのではないだろうか。われわれは、近い未来あるいは遠い未来の技術の問題を、過去の原則によって解決できるのだろうか。たとえば、「積極的臨死介助に対する消極的臨死介助」というテーマに関して、意図的に死を招くことがしばしば不作為の結果ではなく、むしろ作為つまり積極的に装置を停止することの結果であるような状況に対して、進んで行為する積極姿勢と成り行き任せの消極姿勢とを区別する伝統的な規範を当てはめたとしても上手く行かないという問題が、すでに久しい以前から知られている。このことを思えば、前記のような疑問が生じるのも当然であろう。元来は人間の働きだったものを次々と機械に代行させた結果、「社会的意味」では消極的な出来事が、実質上は積極的作為の形を取るようになり、そうすることによって、倫理学では――ちなみに、刑法学でも事情は同じだが——、当該の行動は積極的作為の基準に合致するのか、それとも、伝統的には明確に区別されてきた不作為の基準に合致するのか、という疑問が生じるのである。

再構成的モデルに関わる一般的な方法論上の問題は、純然たる再構成的な倫理学が内発的に、みずからの今後の進展や新たな問題状況への適応を決定するのではなく、ここでもまた、さまざまに異なった拡張、適応および新解釈を容認する、という点にある。つまり、そうすることによって、再構成的な倫理学は、現行の規範が不安定であったり不確実であったりするために方向づけが至急必要されているまさにその分野で、その方向づけ機能を失うことになるのである。

再構成的モデルが直面している、いま言及したばかりのこの実践問題は、再構成的モデルにとって中心的な理論問題の所在を示唆している。私自身の考えでは、この理論問題こそが、最も重大かつ影響範囲の大きい問題なのである。再構成の対象となるのは、いつでも、現代の一般に通用している道徳であるか、または、過去あるいは遠い過去の時代に通用していた道徳だけである。このような道徳を将来の問題に応用するとしたら、実用的な観点から〔この道徳の適否〕を思量する場合を別として、そこには、どのような正当化理由があるだろうか。道徳を規範倫理のために基準として役立てることを、どのような理由が正当化するのだろうか。むしろ、生命倫理学を含む倫理学の担うべき役割は、ただ現に通用している道徳に原則を当てはめるだけではなく、この道徳を丹念に吟味することではないだろうか。もしも、再構成的モデルの倫理学が、現在有力な原則の根拠をそれ以上問うことをせず、そうした原則が批判的検討を免れることになれば、この現在有力な原則が、全然根拠のないまま優位を占めることにはならないだろうか。道徳の内容は結局のところ歴史的状況に依存しているのに、方法論上の決定次第では、何の根拠も示されないままに権威が認められることにならないだろうか。

生命倫理学で再構成的な倫理学モデルを利用するについては、それを支持する実用的な理由として、特に、決断を迫られる状況下での合意形成という理由が考えられるかもしれない。しかしながら、実践的観点でも理論的観点でも満足が得られるのは、結局のところ第二の典型的な倫理学モデル、すなわち基礎づけ倫理学だけである。ただ基礎づけ倫理学だけが、信頼に足る実践的な方向づけ、および可能なかぎり包括的な理論的立証への要求に十分応えることができるのである。

4　基礎づけモデル——原則の根拠づけおよび原則の応用

倫理学の基礎づけモデルと再構成的モデルの違いは、中程度の一般性のレベルで実践を導く原則を基礎づけモデルが全然考えないという点ではなく、むしろ、基礎づけモデルがこのような中程度の一般性レベルでの原則を、さらに基本原則にまで還元するという点にある。ただし、こうした根拠づけの主張が、すでに、〔次のような意味で、〕基礎づけ倫理学の根本問題を含んでいる。ウィトゲンシュタインは、根拠には終わりがあり、根拠づけられた信念の根底には「根拠づけられていない信念」がある、と言っている（Wittgenstein 1984, §253〔邦訳、六六頁〕）。われわれもまた、他でもない倫理学において、すぐにウィトゲンシュタインと同じことを言わなければならない地点に到達せざるをえないのではないだろうか。

ここで一つの重要な区別をしておく必要がある。それは、強制力のある根拠と蓋然性による根拠の区別である。強制力のある根拠の場合には、理性的に思考する者ならば選択の余地がない。強制力のある根拠では、aを言った者は、もしも理性的であることを引き続き認められたいのならば、bも言わなければならない、という構造がある。これに対して、蓋然性による根拠の場合には、選択の余地が残されている。蓋然性による根拠は強制力がなく、単に、根拠づけられたものへの賛同を促すだけである。

そもそも、倫理学に強制力のある根拠が在りうるだろうか。私は、在ると思う。しかも、道徳という概念の意味論から導き出される条件、つまり、ある原則に付与された「道徳的」原則という標識と概念分析的に結び付いている、メタ倫理学的規範の総体から導き出される条件、たとえば、論理的普遍性という条件および普遍的妥当性の主張を考慮したうえで、〔倫理学には強制力のある根拠が〕在ると思うのである。必要な論理的普遍性を示していないか、あるいは、信頼に足る仕方で普遍的妥当性要求を申し立てていないような原則を道徳的原則と認めることは全然できない、という強制力をもった議論は可能なのである。

つまり、こうした議論は、もともと道徳的な方向づけを探し求めている人を対象にしている（断固とした非道徳主義者に向かって、このような議論をしても無駄である）。そのうえまた、この種のメタ倫理学的議論は、つねに、否定的な効力を発揮するだけである。このようなメタ倫理学的議論は、ある特定の原則や根拠づけを排除するためのフィルターの役割を果たすのであって、特定の規範にもとづく倫理的または道徳的な立場の優位を肯定的に表示するためには役立たないのである。それでも、このような形での否定的なメタ倫理学の議論は、道徳上の立場および議論に対する相当に強力な批判の手段となるのである。これは、とりわけ生命倫理学に当てはまる。生命倫理学では、道徳規範に固有の普遍妥当性要求とは両立できない特別に神学的な論法が展開されることが多いのである。〔さて、否定的なメタ倫理学の議論が強力な批判の道具となり得る〕というのも、道徳規範が普遍妥当性要求を申し立てる場合には、原則として、あらゆる人々がその道徳規範に納得できるようでなくてはいけないからである。したがって、道徳規範は、権威や宗教的信条に基礎を置いてはならない。カントの言葉を借りれば、道徳的命令の遵守を「要求」される者は、誰でも皆、特別な宗教的信条または世界観に関わる信条とは独立に、すなわち、理性と経験のみにもとづいてこの要求の意味に納得することができる、という権利を有するのである。

自殺についての伝統的な道徳的および法的な判断は、こうしたメタ倫理学上の条件に対する侵害の甚だしい実例である。かつて、フリードリヒ大王が自殺未遂の可罰性を撤廃させた背景には、曲がりなりにもすでに、世俗的で偏見にとらわれない物の見方があって、このような物の見方が王を動かしたのだった。その後の困難な過程を経て、自殺についての道徳的および法的な判断は、現在ようやく、かの世俗的で偏見にとらわれない物の見方を許容し始めたところである。臨死介助に関するいわゆる「対案」[*2] (Baumann 1986 を参照) の著者たちでさえ、みずからの責任で実行される自殺に対して、これを妨げるべく介入できる人に向かって、不介入の権利を認めるだけではなく、不介入の義務までをも認めることについては、いまだに躊躇(ためら)いがある (Deutscher Juristentag 1986 を参照)。

私の見るところでは、このような純然たる否定的な排除機能を除いては、道徳規範の「究極的根拠づけ」にはまったく可能性を見出すことができない。アーペルおよびクールマンは、「超越論的言語遂行論」によって、手続き的および実質的な道徳の基本原則を道徳的対話の語用法から導き出そうと試みているのだが、私から見れば、この試みは批判に堪えられないように思われる。この点では、功利主義における規範倫理学の基本原則を直観的証拠もしくはメタ倫理学の普遍化原則から導き出そうとする、シジウィックおよびヘアの試みも、同じく批判に耐えられないのである。

以上のように、倫理学は、場合によっては、一つの道徳的な立場の容認性に反対して、強制力のある議論を主張することができる一方で、一つの道徳的な立場の許容可能性を支持するために倫理学が提供できるのは、いつでもただ蓋然性による議論だけにかぎられる。蓋然性による議論は、どのような懐疑にも変わらず超然としていたり、どんな異論にも影響されなかったりするような議論ではない。蓋然性による議論が主張する普遍的妥当性および合理的許容可能性への要求が、一つの合意に結実するという保証は全然ない。対話と合意の相互関係は、決して必然的かつ直接的な関係ではない。したがって、倫理学は、蓋然性による議論を受け入れると同時に、主観性という還元不可能な契機をも受け入れることになるのである。

5　功利主義的基礎のための蓋然性による根拠

強制力のある根拠とは違って、蓋然性による根拠は、最終的な保証を得ることができない。しかし、だからと言って、蓋然性による根拠を固有の主観性からできるかぎり解放し、他の人に受け入れてもらえる見込みのある形で提示する、という課題が免除されるわけではない。あるきまった規範的な倫理基本原則を支持するための蓋然性による議論は、前記のとおり、道徳的な立場および議論を排除するための基準として指摘しておいた〔論理的普遍性および普遍的妥当性の要求という〕ものと同一のメタ倫理学的要求を受けた場合に、最も適切に、特別な「道徳的観点」と結び付くのであって、たとえば、そのようなメタ倫理学的要求としては、道徳規範の論理的普遍性および普遍的妥当性の要求、ならびに、このような要求を条件とする、個人の立場を超えた公平性の観点が挙げられる。以上の点について、私の意見は、ヒューム、シジウィックおよびヘアの意見と一致している。

もしも、公平性の原則を、道徳的基本原則の形式に関するメタ倫理学的条件と見なすだけではなく、これを道徳的基本原則の内容に関する規範的・倫理的条件とも見なすならば、その結果として、行為者の違いに拘らない価値論のためにも、また、行為者の違いに拘らない規範構成のためにも、蓋然性による原則が得られる。すなわち、道徳的観点の公平性というメタ倫理学的条件を、内容のある、実質的な条件として解釈する場合には、価値論においても規範のレベルにおいても、「万人を、各人一人と数えるべし。何人も、一人以上とは数えるべからず」というベンサムの標語を無視することはできなくなる。

私は、しばらく前に、経済学に広まっている、いわゆる将来利益の「割引」に対抗して、以上のような議論を試みたことがある（Birnbacher 1990b を参照）。その際に問題となるのは、われわれが、将来の〔時代に〕生きている人たちのことを、単にその人たちが別の時代に生きているというだけの理由で差別し、その人たちの損益を現在の損益に比べて低く見積もるとすれば、それは正当なのか、という問題である。もし、いったん道徳の特徴である公平性という観点を取ったならば、どうしたら、この観点に立ったうえで、現在および直近の将来を遠い将来に比べて優先することが正当化できるのだろうか。これは、きわめて疑わしいように思える。将来に比べて現在の方を優先し、その結果、場合によっては現在の作為および不作為から最も大きな影響を受ける人たちのことを蔑ろにするようなことがあれば、不公平も甚だしいであろう。ここから、「道徳的観点」のためのメタ倫理学的条件に従ってさらに一歩進んで特別な功利主義的基本原則に至るような、蓋然性による議論までの距離は、それほどかけ離れたものではない。詳しく見れば、ここでは蓋然性による議論が三つに分けられる。これらの議論は、それぞれ強さが異なっており、これらの議論を積み上げても功利主義の「証明」にはならないけれども、それでも、ある程度まで功利主義の信頼性を高めることにはなる。

功利主義を支える第一の（弱い）議論は、功利主義倫理学が「形而上学なしの倫理学」であるという事実にある。これは、功利主義者が形而上学主義者であることはできないという意味ではない。そうではなくて、功利主義倫理学の主張している普遍的妥当性は、それを信頼するための条件として、宗教または世界観に関わる信条の受け入れを前提しないという決定的な意味で、〔功利主義倫理学は「形而上学なしの倫理学」〕なのである。

功利主義を支える第二の議論は、メタ倫理学による公平性要求を出発点としている。道徳的原則は、どのような人にも承認と遵守を要求するところが特長なのだとすれば、このような主張が信頼できるのは、他の人全員の利害関心および必要事項がその道徳的原則の内容に反映している場合にかぎられる。だが、そうすると、原則の承認および遵守に関与しているか、あるいは、関与する可能性のある人全員の利害関心や要求事項が、この原則自体に反映されていなければならない、ということになる。

第三の議論は、倫理的価値論によって申し立てられる普遍妥当性要求の信頼性の条件にもとづく議論である。倫理的価値論は、この普遍妥当性要求に説得力を持たせるために、実際に万人から受け入れてもらえる見込みのあるような価値を出発点に置かなければならない。さて、このような見込みは、次のような主観的価値論について最大となる。その主観的価値論とは、主観的にポジティブな体験を肯定的に評価し、主観的にネガティブな体験を否定的に評価する価値論か、あるいは、主観的な利害関心の満足を肯定的に評価し、主観的な利害関心への裏切りを否定的に評価する価値論の、どちらか一方である。前者の〔主観的な体験を肯定的または否定的に評価する〕アプローチは、古典的功利主義に特徴的な、事後評価に対応し、後者の〔主観的な利害関心の満足如何を肯定的または否定的に評価する〕アプローチは、選好功利主義のある種の形態に特徴的な、事前評価に対応する。たしかに、これらの二つの選択肢では、功利主義の価値基盤はきわめて限定されている。だが、その代わりに、肯定的に評価された体験または利害関心の満足の価値は、少なくとも、このような質が道徳に関連していることを否定する者は誰一人いないという意味で「普遍化可能」なのである。これとは違って、客観的価値論の方は、時代および文化に特有な解釈から強く影響されるがゆえに、みずからの主張する普遍妥当性要求に説得力を持たせることが、大幅に困難になるのである。

6　どのような功利主義か？

功利主義とは、決して一枚岩の規範理論ではなく、類縁関係にあるさまざまなアプローチから成る、広範囲に分岐した一つの「家族」なのであり、これらのアプローチは一つの中核を共有しているものの、倫理的具体化のさまざまな段階、たとえば、中程度の影響範囲を備えた原則、実践規範、経験則、個別事例の評価などに応じて、導き出される結論は、相当に異なっている。（ヘアのように道徳の二段階モデルを論ずるよりも、むしろ、多段階モデルを論ずる方が、より適切なのである）。個々の選択肢、および、それぞれの長所や短所については、ここで詳しく立ち入る余裕はない。そこで、二つの一般的コメントを記すにとどめたいと思う。すなわち、第一に、すべての首尾一貫した功利主義は、間接的な功利主義でなければならない。第二に、すべての首尾一貫した功利主義は、しばらく前から感情的功利主義と呼ばれているものでなければならない。

社会的な功利の最大化という功利主義の基本原則を行為に直接応用することに対しては、十分な功利主義的な反対理由がある。このことから、功利主義の、単に間接的な応用可能性が導き出される。〔すなわち、〕第一に、たとえどれほどわずかな社会的予測可能性であれ、そのためには、他人に大きな影響を及ぼす行動が、結果の変わりやすい不安定な個別の事例検討に頼るのではなく、比較的に安定した規則を頼りに方向づけられることが最低限の要求事項である。公共の福祉が促進されるのは、行為者が抽象的な〔功利〕最大化の原則に頼ることによるのではなく、比較的に具体的で、教えることも学ぶことも可能であり、行為指針に翻訳するのが容易な「二次的原則」（ミル）に導かれたときであり、そのうえ、この二次的原則を遵守するように行為者を動機づける方が、〔功利最大化の原則と比べて、〕一般的には、相当に容易なのである。

第二に、収支勘定を帳簿に記入するような態度は、人間の望ましい行動様式と必ずしもつねに適合するものではない。たとえば、そのような態度では、ほとんど自発性の発揮される余地はなくなってしまう。

第三に、功利主義者は、原則を遵守することから生じる結果だけではなく、道徳的規則が広く認められることから生じる結果についてもまた、無関心ではいられない。功利主義の基準からすれば遵守が望ましい規則であっても、たとえば、もしもその規則が広く認められることから濫用の危険性が生じるか、あるいは、もしもそれが許認可の規則であった場合に、その規則が広く認められることからダム決壊の危険が生じ、そのような危険が規則の受け入れに対する反対理由となるのであれば、同一の功利主義的基準に従って、その規則は、望ましくない規則となりうるのである。

今や、おそらく、私が規範の構成——ここでは功利主義的な「二次的原則」の構成——を、前記のように学際的な取組みと呼ぶ理由が明らかになったであろう。それは、いざ考えられる二次的原理に由来する濫用の危険を判定する段になると、倫理学者だけでは、この問題はとても手に負えないからである。ところが、このような判定は、応用に関連した道徳的規範を構成する際には、不可欠な構成要素となるのである。

倫理学での学際的方法に対する要求を支えるもう一つの論拠は、すべての首尾一貫した功利主義が感情的功利主義でなければならない、という第二のテーゼによって与えられる。すなわち、功利主義者は、結果を考量するに際して、功利主義的には根拠づけ不能な反応および態度に対して、いやそれどころか〔功利主義に〕競合する立場と類縁関係にあって、このような立場に依存している反応および態度に対してさえ、功利主義的に根拠づけ可能な反応および態度と同じだけの重要性を認めなければならない。これが、上記のテーゼの意味するところである。こうした反応を適切に考慮することは、公平であれという命令から導き出される結果に他ならない。そこで、私の個人的な考えを言うなら、たとえば、ヒト胚研究はヒト胚に前もって与えられた何らかの「権利」への介入になるとか、あるいは、人格となる以前の人間生命は無制限に保護されるべきなのに、ヒト胚研究は、その考えに反するとかいう点に、ヒト胚研究反対の決定的な道徳的論拠があるとは思えない。むしろ、ヒト胚研究反対の道徳的論拠とは、ただ単に、このような種類の研究に対する社会的な受け入れ難さであり、その背景にあるのは、抵抗感および不安感という、強力で、かつ外見上は安定しているように思える感情なのである。もちろん、このような立場を取るのは、〔居心地が悪く、まるで、多くの椅子があるのに、どの椅子にも座らず、〕すべての椅子のあいだに座ろうとしているようなものである。このような立場を取るということは、たとえば、ヘアやシンガーのような徹底した功利主義者から見れば、すでに過剰な申し立てであり、その一方で、たとえば、生命保護原則あるいは生物種としての人間の尊厳という原則を支持する人たちから見れば、その申し立て内容は、あまりにも過少なのである。とはいえ、いまだかつて、快適な座を占めることが倫理学の命法とされたことなど、一度もなかったのである。

引用参考文献

Baumann, Jürgen u. a., *Alternativentwurf eines Gesetzes über Sterbehilfe*, Stuttgart 1986.

Bayertz, Kurt, »Praktische Philosophie als angewandte Ethik«, in: Ders. (Hg.), *Praktische Philosophie. Grundorientierungen angewandter Ethik*. Reinbek 1991, S. 7-47.

Beauchamp, Tom L./Childress, James F., *Princples of biomedical ethics*, 5. Aufl., New York 2001.

Birnbacher, Dieter, »Ethische Gesichtspunkte langfristiger Klimaschutzpolitik«, in: *Forum für interdisziplinäre Forschung 3* (1990a), S. 43-47.

Ders., »Schopenhauers Idee einer rekonstruktiven Ethik und die moderne Medizin-Ethik«, in: Seebohm, Thomas M. (Hg.), *Prinzip und Applikation in der praktischen Philosophie*, Mainz/Stuttgart (1990b), S. 245-260.

Deutscher Juristentag, »Recht auf den eigenen Tod? Strafrecht im Spannungsverhältnis zwischen Lebenserhaltungspflicht und Selbstbestimmung«, in: *Sitzungsbericht Deutschen Juristentag 1986*, München 1986.

Grenzen, »Grenzen ärztlicher Behandlungspflicht bei schwergeschädigten Neugeborenen. Einbecker Empfehlung. Revidierte Fassung«, in: *Ethik in der Medizin* 4, (1992), S. 103-104.

Hare, Richard M., *Moral thinking. Its levels, method and point*, Oxford 1981.

Leopold, Aldo, »The land ethic«, in: Ders., *A Sand County almanac and Sketches here and there*, New York 1949, S. 201-226. 〔『野生のうたが聞こえる』新島義昭訳、講談社学術文庫、一九九七年〕

Schopenhauer, Arthur, »Preisschrift über die Grundlage der Moral« (1840), in: Ders., *Sämtliche Werke*, Bd. 3, Frankfurt am Main 1986, S. 629-815.

Schreiber, Hans-Ludwig u. a., »Entwurf eines Transplantationsgesetzes«, in: Toellner, Richard (Hg.), *Organplantation – Beitrage zu ethischen und juristischen Fragen*, Stuttgart/New York 1991, S. 105-108.

Singer, Peter, *Praktische Ethik*, Neuausgabe, Stuttgart 1994. 〔『実践の倫理〔新版〕』山内友三郎、塚崎智監訳、昭和堂、一九九九年〕

Ders., »Reasoning towards utilitarianism«, in: Seanor, Douglas/Fotion, N. (Hg.), *Hare and critics. Essays on Moral Thinking,* Oxford 1988, S. 147-160.

Wittgenstein, Ludwig, *Über Gewißheit,* in: Ders., Werkausgabe Bd. 8, Frankfurt am Main 1984, S. 113-257.〔『確実性の問題』黒田亘訳、『ウィトゲンシュタイン全集9』、大修館書店、一九七五年〕

訳注

＊１　「第一回アインベックワークショップ」にもとづき一九八六年に発表され、一九九二年に改訂版が出た「最も重症の新生児に対する医者の治療義務の限界について、ドイツ医事法学会のアインベック勧告」。本書が問題にしているⅠ・２項は「社会的な価値づけ、有用性、肉体的・精神的状態に従って、生命の保護を切り下げることは、道徳法則と憲法に違反する」。Ⅳ・３項は、Ⅳ・２項で医師の治療義務が医学によってのみではなく、倫理学の基準や医者の使命によっても定められているとした上で、「医師が、医学上の治療可能性のあらゆる領域を使い尽くさなくても良い場合がある」としている。

＊２　「臨死介助に関する法律対案」。一九八六年、ユルゲン・バウマンやアルビン・エーザーらによって提案された。いくつかの条件によって、医師が生命維持装置の中断をすることを違法でないとした。立法としては否決された。

第2章　人格概念のジレンマ

1　序論——生命倫理学における人格概念をめぐる論争

生命倫理学の現状について詳しく知らない人は、人間や動物の生命の扱いをめぐって人々の意見が鋭く対立する多くの問題において、人格という概念が果たしてきた役割について訝しく思うことだろう。妊娠中絶、新生児の安楽死、延命治療の中止および臨死介助といった、人間生命の限界に関する倫理問題は、物議を醸す問題であり、人格概念は、とりわけこうした問題を解決するための、まさしく中心的な役割を以前から期待されてきた。ところが、その一方で、人格概念は論争を生産的なものとするよりも、むしろ、議論を麻痺させているような印象さえも感じられる。ヒト胚や胎児、回復の見込みがない意識不明者、および重篤な認知症患者を、どうすれば道徳的に正しく扱うことができるかという問題について議論する場合に、人格概念の果たす役割が大きくなればなるほど、その議論は不毛な結論に陥らざるをえないように思える。〔というのも、〕人格という概念をめぐって人々は対立し、合意を目指して議論する代わりに、むしろ、みずからの立場に固執するようになるからである。

この事情を説明するのは簡単である。人格概念をめぐる論争は、単なる概念内容をめぐる争いではなく、規範倫理学において対立関係にある正反対の学説間の争いなのである。現在の生命倫理学では、

「人格についてどう考えますか」という質問は、まさしくグレートヒェンの問い[*1]となっている。その答え次第で、同僚として仲間に入れるか、それとも、同僚関係を断ち切るかが決まるのである。ただし、これは、「人格」という言語表現を正確にはどういう意味で理解するべきかについて、〔論者たちのあいだで〕何らかの意味論上の相違があるからではない。そうではなくて、この表現を誰に適用するべきかについて、〔論者たちのあいだで〕道徳上の実質的な相違があるからである。論争を呼んでいるのは、人格とは何かという問題ではなく、むしろ、人格とは誰かという問題なのだ。人間的存在者だけが人格なのか、それとも、人間以外の存在者もまた人格なのだろうか。全ての人間（あるいは〔たとえば、ヒト胚や胎児のような〕人間的存在者）が人格なのか、それとも、特定の「人格的」メルクマールを有する存在者だけが人格なのだろうか。「人格」という概念は一貫して指令的な概念として使用されており、さまざまな義務および権利の帰属先となる概念として使用されている。それにもかかわらず、〔誰が人格であるかという問いに引きずられて〕あたかも〔人格という概念の〕記述の適切さだけが問題であり、だから規範倫理学の専門分野に入る問題ではなく、人間学および形而上学のような記述的学問の専門分野に入る問題が関心の的になっているかのような仕方で、人格というこの概念をめぐる論争は展開されている（この点で、「人間の尊厳」という概念の場合と事情は似ている）。以上のようにして、議論の見通しは、ますます悪くなる。

この論争では、二つの理念型へと対極化させて考えると、次のような二つの「学説」が対立している。一方の学説によると、「人間」概念と「人格」概念とでは、たしかに意味が重なり合うわけではないが、概念の外延はぴったりと重なり合っているので、全ての人格は人間であり、全ての人間もしくは人間的存在者は人格であることになる。したがって、全ての人間および人間的存在者は、そして、全ての人間および人間的存在者のみが、人格という地位に由来するさまざまな道徳的な権利および請求権を認められるのである。以下では、こうした考えを〔人間概念と人格概念との〕「同等説」と呼ぶことにしよう。ヨーロッパでは、同等説は、主として神学者およびキリスト教色の濃い哲学者の主張である。このような論者の多くにとっては、「人間が人格である」という命題は〔それ以上論証の必要がない〕自明の理なのであって、それゆえ、たとえば「人間の尊厳」および「人格の尊厳」という概念を置換可能なものと見なして使用する。人格に特有の道徳的権利をある存在者に認めるためには、この存在者が人間であるということだけで十分なのだと〔同等説の論者たちは〕考える。人間であることと(たとえば、生命権および身体的不可侵への権利といった)道徳的権利を有することとの間には、直接的な根拠づけの関係があると考えているのである。

他方で、「人間」概念と「人格」概念とは、〔その意味内容としての〕内包が異なるだけでなく、〔概念が適用される対象の範囲である〕外延も相違しているのだと考える論者もいる。これらの概念は、〔外延の〕「周辺領域」が互いにずれているため、一部の人間および人間的存在者は、人格ではないというのである。そのうえ、このような立場を支持する論者の中で、必ずしも全員ではないが、少なくとも比較的ラディカルな論者たちは、すべての人格が、人間もしくは人間的存在者であることを否定しており、たとえば、現生類人猿あるいは仮想上のコンピューターのような、特定の高度に発達した非人間的存在者にも人格の地位を認めている。このような立場を、以下では〔人間概念と人格概念との〕「非同等説」と呼ぶことにしよう。「非同等説」の特徴は(もっとも、これは必須の特徴ではないけれども)、人格の地位の所有と道徳的権利の所有との間の根拠づけ関係を間接的な関係と見なす点にある。つまり、人格に道徳的権利が認められるのは、人格としてのその地位のためではなく、人格が人格としていだく特定の関心事や欲求のためだという。同等説の支持者から見れば、権利の承認は地位に従うのに対して、非同等説の支持者から見れば、権利の承認は、関心に従うのである。すなわち、〔非同等説によれば〕自由権（事を為すか、あるいは為さぬかについて、他者から妨害されない権利）が人格に認められる理由は、この人格が自己決定および外的強制からの自由に関心をいだいているからであり、請求権（ポジティブなものを得て、ネガティブなものに煩わされないでいる権利）が人格に認められるのは、生命、苦しみを免れていること、幸福、および有意義な営みに対して、この人格が関心をいだいているからである。人格は、自由への能力を有するからといって、それだけですでに自由権を有するのではなく、自由への能力を有する者だけが自由に対して関心をいだくから、それが理由で人格は自由権を有するのである。非同等説では、能力は、欲求の前提条件という役割を果たすにすぎない。

2 〔人格概念に関する〕見解の一致点と人格性の条件

哲学では、人格概念が、驚くほど多様な意味で用いられている。その意味する範囲は実に広い。一つの極端な例は、ジョン・ロックの法哲学における人格概念である。この概念によれば、人間が人格として生きているのは、人生でも特定の期間だけにかぎられる（新生児は人格ではないし、認知症の終末期にある高齢者も人格ではない）。しかも、人間は生きている間に次々と多様な人格を身にまとい、その都度、別々の行為に対して責任を負うというのである（Lock 1975, Buch 2, Kap. 27）。これに対して、もう一方の極端な例は、カトリックの道徳神学者たちが用いる人格概念であり、この概念によれば、受精したばかりの人間の卵細胞にも人格としての地位が認められる。人格であるためには、ある生命個体が人間特有のゲノムを有するだけで十分だというのである。

〔人格概念に関する〕こうした立場の隔たりを考えてみると、現在の生命倫理学において、人格概念が個々の点では相当異なって定義されているにもかかわらず、人格概念の基本的な意味論的性質については意見の一致が見られるというのは、まったく驚くべきことである。

第一に、人格概念は純粋な記述的概念と見なすべきではなく、指令的概念と見なさなければならない。この点は、ほとんどすべての論者が、少なくとも暗黙の裡には、認めている。ホモ・サピエンスという概念とは違い、人格概念に特徴的なのは、この概念を構成する要素には規範的な意味が含まれているということであり、この規範的な意味によって、〔誰かを〕人格として認める際には、倫理的および法的な基準が働くことになる。ある存在者が人格であるという言明の意味は、次のように考えられる。すなわち、その言明によって、つまり、他の規範的原則が追加されるのを待たなくても、この存在者には、特定の道徳的地位および特定の権利が認められるという意味だと考えられる。そうした道徳的権利とは、たとえば奴隷にされたり、長期間に渡って全面的に道具化されたりしない権利である。

もちろん、一切の〔道徳的地位や権利の承認といった〕規範的要素もしくは評価的要素なしに、人格概念を純粋に記述的な意味に解することもできる。日常会話でも、人格概念は、実際にそのような仕方で用いられている。〔たとえば、ドイツ語では〕「どれだけの人〔Person 人格〕がこのエレベーターに乗れますか」、「どれだけの人〔人格〕が事故を目撃しましたか」などと言う。こうした日常概念の分析を目指すものとしては、たとえばストローソンの「記述的形而上学」における、人格概念の純粋に記述的な分析がある（Strawson 1958 および 1972, 第三章を参照）。また、共時的かつ通時的な「人格の同一性」という哲学的問題のコンテクストにおいても、たいていの場合、純粋に記述的な人格概念が前提されている。たとえば、どのような基準に基づいて、ジキル博士とハイド氏は同一の人格だと言えるのだろうか。いわゆる「多重人格」のケースで問題となっているのは、一人の人格なのだろうか、それとも二人〔以上〕の人格なのだろうか。倫理学的な意味での人格の地位に関する問いとは独立に、人格の同一性、連続性または統一性が問われている場合には、生命倫理学以外の他のコンテクストと同様、人格の同一性を問題とするコンテクストにおいても、「人格」とは、ふつう「人間的個体」または「個人」を意味するものにほかならない。それに対して、生命倫理学においては純粋に記述的な人格概念が扱われることはほとんどない。たしかに、ピーター・シンガーのような影響力のある論者が、純粋に記述的な人格概念を明確にみずからの議論に取り入れていたり（Singer 1994, S. 120〔邦訳、一〇五頁〕を参照）、ジョエル・ファインバーグやリロイ・ウォルターズのような論者が、純粋に記述的な人格概念を少なくともオプションの一つとして認めたりしている（Feinberg 1982, S. 108; Walters 1982, S. 87 を参照）が、それは例外にすぎない。

たとえば〔重度の障害を持つ〕新生児の殺害を正当化したことで悪評を得た倫理学者マイケル・トゥーリーや、「グレート・エイプ・プロジェクト」との関係で有名になった動物倫理学者スティーヴン・ザポンツィスのように、人格概念を純粋に規範的な意味で考える論者もいる。トゥーリーは、人格概念を明らかに「あらゆる記述的内容を除いた純粋な道徳概念として」用いている（Tooley 1990, S. 159〔邦訳、九六頁〕）。ザポンツィスによれば、人格という存在者について「われわれは、道徳または法律に従って、そういう存在者を道徳的行為者または法的行為者として公正に扱わなければならず、カントの言葉を借りれば、われわれの利害関心を満足させるための単なる手段にすぎないものと見なしてはならない」と言う（Sapontzis 1993, S. 412）。こうした〔トゥーリーとザポンツィスによる〕人格概念の規定は、人格がどのような種類の存在者であるのかという点を未規定のままに残している。両者の考えに従うと、人格が大抵の場合、人間であるという事実は、偶然の事実なのである。人格性が意味するのは、ある存在者に特定の法的権利が認められるということだけであって、この権利と認められた存在者が、さらに詳しくどのような存在者であるかという点については、何も語られない。

生命倫理学における議論の中で人格概念は、典型的には、混合した規範概念として、すなわち記述的な部分もあれば指令的な部分もあるような概念として使用されている。この場合には、特定の権利と「人格」概念との結び付きが、意味論的または名辞論理学的な結合であることは明白である。そのような権利を根拠づけるためによく引き合いに出される他の概念、たとえば「人間」概念や「生命」概念の場合よりも明白な結合である。もちろん、ヒト胚や胎児が人間であると主張する論者でも、普通は、ただヒト胚および胎児がホモ・サピエンスという生物種に属する存在者であることだけを言いたいのではなく、暗黙裡に、この存在者には特定の権利、とりわけ生命権が認められると言いたいのである。たとえば、〔妊娠後十二週間までの中絶を法的に認めようという〕期限つき解決法案に対して、一九九三年五月二八日に連邦憲法裁判所が下した「出生前の胎児は［…］人間になるための成長過程にあるのではなく、人間としての成長過程にあるのだ」という判決文[*2]は、この点を示唆しているように思われる。「人間生命」という概念についても、同様の指摘が当てはまる。人間生命がいつ始まるのだろうかと問う人は、大抵の場合、生命権がいつ始まるのかという問いに対する答えを期待している。とはいえ、人格概念の場合には、規範的要素が論理的含意という意味論上の地位を有するのに対して、人間および生命という概念の場合には、規範的要素は、（グライスの用語によれば）むしろ〔特定の会話において、この語が発話される際に持つ〕含みという地位を有するにすぎない。ある人間または人間的存在者から生命権を剥奪することは、倫理的には誤りであろう。だが、それは、ある人格から生命権を剥奪することが論理的に誤りであるのと同じ意味での、論理的な誤りではない。「人間」および「生命」〔という語〕が、元来は記述的な言語ゲームの中に深く根差した概念であることはあまりにも明白なので、〔これらの語が〕規範的なコンテクストでの使用に際して担うことになるコノテーション〔つまり、語の「含み」〕は、これらの語の意味の一部とはならない。これに対して、倫理学で用いられている人格概念を、その規範的要素なしに考えることは困難である。こうして見ると、ジョン・ロックが「人格」概念を、「人間」概念とは違って、一つの規範的なコンテクスト、つまり司法上のコンテクストで用いることにしたのは、実に正しい方針だった。もっとも、ロックの人格概念は、詳しく見ればとうてい満足の行くものではないけれども。

しかし〔多くの論者が〕、人格概念の指令的性格を明示的に、あるいは暗黙の裡に認めているという点は、人格概念の理解に関して〔論者たちの間に見られる〕広範な一致の一つの側面にすぎない。これに比べれば、〔人格の地位を論ずる〕二つの立場〔つまり、同等説と非同等説〕が、どちらも人格の地位を本質的には同一の条件に結び付けており、すなわち特定の認知的能力および道徳的能力の所有に結び付けていることの方が、さらに重要である。ロベルト・シュペーマンは、同等説を断固として支持して、「人格とは力能の主体である」と述べているが（Spaemann 1991, S. 40）、その際に彼の考えの中心にあるのは、判断、思考、行為といった志向作用を遂行する能力である。ところがシュペーマンの敵対者であるピーター・シンガーも人格性を思考および自己意識の能力と結び付けており、両者の立場の相違は単なるニュアンスの相違にすぎない。〔同等説と非同等説との〕一致点は、多くのことができる者は、多くの権利を有するという原則においてだけでなく〔論者たちが呈示する〕個々の能力の目録においても見出される。かつてボエティウスは、人格を定義して、「人格トハ、理性的本性ヲ有スル個性的実体デアル」（人格とは、理性的であるか、もしくは理性的能力のある本性を有した個的実体である）と言った。同等説を主張する人も非同等説を主張する人も、ボエティウスの古典的定義に即して、人格の地位を理性的能力に結び付けている。また、多くの論者が、人格を特徴づける理性的能力をもっぱら認知的側面から規定するのに対して、もちろん、そうした理性的能力として、どれほどの能力が要求されるのかは、各々の論者によって異なるけれども。〔この理性的能力を〕さらに道徳的側面から規定する論者もいる。詳しく見ると、要求〔される能力〕は、最小限の条件から著しく理想的な要求事項まで、多岐に渡っている。

A. 認知的な能力
1. 志向性、判断能力
2. 現在からの時間的超越（将来の意識、記憶能力）
3. 自己意識、自我意識
4. 脱同一化、副次的選好
5. 合理性、思慮分別

B. 道徳的な能力
1. 自律、自己決定
2. 道徳性、道徳的能力
3. 責務を負う能力
4. 批判的自己評価の能力

ほとんどの人格概念において、そのつど要求される条件は一つではなく、他の条件と「束になったもの」である。たとえば、ロックおよびピーター・シンガーの場合には、A1、A2、A3のメルクマールが要求され、ヘーゲルおよびダニエル・デネットの場合には、A3、A4、B4の条件が要求される。私はここで、これらの条件の細部にまで立ち入ることはしないが、というのも本章で私が目指しているのは、新旧の人格概念の分析ではなく、そうした人格概念の批判だからである。私の批判のテーゼに従えば、〔同等説と非同等説という〕対立し合う学説が、どちらも人格概念を頼りとすることによって、みずからの主張の実質を失わずには回避できないような問題を背負い込んでいる。人格概念を頼りとすることによって、かえって、どちらの立場もみずからの立場を損なっている。人格概念を頼りとすることによって、みずからの立場を補強する代わりに、みずからのテーゼの説得力を弱められてしまう。そして、その推論は必要以上に疑わしく思われてしまい、むしろ、〔人格概念に頼らない〕別のアプローチを選んだ場合よりも、さらに疑わしく思われてしまう。

では、以上に述べたことを、まずは同等説に関して、次には非同等説に関して説明していこう。

3　同等説のジレンマ

同等説のジレンマは、二重のジレンマである。第一に、同等説における論証の目標は、「人間的」および「人格」という〔二つの〕述語によって指示される対象領域の同等性を示すことである。だが、この論証の目標は、そもそももっともらしく思えないのである。第二に、同等説の支持者が展開する論証は、人間存在と人格存在との同等性を本当に基礎づけるために、あまり適切とは言えない。

たとえば、存在者が人間特有の生物学的メルクマールを有しており、その意味ではこの存在者が人間的個体であることを否定するわけにはいかないが、だからといって、この存在者を人格と見なすのは論理的に不可能であるか、あるいは少なくとも意味論的に極めて直感に反するような存在者については、十分に多くの実例が知られている。

そうした存在者の実例は、第一に、人間の死体である。たしかに、ふつう私たちが人間の死体を人間であると言うことはない。そう言ってしまうと、死体が生きている人間だと言っているかのように聞こえてしまう。とは言っても、人間の死体は間違いなく人間的であり、間違いなく「人間」という生物種に属している。それは、死んだネコが「ネコ」という生物種に属しており、枯死したブナの木が「ブナ」という生物種に属しているのと同様である。それにもかかわらず、死体を人格と見なすのは意味論的に不可能なように思われる。人格でありうるのは、どんな場合でも、生きている人間だけである。

また、死体が道徳的権利の担い手として考慮の対象となる見込みもまずないだろうが、その理由は、現在においても将来においても、死体がみずからの権利を知る主体となることなどありえないからである。たしかに、われわれは、人間の死体と関わり合うにあたって、たとえば尊厳を傷つけるような仕方でこの死体を取り扱ったり、不敬な態度でこれに関わったりしてはならないという道徳的義務を負っている。しかし、こうした義務は間接的なものである。われわれは、死体そのものに対してこうした義務を負っているわけではないし、こうした義務が死体自身の利害関心のようなものを保護しているわけでもない。こうした義務が保護しているのは、むしろ、一方では、死者が生前に持っていた利害関心であり、また他方では、死体の扱われ方に無関心ではいられない第三者の利害関心である。それは、たとえば、〔この第三者が〕死者の親近者である場合には、〔死者との〕パーソナルな結び付きのためであり、あるいは、〔第三者が〕一般大衆である場合には、敬意をもって死者に接するという文化的に確立された態度を、徒に弱めたりしないためである。死体が丁重に敬意をもって扱われることに関して道徳的権利を有する人がいるとすれば、それは人間の死体ではなく、生きている人間であり、その人の権利が、部分的にはその人の死後もなお効力を失わずにいる場合である。

もう一つの実例は、人間の接合子、つまり最初期の段階における人間の胚である。この場合にも、生物学的・遺伝学的な意味で「人間」という種に属して生きている人間的存在者が考慮の対象となっていることは明らかである。この〔接合子という〕人間的存在者が、その後さらに分裂しないかぎり、この存在者は、後に成長して意識能力および自己意識能力を有するに至る人間的個体と同一の存在者である。この場合、たしかに本来の意味で論理的な限界が踏み越えられているとは言えないし、「人格的な接合子」という表現も全くの矛盾ではない。それでも、私から見れば、人間の胚がすでに〔接合子という〕初期の発達段階において人格であるなどと言うのは、極めて直感に反するように思える。だが、「人間的存在者」と「人格」とを隙間なくぴったりと一致させようとすれば、他でもなく、このような直感に反する事態が生じるのである。

〔以上のように、〕第一のジレンマは、もっぱら、〔死体や接合子という〕人間の生存の限界領域に関係している。これに対して、第二のジレンマは、さらに深刻であり、同等説の核心を損なうものである。同等説は人格性を能力によって基礎づけようとする傾向があるが、そうすればするほど、「人間」と「人格」という二つの概念の外延を重ね合わせようというみずからの目標から、必然的に遠ざかってしまう。こうした事実から第二のジレンマは説明できるだろう。〔人格を基礎づけるために、〕どのような能力が示されるとしても、生物学的な意味では人間でも、そのような能力を持たない存在者を指し示すことができる。人格の地位を認めるための条件を厳しくすればするほど、それだけますます、人間的存在者の中で人格のある者の割合は少なくなる。カントおよびドイツ観念論〔の哲学〕者たちが重視していた道徳的条件が、このような事情を最も明確に示している。もしも、道徳性をカント的な意味に解し、〔道徳性とは、〕みずからの思考において、（必ずしも実際の行為においても、というわけではないが、）厳密に普遍的な道徳的規範に従ってみずからを方向づける能力と理解するならば、人格の地位は、比較的少数の人間だけが持つ特権となるだろう。これに対して、ほとんどの人間は、道徳判断の発達において、ローレンス・コールバーグの言う「慣習的」な第三段階、および第四段階に留まっている。

ルートヴィッヒ・ジープの指摘によれば（Siep 1993, S. 39; Siep 1992 を参照）、ドイツ観念論〔の哲学〕者の中では、フィヒテだけが、みずからの構想する人格概念から導き出されるラディカルな倫理的帰結を直視していたように思われる。ところが、フィヒテは〔こうした帰結に従って〕、人間の新生児に固有の生命権を認めず、もっぱら国家の維持という理由にもとづいて〔新生児に対する〕（条件つきの）法的保護を導出するほど、首尾一貫していた（し、さらに冷酷であった）。

もちろん、この問題は、〔新生児の扱いだけではなく、〕さらに一般的な問題である。同等説の理論を提唱する人は、以下のような種類の人間と概念上（そして実践上）どのように関わり合うかという問題に取り組まざるをえない。こうした人間とは、すなわち、

——たとえば人間の死体、あるいはまた、不可逆的な意識喪失者および不可逆的な認知症患者のような、重要な能力をもはや持っていない人間、あるいは、

——たとえば人間の胚および胎児のように、人格であるための重要な能力をまだ持っていない人間、あるいはまた、

――たとえば無脳症の新生児のように、人格であるための重要な能力を一度も持ったことがなく、
今後も決して持つことがない人間である。

このような問題を解決するために、同等説の内部では、さまざまな論証戦略が開発されてきた。すなわち、

1. 心理的または生物学的な欠陥によって、人格であるための重要な能力の発揮が妨げられたとしても、そのような欠陥は、人格の地位と両立可能であるという論証（反現実主義の論証）。
2. もしも、人間が、人格であるための重要な能力を発達させる素質を有するならば、この人間は人格でもあるという論証（個体的潜在性の論証）。
3. もしも、人間が、人格であるための重要な能力を有して過去に存在した人間あるいは将来存在する人間と同一であるならば、この人間は人格でもあるという論証（同一性の論証）。
4. もしも、人間が、ひとつの生物種に属しており、この生物種の標準的な構成員が、人格であるための重要な能力を有しているならば、この人間は人格でもあるという論証（類的潜在性の論証）。

同等説におけるジレンマの本質は、以上のような論証戦略が、どれ一つとして説得力を持たないという点にある。

1. われわれは、能力の素質と所有および発揮を区別しよう。当然ながら、もしも、特定の認知的および道徳的能力を所有していることが人格の地位にとって決定的に重要であれば、この能力が発揮されていないとしても、人格の地位を否定する理由にはならない。ピアノを弾く可能性のある人が、全員現実にピアノを弾くわけではない。この人は、ピアノを持っていないかもしれないし、ピアノを弾く機会

がないのかもしれない。能力というものは、潜在的性質なのであって、たとえ〔この能力の〕主体がその潜在的性質を決して現実化しないとしても、この能力を主体に認めることは可能である。だが、その一方で、能力を認めるためには、単なる素質だけでは不十分である。ピアノを弾く才能に恵まれた人が、全員ピアノを弾けるわけではない。生物学的および心理的な欠陥は、能力の発揮を妨げるだけではなく、しばしば、能力の獲得を妨げる。もしも、私に両手がなければ、私は、ピアノを弾く能力を発揮できないだけでなく、この能力を獲得することもできない。こうした場合に、それでも（たとえば、私がピアノを弾く才能に恵まれているという理由で）私はピアノを弾く能力を有しているけれども、不都合な条件のためにその能力を発達させることができないのだ、と言おうとする人がいるかもしれない。しかし、その人が実際に考えているのは、もっぱら素質のことであって、能力のことではありえない。

もしも、人格の地位が特定の能力と結び付いているならば、人格の地位に関する決定を左右するのは、こうした特定の能力の所有なのであって、こうした能力を獲得するための能力の所有ではないと考えざるをえない。こうした帰結は、たとえ人間を形而上学的に二重化したとしても、回避できない。形而上学的な二重化とは、たとえば、経験的人間の「背後」に〔もう一人の〕人間を考えて、経験的人間には欠けているような能力を、この「背後」に認めるというような論法である。これは、ちょうど、シュペーマンが「神秘」としての人格について語り、この「神秘」が接近不可能であり、まさにそれゆえにわれわれを畏怖させるのであると述べるときに（Spaemann 1993, S. 139）、彼が思い描いている事柄と同じであるように思われる。もしも本当に、シュペーマンが考えているとおり、経験的人間に関するあらゆる記述が、形而上学的人間の性質を表す記号に過ぎず、これらの記号「のうちで、人格が認識される」のだとすれば、そのときには、一体なぜわれわれが経験的人間に即してみずからを方向づけるのではなく、てくるだろう。形而上学的な高みは道徳的な高みでもあり、形而上学的地位には特定の責務が伴うというプラトン的な前提は、たしかにヨーロッパの伝統を通じてほとんど常に共有されてきた前提である。だが、(たとえばショーペンハウアーが示したように)このような前提が自明であるなどとは決して言えない。そのうえ、こうした形而上学的構成にはいつも、人格の地位を認めることがきわめて不確かな仮定に左右されるという欠点が付いて回る。こうして、人間が人格であるかどうかは、思弁的な信念次第となる。そうした思弁的な信念とは、たとえば、人間が叡知的自我を有するとか、実体的な精神的霊、または「自己意識を備えた心」を有するとかいったような信念であり、ここから導き出される帰結は、われわれが人格について誤解なく了解し合うことはもはやできず、逆説的にも〔思弁を認めない〕唯物論者が人格概念を用いることは、もはや全く不可能になるという、好ましからざる帰結である。われわれが倫理学の要求する普遍的妥当性を保持したいのであれば、こうした形而上学的構想に従うことなど決してできないだろう。なぜなら、もしもそうでなければ、道徳的規範は、経験的人間の背後に形而上学的人格があることを信じる人だけが理解できるものとなってしまうからである。

2. したがって、第二の論証も、すでに斥けられたことになる。人格性が能力から構成されているならば、人間に人格の地位を与えるためには、これらの能力への単なる素質では不十分である。素質は、二次的能力、つまり、対応する能力を獲得するための能力として理解できるだろう。ピアノを弾く素質のある人は、ピアノを弾く能力を獲得する能力を持っている。思考能力および自己意識への素質がある人は、これらの能力を獲得する能力を持っている。しかし、そうは言っても、まだ〔素質に〕対応する能力〔そのもの〕を持っているわけではない。通常のヒト胚あるいは胎児のように、人格性への素質がある人間または人間的存在者は、だからと言って、まだ人格ではない。人格は常に現実的であるというシュペーマンの言葉（Spaemann 1993, S. 140）は、たとえ別の意図で言われたものだとしても、やはり正しいのだ。

さらには、たとえ第二の論証が受け入れ可能だとしても、たいした成果が得られないことは目に見えている。この論証は、まだ人格でない者には適用できるが、もはや人格でない者には適用できないし、遺伝的素質のために人格性の構成条件を満たせない人間にも適用できない。こうした弱点は、第三の論証である同一性の論証にも共通している。第三の論証は、能力を、ある時点において一度所有していた人間、または、これから所有する人間にしか適用できない。

3. 同一性の論証によれば、ヒト胚および不可逆的な意識喪失者にも、ふつうの成人と同じ人格の地位が認められる。なぜなら、意識喪失者はかつて人格だったので、この人格と同一であり、ヒト胚は、ふつうの場合または相当に恵まれた場合には人格へと発達するので、この人格と同一だからだと言う。このような論証は、基本的に、人格の地位を能力によって直接基礎づけるものではない。この点は別としても、たとえば、人格であるという性質のような規範的性質を有するためには、以上の意味での同一性で十分でありうるかどうかは問われるべきである。たいていの評価的性質と同様に、権利の所有といったような規範的性質も付随的性質である。すなわち、このような規範的性質は、記述的性質に従って変化する。生物が持つ諸々の性質の中核は、たとえば遺伝子情報のように、変化しないままであるとしても、接合子の段階から最終的には死に至るまで、生物はさまざまな段階を経ていく。これらの段階に応じて、規範的メルクマールもまた変化していく。たとえば、ブナの木の実は、家畜のエサになる。ブナの木の若芽が栽培植物や観賞植物の邪魔になれば、われわれは、この若芽をむしり取る。ところが、ブナの木が成木となれば、その所有者でさえも、ちゃんと役所の許可を得なければ、これを切り倒すことができない。ブナの木が朽ちて二酸化炭素が発生すれば、これは、最初のブナの実と同じく、ふたたび法的保護の対象ではなくなる。同一の生物が、さまざまな記述的性質および規範的性質の段階を経ていくのである。ここで重要なのは、生物の成熟期における規範的メルクマールを、安易に他のすべての段階へ転用することはできないということである。卵細胞と精子細胞が結合した時点を人間生命の始まりと見なすのは、かなり説得力があるけれども、だからと言って、人格もまたこの時点ですでに始まるのだと考える必要はない。いや、むしろ、そのようなことには、なりえないのだ。なぜなら、もしもそうでなければ、十歳児はいつの日か二十歳や三十歳の人間になるので、これらの人間と十歳児は疑いの余地なく同一だといって、この十歳児は現在すでに、二十歳や三十歳の人間だということになってしまうからである。それだけでなく、この十歳児が後々、死体になるので、（時間的・空間的連続性という基準にしたがえば）この死体と十歳児はやはり疑いの余地なく同一だといって、この十歳児が現在すでに死体だということにさえ、なってしまうからである。

4. 同一説の論証が持つ単なる予防接種のような性格は、第四の論証において最も明確に表れる。この論証は、たとえば、無脳症の新生児のように、人格存在を構成する能力を決して発達させることのない人間的存在者にも、人格の地位を認めるために役立てられる（たとえば、Rosada 1995, S. 230を参照）。ところが、詳しく見れば、この論証は人格性と人格的能力との間の結び付きをほどいてしまうだけでなく、人格性と人格的能力を獲得するための二次的能力との間の結び付きまでもほどいてしまう。この論証によれば、要求される能力の素質さえ一度も有したことのない人間的存在者までもが、人格となる。それでもなお、能力との関わりは残っている。たとえ、その能力とは、同じ生物種に属する他の標準的個体の有する能力に過ぎないのだとしても、依然として、人格の地位は、能力に基づいて認められるのである。

少なくともこうした論証に対して言えるのは、生物種に関連づけるというやり方は恣意的に見えるということである。なぜ〔基準となるのが〕生物種であって、その他の基準ではないのだろうか。すべての人間が、個々人の能力〔の違い〕に関係なく、標準的な人間の能力を何らかの仕方で「分有」していると言うのであれば、すべての哺乳類もまたそのような能力を「分有」しているのだと言わないのはなぜだろうか。誰が、他のどの個体の有する、どのような能力を「分有」しているかということを決定するのが、なぜ他でもない生物分類学なのだろうか。人格の地位が生物学的観点によって決定されるという前提を真面目に受け取るならば、われわれは、少なくとも人格の地位を類人猿にも与えないでおくわけにはいかない。なぜなら、生物学および遺伝学の見地からすれば、類人猿とホモ・サピエンスとの違いは、類人猿とそれ以外のサルとの間ほど大きな違いではないからである。そうすると、われわれは、むしろこう言うべきではないだろうか。類人猿は「本来は」人格なのであり、ただ生物学的な「欠損」のために、適切な能力を実現していないだけなのだ、と。

だが、こんなことを問うのは馬鹿げているので、視点を変えて、同等説に対する新たなアプローチを考えてみよう。もしかすると、われわれは、以上のすべての「論証」を形式的および内容的に厳格な基準に照らして検討する際に、一種の誤解に陥っていたのではないだろうか。もしかすると、むしろまったく別のことであって、つまり、人格性の条件を満たしていない「限界事例」に属する人間と、われわれが実際にどのように関わり合っているのかを記述することではないだろうか。つまり、われわれが実際に限界事例と関わり合い、限界事例を解釈するその仕方を、現象学的あるいは文化記述的に再構成することではないだろうか。ロベルト・シュペーマンは、同等説を弁護する中で、こうした考え方を示唆している。シュペーマンの議論は、まずエマニュエル・レヴィナスの相互主観性の哲学を参照することから始まり、最終的には、これらの「限界事例」が人格であると主張するのではなく、むしろ、われわれがそのような「限界事例」を人格と見なしており、人格として取り扱っているのだという主張に至る。すなわち、「人格存在は［…］〔われわれによる〕承認という行為のうちにのみ与えられている承認行為の中だけなのである」（Spaemann 1996, S. 193）。実際に、われわれは、たとえば認知症患者や乳児のような、能力基準ではまだ人格でない人間、あるいは、もはや人格でない人間のことも、しばしば人格と見なしている。たとえば、乳児の微笑みは、実際には単なる反射である。それにもかかわらず、われわれ、とりわけ母親は、乳児の微笑みを、まるで意識して微笑んでいる人の微笑みであるかのごとく解釈しているかのように考える。シュペーマンによれば、「われわれが乳児の中に将来の表現可能性を見出すことは、われわれが乳児を知覚する仕方の一部なのであり、［…］だからこそ、われわれは、すでに今、乳児を人格と見なすのである」（Spaemann 1991, S. 143）。また、たとえば自己意識や合理性や道徳性のような、種としての人間に総じて特徴的な能力を何ひとつ有していない認知症患者およびその他の人間についても、特に、その人間がかつてこうした能力を有していた場合には、われわれは、自発的で自然な愛着によって、あるいは受け継がれてきた文化の解釈パターンによってであれ、あたかもその人間がこうした能力を有するかのように見なし、そのように扱っている。以上のように考えれば、同等説の意味を文字通りに受け取って、厳密に存在論的に解釈するのに比べて、同等説を「救出」できる幅はずっと広がるのではないだろうか。

だが私は、こうした「救出の試み」が上手く行くとは思わない。第一に、〔同等説の論証を〕再構成主義的に解釈してしまうと、同等説の支持者たちが、なぜ扱いにくい「限界事例（マージナル・ケース）」（Pluhar 1987 を参照）の人格性を直接、倫理的に基礎づけのではなく、存在論的に基礎づけているのかが理解できなくなってしまう。もちろん、直接の倫理的基礎づけの方がはるかに説得力はある。たとえば、とりわけファインバーグが論じたように（Feinberg 1980, S. 165 を参照）、「限界事例」を人格に準ずるもの（あるいはエンゲルハートが Engelhardt 1986, S. 116 で論じている意味での「社会的人格」）と見なす考え方を、ただ単に疑問視しないだけではなく、かえってその考え方を支持して促進し、たとえば、非人道的かつ尊厳にもとる仕方で「限界事例」を取り扱おうとする誘惑に対抗しようとすることには、十分な実践的理由がある。まだ人格でない者〔という「限界事例」〕の場合には、このような実践的理由の中でも最も説得力のある理由は、明らかに、「人格的」性質が発達するためには、おそらく人格性が「先与」されている必要があるだろう、という理由である。

また第二に、「人間」と「人格」との同等性という論証目標を達成するためには、純粋に再構成的な論証では、内容が不十分である。なぜなら、認知症患者および無脳症の新生児との出会いに伴われる「〔二人称の〕汝の明証性」は、決してすべての「限界事例」に当てはまるものではなく、たとえば、ヒト胚には当てはまらないからである。

第三に、そしてとりわけ問題であるのは、純粋な現象学的アプローチもまた論証目標から外れてしまう点である。われわれが「限界事例」の人間を人格として知覚しているという事実によって、つねに示すことができるのは、われわれがそのような「限界事例」の人間に特定の権利を認めていることだけである。そうした権利が実際に、すなわち、誰にも理解できるような意味で「限界事例」の人間に与えられているということまでは、示すことができない。こうした見方をとらず、したがって非同等説の論者の多くがそうであるように、限界事例における道徳的権利の承認は基礎づけられていないと考える人に対しては、われわれは何の論証も持ち合わせていないだろう。シュペーマンは、「人格の知覚は［…］それ自体が、義務の最終的な基礎づけ」である（Spaemann 1996, S. 195）と断言しているけれども、そう言っただけでは、こうした規範的内容を含んだ知覚を共有していない人から見れば、まったく基礎づけになっていないのである。また、シュペーマン（Spaemann 1996, S. 195）に従って、〔道徳的権利の〕承認はわれわれが人格に対して負う義務なのだと主張したところで、以上の問題点を解決したことにはならない。なぜなら、それでは明らかな論点先取になるからである。

4　非同等説のジレンマ

非同等説に顕著な特徴は、みずからの議論の帰結を受け入れる勇敢さ、および、概念上のごまかしを許さぬ姿勢である。つまり、人格の地位が能力に基づくならば、人格の地位は、当該の能力を実際に有する存在者にのみ認められうるという。（非同等説の主張する意味で）非人格的に人間が実在する様態があるならば、人間存在と人格存在との間の概念上の隙間を閉じたとしても、そのような実在様態が世界から消えてなくなるわけではない。こうした実在様態をどのように扱うべきかという問題は、相変わらず残っている。非同等説は、「人格」概念および「人間」概念の外延がかなりの範囲で重なり合わないということを、進んで認める。その際に、「一致しない隙間部分」の正確な太きさは、本質的に、次の二つの要因に左右される。

1.　詳細には、どのような能力を人格性のために要求するのか。将来を意識するという基礎的な能力を要求するだけで、自己意識の能力も道徳的な帰責能力も必要ないと考える論者は、割合に寛大な区分をすることになり、これに対して、デネット（Dennett 1981）あるいはミッチェル（Mitchell 1993）が言うような「成熟した」道徳的反省能力を要求する論者は、非常に限定的な区分をすることになる。

2. 能力という概念に対して何を要求するのか、また、人間が一時的に能力を発揮できない場合に、どの程度までこの能力を人間に認めるのか。眠っている人は、彼が目覚めているときに有する能力をすべて保持している。彼はピアノを演奏することができるだろう。もちろん、その能力を発揮するためには、目覚めていなければならないが。だが、彼が二度と目覚める見込みがないときにも、彼にはなおピアノを演奏する能力があるのだろうか。以下では、非同等説が能力概念をできるかぎり寛容に使用しており、人間に能力を認めないのは、その人間がこの能力をもはや獲得することがないか、再び獲得することがないと確実に言える場合だけである、という前提で議論を進めよう。こうした前提に立てば、「一致しない隙間部分」は比較的小さくなるが、しかし完全には解消されない。不可逆的な意識喪失者、認知症患者、および、出産に至らないことが確定的なヒト胚についてはこれまで通り、人格の地位が認められない。

非同等説による人格概念が抱えるジレンマの本質は次の点にある。すなわち、たしかに人格概念を用いて道徳的権利の承認を定式化することはできるが、この承認を基礎づけるためには、人格概念がもはや決定的な役割を果たさないという点にある。

第一に、前述したとおり、利害関心に注目するアプローチの枠組みにおいては、権利の基礎づけは、もはや直接的ではなく、間接的に行われるのであって、人格の能力は、特定の利害関心または欲求の条件として権利を根拠づけるにすぎない。第二に、非同等説を支持する論者の多くは、非人格的存在者も道徳的権利を有すると考えている。

道徳的権利を有するとは、どういう意味だろうか。それは、第一に、権利を有する人に対して他者が特定の義務を負うことであり、この権利人に対して特定の行為を義務づけられるということである。また第二には、そのような義務には一種の優位性が認められるということである。葛藤情況が生じた場合に、権利を軽々しく手放すことは許されない。ましてや、単なる利害関心のために権利を犠牲にするようなことがあってはいならない。権利を他の要求と比較考量せざるをえない場合でも、原則として（他者または自分自身の有する）他の権利との間でのみ比較考量が許される。競合する〔他の〕義務との比較考量が許されるのは、例外的なケースにかぎられる。第三に、〔道徳的権利を有するということは、〕権利を有する人にはその権利を行使する正当な資格があり、権利人がその権利を行使できない場合には、他者が〔権利人に成り代わって〕この権利を行使する義務を負う。権利を有する人は、この権利の行使を請求してよい。もし権利者がたとえば未成年者や動物あるいは将来世代の一員であって、権利の行使をみずから請求できない場合には、この課題を引き受けて権利の代弁者となる役割は、他者（成人、人間、現在世代）の義務となる。

非同等説を支持する論者（私自身を含む）の多くは、道徳的権利に関する以上のような理解にもとづいて、有感動物のような非人格的存在者でも、たとえば、（苦痛によるものであれ、不安、ストレス、あるいは強度の欲求不満によるものであれ）苦しみを受けるのを防ぐ権利や、生物の種類に適合した生活条件を求める権利のような、数多くの道徳的権利を有すると考えている。道徳的な請求権の条件としては、感覚能力で十分なのである。だが、人格を利害関心の主体と同一視するレオナルド・ネルソンの（Nelson 1972, S. 132 を参照）奇抜な人格概念を除いては、どのような人格概念に従ったとしても、感覚能力は、人格の地位の条件としては不十分である。以上の考え方によれば、とりわけ、まだ人格ではない存在者についても、そうした存在者が後の時点で感受能力を獲得すると予想されうるかぎりは、請求権を認めることができる。したがって、ヒト胚についても、たとえば、通常、ヒト胚は感受能力と思考能力を有する存在者へと発達するものであり、この存在者の客観的な生存条件および主観的な状態は、とりわけ妊娠中に胚がどのような取り扱いを受けたかによって左右されるのだから、そのかぎりにおいて、たとえば、この胚の母親に対する請求権を認めることができる。こうしてヒト胚に道徳的権利を認めたとしても、それによってヒト胚が人格になるわけではないし、道徳的権利の承認は、ヒト胚が人格の地位を有するかどうかによって決まるわけではない。

以上の考え方によれば、非人格的存在者の一部が道徳的権利を有するだけではなく、人格と同じ権利を有し、とりわけ生命権を有することになる。こうした見地からすれば、人格性は、道徳的権利を認めるための必要条件でないだけでなく、まさに人格に認められる権利を認めるための必要条件でもない。こうした権利の承認は人格の地位の所有とは別の考え方によっても基礎づけることができるのだ。

その実例の一つが、最近になって、特に「グレート・エイプ・プロジェクト」[*3]との関連で盛んに議論を呼んでいる、類人猿のケースである。七〇年代にギャラップがさまざまな種類のサルを対象に、鏡を使って行った実験の結果は(Griffin 1984, S. 74ff. を参照)、チンパンジーやその他の類人猿が、他の種類のサルとは違って、自己意識の能力を有していることを示唆している。このことは、手話による発話を習得したチンパンジーが、自分自身のことを指して特定の言語的要素を用いることからも裏づけられる(Griffin 1984, S. 205)。さらに、少なくともチンパンジーは、かなり「人間的な」将来の意識を持っているように見える。象牙海岸近くに棲むチンパンジーは、「ときには何キロメートルもの道のりを歩いて餌場に向かう。この餌場には、美味だが殻の非常に硬い木の実があるが、付近には、この木の実を割るのに役立ちそうな石がない。そこで、チンパンジーたちは、適当な石を「地元から」携えて歩いて来るのである」(Bischof 1985, S. 541)。そのうえまた、こうした技能は、著しい行動の柔軟性と学習能力にも関連している。もちろん、以上のような観察によって、霊長類もしくは霊長類と同じような技能を示す海洋哺乳類が自己意識を持っていると証明されたと言えるかどうかは、議論の余地がある。とはいえ、現在の動物行動学が提供するデータによれば、類人猿やクジラおよびイルカに対して、人間と同様の生命権を認めるための理由は十分に存在するまた、現在では類人猿を試験動物として利用した後、経費と適切な飼育スペースの不足を理由に殺処分するのが一般的だが、動物行動学の提供するデータによれば、こうした処分を止めるべき理由も十分に存在する(Birnbacher 1996b を参照)。

ピーター・シンガーおよびその他の「グレート・エイプ・プロジェクト」に関わった哲学者の一部には(さらに、補足意見としては、ローベルト・シュペーマン Spaemann 1996, S. 264 も)、高等動物とりわけ類人猿に対して、(論理的観点から見て適用可能なかぎりで)人間の人格と同じ道徳的権利を認めるだけでなく、人間の人格と同じ人格の地位までも認めようとする傾向がある。(それ以外の一部の哲学者は、たとえばミッチェルのように、このような主張を共有しないが、それはとりわけ、生命権および類似の人格的権利をすべての有感動物に認めるためである。)私個人としては、このような主張を推し進めれば、それが哲学的な意味での刺激剤となって、種差別主義に対する治療的効果が生じる可能性は否定しないけれども、こうした主張は意味論上の観点からは、あまりにも直感に反しており、従うことができない。

他方で、非同等説の論者は、人間であるが非人格的な存在者の多くに対して、その生命権を本気で否定することもできない。認知症を発症すれば、それ以後は自分の命が他者の思うままに処理可能になるなどという光景は、誰にとっても我慢ならないにちがいない。こうした理由だけでも、かつて人格性の条件を満たしていた人間の多くは、もはや人格でない段階に至っても、保護に値すると考えざるをえない。幼児の生命権を否定するなどということは、たとえ幼児が人格の地位を獲得する以前であっても許されない。このことは、包括的な生命保護に対する一般的権利の保全についてよく考えてみれば、それだけですでに明らかである（Birnbacher 1991; Hoerster 1995を参照）。また、たしかに、同等説を支持する論者にかぎらず、道徳上の常識（コモン・センス）からしても、ヒト胚が人格と認められないのは事実だが、だからといって、ヒト胚がまったく保護に値しないということにはならない（Birnbacher 1996aを参照）。道徳的権利の承認と人格性の承認との間の密接な結び付きがいったん解消されるならば、権利を承認するための理由が常に同質であるかのような仮象も解消される。その代わりに、異なった権利は異なった仕方で基礎づけられる。道徳的な自由権は、たとえば行為能力を条件として基礎づけられるし、道徳的な請求権は、（現在または今後の）感受能力を条件として基礎づけられる。つまり、自由権が意味を持つのは、行為能力および判断能力のある存在者の場合だけであり、請求権が意味を持つのは、この権利が認められるか否かが、現在または今後の一時点において、何らかの形で主体的に問題となりうる存在者の場合だけなのである。

以上から帰結するのは、非同等説においても人格概念が鍵概念としての役割を果たすというのは単なる誤解にすぎない、ということである。道徳的権利の基礎づけに際して、人格概念は、直接的な役割を果たしていないだけでなく、結局のところ、何の決定的な役割も果たしていないのである。少なくとも、この〔非同等説の〕立場を支持する典型的な論者から見れば、ある存在者に認められる道徳的権利は、決して当該の存在者が有する人格的能力だけに基礎づけられるものではなく、部分的には（たとえば感受能力のような）非人格的能力にも基礎づけられており、さらには、たとえば個人の安全を高いレベルで保全することに対する公共の利害関心のように、他者の有する人格的能力にも基礎づけられている。

したがって、「人格概念をめぐる争い」は、皇帝の髭をめぐる争い[*4]の一種であり、生命倫理学における具体的な問題の解決および克服のためには、ほとんど役に立たないという印象が強くなる。生命倫理学の具体的な問題を解明し解決するために、人格概念がどれほど使えないものであるかを、次に二つのアクチュアルな実例から示してみよう。そうした実例とは、死亡判定基準の問題、および意識不明の状態が持続する患者の治療中止が認められるか否か、また、もしも治療中止が認められるとすれば、それはどの時点であるかという問題である。

人格概念をめぐる論争は、さまざまな側面からも醸し出される外観とは裏腹に、人間生命がいつ終わるのかという問題とは全く接点のない論争となっている。もしも、両者の間に接点があるとすれば、それは、生命の終わりと共に人格の終わりが問題になる場合だけである。この場合には、生命倫理学で通説となっている人格概念に基づいて、この問題の答えは次のようになるはずである。すなわち、生命は、人間の有機体固有の機能が停止して初めて終わるのではなく、ましてや、意識体験を伴った能力が不可逆的に失われると共に終わるのでもない。そうではなくて、生命は、すでに志向性、思考能力、自己意識などの能力が失われるとに、終わるのである。そうすると、ある人間が「人格的」に活動することはもはやできないが、感覚および基本的な情動反応や情動状態、および「いま」と「ここ」に関連した基礎的な欲求への能力はまだ十分に持っている場合にも、そのような人間をすでに死んだものと見なさなければならないという、パラドキシカルな帰結が導き出されてしまう。意識能力にとって必要不可欠な大脳機能の不可逆的な損失を死と同一視する部分脳死判定基準でさえ、これほど思い切った主張には結び付かない。人間の人格性に必要不可欠な脳機能の欠損だけをもって脳死判定基準を基礎づけることは、部分的脳死判定基準を基礎づける以上に難しいだろう。

また、回復の見込みがない意識不明者の治療中止が認められるか否かという問題も、結局は、人格の地位の問題とは関係がない。もしも、治療中止が道徳的に認められるとしても、その理由は、その患者がもはや「人格」でないからではなくて、それ以上の治療が無意味だからであり、それ以上治療を続けたとしても、患者の主観的な状態が改善することもなければ、十分なQOLを保った延命も不可能だからである。治療中止を正当化するために、人格の地位の問題など何の役割も果たしていないのだ。もし患者にまだ意識があるか、再び意識が回復する見込みがあれば、少なくとも、他に正当な理由がないかぎりは、当然ながら、治療中止は認められない。

5 結論

本章で説明されたジレンマにもとづいて考えるならば、人格概念を頼りにすることなく、あるいは、少なくとも人格概念に現在与えられているような中心的役割を認めることなく、生命倫理学の議論を進めたほうがよいと考える理由は数多く存在する。私の考えでは、生命倫理学のカテゴリーとしての人格概念を放棄することには、特に次のようなメリットがある。

1. 人格概念が引き起こす混乱を回避できる。隠れた規範的意味を含んだあらゆる概念と同様に、人格概念は、記述的な概念であるかのような誤解を招きやすい概念であり、規範的な要請を基礎づけるためには、記述的な条件が満たされさえすれば十分だという誤った解釈が生じてしまう。
2. 人格概念を拠り所にすると、まるでこの概念が意味論的に確立しているかのように見えてしまう。

だが実際には、人格概念は、相当に幅広い解釈を許す概念であり、またそのような解釈を必要とする概念である。同等説の論者の側から聞こえてくる、「人間とは人格である」という性急な言明のせいで、まるで確実な概念を用いているかのような、間違った印象が生じてくるのだ。

3. 人格概念を手放すことで、道徳的権利をさらに綿密に分析し基礎づけるための機会が得られる。人格であるか否かがオール・オア・ナッシングの問題であるのに対して、〔道徳権利に関しては、〕考えられるかぎりの道徳的権利をすべて持っていなくても、その中の特定の権利だけを持つことが可能である。人格概念という回り道をせずに、もっと細分化した形で権利を付与することが可能なのだ。人格である存在者に対して、考えられるかぎりすべての権利を認める必要はないし、存在者が人格ではないからと言って、この存在者に対して、特定の権利またはすべての道徳的権利を否認する必要もない。最近では、ルートヴィッヒ・ジープ（Siep 1993, S. 44）およびリュディガー・ヴァース（Vaas 1996, S. 1513）が、人格概念を段階的に考えるという提案をしている。だが、私から見れば、この提案もまた、人格概念を生命倫理学のカテゴリーとして「救出する」ために適切だとは思えない。ジープの提案によれば、存在者がそのつど人格性のどの部分を具えているかに応じて、存在者の道徳的権利に段階的差異を認めることができると言う。つまり、人格性の段階に応じて、一部の存在者は、その他の存在者よりも、より多くの権利を有することになり、人間は人生の異なった段階において、異なった種類の権利を有することになる。もちろん、人格性の量が厳密にどこで始まるのか（生物の個体発生または系統発生のどの段階で、人格性の度量が初めてゼロよりも大きくなるのか）、ならびに、どこで人格の地位が最大値に達するのか、という問題が解明されなければならない。こうした問題を解明することは、その個々の点において、段階的差異を設けることなく人格概念を承認する場合と同様に、多くの議論を呼ぶことだろう。とはいえ、段私がこの提案に反対する理由としては、むしろ、人格概念に段階的差異を設けると、この概念の日常語としての用法から相当隔たったものになるという理由の方が大きい。日常語としての人格概念には、多いとか少ないとかの区別はなく、人格であるか人格でないかのどちらかを選ばなければならない。他者よりも多く人格であるなどということは不可能であり、私たちは人格であるか、人格でないかのどちらかだけなのである。

引用参考文献

Birnbacher, Dieter, »Das Tötungsverbot aus der Sicht des klassischen Utilitarismus«, in: Hegselmann, Rainer/Merkel, Reinhard (Hg.), *Zur Debatte über Euthanasie. Beiträge und Stellungnahmen*, Frankfurt am Main 1991, S. 25-50 (in diesem Band S. 169-194)

Ders., »Ethische Probleme der Embryonenforschung«, in: Beckmann, Jan P. (Hg.), *Fragen und Probleme einer medizinischen Ethik*, Berlin/New York (1996a), S. 228-253.

Ders., »The Great Apes-Why they have a right to life«, in: *Ethica & Animali. Special issue devoted to The Great Ape Project*, (1996b), S. 142-154.

Bischof, Norbert, *Das Rätzel Ödipus*, München 1985.

Dennett, Daniel C., »Bedingungen der Personalität«, in: Bieri, Peter (Hg.), *Analytische Philosophie des Geistes*, Königstein 1981, S. 303-324.

Engelhardt, H.Tristram, *The foundation of bioethics*, New York/Oxford 1986.〔『バイオエシックスの基礎づけ』加藤尚武、飯田亘之監訳、朝日出版社、一九八九年〕

Feinberg, Joel, »Die Rechte der Tiere und zukünftiger Generationen«, in: Birnbacher, Dieter (Hg.), *Ökologie und Ethik*, Stuttgart 1980, S. 140-179.

Ders., »The problem of personhood«, in: Beauchamp, Tom L./Walters, LeRoy (Hg.), *Contemporary issues in bioethics*, Belmont, Ca. [2]1982, S. 108-115.

Griffin, Donald R., *Animal thinking*, Cambridge, Mass. 1984.

Hoerster, Norbert, *Neugeborene und das Recht auf Leben*, Frankfurt am Main 1995.

Locke, John, *An Essay concerning human understanding* (1690), Oxford 1975.〔『人間知性論』大槻春彦訳，岩波文庫〕

Mitchell, Robert W., »Menschen, nichtmenschliche Tiere und Personalität«, in: Cavalieri, Paola/Singer, Peter (Hg.), *Menschenrechte für die Großen Menschenaffen. Das Great Ape Projekt*, München, 1993, S. 363-378.

Nelson, Leonard, *Kritik der praktischen Vernunft* (1917), Hamburg [2] 1972 (Gesammelte Schriften Bd.4)

Pluhar, Evelyn B.,»The personhood view and the argument from marginal cases«,in: *Philosophica* 39 (1987), S. 23-38.

Rosada, Johannes,»Kein Mensch, nur Mensch oder Person? – Das Lebensrecht des Anencephalen« in: Schwarz, Markus/Bonelli,Johannes (Hg.), *Der Status des Hirntoten. Eine interdisziplinäre Analyse der Grenzen des Lebens*, Wien/New York 1995, S. 221-234.

Sapontzis, Steve E.,»Personen imitieren – Pro und contra«,in: Cavalieri, Paola/ Singer, Peter (Hg.), *Menschenrechte für die Großen Menschenaffen. Das Great Ape Projekt, München,* 1993, S. 411-426.

Siep, Ludwig, »Personbegriff und praktische Philosophie bei Locke, Kant und Hegel«, in: *Praktische Philosophie im Deutschen Idealismus*, Frankfurt am Main 1992, S. 81-115.

Ders., »Personbegriff und angewandte Ethik«,in:Gethmann,C.F./Oesterreich, Peter L. (Hg.), *Person und Sinnerfahrung. Philosophische Grundlagen und interdisziplinäre Perpektiven. Festschrift für Georg Scherer zum 65. Geburtstag*, Darmstadt 1993, S. 33-44.

Singer, Peter, *Praktische Ethik*, Neuausgabe, Stuttgart 1994.〔『実践の倫理〔新版〕』山内友三郎，塚崎智監訳，昭和堂，一九九九年〕

Spaemann, Robert, »Sind alle Menschen Personen? Über neue philosophische Rechtfertigungen der Lebensvernichtung« ,in: Stössel, Jürgen-Peter (Hg.), *Tüchtig oder tot? Die Entsorgung des Leidens*, Freiburg 1991, S. 133-147.

Ders., *Personen. Versuche über den Unterschied zwischen »etwas« und »jemand«*, Stuttgart 1996.

Strawson, Peter F., *Persons, Minesota Studies in the Philosophy of Science, Vol.II, Concepts, Theories,and the Mind-Body Problem*, ed. by Feigl, Herbert/Scriven, Michael/Maxwell, Grover, Minesotapolis 1958.

Ders., *Einzelding und logisches Subjekt (Individduals)*, Stuttgart 1972.

Tooley, Michael, »Abtreibung und Kindstötung«, in: Leist, Anton (Hg.), *Um Leben und Tod. Moralische Probleme bei Abtreibung, künstlicher Befruchtung, Euthanasie und Selbstmord*, Frankfurt am Main 1990, S. 157-195.〔「嬰児は人格を持つか」森岡正博訳，『バイオエ

シックスの基礎』、東海大学出版会、一九八八年、九四―一一〇頁〕

Vaas, Rüdiger, »Mein Gehirn ist, also denke ich. Neurophilosophische Aspekte von personalität«, in: Hubig, Christoph/Poser,Hans (Hg.), *Cognitio humana – Dynamik des Wissens und der Werte. XVII. Kongress für Philosophie Leipzig 1996, Workshop-Beiträge Bd. 2, Leipzig 1996*, S. 1507-1513.

Walters, LeRoy, »Concepts of personhood«, in: Beauchamp, Tom L./Walters, LeRoy (Hg.), *Contemporary issues in bioethics*, Belmont, Ca. [2]1982, S. 87-89.

訳注

＊1　信仰や政治などに関する、答えに窮する問いのことをドイツ語で「グレートヒェンの問い」という。ゲーテの戯曲『ファウスト』第一部に登場するグレートヒェンが発する問い「宗教のことはどうお考えですか」に由来すると言われる。

＊2　東西統一後の一九九二年、ドイツでは「妊婦および家族支援法」において、妊娠十二週間までの中絶が法的に認められた。ところが翌一九九三年に連邦憲法裁判所は、この中絶法が部分的に違憲であるという判決を下し、ドイツ基本法（憲法）はすべての生命の保護を認めており、そこには母親の生命のみならず、胎児の生命も含まれるという見解を示した。これを受けて一九九五年、ドイツ連邦議会は「妊娠に関するコンフリクトの防止及び対処のための法」（妊娠コンフリクト法）を制定した。この新法においても妊娠十二週間までの中絶が引き続き認められたが、中絶前に義務づけられたカウンセリングでは、カウンセラーは妊婦を出産へと励まし、子どもとの生活への展望を開くよう努めなければならないとされた。中絶は、所定の過程を経れば違法ではないが、飽くまで例外的状況においてのみ考慮されるとして法的に位置づけられた。

＊3　ピーター・シンガー（Peter Singer）とパオラ・カヴァリエリ（Paola Cavalieri）の編集による同名の論集 *The Great Ape Project: Equality beyond Humanity* (St. Nartin's Press, 1994)（邦訳は『大型類人猿の権利宣言』山内友三郎、西田利貞訳、昭和堂、二〇〇一年）の思想を発展させて一九九四年に設立された国際組織。人間以外の大型類人猿であるチンパンジー、ゴリラ、オラウータン、ボノボの基本的な生命権、自由権、苦痛から免れる権利などの保護を目的として活動している。

＊4　「皇帝の髭をめぐる争い」とは、ドイツ語の慣用句で、どうでもいいこと、くだらないことをめぐって争っている様を言う。

第3章　人造人間は人間の尊厳への脅威となるか？

1　サイボーグへの途上

科学雑誌『サイエンス』は、二〇〇二年二月八日号に「一部は人間、一部はコンピューター」というタイトルの記事を掲載し、サイバネティクスを専門とする〔イギリスの〕ケビン・ウォーリック教授（レディング大学）の計画について報じている。それによれば、教授は、自分の手首関節の正中神経にコンピューターチップを埋め込み、手に流れ込む刺激および手から流れ出る刺激を読み取って、コンピューターに転送する計画であるという。二〇〇二年三月十四日には、〔チップの埋め込み〕手術が実施された。この実験の主な目的は、コンピューターが手首関節に生じた信号から運動、感覚、および（手の変動に表れる）気分をうまく区別できるのかどうか、また、コンピューターからのシグナルを受信したロボットが、このシグナルをうまく運動に再転換できるのかどうかを確かめることにある。さらに、ウォーリックは、こうしたシグナルを自分の神経に再び送り込み、本来の運動および感覚を生じさせることができるかどうか試そうとしている。この試みが成功した場合には、ウォーリックの妻にも同じチップを埋め込んで、夫婦でシグナルを交換するのだという。こうした実験の背景にあるのは、コンピューターの補助を受けて機能する人間というヴィジョンである。すなわち、失われた機能をコンピューターとの共生によって代替または補完する人間、あるいは、たとえば脳にチップを移植して思考機能を補強することで、現有機能を拡張する人間というヴィジョンである。『サイエンス』誌は、〔ウォーリックの実験に対する〕学界の懐疑的な意見を数多く紹介して他に、ニューヨークの政治学者ラングドン・ウィナーによる倫理面からの懸念も紹介している。ウィナーによれば、ウォーリックが計画している実験は、道徳面で非常に大きな問題を孕んでいるという。神経システムをコンピューターに接続して〔人間の〕自然な情報処理能力を改良することは、人間の本質を根本的に改変することを意味するのだという（Vogel 2002, S. 1020 を参照）。

手足の動作の制御能力を向上させるためにチップを〔体内に〕組み込むことは、失われた機能を代替または補完することに比べて、明らかにその範囲を超えている。この場合、技術は失われた機能を(人工内耳または人工聴神経のような) 人工装置で代用することや、病的異常に陥ったプロセスを(いわゆる脳ペースメーカーのような）人工パルス発生器で修正することに役立てられているわけではない。チップを埋め込んでコンピューターやロボットに接続することは、むしろ、手足を身体の外部から「遠隔操作」するという、これまで不可能だったオプションを可能にするために役立てられている。私としては、ロボットまたはそれに類するものから「遠隔操作される」というのは、思い浮かべると、あまり気分の良いものではないが、それはともかく、たとえこのオプションがどのような評価を受けるとしても、ここで問題になっているのは、もはや単なる治療目的で身体を矯正または補完する技術ではなく、明らかに「機能増強（エンハンシング）」である。エンハンシング技術の開発および利用については、すでにスタニスワフ・レムが一九六〇年代に「サイボーグ化」というタイトルの評論において詳しく論じている。サイボーグとは、半人造人間であり、人工装置のおかげで極限の生存条件を生き抜くことができる。

宇宙での生存条件に適応するため、サイボーグからは、すべての消化器が摘出され、その代わりに、浸透圧ポンプが埋め込まれている。これによって、サイボーグには「必要に応じて、栄養素やたとえば薬物、ホルモンおよび興奮剤のような賦活物質が投与されるか、あるいは、その逆に、基礎代謝を低下させるばかりかサイボーグを冬眠状態にさえ置くような物質が投与される（ことも可能である）」（Lem 1981, S. 583ff.）。

おそらく倫理学の中心原則に抵触せずに、サイボーグを製造することはできないだろう。だが、そうだとすれば、ウォーリックの自己実験については、どうだろうか。ウォーリックの実験が「サイボーグ化」への一歩であることは明らかである。しかし、たとえば倫理委員会のような管理機関や行動規範が存在し、無制限に他者を実験台にするような誤った段階への逸脱を防いでいると仮定した場合でも、ウォーリックの実験は倫理的に懸念すべきものだと言えるだろうか。人工的な機能増強手段を用いて、特定の目的のために人間の自然な性質を改変する試みが、道徳的非難を受ける理由は存在するのだろうか。

2　自然であること・人為的であること

自然であることに関してほど、哲学的倫理学と日常的道徳との間で大きく評価が異なるカテゴリーは他にないだろう。現代の道徳哲学において、「自然であること」は、もはや議論も方向づける力を持っていない。倫理的自然主義は、人間の行為が自然の行動様式に従うべきであると主張したが、この主張は、どのような形をとっても、結局は批判に耐えられなかった。自然の行動様式に関する命題にもとづいて規範的命題および価値評価的命題を基礎づけることに反対しているのは、（「自然主義的誤謬」に関する論証のような）メタ倫理学の論証だけではなく、とりわけ、規範倫理学における一連の「蓋然性根拠」も、そのような基礎づけに反対している（Birnbacher 1997, S. 230ff. を参照）。われわれの経験に現れるような自然が人間の行為の模範と見なされうるのは、せいぜい自然の特定の様態にかぎられる。全体としての自然は、人間の行為の規範には適していない。というのも、自然がその全体においては、人間の幸福に全く無関心であることは明らかだろう。もしも、自然の中に計画のようなものがあるとしても、ジョン・スチュアート・ミルの言葉を借りれば、この〔自然の〕計画が「人間またはその他の有感生物にとっての最善を、その唯一の目的としていた〔とは考えられないし〕、その主要な目的としていたとさえも考えられない」（Mill 1984, S. 62）。人間にとっての価値や理想や行動モデルとして問題となるのは、せいぜい自然の特定の様態にすぎない。そうした様態とは、たとえば自然美、特定の生態系の安定、もしくは、十九世紀にクロポトキンが詳しく描き出したような動物の群れにおける自然な連帯である（Kropotkin 1975）。しかし、このような自然の様相は、自然全体に比べれば、そのごく一部に過ぎず、様相を選び出すためには原則が必要であるが、その原則を、またもや自然自体から取り出してくるわけにはゆかない。どのような自然の様相が基準と見なされるべきかを決めているのは、自然ではなくて、人間である。これを率直に言えば、「自然とは、人間が自分の意志で決めたことに対して責任を取らなくても済むように、人間の心が作り出した空想の産物である。自然の声は、人間の声なのである」（Hardin, 1976, S. 16）。

　このような議論の袋小路からは、自然目的論によっても抜け出せない。「自然目的」によって、自然的なものが持つある種の拘束力を基礎づけようとすれば、周知のとおり、かえって幾多の困難に直面することになる。第一に、そもそも「自然目的」という言い回しが有意味かどうかが、疑わしい。目的を設定せずに目的を考えることは、できない。だが、〔自然の〕目的を設定する主体とは、誰だろうか。〔目的〕志向性がどのような種類のものであれ、そうした志向性の基盤として機能しうるのは、意識である。自然の中には意識能力を持った存在者が数多く含まれているが、それでも自然自体は依然として意識を持っていない。第二に、自然目的をどのようにして同定できるのかが問われなければならない。自然とは、その部分においては対立し合う傾向を有する、一個の全体的なシステムである。たとえば、〔部分的な〕欠陥を修正することは自然目的に適うと言われるが、〔全体的な〕創造の設計図を改良することがそうと言われないのは、なぜだろうか。そして第三に、たとえ自然目的のようなものが存在し、それを確定できるとしても、なぜわれわれがそうした目的に従わなければならないのか、という問いは残る。もしも、自然について、自然が目的に従うとか、特定の目的のために存在していると言うことができるとしても、そのことから、われわれがそのような目的に同意したり、その目的を人間に対して拘束力のあるものと見なさねばならないということは帰結しない。

「自然の目的」という言い回しが有意味であるためには「人格」を持った創造者を想定する必要があるだろう。自然を文字通りの意味で「被造物」と解釈するならば、その基礎づけは神学的となり、道徳的規範の基礎づけに必要な普遍妥当性という条件を、もはや満たさないことになる。だが、道徳的規範にもとづいて各人の行為の自由を制限するためには、可能なかぎり普遍的拘束力のある基礎づけが要求される。

もちろん、「自然であること」が経験的自然との一致を意味すると考える必要はないし、必ずしも、それが「自然目的」との一致を意味すると考える必要もない。「自然であること」が正常であることを意味すると考えて、われわれは「正常なこと」という意味での自然なことを基準に行為すべきなのだと主張することもできる。だが、もしそうであれば、自然なことを拠り所とすることが循環論法に陥るのは明白だ。なぜなら、「正常」と認められるものは、価値評価を含んだ定義づけの結果に他ならないからである。つまり、正常とは、そもそも、正しく、適切であり、かつ受け入れ可能なもののことである。そうすると、ある振る舞い方が「不自然」であるという言明はこうした振る舞いが誤りであり、受け入れ不能であることを言い直したものにすぎず、この判断を基礎づけているわけではない。したがって、同性愛について、「正常でない」という意味で「不自然」であると主張したり、「結婚の自然な目的は生殖である」から産児制限は認められないと主張することは、つねにそうした振る舞い方に対する拒絶の姿勢を強めるだけでそれを基礎づけることはできない。

自然なことを脱理想化することにとりわけ貢献したのは、ショーペンハウアー、ジョン・スチュアート・ミル、ウィリアム・ジェイムズ、アルベルト・シュバイツァーといった、十九世紀のペシミズムおよび経験主義の哲学的潮流であった。彼らは、飼いならされていない自然の破壊的で残酷な側面を強調し（ジェイムズによれば、「〔自然は、〕道徳的には戦争に匹敵する」）、（有機農法ラベルや環境安全ラベルを用いた商業広告の中に生き残っているような）「善良な自然」という通俗的イメージに込められたイデオロギーを批判し、このイメージが作り上げられたものであることを暴露した。そして、啓蒙のプロセスの進展とともに、徐々に、倫理学の原則として自然を「脱魔術化」していった。

これに対して、日常生活における道徳的思考は、相変わらず、自然であることを人為的であることから区別するのが道徳的に重要だと思い込んでいる。もちろん、「自然的」と「人為的」との間には、その時々の脈略に応じて、様々な境界線の引き方がある。だが、「自然的」および「人為的」の意味がその時々の脈略に従ってどのように解釈されるとしても、ふつう人為的なものよりも自然的なものの方が高く評価され、作られたものよりも所与のものの方が高く評価される。否定的な評価を受ける状態が人間の介入に由来する場合には、それが自然に生じた場合よりも深刻な悪と見なされる。自然による危険は、人為的に生み出されたリスクに比べて、それほど恐れられることもなく、むしろ甘受される。それは自然による危険を人間の介入によって防げる場合にも、しばしば当てはまる（「不作為バイアス」）。また、肯定的な評価を受ける状態が自然の過程で実現されることは、好運または神の賜物として歓迎されるのに対して、人間の意図的な介入によって同じ状態を実現することは、非難の対象となる。

自然であることについての価値評価が道徳哲学と日常道徳との間で正反対となることは、とりわけ生物医学の分野、特に遺伝学および生殖補助医療における革新的方法に対する人々の態度に顕著に表れている。この分野では、その他の医学分野とは違って、生命の自然へ人為的に介入し制御する可能性が急速に増大しているが、これらの可能性がすべての人々に受け入れられているわけではない。反対に、技術的介入をタブーとする領域が新たに生まれ、自然に生育したものへの評価が高まるという、一見矛盾するとも思えるような結果が生じている。その典型例が、「偶然への権利」、「生物種の限界の不可侵性」あるいは「人間の自然な基盤」に対する尊重などの標語である。少なくとも、新たな種類の制御的介入の可能性が、漠然とした脅威が感じられると、消極的な差し控えおよび介入の放棄（「治療ニヒリズム」）といった態度が息を吹きかえす。

以上のように、日常生活における道徳的思考が、自然であることを原則と見なし、これに固執することは説明可能だろうか。憶測に留まるとはいえ、いくつかの説明を考えることができるだろう。人間の外部にある自然をわれわれに原則を与える審級へと押し上げることは、形而上学的合意を欠いた時代にあって、一種の「神の代用品」としての魅力を発揮するに違いない。なんといっても、自然秩序に認められる属性の中には、この秩序を一種の「神の代用品」にふさわしいと思わせるような属性が多い。たとえば、自然秩序は、時間的に不変で（「永遠で」）あり、経験の地平をそのつど空間・時間的に超越しており（「無限で」）、部分的にしか記述することができない（「計り知れない」）。しかも、（神とは違って）相互主観的に合意形成できる形で記述が可能であり、規範的な権威として、「学問的に」基礎づけられた道徳への希望を与えてくれる。もしかすると、このような自然の理想化への傾向は、人間の包括的な調和への欲求にもとづいて説明できるかもしれない（「公正世界仮説」）。あるいは、どうしても受け入れざるをえないものに対して、その価値を高く評価することによって折り合いをつけようとする欲求にもとづいて説明できるかもしれない（不協和の解消）。そうすると、「慣れ親しんだ自然的なもの」と「馴染みのない人為的なもの」との間の二極分裂は、ある欲求に対応していることになる。それは、しばしばあまりにも急激すぎると感じられる生活様式の変化と実現可能性の拡大に対して、正常であることの範囲、もしくは思いのままに利用できないものの領域を確保し、それ以上の介入に対する免疫をつけておきたいという欲求である。たとえば、最近では、生殖補助技術の可能性の急速な拡大に対する「自然な」子づくり、社会的な結び付きを生物学的な結び付きから切り離すことに対する「自然な」親子関係や異性関係、遺伝子組み換え技術を用いた改変に対する「自然な」ゲノム、そして、「人造」人間に対する「自然な」人間などの事例が挙げられる。

3　人間の尊厳と「嫌悪感（Yuk-Factor）」

自然に生い育ったものが生物医学の分野で高い評価を受けていることを示す表徴の一つは、人間の尊厳という概念の「自然化」の進展である。自然であることを頼りにすることは哲学的には懐疑的な目で見られているが、こうした考え方がもともと担っていた機能は、今や人間の尊厳概念に置き換えられている。そして、この傾向は強まる一方である。この場合、人間の尊厳という原則にもとづいて要求される尊敬の対象は、もはや、意識を有し人格的および社会的関係の中に組み込まれた個人（だけ）ではなく、この存在者の前提条件となっている自然的基盤、とりわけ、この存在者の遺伝的素質およびこの存在者の生と死のあり方が、ますます尊敬の対象と見なされている。こうして、人間の尊厳という概念および原則は、もはや心理学および社会によってではなく、生物学によって規定された方向へとますますずれていく。注目されるのは、もはや自由、個人のプライバシー、自尊心、および最低限の生活水準の不可侵を意味する尊厳ではなく、生物学的な構造および過程の不可侵を意味する尊厳なのである。人格の自律が人間の尊厳という概念の内実と見なされることは少なくなる一方であり、代わりに、生命や遺伝的同一性のような人格の生物学的基盤の神聖不可侵さが人格の尊厳概念の内実と見なされる。

こうして、人間の尊厳という原則は人格として生存するための自然的条件へと拡張され、それによって、特にドイツの生命倫理学では、〔これまでにも〕しばしば指摘されてきたような、人間の尊厳という原則を引き合いに出すことのインフレーションの傾向が、ますます顕著になってきている。人間の尊厳という原則は、しばしば生命倫理学の論争の中で議論の「切り札」としての役割を果たしている。非配偶者間の人工授精[*1]、体外受精、代理母出産、生殖系列細胞への介入、クローニング、および、これらの手法の（さらなる）開発に必要なヒト胚研究などの技術革新の是非については議論が絶えないが、人間の尊厳という「切り札」を出せば、それぞれの問題に固有な事情を子細に分析することなく、これらの技術革新は非難の対象となるのである。こうして、人間の尊厳という原則の、そもそも格別明瞭ではなかった輪郭は、さらに不明瞭となり、部分的には輪郭がどこにあるのかさえ分からなくなってしまう。とりわけ奇妙なのは、人間の尊厳と生命権が十分に区別されなくなることである。だが、人間の尊厳には、ドイツ基本法の中で保護法益としての高い地位が与えられているのだから、人間の尊厳というこの原則の輪郭があいまいになるのは、望ましいことではない。人間の尊厳という原則の中に、恣意的で時代に即した内容が多く盛り込まれるに従って、それだけますます、この人間の尊厳という概念はその必要不可欠な規範的力を失い、単なる修辞的な表現に成り下がる恐れが大きくなる。人間の尊厳という近代的概念は、カントによる定言命法の第二定式に由来する。もし、この概念の規範的能力が失われるとすれば、かつてショーペンハウアーがカントを批判して、第二定式とは、今日では空疎な定式と呼ばれるもの以外の何物でもないと言った言葉の正しさが、期せずして証明されることになるだろう。すなわち、ショーペンハウアーによれば、〔定言命法の第二定式という〕「この命題は、何か深い意味があるように響くので、それ以上深く考える必要を免じてくれるような定式が好きな人にとっては、誰であれ、願ってもない命題なのである」。だが、この命題は、さらに具体化されることなしには、「不十分で、ほとんど何も表現しておらず、しかも、問題含みの命題なのである」(Schopenhauer 1988, S. 412〔邦訳、Ⅲ、九三―九四頁〕)。

しかし、人間の尊厳という原則は、目新しい、馴染みのない、不気味なもの、つまり「自然でないもの」を魔法の定式でもって払いのけるような、一種の厄除けの言葉以外の何物でもないのだろうか。最近では、しばしば「ウェッ」という「嫌悪感(Yuk-Factor)」が人々の口の端に上る。「嫌悪感」とは、「腹の底から発せられる」「うめき声」であり、奇怪なもの、異様なもの、吐き気を催させるもの、つまり「不自然」と感じられるものを概念的にではなく、だが断固たる態度で、強い感情を込めて拒絶するにも、意味論的な内実など全然ないのであって、そこにあるのは、言語遂行論的な内実、あるいはせいぜいのところ情感的な内実だけなのだろうか。人間の技術的修正という分野における目新しくて不気味なものが、人間の尊厳に反しているという理由で拒絶されるのは、感情的にも道徳的にも過度の要求を突きつけられたことから来る一つの症候にすぎないのだろうか。つまり、それは、生成したものと形づくられたものとの間の境界線という、世界の中でわれわれがみずからを方向づけていくために必要不可欠な境界線を、あまりに性急に移動させようとする無理な要求に対する、納得のゆく反応であり、本質的に健全な反応なのだろうか（Norman 1996 を参照）。

だが、これでは明らかに単純化しすぎだろう。たしかに、人間の尊厳という概念が指示する対象は十分に規定されていない。また、人間の尊厳を頼りにすることが、議論の中では、しばしば端的に「会話を打ち切る手段（conversation stopper）」として機能しており、問題に最終的な決着をつけ、これ以上のどんな議論も見苦しいかのような印象を与えているのも、その通りである。しかし、これらを両方合わせても、人間の尊厳という概念の意味のすべては、その言語遂行的な機能にあり、この概念の意味論的な内実については、何も語りえないということにはならない。むしろ、人間の尊厳という表現が持ちうる、さまざまな意味のすべてを貫いて変わることのない中核的意味とでも言うべきものを指示することができると、私は思う。すなわち、人間の尊厳概念がどのように使用されるとしても、そこに共通しているのは、生物種としての人間には特別な規範的地位が認められるという点である。人間の尊厳というこの概念によって、人間には個人としても、種としても、一つの特別な価値が認められる。この特別な価値のおかげで、人間は他の生物種に属する個体（および他の〔生物〕種）よりも高位にあり、またその価値は、発達状態、能力、業績、特殊な欲求といった、個人のいかなる質的特殊性にも左右されない。

「人間の尊厳」という表現の多様な使われ方の根本に、こうした共通のものがあることからして、すでに、以下の重要な結論が導き出される。すなわち、第一に、人間の尊厳という概念は厳格に平等主義的である。人々が、この〔人間という生物〕種に特有もしくは典型的な潜在能力を実際に実現しているにせよ、あるいは、そのような潜在能力を実現する可能性を有するだけにせよ、そうしたこととは無関係に、人間の尊厳は、あらゆる人間（および、あらゆる人間的なもの）に等しく認められるのである。たとえば、自己意識、言語能力、創造性、道徳性などの、「人間」という種に特有の能力を実際には発揮していない人間、あるいは、そのような能力を発揮できない人間であっても、だからといって、みずからの人間の尊厳を失うことにはならないのである。第二には、人間の尊厳は（価値中立的な意味で）種差別主義的である。すなわち、人間の尊厳は、ホモ・サピエンスという生物学上の類に属するすべての構成員に認められるのであり、この類の構成員にかぎって認められる。仮に、火星人が存在して、人間に特有な能力の一部、もしくはすべてについて人間よりも優れているが、生物学的には人間と類縁関係にはないとすると、この火星人は、人間の尊厳の担い手とは見なされない。それは、同じ観点から人間よりも優れたロボットが、人間の尊厳の担い手と見なされないのと同様である。平均的な人間の能力に比べて、少なくともこれに近い能力を有した高等動物についても、同じことが言える。第三には、人間の尊厳は、段階化不可能である。人格概念と同様に、「人間の尊厳」概念は、量の多少を区別できない。人間の尊厳をある程度だけ所有するなどということはできない。私たちは人間の尊厳を所有するか、しないかのどちらかである。

4 「人間の尊厳」とは何か

私たちは人間の尊厳を所有するか、しないかのどちらかであるといっても、人間の尊厳は、常に同一の意味で所有されているわけではない。事実、人間の尊厳という用語に複数の意味があることを前提としなければ、倫理学、日常道徳および法律におけるこの用語の実際の用法を再構成することはできない。これらの複数の意味は、たしかに、平等主義、種差別主義、段階化不可能という前記のメルクマールを共有しており、この点では一致している。だが、そうした複数の意味での人間の尊厳概念は、〔この概念の指示対象を決めるための〕記述的な条件や、規範的内実については互いに異なっている。詳しく見ると、これらの異なった意味は、ウィトゲンシュタインが言う意味での「概念家族」を構成していることが分かる。〔家族の〕構成員としての個々の意味は、互いに類縁関係にあるにもかかわらず、互いに明確に区別されうる。

第一の、規範的に最も強い概念〔としての人間の尊厳概念〕はその適用範囲の中に、すでに出生して現に生きているすべての人間を包摂している。第二の、規範的には〔第一の概念よりも〕比較的弱い概念は、適用範囲の中に、生物種としてのすべての人間的存在者を包摂しており、そこには人間の死体および受精卵を始めとしたヒト胚までもが含まれる。第三の概念が適用される範囲は、人類全体である。最初の二つの概念の間の差異に比べて、これら二つの概念と最後の概念との差異のほうが、根本的であることは明らかだろう。人間の尊厳は、第一と第二の意味では、個人に関わり、第三の意味では集団に関わる。第一と第二の意味では、個人が「人間の尊厳」の文法上の主語となり、第三の意味では集団（人類全体）が主語となる。こうした差異に対応して、尊厳を尊重したり無視したりする態度のあり方も、それぞれ異なってくる。

強い意味での人間の尊厳が含意するのは、尊厳の担い手が一連の道徳的権利を有しており、これらの道徳的権利が、特定の消極的義務（不作為義務）および積極的義務（作為義務）を他者に課しているということである。私見によれば、こうした権利には、少なくとも次の五つの権利が含まれている。すなわち、1. 軽蔑および侮辱という意味での尊厳の毀損を免れる権利、2. 最低限の、行為し決定する自由への権利、3. 自分の落ち度がなくて困窮した場合に支援を受ける権利、4. 苦痛からの解放という意味での、最低限のＱＯＬへの権利、5. 同意なく、深刻な仕方で、他者の目的のための手段として利用されない権利である。

尊厳の毀損を免れる権利は、威厳という意味での尊厳概念と最も密接に結び付いている。そのため、この権利はしばしば、尊厳概念の意味を構成する要素の中でも特に中心的な要素と見なされる場合が多い。最低限の、行為し決定する自由への権利は、人間の尊厳概念に属する最も古い意味要素の一つである。今日では、もはや、最低限の道徳的自由（為すべきこと、あるいは為すべきと思うことを為す自由、つまり良心の自由）の保証という意味だけでなく、とりわけまた、最低限の消極的自由（意欲することを為す自由）の保証という意味でも理解されている。自分の落ち度がなくて困窮した場合に支援を受ける権利は、特に、十九世紀の社会運動を通じて人間の尊厳概念の中に取り入れられた。今日では、最低限の自由権の保証だけでなく、この自由権を行使するための、つまり自由権を「実効化する」ための基本的な手段の保証までもが、人間の尊厳の尊重に含まれていることについては、程度の差はあれ、議論の余地はないと考えてよいだろう。こうした基本的な手段には、とりわけ、ヘルスケア、住宅の提供、生計の補助が含まれる。さらに新しく「持ち込まれたもの」には、苦痛緩和への権利があり、最近では、この権利は人間の尊厳概念を構成する確固とした要素の一つとなっている。人間が、深刻な苦しみから解放された死という意味での「尊厳ある」死を迎えられることは、人間の尊厳概念に含まれた請求権としてますます認められる傾向にある。

第一の、強い意味での人間の尊厳については、ここまでとしよう。第二の、弱い意味での人間の尊厳は、ふつうすでに出生した人間だけではなく、たとえばヒト胚や人間の死体といった、人間の生命の先行段階や終止段階にも適用される。この概念が保護の対象としているのは、個々の胚や死体が有する何らかの権利ではなく、これらの胚や死体が有する人間という生物種に特有なものである。この生物種に特有なもののために、胚や死体は、種として人間的な存在者となっている。ヒト胚や人間の死体が辱めを受けたり、自由を奪われたり、あるいは、自分に落ち度のない困窮に陥ったまま見捨てられるなどということはありえない。それゆえ、ヒト胚や人間の死体を強い意味での人間の尊厳概念（および、その強い規範）の保護下に置くのは意味がないように思われる。たしかに、死体損壊は、侮辱および軽蔑の一形態だが、その場合に、侮辱を受ける対象は、死体それ自体ではなく、死亡した人間である。おそらく、これが胎児ならば、悪意または過失による介入を受けて深刻な損傷を被った結果、出生した後、人間の尊厳が要求する水準を下回る生を強いられるという場合もありえるだろう。しかし、ここでは、出生後の子どもの権利が侵害されているのであって、生まれる前の胎児の権利が侵害されているわけではない。強い意味での人間の尊厳から導き出される前記の五つの権利の中で、ここで問題となっているケースに適用できるのは、せいぜい、二つの権利だけである。この二つの権利に対応するのは何人にも重大な苦しみを与えてはならないという義務（この義務は、感受能力を有する胎児に適用可能である）、ならびに、何人をも、深刻な仕方で、他者の目的のための手段として利用してはならないという義務である。

さて、人造人間が人間の尊厳を有することが可能かという問いに関連して重要なのは、第三の、規範的には最も弱い概念としての人間の尊厳、つまり、人間という類それ自体の有する尊厳だけである。個人の有する主な道徳的権利が侵害されたわけでもなく、個人の生命の先行形態および終止形態が許容できな仕方で他人の目的の手段とされたわけでもない場合にも、このような類に関わる意味での人間の尊厳が毀損されることは、考えられる。類的な概念としての人間の尊厳がいつも決まって話題にのぼる脈略のひとつが、たとえば、人間と類人猿のハイブリッドのような、人間と動物のハイブリッドを産生する可能性に関係しているのも偶然ではない。この連関で、そうしたハイブリッドの存在者の産生が「人間の尊厳」と両立不可能であると言われるならば、その場合に問題となっているのは、明らかに、産生する側の個人が有する人間の尊厳に対する毀損ではなく、また、産生される側の個人が有する人間の尊厳に対する毀損でもない。ここで問題になっているのは、全体としての類の同一性と一義性に対する毀損である。この種の実験を差し控える理由としては、産生された存在者の個人としての福祉が十分な理由となるだろう。だが、このハイブリッド産生のケースで、人々が人間の尊厳を引き合いに出すことを動機づけているのは、こうした理由ではない。実験に関する禁止命令の根底にある動機は、むしろ一種の「純粋令」であるように思える。つまり、人種差別的な動機にもとづいた、混血婚の禁止と同じように、自分の所属する類とその他の類との境界が混ざり合うのを阻止することが重要なのだ。

第二の弱い意味での、個人の人間の尊厳概念と同様に、類的な尊厳概念もまた、第一の出生した人間に当てはまる〔尊厳〕概念に比べれば、規範的には相当弱い概念である。たとえば、人間の精子の活力を調査するために、人間の精子でハムスターの卵細胞を受精させるような場合、産生されたハイブリッド胚のそれ以上の発達が妨げられているかぎり、人間と動物の配偶子の交雑にとりわけ不快なところはない。また、たとえば、人間の成長ホルモンに関わる遺伝子をマウスに注入する場合のように、人間の遺伝子を動物に注入するときにも、同じことが当てはまる。このような実験が、たとえどれほど批判を呼ぶようなものであったとしても、その実験で人間の尊厳が毀損されたと指摘するような批判は、まず聞かれない。それに比べれば、実験に使用される動物の尊厳をもとにした議論とか、あるいは、こうした交配は奇怪であり異常であると主張する、いわゆる情感的な議論の方が有意義である。

5 「人為的であること」——その副詞的意味と述語的意味

人為的であることと人間の尊厳との関係について、本章の表題に掲げられた問いを論ずるに先立って、まずは「人為的」という表現の意味を明らかにしなければならない。「人為的」については、副詞的な意味と述語的な意味とを区別することができる。副詞的な意味では、ある存在者を産生するやり方が「人為的」なのであり、述語的な意味で「人為的」なのは、この存在者の性質である。〔たとえば、〕人為的な香料は、その香料の性質自体が人為的でなくても（つまり「自然と同じ」と認められていても）、人為的に産生されうる。この香料が述語的な意味でも人為的となるのは、それが人為的に産生されるだけでなく、その性質までもが人為的であって、つまり自然にはない性質の場合だけである。

これと同様に、「人造人間」についても、二つの理念型を区別することができる。その一つは、人為的に産生された人間で、組成の面では「自然」な人間である。もう一つは、自然な人間とは違って、技術的な介入によって性質または組成が変化した人間である。この二つめの意味〔での理念型〕については、さらに、「人為性」の質に関して二つのタイプに分けることができる。すなわち、その一つは、人間がもはや単に生体物質からだけでなく、その他の（たとえば、シリコンチップのような）物質からも出来ているという意味での「人為性」である。もう一つは、そのうえさらに、人間が、特別な目的をもった介入の結果として、自分と同じ種の、自然に存在する仲間に比べて、著しく異なった人間になるという意味での「人為性」である。第一の意味での人造人間は、年老いた街路樹に例えることができる。この街路樹は、大部分がもはや木ではなく、セメントその他の支持材から出来ているけれども、外観上は、人為的に補強されていない他の木に比べて、著しく異なっているわけではない。〔これに対して、〕第二の意味での人造人間は、ちょうど盆栽のようなものである。盆栽は、たしかに、自然とかけ離れた物質で出来ているわけではないが、芸術としてみごとな栽培上の介入を受けた結果、通常の大きさの木と比べて著しく異なる外観を呈している。さて、必ずしもすべての個別事例について、こうした相違の原因を技術的介入に求める必要はない。〔たとえば、〕遺伝子導入技術によって巨大化したマウスの系統上の子孫は、特別な介入なしに、特大サイズの体を系統の祖先から受け継ぐ。これと同様に、自然な形態とは異なった人間は、その特異な形態を「自然な」遺伝によって獲得するかもしれない。特定の目的をもった介入が必要となるのは、系統の始めだけなのである。

言葉の副詞的な意味での人造人間、つまり「〔その性質においては〕自然と同じ」人間の純粋なケースは、ヒトクローンである。ヒトクローンは、細胞核移植という人為的プロセスの結果として生み出される可能性があるが、性質上は「自然な」人間と全く違わない。このヒトクローンの出自を知らない人ならば、ためらうことなくヒトクローンを「自然な」人間と見なすだろう。第一の述語的な意味での人造人間の純粋なケースは、自然な機能のほとんどが機器によって代替されているような「補強された人間」だろう[1]。この場合、この人間が有する機能は「自然と同じ」であるかもしれないが、機能の媒体または担体は「自然と同じ」でない。こうした機能は人為的な媒体によって引き受けられている。つまり、この機能の自然な前提および基礎としてわれわれが知っている媒体とは別の媒体によって引き受けられている。第二の述語的な意味での人造人間の純粋形態は、技術介入によって特定の目的に合わせて改変された人間である。たとえば、遺伝子ドーピングによって競技能力を増強された運動選手、特定の目的に合わせた選別によって育成された天才の家系、あるいは、生殖系列細胞への介入によって特定の疾病に対する抵抗力を備えた子孫の系統などがそうである。この最後にあげた意味で、人間が「人為的であること」の本質は、そうした人間が、特定の目的に合わせた技術的介入によって、この介入を受けずに生まれた人間にはない性質を有する点にある。こうした人間においては、病気や事故のために失われた機能や、大多数の人が有する能力に比べて相対的な障害が人為的な手段によって補われるだけでなく、人間が自然な仕方では有さない機能までもが実現される。技術は、欠陥を補うためだけでなく、善かれ悪しかれ、まったく新しい可能性を利用可能にするためにも役立てられている。

人造人間を製造することが「不自然」とか「自然に反する」とか「言語道断」という述語と結び付けられ、人間の尊厳を毀損する恐れがあるものとして拒絶されることになるのは、一般的には、最初に述べた〔人為的に産生された人間という〕意味での人造人間と、最後に述べた〔技術介入によって自然な仕方では獲得できない性質や機能を持つという〕意味での人造人間だけである。これらの二つの場合にのみ、道徳上の懸念を招く「思い上がり」、あるいは「神のまね事」ということが、しばしば言われる[2]。その理由は、このような場合にのみ、個人を超えた〔類としての自然という〕意味での自然なものの有する境界線が侵されるからである。これに対して、（個人または類〔としての人間〕の「標準的な状態」から見た）自然的欠陥を人為的に除去したり補ったりすることが、「冒瀆的」だなどと手厳しく非難されることは、まずない。このような（たとえば、死の危険のある心臓病患者に人工心臓を装着したり、遺伝子工学によって作製された成長ホルモンを小人症患者に投与したりするような）修正は、たしかにそのつどの当事者個人の自然を改変するけれども、こうした修正は、現存する自然秩序の範囲内にとどまっている。極端な場合には、たとえすべての臓器を技術的な補強手段で代替して、脳だけが変わらず「自然な」生体物質から出来ているような人間であっても、これと同じことが言えるだろう。(3)

6 人間の人為的生殖は人間の尊厳を侵害するか

それでは、問題となる二つのケースのうち、最初のケースを検討してみよう。ここでは、人間の自然

（1）〔この場合、代替されているのは、機能の〕「ほとんど」であって、「すべて」ではない。なぜなら、すべての機能が——制御機能も含めて——完全に機器によって代行されている人間は、ロボットであって、人間ではないからである。

（2）ところが、興味深いことには、たとえば小児期の病疾に対するワクチンの接種、あるいは歯列矯正のような、すでに確立された改善的介入については、それを「思い上がり」あるいは「神のまね事をする」などと言うことはないのである。

（3）この点についても、〔原注1と〕同じことが言える。もしも、脳までもが技術的な補強手段で代替されたとすれば、その場合には、われわれの議論の対象は、もはや人間ではなくロボットであり、これについて人間の尊厳が問題になることはないだろう。また、もしも、技術的な補強手段が脳だけにかぎられ、その脳がそれ以外の「自然な」生体器官を制御していたとしても、その場合にも、われわれの議論の対象は、おそらくロボットであろう。とはいえ、このことについては、〔人間からロボットへの〕転換点に関する難問が生じる。つまり、ここで議論の的となっているものがまだ人間であって、人間そっくりなロボットではないと言うことができるためには、自然な脳がどの程度まで残っていなければならないのか、という問題である（この点については、Birnbacher 1998, S. 85 も参照せよ）。

な発生が、たとえば生殖目的でのクローニングのような、極めて人為的な発生に取って代わられる。この方法は特別な意味で「人為的」であるが、それは自然で「正常な」機能を単に代替ないし、補助するだけでなく、自然なものという枠組みを超えた全く新しい可能性を開くからである（これに対して、人工授精や体外受精は、生まれてくる子どもを意図的に選別するような新たな目的のために用いられないかぎりは、自然で「通常な」機能を補助するにすぎない）。生殖クローニングにおける新たな可能性とは、生きている人間あるいは亡くなった人間を、意図的に時間を移して（ほぼ）再生することである。

こうした生殖目的でのクローニングは、人間の尊厳を毀損するのだろうか。これまでの論述に従えば、この問題は次のように厳密に提起される必要がある。すなわち、そもそも生殖目的でのクローニングが人間の尊厳を毀損するのだとすれば、いったいどのような意味で、生殖クローニングは人間の尊厳を毀損するのだろうか。一九八五年に、当時の連邦憲法裁判所長官エルンスト・ベンダは、人間のクローニングを人間の尊厳と両立不可能とする立場を表明した。それを基礎づけるためにベンダが持ち出してくるのが、「あらゆる人間が有する基本的権利」である。その権利とは、「両親のどちらか一方の遺伝的に同一なコピーではないという権利である」（Benda 1985, S. 224）。一見すると、これは、個人の尊厳を原理とした意味での個人の法的請求権のことのように聞こえる。だが、ベンダの示した基礎づけからは、その前提においては、むしろ〔人間の〕類の尊厳が原理となっていることが透けて見える。というのも、ベンダがみずからの考えを基礎づけるのは、クローンが侮辱されたりその利害関心が侵害されたりする恐れではなく、クローニングが人間の「本質」に反するというテーゼによってだからである。これに類似した基礎づけは、一九九八年一月の欧州評議会による「人権および生命医学に関する条約」[*2]への追加議定書にも見出せる。この追加議定書によれば、クローニングは人間の尊厳と両立不可能であるため、無条件に禁止されるべきだという。その理由は、人間という生物が、他者と遺伝的に（ほぼ）同一の人間的存在者として意図的に産生されることによって、道具化されるからだという。この存在者は、他の（生きている、あるいは死亡した）存在者と類似して存在することを目的として、人為的に産生される。

しかし、こうした議論に説得力があるように見えるのは、はじめだけである。詳しく検討してみると、いくつもの疑問が浮かび上がってくる。

1. クローニングによって道具化されるのは誰なのか。手段として用いられるのは、さしあたり、人間でもなければ、それ以外の、利用および搾取の対象となりうる存在者でもなく、新奇な生殖技術と結び付けられた細胞および細胞構成物である。目的のための手段となっているのは、人間ではなく、人間を産生するための特定の方法なのである。こうした手段化は、クローニングによる子どもが出生する時点で、ようやく過去のものとなるのではなくて、胚という生命が始まった時点で、すでに過去のものとなっている。つまり、胚の発生に至るまでのクローニングのプロセスの後では、この胚は、たとえば生殖系列細胞への介入の場合とは異なり、それ以上操作されることがない。

2. クローニングによる生殖は、始めから「オリジナル」の遺伝的複製を目的としているから、それは、必然的に目的志向的であるが、これが、クローニングによる尊厳の毀損の本質なのだろうか。だが、もし、そうだとすれば、たとえば、すでに生きている子どもに妹弟をもうけてやるため、みずからの老後の暮らしに備えるため、家業の後継者を得るため、社会的な期待に応えるため、あるいは、夫婦二人だけで生きる孤独を紛らわすため等の、特定の目的のために子どもを出産することも人間の尊厳に反する（あるいは、そもそも道徳的に憂慮すべき）ことになるだろう。だが、それがなぜ人間の尊厳に反するかを理解するのは、容易でない。計画を立て、手段と目的の関係を合理的に考えることが人間の尊厳に反するというのは、理解し難い。むしろそうした思考が、ふつうは人間に固有の完全性を証拠だてるものと見なされるだけに、なおさら理解し難い。生殖を自然のままに委ねることは、われわれを神々の側に結び付けるよりも、むしろわれわれを動物の側に結び付ける。したがって、人間の尊厳に反するのは、目的を設定すること自体ではありえず、そう考えられるのは、せいぜいのところ、他者に具体的な害を及ぼす目的、あるいは、他者に具体的な害を及ぼす手段だけだろう。たとえば、クローニングの目的が「大量の人員」の産生である場合や、クローン人間がみずからを害するような仕方で、もっぱら他者の利害関心だけに合わせて最適化されている場合が、そうである。だが、特定の目的のために生殖が手段化された場合であっても、こうした仕方で産生された人自身が、必ず非難に値するような手段化その他の害を被る対象になると決まっているわけではない。いずれにせよ、道徳的な問題となるのは、クローン自身が被る害だけであり、このクローンの産生が目的にもとづいているという事実ではない。

3. 他者の目的のために利用されることの一形式としての手段化は、それ自体で道徳的に許容されないわけでもなければ、どんな場合でも必ず人間の尊厳を毀損するわけでもない。この点は、たとえ手段化される人間が、そのような利用に同意していないか、または同意できない場合であっても変わらない。カントによる定言命法の第二定式は、何人も決して手段として扱われてはならないという意味ではなく、何人も単に手段としてのみ扱われてはならないという意味であり、この「単に［…］のみ」という言葉は、解釈にある程度の幅を持たせている。ここで、カント自身がとりわけ考えていたのは、奴隷化、人身売買および屈辱的な刑罰であり、つまりは、極端な侮辱の諸形態である。本人の意志に反して他者に利用されることは、必ずしもすべて、こうした類いの極端な侮辱ではない。

もしも、クローニングが具体的な個人にもたらす結果に関わらず、クローニングそれ自体が人間の尊厳に対する毀損なのだとすれば、おそらくその場合に毀損される尊厳とは、〔生物種としての人間という〕類の尊厳であろう。だが、この類の尊厳が、他ならぬ人間を動物から区別するメルクマールにもとづいており、つまり、自己意識、思考能力、自律および道徳性のような性質に基づいているのだとすれば、類の尊厳はクローニングによって毀損されるのだろうか。生殖目的でのクローニングは、決してこのような人間特有の諸原則を侵害するものではなく、むしろ、〔それが侵害するのは、〕有性生殖による遺伝子の偶然的結合という、きわめて一般的な原則である。ところが、他でもないこの原則こそが、類としての「人間」の持つ特別な尊厳にとって決定的に重要だと言うのは説明困難だろう（Gutmann 2001, S. 373 を参照）。一体何が、人間の生殖様式に特別な仕方で尊厳を付与すると言うのだろうか。

7　人間の自己超越による尊厳の毀損とは？

以上の考察から得られた成果によれば、人間の人為的な産生が人間の尊厳の毀損となるのは、せいぜいのところ、人為的な産生によって、人間がその尊厳を欠いた条件下での生を強いられる場合にすぎない。だが、たとえ人間の尊厳に反する場合があるとしても、産生が人為的であること自体が、その理由となることは決してありえない。生殖目的でのクローニング、あるいは（自然な妊娠を保育器で完全に代替する）体外発生のような人為的方法が、道徳上の非難に値するとすれば、その理由は、せいぜいのところ、このような方法が個人および社会に対するリスクをはらんでいるからにすぎないのである。クローニングに関して言えば、実際に現在の知識水準では、細胞核移植による生殖目的でのクローニングを道徳的観点から正当化することはできないだろう。とはいえ、その理由は、こうした方法が人為的であり、自然に反するからではない（あるいは、そこから誤って導き出されるように、人間の尊厳に反するからでもない）。その理由は、こうした方法には肉体的・精神的な危険が想定されるからであり、こうした危険が、それに見合うだけの利益によって相殺されないからである。

人間の特定の性質や能力を改善したり、完成するための技術的介入についても、これと同じことが当てはまる。こうした技術的介入によって、人間はみずからに固有の本性を、自然の進化が歴史的に到達した水準を越えてさらに発展させる。こうした試みが道徳的観点からの非難に値するとすれば、その理由は、この試みが、その目指す目標を達成するためには明らかに力不足だからである（とりわけそうした目標を目指した優生学による従来のあらゆる試みは、この点で批判を浴びている）。あるいは、こうした試みが、その当事者個人や当事者以外の個人または社会全体に対するリスクをはらんでいるからである。それに対して、人間の自然本性がより良いものへ変化してきたという事実も、人為的な手段を用いて人間の自然本性を改良しようとする意図それ自体も、どちらも道徳的観点から批判されるべきものとは考えられず、ましてや、人間の尊厳に反するとは考えられない。それが人間の尊厳に反するという判断が正当化されるとすれば、それは、人間の自然本性が神聖不可侵である場合か、あるいは、人間の自己開発と自己形成とに限界を定めるような、人間の「本性」があらかじめ与えられていることが示されうる場合だけだろう。

だが、どうすれば人間の自然本性が神聖不可侵であることを基礎づけられるというのだろうか。人間とは、「〔神の〕創造によって解放された自由民」であり、人間自身の自然本性を計画的な形成活動の対象とする自由もまた、他ならぬ人間的自由の一つである。人間は、自然本性からして文化的存在であるが、文化とは、単に偶然や自然状態における欠陥の克服を目指すだけでなく、あらかじめ自然に与えられた条件づけを乗り越えた自己形成をも目指すものである。このような自由の範囲は、人間の精神的側面だけでなく、その身体的側面にも及ぶ。身体的側面に関して言えば、医療を用いて身体障害を直す自由だけが人間の自律ではなく、たとえばスポーツ、美容または身体デザインによって、人間が生まれつき自然に与えられた体を改変する自由もまた、人間の自律である。こうした自己超越が他者に関わるかぎりでは、当然ながら、そこには重大な責任が生じる。しかしながら、このような責任は、身体の改変に特有のメルクマールではなく、単なる身体の矯正や調整という形での自己形成も、同様に当てはまる。

他方で、ハンス・ヨナスおよびヨナスに追随したエルンスト・ベンダが試みたように、（生殖補助医療の問題との関連で）人間の自己完成を制限することの根拠を、人間の本質の定義に求めることは、同様に、リスクの大きな知的企てである。人間の本質定義は、経験に基礎づけられ、それゆえ人間を経験に即して特徴づけ、その他の自然から区別するようなメルクマールを含んだものであるか、あるいは人間がいかにあるべきかに関する規範を立てるものであるかのいずれかである。どちらの場合にしても、人間の本質定義が時代の変化に関わらない永続的な妥当性を有するなどと期待することはできない。第一の場合では、人間の本質定義は、われわれの歴史的な経験状況に左右され、第二の場合では、人間の本質定義は、個々の文化や歴史において支配的な規範的人間像に左右される。そのうえ、純粋に経験的な本質定義には、そもそも正当化や批判のためのいかなる種類の機能も期待できない。人間が現にあるとおりのものであるという事実だけをとって見れば、その事実によって、人間が別様にあるべきだとか、別様にあってはならないという当為を示すことはできない。経験的な意味で真なる人間像は、何も命じたり禁じたりしない。もしかすると、人間は、「遺伝子手術」による介入の結果、新たな本質を持った存在者になるかもしれない（Benda 1985, S. 231）。あるいは、ウォーリックの自己実験に関してウィナーが懸念しているように、機能を増強させる装置を身体に取りつけることによって、人間の本質は改変されるかもしれない。しかし、こうした可能性は、身体の改変を進歩や完全化と見なさねばならないのか、それとも、後退や退行と見なさねばならないのかという点に関しては、何の意味もなさない。他方で、本質定義という概念を規範的意味において、理想的人間像あるいは人間のあるべき姿についての指導理念と解して、技術的な自己増強がこうした人間像や理念とは両立不能であると批難することで、実践に資するような多くの成果が得られるかどうかは疑わしい。西欧世界で優位を占めている啓蒙主義的な理想によれば、人間は、個人としても類としても、可能なかぎり自律的かつ個性的な存在へと発達すべきであり、持って生まれた自然的傾向性を可能なかぎり毅然とした姿勢で抑制するとともに、社会的な責任を担う存在へと発達すべきであるという。こうした理想を前提とするならば、この理想から導き出された伝統的な精神的・道徳的な完成と違って、なぜ人間の（遺伝的なものも含めた）身体的な自然本性を完成する可能性は、この理想と両立しないと言われるのか理解に苦しむ。もちろん、広く共有されたこの啓蒙主義の理想を、同時にまた義務としても受け入れることが望ましいのかどうか、また、十九世紀に［J・S・］ミルが語ったように、「自分自身の自然本性に関する人間の義務は、人間以外のあらゆる事物の自然本性に関する人間の義務と同じものであり、つまり、それは自然本性に従うことではなく、自然本性を改良する義務である」（Mill 1984, S. 53）などと、今日なお無邪気に言うことができるのかどうか、この点については議論の余地がある。だが、たとえ自己の完成への義務を要求するというところまでは行かないとしても、それでもやはり、人間の自然本性の「人為的な」改良は、少なくとも、それが、自律、個性化、自己制御および社会的責任という理想と衝突しないかぎりは、許容されると見なされなければならない。それは「人為的」という言葉が副詞的な意味を持とうと、述語的意味を持とうと変わらない。少なくとも、こうした理想が脅かされないかぎり、生得的または後天的な障害を補助し矯正するために現在開発されている技術的な補助手段を利用して、自然に備わっている程度を超えて能力を向上させることが、許されない、ということはありえないだろう。ましてや、それが人間の尊厳に反するなどということは、ありえないだろう。[4]

（4） このような〔技術的補助手段の使用の〕一例としては、脳インプラントがある。脳インプラントを用いれば、たとえ全身麻痺の患者であっても、単に思考を集中するだけで、コンピューター画面上のカーソルを動かすことができるようになる（Brooks 2002, S. 240 を参照）。このような補助手段を健常者にも使用する可能性について思い描くのは難しくない。

引用参考文献

Benda, Ernst,»Erprobung der Menschenwürde am Beispiel der Humangenetik«, in: Flöhl,Rainer (Hg.), *Genforschung – Fluch oder Segen? Interdisziplinäre Stellungnahmen*, München 1985, S. 205-231.

Birnbacher, Dieter, »›Natur‹ als Maßstab menschlichen Handelns«, in: Ders. (Hg.), *Ökophilosophie*, Stuttgart 1997, S. 217-249, in diesem Baand S. 145-165.

Ders., »Hirngewebstransplantation und neurobionische Eingriffe – Anthropologische und ethische Fragen«, in: *Jahrbuch für Wissenschaft und Ethik 3* (1998), S. 79-96 (in diesem Band S. 273-293)

Brooks, Rodney, *Menschmaschinen. Wie uns die Zukunftstechnologien neu erschaffen*, Frankfurt am Main/New York 2002.

Gutmann, Thomas, »Auf der Sache nach einem Rechtsgut. Zur Strafbarkeit des Klonens von Menschen«, in: Roxin, Claus/Schroth, Ulrich (Hg.), *Medizinstrafrecht*, 2. Aufl., Stuttgart, 2001, S. 353-379.

Hardin, Garrett, »The rational foundation of conservation«, in: *North American Review 259* (1976), S. 14-17.

Kropotkin, Peter, *Gegenseitige Hilfe in der Tier- und Menschenwelt*, Frankfurt am Main 1975.

Lem, Stanislaw, *Summa technologiae*, Frankfurt am Main 1981.

Midgley, Mary, »Biotechology and monstrosity. Why we should give attention to the ›Yuk Factor‹«, in: *Hastings Center Report Sept./Oct. 2000*, S. 7-15.

Mill, John Stuart, »Natur«, in: Ders., *Drei Essays über Religion*, Stuttgart, 1984, S. 9-62.

Norman, Richard, »Interfering with nature«, in: *Journal of Applied Philosophy* 13 (1996), S. 1-11.

Schopenhauer, Arthur, *Die Welt als Wille und Vorstellung I*, in: Ders., *Sämtliche Werke*, Band 2, hg. von Artur Hübscher, 4.Aufl., Mannheim 1988.〔『意志と表象としての世界』Ⅰ・Ⅱ・Ⅲ、西尾幹二訳、中央公論新社、二〇〇四年〕

Vogel, Gretchen, »Part man, part computer, Researcher tests the limits«, in: *Science 295* (2002), S. 1020.

訳注

＊1　無精子症など男性の側に不妊の原因がある場合に、第三者が提供する精子を使用して人工授精し妊娠する治療法。この場合、生まれてくる子どもは父親とは遺伝的つながりを持たない。

＊2　Convention on Human Rights and Biomedicine のこと。「人権および生物医学に関する欧州条約」と訳されることも多い。

第Ⅱ部　自然概念とエコロジー

第4章　功利主義とエコロジー倫理学——不釣り合いな結び付き？

1　序論

今日ではヨーロッパの哲学的倫理学の伝統に対して、〝環境保護・動物保護・自然保護の問題に目を向けたのが——あまりにも——遅かった〟という非難がたびたび浴びせられるが、その非難を、歴史上で功利主義を創始した人々に向けることはできない。むしろ功利主義の古典的思想家たちは、この点に関してパイオニアの役割を果たしている。〈ジェレミー・ベンサム〉は、われわれの文化圏において支配的な純粋に人間中心主義的な倫理学に反対して、感受能力を持つ動物も道徳的配慮に値する、と主張した。〈ジョン・スチュアート・ミル〉は、長期的な自然保護のために、経済ならびに人口の「ゼロ成長」に相当することを要求した。そして〈ヘンリー・シジウィック〉は、功利主義哲学者や経済学者の長い系列の中で、「未来世代〔の効用〕の割引」といって未来の受益者に対して現代の受益者を一方的に優先する、経済政策上の計画では普通の考え方を批判した最初の人だったのである。

それにもかかわらず、エコロジー運動に関わっている多くの人ならびに特に多くの「エコロジー倫理学者」にとって——若干の例外は除いて（Wolf 1990 を参照）——エコロジー倫理学と功利主義は、部分的には概念上の根拠からすでに相容れない関係になっている。多くの人々にとって「エコロジー倫理学」

は定義からしてある「新しい倫理学」であって、その本質的特徴は、伝統的に人間中心主義的な考え方から生命中心主義的（あるいは「生態系中心主義的」）な考え方への移行にある。そうした考え方においては、人間以外の生き物・ビオトープ・生態系・動物種と植物種に、そして生物圏全体に自己目的的な性格、「固有価値」あるいは（道徳的かつ／または法的な）権利主体の身分が認められる。しかし、エコロジー倫理学の有力な論者はほとんどすべて、エコロジー倫理学と功利主義のあいだに概念上の両立不可能性を打ち立てまではしなくても、功利主義とは両立しえない価値論的（価値理論的）ならびに規範的（義務論的）立場を取り、それでもって総じて情緒的に——知的にはそうでもないが——比較的広く受け入れられている（Hargrove 1992, S. XI を参照）。こうした見方からは、功利主義に感受能力を持つ動物が包含されることは、伝統的な人間中心主義の些細な修正、結局のところ無視できる程度の修正としか見られない。しかも、個体としての動物の苦痛ではなく、現存するすべての動物種（ならびに植物種）全体、生態系と景観の保存が問題とされ、伝統的な倫理学的アプローチが制約されているのと同様の人間中心主義的な根拠づけを功利主義者が要求されるや否や、実際に功利主義の強み——人間だけでなく感受能力を持つ動物もわれわれの行為と不作為に影響を受けるとして、どちらにも等しく配慮すること——は消えてしまうように思われる。

功利主義とエコロジー倫理学とあいだの溝は倫理学の方法論においてすでに橋渡しできないように思われる。功利主義の目指すところは倫理的判断の包括的合理化であり、そのため特に個別事例の価値評価を理論以前の個人的「直感」に関係づけるのではなく、できるかぎり客観化可能であとから検証可能な結果計算に関係づける。それとは反対に、エコロジー倫理学は近年ますます明瞭に「倫理学的な感傷主義（センチメンタリズム）」の方向で議論を展開している。それによれば、「直感」・感情・自発的反応はその（功利主義も評価する）発見的意義を有するだけでなく、冷静な結果判定まで引き受けるようになり、倫理的な真理への直接的なアクセスを可能にすることになる。そうした動向のもっとも極端に具体化された形態は、〈ネス〉や〈デヴォール〉、〈セッションズ〉らの名前によって特徴づけられる「ディープエコロジー」（Devall 1997 を参照）のうちに見出された。ディープエコロジーは、エコロジー倫理学の表現的－模倣的機能をその論証的機能よりも評価し、部分的には論証性をきっぱりと断念することを基本的路線とした。ディープエコロジーは、ドイツロマン主義の自然哲学に似て、自然に対して生命を要求し、その「生命の展開」を遂行しようとし（Naess 1989, S. 91）、そうして哲学の形式と内容を一致させようとする。そのことはたいていのディープエコロジー論文が一般に物語的で伝記的な傾向を持つことに現われている。読者はもはやそれぞれの著者の価値評価を共有するように説得されるのではなく、環境倫理学者ロルストン（Rolstion 1997, S. 244）が肯定的に引用したアリストテレスの「判断は知覚のうちに」見出されるという言葉の意味でそのように「誘われ」るのである。

さらなる方法上の対立が見出されるのは、功利主義が独特な仕方で経済的思考の枠組みを倫理学の中に導入するのに対して、エコロジー倫理学はそうした枠組みから距離を取るという点である。功利主義にとって、あらゆる価値は相互に通約可能である（必ずしも貨幣価値にもとづかなくても）という仮定、そしてさまざまな——物質的ならびに非物質的——必要を充足するものが最大化されるべき全体効用に理想的には勘定されうるという仮定は、不可欠である。それに対してエコロジー倫理学においては、絶対的価値を持つ性質の思考を強調し、そのために、文明的価値と自然の価値を比べたり、また自然の価値どうしを比べたりして「差引勘定」することに対して慎重な態度を取るという特徴的がある。

ある日われわれは、テキサスの大藪とパロ・ヴェルデ渓谷のどちらかをその評価点をもとに選ばなければならなくなるのだろうか。特定の生物共同体あるいは特定の生物種を保護する必要性は、何であれ他のものを保護する必要性とは無関係に判定されなければならない。(Ehrenfeld 1997, S. 168)

さらなる根本的な相違点は、エコロジー倫理学においていたるところで見出される「自然性」への強い思いである。自然における人為的な変性過程は主として否定的に、人為の及ばない変性は質的に〔人為的な退化と〕同じ結果であっても主として肯定的に評価される。それに対して功利主義は、自然への人為的な介入と自然の保存とをこの点に関しては区別しない。生物種を根絶しない義務が存在するならば、種が自然に絶滅するのを防ぐ(過剰な経費がかかることは保留して)義務も存在する。何ものかが「自然から」生じることが、そのものに何にもまさる高い尊厳を付与するわけではない。功利主義はその始まり以来存在者そのものに対して――自然の自然性に対しても歴史の歩みに対しても歴史上偶然に他のようにではなく現在のようになった社会制度に対しても――いかなる尊敬も払わないことを特徴とするのである。

決定的に重要な内容的差異は、功利主義の主観主義的な価値論のうちに見出される。その価値論は自然の「固有価値」を承認する立場とは原理的に両立しえない。功利主義者にとって価値の根拠は選好のうちにある。それによれば、自然の一つの表徴が価値を持つのは、その表徴が(人間または動物の)意識によって価値ありと感覚されるかぎりにおいてである。それに対して、エコロジー倫理学において優勢な価値論によれば、自然全体あるいはそのサブシステムの特定の自然は、自然全体あるいはそのサブシステムを肯定的に価値評価する(人間としてのあるいは動物としての)主体が存在するか否かとは無関係に価値を持つ[1]。たいていのエコロジー倫理学者は、まさにこの点に自らの新しいアプローチの種差（*differentia specifica*）を見ている。そしてたいていのエコロジー倫理学者にとって、この理論的新機軸こそ有効な自然保護にとって決定的に重要な条件である。エコロジー倫理学者によれば、人間中心主義的なシステムの内部には自然にとって真の保護は存在しない——人間中心主義的システム内部での自然保護という構想がそれ自体としてすでに矛盾しているのである（Ehrenfeld 1997, S. 166）。

2　功利主義的な基盤の妥当性

功利主義とエコロジー倫理学のこうした対立に満足して、両者は明らかに歩み寄ることができないと断言する人がいるかもしれない。しかしながら、こうした結論は少なくとも二つの根拠から早計である。

（1）　こうした価値論的客観主義は、（エコロジー倫理学において広まっている自然の「固有価値」という語り方が思いつかせるかもしれないが）メタ倫理学的客観主義と混同してはいけない。価値論的客観主義が答えるのは、何が内在的価値を持つのか、何に内在的価値があるのか、という問いである。メタ倫理学的客観主義が答えるのは、こうした価値言明はいかなる妥当性の様相を持つのか、価値言明はその側で主観／主体と無関係に存立している「価値ある事柄」の表現なのか、それとも選好の表現なのか、という問いである。価値論的客観主義はメタ倫理学的主観主義を排除しない。すなわち、非‐人間中心主義的な環境倫理学が人間的視野の外部でも内在的価値を承認するからといて、非‐人間中心主義的な環境倫理学は、この価値が人間的なすべての価値評価に先だって与えられていると見なさなければならないわけではない。他方で、人間中心主義的な環境倫理学が内在的価値をもっぱら人間的視野の内部でしか承認しないからといって、人間中心主義的環境倫理学は、その価値を主観的と、つまり人間の価値評価によって定立されたとも見なさなければならないわけではない。生態系中心主義者であると同時にメタ倫理学的な主観主義者であることも（キャリコットのように）、人間中心主義者でありながらメタ倫理学的な客観主義者であることも（カントのように）可能なのである。

第一に、第一印象や支配的な理解に対して種の保存と景観の保存に関する功利主義的－人間中心主義的構想と生態系中心主義的構想のあいだに収束点がないとは決まっていない（収束仮説）。第二に、功利主義とエコロジー倫理学とが収束しないことは、わたしの考えでは、功利主義にとってよりもエコロジー倫理学にとって問題となるだろう。というのも、倫理学の功利主義的な基盤が信頼に足る確実な基盤と見なされるに違いない理由が存在するからである。

それらの理由は道徳的要求の特徴である普遍妥当性要求に関わっている。道徳的規範（行為規範ならびに不作為規範）だけでなく、それらを根拠づける前提となる価値も、原理的に万人に理解され洞察され受け入れられるべしという要求を掲げる。規範のレベルにおいてだけでなく、すでに価値（いかなる財が追求に値するかについての言明）のレベルにおいても、「道徳的観点」の本質は、さまざまな利害関心や共感に条件づけられた個別の視点が同等に代表されるような、党派ならびに個人を超えた視点から判断することのうちにある。われわれは道徳的に判断するときに超個人的な視点から判断するがゆえに、すべての他者に正当にわれわれ自身と同じ道徳的判断を下すように要求でき、また他者がわれわれの判断と一致して適切に行為するべしという要求を、提案・権威主義的な意志表示・権力行使よりも控え目に提示することができるのである。ある人がある事柄をそれ自体で善く追求に値すると判定するとしても、それでもってその人は、自分がその事柄を個人的に欲して追求しているとか、その事柄をどのような意味であれ個人的に贔屓にしている、などと言っているのではない。またその人は、自分が現在はその事柄に反感を持っていてもそれを追求し評価すべきであるのは、その事柄を追求し評価することが長期的な利害関心（たとえば自分の健康という利害関心）になるからだ、と言っているのでもない。むしろその人は、その人の個人的判断がどれほど主観的な色彩を帯びていても、その事柄は、それがその人の利害関心あるいは特定の他者の利害関心と一致するかしないかにかかわらず、客観的かつ定言的に善であり追求に値する、と言っているのである。たしかにある事柄の価値論的評価においてもある利害関心が表明されはする。しかし、こうした利害関心は、「利害関心を欠いた満足感／好意」に関する〔カントの〕理論に従った情感的判断がそうであるのと同じ意味で、「利害関心を欠いて」いる。ある事柄の価値論的評価において表明される利害関心は、具体的な自分自身の利害関心の表現ではなく、自分自身の具体的な当事者性を度外視した、超個人的で普遍化された利害関心の表現なのである。

数多くの証拠が、普遍妥当性要求が正当に立てられる唯一の価値があること、それはすなわち、主観的に肯定的に評価される意識状態を体験することの価値であることを支持している。ある人が――その人自身の評価に従って――気分が悪いと感じるよりも気分が好いと感じるほうが原則的に善いということは、過去および現在のあらゆる価値論的体系において――それらの体系のそれ以外の点で異なっていても――承認されうる基本的な価値想定である。徳・尊厳・正義・調和・美といった内在的価値については、解消不可能な不一致が見られるが、それ自体でかつ結果と無関係に肯定的意識状態だと主観が感じるものは、それゆえに客観的に肯定的なものだという想定は、かつて提案されたすべての価値論に共有されている。

もしそうであるならば――本章では独断的に主張されるのではなく、少なくとも説得力があるとされるにすぎないが――、こうした抽象的で最小限主義的な価値論だけが倫理的に重要なものとして正当化されうる。しかし、こうした最小限主義的な価値論においてはエコロジー倫理学によって要求されるような、選好に無関係な自然の固有価値はまったく登場してこない。たしかに、構成的・再構成的・発見的意図において内容豊かな価値論を展開することに反対する理由はない。しかし、そうした価値論は最小限主義的な価値論と同様の拘束性要求を掲げることはできない。そうした価値論も特定の価値論的な見方を説明しはする。しかし、異なる意見を持つ人々を説得できるような根拠ないし原理を提供することはないのである。

3 拡散か収斂か

それでは、エコロジー倫理学が功利主義的なパラダイムに接近しなければならないのであってその反対ではない、ということになるのだろうか。少なくとも、功利主義とエコロジー倫理学との方法上の差異に関して私は、倫理学における「エコロジー的多様性」に対して大いに共感しているにもかかわらず、実際には一定の同調圧力を見ている。功利主義的倫理学を特徴づける合理性をエコロジー倫理学も無視はできない。倫理学の課題は、特定の道徳的告白を物語のように描写することや訴えかけるように表明することではありえない。倫理学はむしろ第一に論証と根拠づけを追求する。そのように理性に訴えることによってのみ、個人的価値価値の任意性と複数性が根拠づけられた合意の方向へと乗り越えられる。しかし、普遍妥当性への要求はそもそも道徳的言明の意味論に「組み込まれて」いるのだから根拠づけられた合意というこの目標は、倫理学の統制的な指導理念としてはじめから不可欠なのである。

さらに別の観点からもエコロジー倫理学は、功利主義パラダイムに歩み寄ること――「経済的」合理性を倫理学においてもある程度は承認することを避けて通れない。いかなる倫理学も財の比較考量を無視できない――絶対的価値ないし命令を認めるような倫理学も同様である。というのは、絶対的価値や絶対的命令どうしが対立し合うという場合も排除できないからである。人間の生命の価値が無限大と見なされ、人間の尊厳の保持が絶対に優位と見なされるかもしれないとしても、それでも、生命どうしあるいは人間の尊厳どうしが比較考量されなければならないような状況に対する基準を定式化することを倫理学者は依然として免れてはいない。自然保護倫理学者はときどき、自然の価値はいずれにせよ「人間中心的」な価値より優位に立つのだから財の比較考量をまったく無視できると言っているかのような印象を与える。しかし、そうした倫理学者でさえも自然の価値が相互に対立し合うことを無視できないし（たとえば、動物による過度の植物被害を避けるために冬に餌を与えるのを止める場合に自然保護の目標と動物保護の目標が対立するように）、そうした倫理学者がいかなる個別事例においても自然の価値を優先させようとしているのだと考えることもできない。これまで経済活動に利用されていなかった土地を利用すれば人間が飢えから救われるが、その土地を保護することはもっぱら少数のエリートの高尚な欲求を満足させるだけだという場合、保護することを利用することより優先してよいかどうかという問いは、自然保護倫理学者にとって道徳的に未解決の問いであると言ってよいであろう（McCloskey 1983, S. 36）。

財の比較考量をできるかぎり慎重かつ体系的に（決定状況の中で該当するすべての価値を考慮して）行うには、エコロジー倫理学者も、必ずしも全体的な金銭化の形式においてではないとしても、比較的‐量的な手続きを無視することができない。量的‐経済的枠組みをおよそいかなる方法も避けて通れない。いかなる価値コンフリクトも──経済的な観点からは──道徳的な有効性をめぐる争いとして把握され、道徳的なコンフリクトの解決は特定の最善化観点に従った道徳的資源の配分として把握されうる。規範を道徳的権利の概念のうえに築く倫理学も、たとえば、より大多数の権利の侵害あるいは多くの人々における特定の権利の侵害がより少数の権利の侵害やより少数の人々における特定の権利の侵害よりも憂慮すべきであるというように、量的な等級づけに余地を空けなければならない。たしかに倫理学者には裁判官に対してと同じように「裁判官は計算しない（*judex non calculat*）」という原則が当てはまる。しかし、ベンサム以後の功利主義者たちは実践的な配慮から文字通りの「計算」をもはや要求していなかった。計算の功利主義的な理想として要求されているのは、できるかぎり包括的で体系的に、関連する肯定的あるいは否定的な財それぞれの価値論的重みにあわせて適切に結果を比較考量することにほかならない。「計算」することをそのように理解すれば、それはそもそも功利主義に特有の要件ではなく、規範定立をなんらかの仕方で（そして必ずしもそれ以外の方法を排除せずに）行為の結果に即して方向づけるあらゆる倫理学体系に当てはまる要求である。

エコロジー倫理学が功利主義に特徴的な経済的思考習慣を受け付け得ない論点がさらにもう一つある。その論点は代替可能性の問題である。経済学者にとってはあらゆる商品が貨幣価値として相互に交換可能であり、功利主義者から見てもあらゆる財は効用価値として相互に交換可能である。それに対して、エコロジー倫理学は個別のビオトープや生態系また生物種の原理的な交換不可能性を主張し、そうして相当厳しい保存を要求することをその特徴とする。社会生物学者として有名になった動物学者エドワード・ウィルソンが言っているように「すべての種は進化の傑作であり、代替不可能なのである」（Wilson 1995, S. 33）。

「代替不可能性」という言い回しの修辞的に強調された機能をひとまず度外視するとしても、その言い回しは厳密に何を意味しているのだろうか。厳密には、すべての個別の種の代替不可能性についてそれを普遍的な意味で語ることは、取るに足らないことであるか、間違ったことである。「代替不可能」であるということが、ある個体ないしある種が唯一無比であることだと理解されるならば、他のものによって置き換えられるものは何もない。ライプニッツがすでに確証しているように、同じ樹木の中のどの二枚の葉も完全に同じではない。「代替可能性」について語ることが些細なことでないのは、特定の観点や表徴、あるいは機能に関する場合にかぎられる。そしてこの意味において個体と種のあいだに広範な代替可能性がないかどうかは、未解決である。生態系中心主義的なエコロジー倫理学者も広範な代替可能性を認めるに違いない――たとえば、あまり美的でなく、興味深くなく生態学的に重要でも希少でもない生物種がより美的で興味深く、生態学的に重要で希少である生物種と代替可能であることを認めるに違いない。こうした代替可能性が必然的であることは、エコロジー倫理学者が保護しようとするのも第一に価値、つまり特性であり、そうした価値特性の担い手としての個体の保護は二次的問題にすぎないという事実から帰結する。しかし、価値が保護されるかぎり、生態系中心主義モデルにおいてもその保護されるべき価値をそれほど示していないある個体Aは、その価値をより高い程度で表わしている個体Bによって代替可能である。代替不可能性は個体化された関係（友情や愛といった）には当てはまるが、価値評価には当てはまらない。AがBをもっぱら一定の特性を理由にして愛好するかぎり、BはAにとって、この特性を〔Bと〕同等にあるいは〔Bより〕もっと高く示すCによって代替可能である。

方法上の相違についてはここまでにしよう。しかし、中心となる内容上の意見の相違、人間中心主義的かつ感覚中心主義的な価値論と生態系中心主義的な価値論との対立についてはどうだろうか。その点でも、対立は表面的な現象にすぎず、その背後に究極的に同一の深層構造が隠れているのだという「収束仮説」支持者の主張は正しいのだろうか。

収束仮説には以下の三つのヴァリエーションがあるが、そのうち最初の二つはどちらかというと経験的性格のものであり、最後のものだけが純粋に哲学的－分析的な論究の対象となりうる。すなわち、結果の収束仮説・実践的規範の収束仮説・固有価値ならびに本来的価値（*inhärente Werte*）の収束仮説である。

結果の収束仮説の意味するところは、功利主義的な環境倫理学の規範ならびに生態系中心主義的な環境倫理学の規範のどちらの妥当性も、またどちらに従っても、自然保護および景観保護に関して全体として同じ帰結に行き着くのであり、功利主義倫理学の精神を汲んで人間中心主義的価値論に従っても、自然倫理学の精神を汲んで生態系中心主義の価値論に従っても、結果を顧慮して言えば、最終的にどちらでもよいということである。[2] それと区別されるのが、実践的規範の収束仮説であり、それによれば、功利主義の基礎原理と生態系中心主義の基礎原理は具体的実践に対する同一の指針と行為指示を含意していて、相違はその指針や行為指示のために与えられる根拠のうちに見出されるにすぎない。この仮説に従う場合も実践においては、功利主義的な規範に従っても生態系中心主義的な規範に従っても、同じことに帰着する。固有価値ならびに本来的価値の収束仮説の議論の射程がもっとも広い。それによれば、生態系中心主義者が「固有価値」として要請している自然の価値を功利主義的‐人間中心主義的視点から本来的価値として再構成することによって、見かけ上対極に位置している功利主義と生態系中心主義の二つの立場が価値論のレベルで一致させられ、内容的に――価値の身分についてではないとしても――一致するのである。

4　道具的な自然価値

収束仮説の最初の二つのヴァリエーションを肯定する重要な根拠は、種・ビオトープ・景観・その他の自然構成要素の道具的価値に関して大体の一致が功利主義者とエコロジー倫理学者のあいだに見出されるという点にある。エコロジー倫理学者にとって自然はもっぱら資源にすぎないものではないとしても、それでも自然は彼らにとって資源でもあるのだ。そして、エコロジー倫理学者と功利主義者の双方にとって自然の道具的価値は、現在の目に見える効用に制限されるのではなく、考えられるあるいは確からしい未来の効用全体を含んでいる。双方にとって、資源は存在するのではなく、それは生じるのである（Bishop 1980, S. 208）。現在は資源と見なされないものも、人間の必要や、情感的趣味、科学と技術の水準、そしてその他の資源の消耗の度合が変化することによって、資源になりうる（ならないこともある）のである。

このことはとりわけ、食糧・嗜好品・繊維製品・その他の製品の（潜在的）原料となる自然の経済的価値について当てはまる。今日、絶滅の危機に晒されている生物が未来の人類にとって著しい経済的意義を持ちうるかもしれない。人間の目的のために役立ちうるかどうかを追求されているのはごく少数の生物種だけであるという調査結果や、付随的に発見される有用性についての多くの逸話ふうの証拠は、自然の宝が今日もまだ探し尽くされていないことを表わしている。同様のことは、（潜在的）医療薬としての自然資源の価値に当てはまる。そういうわけで、たとえば昆虫が化学物質の供給源という資源としての潜在的可能性は、ほとんど追求されていない（Ehrenfeld 1997, S. 141f.）。

生物種・ビオトープ・生態系は、人間の認識の進歩の手段や基礎としても、また教育的価値、人間の再生の資源としても道具的価値を持っている。重要な認識が、そのほかの点ではまったく無意味で目立たない生物種の研究とさまざまに関連して獲得されている。さらに、手つかずの自然または再生された自然は、自然自身の博物館、つまりその歴史の記録としての博物館として、さらに「ビオトープ園」と

（2）　ノートンがこの形式において、またこれまでのエコロジー運動との関係で収束仮説をはを支持している（Norton 1991, S. 236）。

して役立つ。さらに美しく崇高な自然は、都市の拡大にともない、人間にとってますます重要な保養資源となっている。自然美は——ゲルノート・ベーメの言葉を借りれば（Böhme 1989, S. 46ff.）——人間の身体に合っている栄養分、人間に深呼吸をさせて十分な休息を与える心の糧の一種として把握されることになるだろう。まさに自然の非機能性と自己充足性との経験は、現代人が差し迫って必要としている最高度に機能的なものなのである。

個別の生物種や個別のビオトープが、たとえばそれ以外の方法では把握できない環境負荷の指標として、あるいは複雑なエコロジー的相互作用の網の目の中のシステム要素として、生態学的に重要であること、そのことに異論の余地はない。今は「機能を持たない」種もいずれは新たな有害物質の指標として、あるいは進化し続ける生態系の構成要素として重要になるかもしれない。「何の面白みもない」一本の雑草を栄養分の基礎として多くのきわめて興味深い動物種が関わっている可能性がある。その結果として、ただ一つの生物種の喪失が多くの他の生物種の喪失を引き起こすことになる。ある種の「スパイラル」効果が生じれば、絶滅がエスカレートして人間の生存基盤にとって脅威となるかもしれないのである。

こうしたことや、生物種の喪失がさしあたり不可逆的であるという事実は、エコロジー倫理学者にとってだけでなく功利主義者にとっても、〔自然保護の〕実践において最小限の救済基準という原理に従いつつ、すべての種を生存可能な個体数において保存するために——そのためのコストとそのための放棄することになる利益が妨げにならないかぎりにおいて——説得力のある根拠である。

しかしいずれにせよ、これでもってわれわれは収束仮説に対する一つの部分的回答を手に入れた。生態系中心主義者にとって自然は道具的価値のほかに内在的価値を持っており、収束の範囲は本質的に、この「固有価値」が人間中心主義的枠組み内部でそもそも、かつどの程度「本来的価値」として把握されうるかにかかっている。

5　自然の本来的価値

「本来的価値」は、ここではC・I・ルイス（Frankena 1979, S. 13を参照）の意味で人間中心主義的な思考枠組み内部の概念として、しかも「道具的価値」の対概念として理解される。[3] その概念によれば、動物や植物の個体・ビオトープ・生態系・生物種といった自然の構成要素は、健康・安全・元気・選択の自由といった特定の内在的に価値ある状態を引き起こす条件として道具的価値を持っている。それに対して、本来的価値をそれらの要素が持っているのは、内在的に価値ある状態の対象として、言い換えれば、情感的・宗教的・形而上学的観照の対象としてである。本来的価値は価値評価する主体の主観性に結び付いている。ある客観に本来的価値が属するのは、その価値がある主観にとって対象になるかぎりにおいてである。ある対象が本来的価値を持っているということは、本質的に価値評価する主観の感受性に依存している。もっとも強い形式の収束仮説が意味しているのは、エコロジー倫理学者によって主張される自然の「固有価値」はこの意味における「本来的価値」として再構成されうるということ、そのような価値として功利主義的倫理学によっても顧慮されるに違いないということである。

ある種の「固有価値」、たとえば情感的固有価値にとっては、このことはまったく明らかである。原生林という原始的自然においてであろうと公園という作られた自然においてであろうと、われわれが自

（3）　したがって、レーガン（Regan 1983）やテイラー（Tazlor 1986）のように、尊厳という意味ではない。

然の中で出会う美は、それが自分の力で成長し人間と無関係に生成するものの特徴を担っているというところに、美たる所以を持っている。自然美は、それ自身のうちに安らっているものの美しさであり、その目的とその完成を自己のうちに持っているものの美しさである。しかし、そのことは、美がわれわれに固有の感受能力に——種としても個人としても——依存していることになんの変更も加えない。たとえば、ロルストンは以下のように考えている。「哲学を学んだ人でさえ、日没の美しさが観察者の目のうちにのみ存在するという考えを受け入れるには相当の努力を要する。[…]価値の自然的表現の自律的な他者性こそ、われわれが愛することを学ぶ当のものであり、この不可侵性は、それがひそかにわれわれの関与を必要とするとしたら、つまらないものになってしまうだろう」(Rolston 1986, S. 44)。しかし、そうした考えはどれほど好意的に見ても素朴実在論なのである。自然客観は、「われわれの関与なしに」その価値特性を持ちえないのであり、そのことは以下のようなときに直ちに確認される。すなわち、ふだんならわれわれを感激させ酔わせる自然が、われわれが沈鬱なときには、文明と同じように退屈なものと感じられるといったときである。動物は——それらが情感的価値評価の能力を持つかぎり——知覚器官が〔人間とは〕部分的に異なっているがゆえに人間とはまったく異なる価値を自然に認めるようになるだろう。自然美に関しては批判的実在論のみが問題になるのであり、われわれは、批判的実在論者として、われわれの情感的反応を誘発する潜勢力ないし素因を自然に認めることができるだけなのである(Sprigge 1997, S. 66 を参照)。

それ以上にわれわれが自然を保護する理由としての価値特性が主観に依存していることが明らかになるのは、自然保護がハイマート〔生まれ育った土地〕の保護という色合いを帯びている場合である。その場合に問題であるのは、自然「それ自体」を保護することではなく、われわれに親密さと土地柄の感情を与える自然、歴史的に形成され文化的に規定された形態での自然を保護することである。その場合もまた個人的な自然イメージは、教育・芸術・文学・日常的象徴体系を通じて伝承される集団的経験とその中心的イメージに依存している（Nohl 1988, S. 47 を参照）。それは、イルカ・ウマ・サヨナキドリ・ワシといった数多くの生物種が本質的にその象徴的価値ゆえに保護に値すると見なされることからも言えるだろう。

北アメリカのエコロジー倫理学においては自然の生命共同体が手つかずの状態で原生性も持つことが価値としてとりわけ強調されるが、そうした価値も人間中心主義的－功利主義的な環境倫理学へと統合できる。そのことはすでに、数多くのエコロジー倫理学者がこのコンテクストにおいて実際にまず人間中心主義的な論証に訴えているということによって、裏付けられる。たとえば、一九七〇年代にはルネ・デュボが次のように書いていた。

> 原生自然の保護は贅沢ではない。それは、人間化された自然の救済のため、また精神の健康を保持するために必要である。われわれは、原生自然ならびに自然形成物のできるかぎり大きな多様性との関わりを保たなければならない。国立公園の価値は、経済的に測定可能な価値に汲み尽くされはしない。（Dubos 1974, S. 129）

そして、同様に人間中心主義的な仕方でロルストンは一九八〇年代に論じている。

原生自然に対する尊敬と価値評価が欠けるならば、そのような生命は道徳的に退化していると私は考える。野生と呼ばれている事物の不可侵性と価値とを尊重することを学んでいないとしたら、そうした人は道徳的であることの完全な意義を理解してはいないのである。(Rolston 1997, S. 273)

原生自然の保存が言葉の意味において死活に関わるのかどうか、――とくに中央ヨーロッパには原生自然がめったに見られないことを顧慮すれば、人は自問するであろう。しかし実際に原生自然に出会えた幸運な人においては、この出会いの影響は長く心に留まるであろう。この出会いが伝えているのは、エロチックな魅力においても重要な役割を演じている異質性と親密さとの同時体験である。要するに、自然は「まったくの他者」であるが、われわれ――とくに大都会の住人――にはそうした自然との深い親近性が感じられるのである。自由や平和、しかしまた自発性と野生性を持った自然は、すみずみまで合理化され窮屈になり忙しくなった文明の対極にある世界なのである。都市の知覚世界は頭でっかちで制御されており、直線的であって構成された世界である。それに対して自然の知覚世界は、不規則であり身体的であり自発的である。それによって自然の知覚世界は、われわれ自身の内なる自然なものに対する触媒として作用し、またわれわれ自身が意識していない創造的な潜在力へ至る架け橋となる。ホームズ・ロルストンのパラドキシカルな技術用語の比喩を使って言えば、自然との出会いによってわれわれは、われわれの内なる自然への伝導性を与えられるのである。

もちろん功利主義の観点からは、知覚された自然の野生性が今日までまったく人間の手で触れられていないという意味で手つかずであり原生的であるかどうかは、最終的に問題ではない。価値論的な主観主義者にとって問題なのは、歴史的な原生性ではなくて、現象としての原生性であり、自然(たとえば長らく手入れされてこなかった森林)が原生的なものとして体験されることである――ただし、自然という作品が第一の手ではなく第二の手になる楽園だという知識が、その体験と干渉し合わないかぎりにおいてである。[4]

たいていの生態系中止主義倫理学者は自然構成要素が純粋に現に存在していることに認高い価値を認めているが、そうした価値でさえ――いずれにせよある程度までだが――功利主義的に正当化されうる。たとえば、種・ビオトープ・生態系の不可逆的な喪失の阻止に多くの人間が大きな主観的意義を認めていることを指摘すればよい。こうした考えは卓越した価値の支持者の考えとは逆説を生じるであろう。というのも、卓越した価値の支持者は特定の自然客観の純粋な現存にそのあらゆる性質ないし機能とは無関係に認めるのであり、そうした卓越した価値がまさに生態系中心主義的な自然保護倫理学の固有な表徴の一つを形成するからである。それどころかダーフィット・エーレンフェルトは、アメリカにおける自然保護倫理学のパイオニアであるアルド・レオポルドを、ある種が保存に値することを無条件に要求せず生態学的機能に関係づけていると批判したほどである（Ehrenfeld 1997, S. 149f.）。

考えられるかぎりでまったく機能を欠いた生物種でさえ保存されるとしたら、それをどのように人間中心主義的な論証は正当化できるだろうか。それは明白な矛盾に陥るのではないだろうか。

この点でも功利主義的倫理学は意外に柔軟である。功利主義倫理学が考えている「効用」[5]は、人間とその他の感受能力を持つ存在者との選好が事実に満たされるあるいはそう期待できることによって定義

（4）　ヨーロッパで原生林と言われている森林もまず間違いなく手つかずの森林ではなく、太古の昔に人間によって手を加えられたものである（Bartelmeß 1972, S. 186, Anm.）。

（5）　だからといって、いかなる種類の効用もそれに先立つ選好に依存していると理解されてはならない。前もって志向されていなかった主観的状態も満足ゆくものとして感じられ（現在の選好の対象となり）うる。

される。しかし、そうした選好は、われわれが人間学にもとづいて知っているように、決して生物としての基本的欲求の意味ですぐに思いつかれる「有益なもの」ばかりに向けられているわけではないし、そして、選好が洗練されるほど、そうなのである。功利主義者から見れば、人間と動物の欲求が考慮に値するかどうかは、欲求の対象にではなく、欲求を充足することの主観的意義に従って決まるのであり、情感的・宗教的・知的欲求あるいはエコロジカルな欲求が生物的な欲求と同じ程度に強く感じられること――そして、その欲求の充足が〔生物学的欲求の充足と〕同じ程度に意義深く体験されうることを、誰も疑わない。こうした欲求には不可逆的な自然破壊を回避し阻止する欲求も含まれる。そうした欲求はもしかすると、人間は進化の上で比較的あとから合流したのだから、その「視野の狭い」――自然全体と比較して――尺度に従って目の前に見出されたものを意のままに操作する権利は人間に与えられていないという感情にもとづいているのかもしれない。この種の信念が広まっていることは、とりわけこれまでエコロジー的価値のために行なわれていた仮想評価法の結果に示されている。それによれば、特定の生物種やビオトープの純粋な現存の価値は、――自然の体験価値と自然のオプション価値（将来の考えられうる利用可能性を残しておくことの価値）(Pommerehne 1987, S. 178 を参照）のほかに――自然の価値評価において相当の比重を占めている。こうした価値評価の根底には断固として非‐人間中心主義的な信念と感情の在り方とが存しているわけであるが、だからといって、そうした価値評価が人間中心主義的な価値論のうちで顧慮されないままであってもよいということにはならないのである。

6　解消できない差異

ここまでの議論をまとめると、第三のもっとも強いヴァリエーションの収束でさえ正当化できることが明らかになる。生態系中心主義者たちが自然に関して前提している「固有価値」は、人間中心主義的な環境倫理学が考えている意味の「本来的価値」として首尾よく再構成されうるのだ。しかしもちろん、それでもって功利主義とエコロジー倫理学の差異がすべて解消されるわけではない。両者がともに承認している価値とその価値に与えられた優先順位とをそれぞれがどのように理解するのかということに関しては相変わらず両者の差異が残っている。

生態系中心主義的倫理学にとって自然の価値は内在的価値（たとえば、〔人間に対する〕その価値の影響と無関係に実現されるに値する価値）であり、功利主義者にとって自然の価値は外在的価値である。外在的価値の価値性格は、本質的にその価値が人間に及ぼす影響に依存している。生態系中心主義者が自然の価値特性を理解する際には、自然を価値あるものとして体験しつつも、美しい景観の観照体験にではなく、第一に美しい景観そのものに価値を付与するような、そうした人間のいわば内的視点から自然を見ている。功利主義者ならびに人間中心主義者は、第一に美しい景観の観照に価値を認めるのであり、美しい景観そのものについてはようやく二次的に価値を認めるにすぎない。両者とも同じ価値を承認するが、その価値へアプローチする方向が異なっているのである。

その結果として、〔生態系中心主義者と功利主義者が〕共通に承認する自然価値に付与される重要さにも差異が出てくる。生態系中心主義者はそれらの価値にどのような優先順位をつけようと自由であるのに対して、功利主義者は、その優先順位を相互主観的に吟味できる基準、なかでも希少性や不可逆性ならびに将来に期待されるニーズの展開といった規準に従って査定することを義務づけられる。たしかに希少性はそれ自体としての価値ではない。つまり、あるものが希少だからといって、それが保存されるに値することにはならない（Krieger 1973, S. 449を参照）。しかし、希少性によって緊急性の度合が高まって、与えられた自然的な価値特性が不可逆的に失われる危機に陥るとしたら、その担い手は保存されるに値するのである。同様にある出来事の不可逆性も、とくに不可逆的な喪失（たとえば現在急速に進む生物種の喪失）がいかなる再形成によっても補償されないという場合には、倫理的に重要なパラメータとなる（Birnbacher 1988, S. 70ff. を参照）。しかし、功利主義者は、生態系中心主義者とは異なり、とりわけ予兆的な省察も重要視する。というのも、功利主義者が自然保護を擁護する動機の大部分は、物質的な豊かさの増大・さらなる人口増加・それに伴う文明による自然介入の拡大とともに非‐物質的でとくにエコロジカルで情感的な環境要因が主体的な生活の質にとって有する意義は未来においてますます大きくなるだろうという省察に由来するからである。これ以上の自然価値の欠乏は思いとどまるべきであるということは、自然の無欲さ・静けさ・全体性への欲求が将来において今日よりもますます強く感じられるだろうということによって支持される。同様に功利主義者は多様性という価値を根拠づける際にも未来を視野に入れるだろう。多様性が自然の情感的性質の一つの契機であり、自然体験の可能性を豊かにすること（Pimlott 1974, S. 41）を度外視するとしても、万人が同じ自然を価値評価するわけではないこと、今日のわれわれは未来世代が自然のどの種を価値評価するか分からないことも、多様性の保存（ならびに創造）を支持する。

さらに、環境保護をとりわけ自然に関する未来世代の要求に配慮して方向づけることによって、功利主義者は、生態系中心主義者と比較して、かなり保守的傾向の弱い環境戦略を打ち出すことになろう。生態系中心主義者ならば、与えられた自然対象に——それが現存するという理由だけで——さらに存在し続けることへのほとんど無制限の権利を認める（絶滅の危機に瀕している天然痘ウィルスにさえそうした権利を認める）だろう。[6] それに対して、功利主義者は自然保護の目的を（ある客観をその原生性あるいは歴史的に形成された状態において「博物館」のように保存するなら話は別だが）自然の再形成を目指すことによっても達成しようとするだろう。功利主義者にとっては現に存在するものを保存することと以外に自然を再生しより豊かにすることも同じ権利で目的とされるのである。

7　エコロジー的態度の機能的正当化とその限界

生態系中心主義的な環境倫理学と功利主義とのさらなる重要な差異は、功利主義においては、行為を導く信念と動機とを機能的な観点から眺める傾向がより強く打ち出されていることである。生態系中心主義者が自然保護に関わる振舞いを価値判定する際には、その意図と機会だけでなく、その行為の背後に存する心意と動機の道徳的な質をも考慮に入れる傾向があるのに対して、功利主義者は——首尾一貫して帰結主義的に——基本的にその都度の振舞い結果の側面に関心を抱く。功利主義者がもっとも重視しているのは、その都度の振舞いが正しいかどうかという問題であって（その際その正しさを測定する基準はその都度意図されている結果である）、その正しい振舞いがもとづく信念が功利主義的なのか、義務論的なのか、宗教的なのか、非宗教的なのか、利己主義的なのか、利他主義的なのかという問題ではない。ある振舞いが道徳的に正しい（「義務に適っている」）かぎり、功利主義者にとっては、その振

（6） Ehrenfeld 1997,173：「長期的に持続している存在は、将来にわたって存在し続けることへの権利を具えていることに議論の余地はない。［…］存在は、さまざまな部分的自然の価値を測定できる唯一の基準である」。

舞いの根底に道徳的な動機が存在するか（その振舞いが義務にもとづいて為されているのか）どうかということは、相対的にどちらでもよい。特に、それ以外の（自己利益といった）動機のほうが信頼でき、教育的かつ社会的に適切なシステム・インセンティヴの仕組によってうまくコントロールできる場合には、そうなのである。カント主義者とは異なり、功利主義者は道徳を自己目的ではなく――両義的に――適切に利用すれば大きな効用があるが、使用しすぎれば害悪になりうる薬物だと考える。というのも、道徳的に過大な要求は、道徳的に非生産的な拒絶反応を引き起こし、道徳的な狂信によって極悪な犯罪者でさえ自分を良心の持ち主と思ってしまうからである。

この考察の要点は、功利主義が功利主義自身の行く手を阻む可能性があるということ――功利主義の原則に従うと功利主義が求めている目標の達成塗料率不可能になるということである。功利主義の見方では、非－功利主義的な原則に従うほうが全体としてより善い（予後診断における自殺予言との類比でここでは自殺指令という表現を用いることもできよう）。こうした――功利主義的な――仕方で（R・B・ブラントのような）規則功利主義者は義務論的な規範に従うことを支持する論証を行い、（R・M・ヘアのような）功利主義的な二階理論家は情緒的な根を持たない実践規範に従うことを支持する論証を行っている。アルド・レオポルドも自然保護の分野で非－功利主義的な規範に従うことを支持する論証を行ったのも同じ論法による。すなわち、自然の種を維持すべしという規範は、それを最終的に正当化するのが功利主義的な根拠であり、そうした根拠から遵守されるにすぎないならば、十分に信頼されて遵守されはしないだろう。全体として、われわれは実践において非－功利主義的（非－人間中心主義的）な行為方針に従うほうが善いだろう、というわけである（Birnbacher 1987 を参照）。

しかし、功利主義的な根拠にもとづく非－功利主義的な方針のこうした機能的な正当化には厳密な境界線が引かれている。決定的に重要な境界線は、行動規範の正当化ならびに行動方針の——問題を孕んでいない——機能的正当化と、価値論・自然解釈・世界像の——問題を孕んだ——の機能的正当化とのあいだの境界線である。

当為を表わす命題は、その真偽を語ってもあまり意味がない。そうした命題は真または偽なのではなく、正当または不当なのであり、その命題の正当性は、あくまでプラグマティズム的‐機能的な観点からも十分に見出されるのである。それに対して価値論・自然解釈・世界像に関しては、それらの理解を支持あるいは否定する価値評価的ならびに認知的根拠と機能的な正当化とが容易にコンフリクトに陥り、それぞれの立場を取る論者の真正性と信頼性が疑わしくなるだけでなく、その論者自身を次第に逆説的な状況にさえ追い込むのである。

この種の問題が生じるのは、ある論者が特定の価値論ないし世界観を自分の立場として単に戦略的な根拠から支持する場合、たとえば、とりわけ特定の人間中心主義的に根拠づけられた保護目的の達成の確実な手段であると思われるがゆえに生態系中心的な価値定位を薦める場合である。そこでたとえば、ヴィットリオ・ヘスレ（Hösle 1991, S. 71）は次のように述べている。「エコロジー的な危機はカント倫理学の続行を、いやそれどころか修正をさえ要求している。［…］カント的な存在論の内部では経験的世界はそれに固有の尊厳を持たないに違いない。しかし、そんなことはエコロジー的な危機の時代に必要とされてはいない」。「しかし」われわれが必要としていることはせいぜい、ある格率・規範・規則の適切さについて決定できるにすぎず、ある価値論・世界観ないし存在論の説得力については決定しえない。戦略的な外部視点から他者に生態系中心的な内部視点を薦める環境倫理学者は——善意からではあっても——教育的な偽装を行っており、そのために知的誠実さという基本的ルールに違反している。しかも、知的な信頼性のこうした喪失は、実践的な有用さよりはるかに重大である（Passmore 1977, S. 436 を参照）。そのうえ外部視点と内部視点が一人の人物の中で重なり合えば、論理的なパラドックスさえ生じてしまう（Callicott 1989, S. 99 を参照）。ある信念を持つことが戦略的に薦められるという理由だけからその信念を受け入れることは――「できる」という語の論理的な意味において――できないのである（Elster 1989, S. 7 を参照）。

それほど問題を孕んでいない選択肢があるとすれば、それは記述的かつ価値論的な「補助構成物」を初めから目的に役立つ「仮構」の観念と公に認めてしまうことかもしれない。この意味においてならば、たとえば「パートナー関係」・「愛」・「平和」・「和解」といったような、環境倫理学において広まっている擬人法的な用語法を役に立つ比喩だと理解することができるかもしれないし、この比喩は、自然を過度に擬人化したり、自然に過度に霊魂を吹き込んだり、神秘化したりせずに自然に対する特定の振舞い方を想起させるだろう。ところが、こうした「仮構」構成物は、アンゲーリカ・クレプス（Krebs 1999, S. 59f.〔邦訳、一一九頁以下〕）が指摘しているように、いくつもの観点において満足ゆくものではない。この観念を〔「仮構」だと〕見抜けない人は、自己自身が何を語っているのかよく分かっていないだろう。この構成物を「仮構」として理解する人は、それが理論的に維持できないことを認識し、もはやそれによって動機づけられない。虚構を虚構と公に認めずに他者をその虚構によって動機づけようとする人は、他者を弄んでいるか、あるいは（その人が虚構を虚構として認めているならば）他者に何の影響も与えられないのである。さらに虚構は、ファイヒンガーの「観念移動の法則」（Vaihinger 1923, S. 138）に従えば、独自のダイナミズムを発揮して、文字通り理解された概念へと自らを変質させ、有益な虚構から、知識人の信頼性を弱らせるドグマを形成するがゆえに有害な虚構を作り出してしまうのである。

それゆえ、全体として望ましい選択肢は、行為指示・行動モデル・規範的方針を、直接に、つまり怪しい世界観を介さずに、資源保護・長期的なストックの確保・環境の質の維持・リスク回避・種の保存などといった目的観念に関係づけ、認知的にいかがわしい世界観にもとづけることを断念するという選択肢ということになるであろう。

引用参考文献

Barthelmeß, Alfred, *Wald – Umwelt des Menschen*, Freiburg/München 1972.

Birnbacher, Dieter, »Ethical principles versus guiding principles in environmental ethics«, *Philosophica, 39* (1987), S. 59-76.

Ders., *Verantwortung für zukünftige Generationen*, Stuttgart 1988.

Bishop, Richard C. »Endangered species, an economic perspective«, in: *Transaction of Forty-fifth American Wildlife Conference*, Washington D.C. 1980, S. 208-218.

Böhme, Gernot, *Für eine ökologische Naturästhetik*, Frankfurt am Main 1989.

Callicott, J. Baird, *In defence of the land ethic. Essays in environmental philosophy*, Albany, N.Y. 1989.

Devall, Bill, »Die tiefökologische Bewegung«, in: Birnbacher, Dieter (Hg.), *Ökophilosophie*, Stuttgart 1997, S. 17-59.

Dubos, René, »Franciscan conservation versus benedictine stewardship«, in: Spring, David / Spring, Eileen (Hg.), *Ecology and religion in history*, New York 1974, S. 114-136.

Ehrenfeld, David, »Das Naturschutzdilemma«, in: Birnbacher, Dieter (Hg.), *Ökophilosophie*, Stuttgart 1997, S. 135-177.

Elster, Jon, *Salomonic judgements. Studies in the limitation of rationality*, Cambridge/Paris 1989.

Frankena, William K., »Ethics and the environment«, in: Goodpaster, Kenneth E./ Sayre, Kenneth M. (Hg.), *Ethics and Problems of the 21st century*, Notre Dame, Ind. 1979, S. 3-20.

Hargrove, Eugene C., »Preface«, in: Ders. (Hg.), *The animal rights/environmental ethics debate. The environmental perspective*, Albany, N.Y. 1992, S. ix-xxvi.

Hösle, Vittorio, *Philosophie der ökologischen Krise*, München 1991.

Krebs, Angelika, *Ethics of Nature*, Berlin 1999.〔『自然倫理学――ひとつの見取図』加藤泰史、髙畑祐人訳、みすず書房、二〇一一年〕

Krieger, Martin H., »What's wrong with plastic trees?«, in: *Science 179* (1973), S. 446-455.

Leopold, Aldo, »land ethic«, in: Ders., *A Sand County almanac and Sketches her and there,* New York 1949, S. 201-226.〔『野生のうたが聞こえる』新島義昭訳、講談社学術文庫、一九九七年〕

McCloskey, H. J., *Ecological ethics and politics*, Totowa, N. J. 1983.

Naess, Arne, *Ecology, community and lifestyle. Outline of an ecosophy*, Cambridge 1989.

Nohl, Werner, »Philosophische und empirische Kriterien der Landschaftsästhetik«, in: Ingensiep, Hans Werner/Jax Kurt (Hg.), *Mensch, Umwelt und Philosophie. Interdiszziplinäre Beiträge*, Bonn 1989, S. 33-50.

Norton, Bryan G., *Toward unity among environmentalist*, New York 1991.

Passmore, John, »Ecological problem and persuasion«, in: Dorsey, Gray (Hg.), *Equality and Freedom*, Bd. 2., New York/Leiden 1974, S. 431-442.

Pimlott, Douglas H., »The Value of diversity«, in: Bailey, James A./Elder, William/ McKinney, Ted, D. (Hg.), *Readings on wildlife conservation*, Washington D. C. 1974, S. 31-43.

Pommerehne, Werner W., *Präferenzen für öffentliche Güter*, Tübingen 1987.

Regan, Tom, *The case for animal right*, London 1983.

Rolston, Holmes, »Können und sollen wir der Natur folgen?«, in: Birnbacher, Dieter (Hg.), *Ökophilosophie*, Stuttgart 1997, S. 242-285.

Sprigge, T. L. S. , »Gibt es in der Natur intrinsische Werte?«, in: Birnbacher, Dieter (Hg.), *Ökophilosophie*, Stuttgart 1997, S. 60-76.

Taylor, Paul W., *Respect for nature. A theory of environmental ethic*, Princeton, N. J. 1986.

Vaihinger, Hans, *Die Philosophie des Als Ob*. Volksausgabe, Leipzig 1923.

Wilson, Edward O., »Jede Art ein Meisterwerk«, in: *DIE ZEIT* vom 23.6. 1995, S. 33.

Wolf, Jean-Claude, »Utilitaristische Ethik als Antwort auf die ökologische Krise«, in: *Zeitschrift für philosophische Forschung 44* (1990), S. 619-634.

第5章　エコロジー倫理学における機能的論証

1　機能的論証とは何か

機能的論証は、事実に関する論証と対比することができる。事実に関する論証とは、そのつどの議論の対象になっている信念が内容上の観点から見てきちんとした理由のある、理にかなったものであるか、または信頼の置けるものであることを示す論証である。これに対して、機能的論証とは、そのような信念を持つのが善いことであり、有意義であり、または役に立つことを示す論証である。つまり、機能的論証とは、そのつどの信念の機能を示す論証であり、この信念の内容は示さないか、あるいは少なくとも第一義的には示さない論証なのである。論証は、それが信念pの受け入れを支持すると同時に、p〔それ自体〕を支持する論証ではない場合にかぎって、純然たる機能的論証なのだと言える。とはいえ、信念pを持つことを支持する論証は、当然ながら、その多くが信念pそれ自体を支持する論証でもある。そのような場合には、部分的に機能的な論証を云々することもできる。

特定の規範的信念を支持する機能的論証の実例は、たとえば、法学や応用倫理学のように、抽象的な規範を実際に実施および執行することが問題になる分野では、いたるところに見出される。最上位の原則や方針が議論されるにとどまらず、実際の条件下でわれわれが従うべき行動規則までもが議論されるようになれば、すぐさま、規範上の正しさや事実との整合性が考慮の対象になり、たいていの場合は、それと同時に、たとえば実行可能性、教授可能性および学習可能性ならびに妥当性などといった合目的性についての考慮もまた、ある程度の役割を果たすようになる。具体的な行動規則の内容が、そのような考慮から影響を受けないわけにはいかない。この影響は、実践の場で適用される規範の内容と、この規範が実現を目指している原理の内容との間に、ほとんど共通点がなくなる程にまで強まる場合がある。たとえば、課税立法の分野では、法規範の目的は、とりわけ税制の公平性を実現するところにある。だが、あまり細部にわたって公平性を追求しすぎないほうがよいと見なす便宜上の理由もじゅうぶんに存在する。公平性に係る完全主義は、規制および管理上の負担の増大を招き、その結果、全体としては、数多くのささいな不公平を容認する比較的大まかな課税に比べて、かえって税制の公平性が実現されにくくなるのである。

機能的論証が倫理学で重要な役割を演じるのは、道徳的な実践規範を導き出す場合であり、つまり、われわれが、たとえば定言命法や社会的効用の最大化という功利主義の原理といった抽象的な基本原理の実現を意図する際には、当然ながら拠り所にするような社会道徳的な規範を導き出す場合である。実践規範は、その課題に対処するため、抽象的な原理を具体的な状況に合わせて翻訳するだけではなく、そのつど根本に据えられている原理を順守するように動機を与えるのでなければならない。道徳的な実践規範に期待されるのは、それがこの道徳的な実践規範によって「運用可能になる」高度に抽象的な原理に比べて、より具体的であることばかりではない。抽象的規範の要求事項が実際に実現される可能性を高めることもまた、この道徳的な実践規範には期待されてよいのである。これとともに、道徳心理学的な考慮が働き始め、その考慮のために、実践規範は、単純化や類型化および教授可能性への要求に加えて、その実践規範が実行しようとしている原理よりも内容面でさらにもう一歩遠ざかることになる。時間、情報処理能力、理解力および道徳的な動機という希少資源を条件として正義を実現するためには、国による課税の規範と同様に、個別のケースでは不公平な結果につながる行動原則を採用するとしても（その〔ような結果になる〕理由は、たとえば、このような行動原則が道徳的に関連のある状況要因を一部度外視するからである）、全体としては、根本に据えられた原理を直に適用した場合に予期される不公平に比べて、まだしも結果の不公平が比較的少なくなるような行動原則を採用するのが賢明と言えよう。功利主義倫理学の要求する社会的効用を全体として最大化するためには、通常、つまり緊急事態ではないかぎり、感情面で最も近い関係にある人の効用に焦点を合わせるのがよいだろう。なぜなら、そうすれば、自分自身の道徳的な利他行為のもたらす効用が総じて大きくなると考えられるからであり、そのような場合には、仮にそれよりも強い程度に対処の要求される場合があったとしても、その要求に応えるためには比較にならないほどの多大な心理的労力が必要になるような分野に利他行為という希少資源を投入する場合に比べれば、利他行為のもたらす効用がより大きくなると考えられるからである。すべての人や物事に最大限応えることが、必ずしも正義に尽くすことになるとはかぎらない。つまり、「法の極みは、不法の極み（*summum ius, summum iniuria*）」なのである。そして、ヘンリー・シジウィックが心得ていたように、功利主義者は、もしも本当にみずからの原理に応えようと望むならば、たとえその原理が「集産主義的」行動を示唆しているとしても、実際には、多くの場面であまり集産主義的な行動をとらないほうがよいのである。

2　信念を支持する機能的論証

以上のような連関については十分に公知なのだから、次には機能的論証が特別にどのような問題を引き起こすのかが問題になるだろう。だが実は、機能的論証は、この分野では、つまり、抽象的な倫理原理から実践規範を導き出す分野では、特段の問題を生じないのである。〔ところが、〕機能的論証が行為および行為の在り方に関わるのではなく、信念に関わる場合、すなわち、特定の道徳的要求の目標を達成するためにわれわれが何を行うべきかを論ずるのではなく、その目標を達成するためにわれわれが何を信念するべきかを論じ、このことを支える議論が機能的に展開される場合には、状況が変わってくる。というのも、そのような場合には、われわれがそのつどの信念を支持するか、または、それに反対する際の理由となる事実をめぐって、機能的な理由との間に対立が生じることも考えられるからである。真理と功利性が予定調和の関係にあるわけではない。世界についての真理が必ずしもすべて善行を促すとはかぎらないし、必ずしもすべての迷妄が全面的に有害ともかぎらないのである。

具体的に言えば、機能的論証（拙論では、倫理的に動機づけられている機能的論証にかぎって論ずる）の関係する信念には三つの種類が考えられる。すなわち、1.　特定の規範が受け入れられ順守されている場合の、その規範の解釈、2.　価値に関する特定の信念、ならびに、3.　世界についての特定の考え方や世界観、および特定の信条への関係が考えられる。第一のケースが当てはまるのは、実践規範の道具的性格がそれ自体としては認識されず、かえって、この実践規範に固有の拘束力を認めることが要求されたり、そのような拘束力を認めたほうがよいと思われたりする場合であり、その理由は、たとえば、実践規範が機能的役割を果たしていると認識されれば、それによって、この実践規範が動機づけの力を本質的な部分で失うことになるからである。いったん約束したからには、原則として、つまり、その約束事がもっと重要な原理と衝突しないかぎりは約束を守るという実践規範は、おそらく、もっぱら社会的信用および社会的な見込みの確からしさを一定程度の水準に保つために役立つだけであろう。このように、規範の拘束力は、本質的にその規範の機能に左右される。また一方、この実践規範が有する動機づけの力の方は、この機能が覆い隠されて目につかなくなっており、約束事がそれ自体として、その帰結および機能とは無関係に義務づけるものと見なされることによって決まると考えられるのである。

第二と第三のケースでも、価値に関する信念ならびに客観的事情に関する意見について、これと同じことが言える。美の固有価値を認めること、つまり、美しい物が人間にどのような影響を及ぼそうとも、そのような影響には左右されずに存在する価値を認めることは、人間の効用を目的としてこの世界の中の美しい事物を持続的に保護するという行動の在り方に動機を与えるために、どうしても必要であると考えるのは、間違ったことではない。もしも、この考えが正しいとすれば、われわれは、美を道具的価値として保護するためには、美を道具的ならざる価値と見なし、美の価値を適切に評価するべく配慮しなければならないだろう。

ジョン・エルスターは、社会政策の分野で意志の過剰という概念を用いて、これに似た構造を記述した。エルスターによれば、手段Mを用いて目的Zが達成されるかどうかは、Mが手段ではなく、それ自体が目的と見なされるかどうかにかかっているのである（Elster 1989, S. 18-20）。ある特定の失業者集団の自尊心を改善する目的で雇用創出政策が行われる場合、もしも、この政策が受益者の自尊心の改善「だけ」を目指していることを受益者が見抜いてしまえば、目的は達成されないであろう（Elster 1989,

S. 200ff.)。同様に、読者Lが著者Aを喜ばせるという目的だけのためにAの著書を称賛する場合、もしも、この読者がAにその意図を気づかれてしまえば、目的は達成されないだろう。

記述的信念を真実と誤解するかどうかに応じて、この記述的信念の有効性が左右される実例としては、プラシーボ薬の例が最も分かりやすい。もしも、病気を治療するためには、比較した中でも最も有効かつ安価な手段を用いることが合理的なのだとすれば、患者に処方される薬剤の一部の効果については、患者が誤った信念または非合理な信念を持つように望むのが合理的であることにならざるをえない。倫理や法についても、同じことが言えるだろう。もしも、倫理的および法的な原理が客観的と見なされ、（たとえどのような力であれ）比較的高次の力によって保証されていると見なされることが、これらの原理の動機づけの力を左右するのだとしたら、道徳主義者（Moralist）たるもの、このような倫理的には根拠のない意見ができるだけ広く受け入れられるようにと願わないではいられない。この道徳主義者は、倫理学者としては、人間の定めたあらゆる掟を超える「自然法」など幻想であると考えているのかもしれないが、それでもやはり、このような幻想は優れて有益であることが明らかになることもありえるのであって、そのような場合には、この道徳主義者は、自分とは道徳哲学上の立場を異にする論敵たちが、イデオロギーにもとづく見せかけの理由づけ（この道徳主義者自身の知的良心は、このような理由づけに反発をおぼえる）によってこうした幻想を支えてくれることに対して、かえって、そのような論敵たちに感謝しなければならないほどなのである。

3　エコロジー倫理学およびエコロジー哲学における機能的論証

価値に関する信念および世界についての考え方を支援する機能的論証は、過去二十年間に相次いだエコロジー倫理学およびエコロジー哲学の理論的な取組みを通して再び高い評価を受けるようになってきた。この分野の著者の多くから見れば、人間の利益になる長期的自然保護という人間中心主義的な目標が、価値に関する人間中心主義的な信念よりも、人間中心主義的ではない信念に基づく場合に、ずっと効果的に実現されることは自明と言ってもいいくらいである。自然が「固有価値」または「権利」を有し、われわれは、それを尊重しなければならず、われわれの行動を通してその「固有価値」または「権利」に応えなければならないという前提に立つことによってのみ、資源および人間の生存条件を長期にわたって保護することを理由として、必要な限度内での利用の制限が考慮の対象となるのである。たとえば、ローベルト・シュペーマンは次のように述べている。

人間が自然を破壊するときには、人間は自分自身の存立基盤を破壊しているのである。そういう意味では、自然の問題は、いつでも人間の問題である。それでもやはり、いや、むしろ、だからこそ、今日では人間中心主義的な視点に別れを告げる必要があるのである。というのも、人間が自然を自分の要求に合わせてもっぱら機能的に解釈し、この観点に立って自然保護を方向づけているかぎり、人間は、どこまでも自然破壊をやめないだろうからである。(Spaemann 1980, S. 197)

シュペーマンは、一見すると、人間中心主義的ではない視点を支持して純然たる機能的な論証をしているように思われる。だが、よく見ると、シュペーマンの論証は、むしろ機能的な部分を含むものであることが分かってくる。というのも、シュペーマン論文のこれ以外の箇所では、シュペーマンが、機能的な理由から推奨された「生態系中心主義的な」視点を、事実にもとづいた理由からもまた適切と見なしており、機能的論証に期待しているのは、ただ賛同の声をさらに強める働きだけであることを示唆しているからである。このように、シュペーマンは、機能的論証をさらにまた機能化しているのである。シュペーマンによる機能的論証の要点は、人間中心主義的な価値の視点が、自然に配慮した行動への動機づけの信頼性に関して、生態系中心主義的な視点とは比べものにならないということを意味している。自然が——ただ人間の未来のために保護されるだけではなく——自然それ自体のために保護される場合にかぎって、自然保護の範囲は、人間中心主義者が要求している保護範囲にも及ぶのである。規範の適用対象となる人々の意識の中で、道具的な目標が動機の機能的自律という意味で、究極目標として独立したように思われる場合にかぎって、道具的な目標は、実際に達成される見込みが出てくるのである。

必ずしも、機能的論証を用いる環境倫理学者がすべて、機能的論証を行為や行為規則に適用する以外に、規範の解釈や価値に関する信念、および世界観にも適用しているというわけではない。だが、このような方向に一歩踏み出す人々は、その移行の歩みがほとんど気づないくらいに目立たないものなので、このような移行に伴う理論的な「間接経費」を見落としてしまうほどなのである。その一例が、北米における自然倫理学の先駆者、アルド・レオポルドである。レオポルドの意見によれば、複雑なシステムを長期にわたって維持するためには、状況に応じた実践規範が必要であり、この実践規範によって、人間の行為は、体系全体のためになるような最終目的をそれ自体としては特定せずとも、体系全体に資する「正しい」方向へと導かれるのである。この意味で、レオポルドによる環境倫理学の構想である土地倫理（*land ethic*）は、倫理学というよりは、むしろエートスなのである。つまり、レオポルド自身の言葉によれば、

〔土地倫理とは、〕エコロジーにかかわる状況に対応するための方針のひとつである。ここでのエコロジーにかかわる状況とは、きわめて新規であるか、または不可解な状況、もしくは、影響が出るまでには長い時間がかかるために、普通の人間には社会的な合目的性にかなった進路を見出せないような状況なのである。(Leopold 1949, S. 203〔邦訳、三一七頁〕)

ここで方針とは何を意味するのだろうか。方針を定めるということは、特定の規則を適用したり、特定の行為習慣を形成したりすることなのだろうか。それとも、価値に関する特定の信念を持ったり、特定の態度を取ったり、自然および自然に対する自分自身の関係を特定の仕方で解釈したりすることなのだろうか。もしも、第一の場合ならば、この方針は、行為に対する指示としての性格を有し、その指示には従うこともできれば、従わないこともできる。だが、もしも第二の場合ならば、この方針は、自分自身の思考の調整という性格を有し、その調整を意図的に制御したり、何らかの要求の対象と見なしたりすることは、まったくできないか、あるいは少なくとも直接的にはできないのである。レオポルドが土地倫理を「方針のあり方」であると言うときには、まずは「方針」の第一の意味を考えているように思われる。つまり、そのときに、レオポルドは、特定の事柄が行われるための規則、および、その特定の事柄がどのように行われるべきであるかを示す規則を考えていると思われるのである。人間は、もうこれ以上は自然の征服者という態度をとるべきではなく、自然の一部分であり同胞という態度をとるべきなのであり、これにふさわしく自分の役割を決めるべきなのである。人間は、一種の良心形成を行い、自然に対しても義務を認め、自然に向かって愛、尊敬および感嘆のような情緒的態度を育むべきなのである（Leopold 1949, S. 204, 209, 223〔邦訳、三四七頁〕）。とはいえ、土地倫理が行為だけではなく、思考までも指導しようとするものであり、行動意欲を固めようとするばかりか、さらには特定の信念までをも固めようとするものであることは見逃がせない。たとえば、自然の全体を共同体として、これを尊敬の対象とするためには、自然に対して、それが維持を受ける権利を認めるべきだというのである。われわれは、ただ単に、自然がわれわれに向かって法的な要求の権利を有しているかのように行為するべきであるにとどまらず、自然を本物の権利主体と見なすべきなのであり、この法的な要求権が実際に権利主体〔としての自然〕に与えられていると考えるべきなのである。以上のことから明らかなように、レオポルドは、行為の指導から「思考の指導」へのこのような移行に際して、後者〔つまり思考の指導〕が、〔行為の指導に比べて〕はるかに深刻な問題をひき起こすことに気付いていないらしい。つまり、Zを達成するためにMという行為を人に推奨するのは技術的助言であるのに対して、自分ではpを真と見なさず、あるいはpが事実に基づいて理由づけ可能とも思っていないのに、Zを達成するためにpが真であると人に言うのは――たとえ、それがどれほど善意に基づいていようとも――どちらかといえば欺瞞の性格を帯びるのである。そこには、自身のインテリとしての信用を台無しにするリスクが潜んでいるのである。

J・ベアード・キャリコットは、同時代の環境倫理学者の中でもレオポルドと精神的に最も近い環境倫理学者であり、土地倫理を擁護するための解釈を提案している。だが、特定の自然像および世界観を確立するための機能的戦略とは、一種の「エコロジー的な聖職者のごまかし」なのだという印象は、そのようなキャリコットのレオポルド解釈でも和らぐことがない。キャリコットは、土地倫理に対して取りうる視点に、内側の視点と外側の視点を区別している。内側の視点から見れば、人間以外の自然物および生態系に存在するものは、それ自体として考慮に値する固有の価値であるように思われる。外側の視点から見れば、このような価値の割り当ては、人間中心主義の長期的な目標を達成するための手段にほかならない。土地倫理のエートスの範囲内では、分別をわきまえた理由づけの出る幕はない。唯一重要なのは、人間が生き残ることではなくて、自然が生き残ることだけなのである。だが、そのことの理由を言うのは、それ自体が分別をわきまえた理由づけになる。外側の視点、つまり分析的かつ学問的な視点から見れば、土地倫理の背後にあるのは怜悧な熟慮以外の何ものでもない（Callicott 1989, S. 99）。とはいえ、どうすればこれらの両者の視点を同一人物の中で一致させられるのかという問題は残っている。土地倫理の単なる機能的な性格を見抜いた人は、自身のことをイデオロギー生産者であると感じるか、あるいは自分自身の立場がよく分からなってしまうのではないだろうか。

さらにその一歩先を行くのが、特定の価値評価を機能的に支持するだけにとどまらず、エコロジー的な方向性をもった特定の自然像および世界観も機能的に支持する議論を展開している環境思想家たちである。すでに七〇年代の初めにオーストラリアの神学者ジョン・ブラックが取っていた立場によれば、もしも、ある特定の世界像が自然に対する態度変更への実践的要求に応えるものであるならば、たとえその世界像がまったく擁護されえないものであったとしても、〔以下のように、〕これを支持してよいということになっていた。

たとえ、ある世界観が、個人を取りまく環境の構成要素について、厳密には現実と一致しない解釈を含んでいるとしても、その世界観は、個人とその個人を取りまく環境の様々な構成要素とをより良く調和させる度合いが高ければ高いほど、それだけますます申し分のない世界観となるだろう（Black 1970, S. 21）。

ブラックによれば、われわれは、自分たちの世界像を刷新して、「正しい」エコロジー上の規範が従いやすくなるようにするべきなのであり、たとえ、そのために必要な「新しい自然概念」を、意識して根拠づけることが決してできないとしても、そのような世界像の刷新を行うべきなのである。疑念が残ったとしても、われわれは、知的な懸念を乗り越えるべきである。そのとき、環境思想家は、このような観点に立って事を推し進め、できるかぎり強い動機を与える印象的で意味ありげな神話を展開するという役割を果たすことになる。何にもましてそのような神話こそが、自然を大事にする望ましい関わり方を促進すると期待されるのである。

これまでにも、ブラックの要求に応じてこれを実行に移した例は数多い。環境法学者のクラウス・ボッセルマンは、生態系中心主義の変化をエコロジーの変化の条件として公然と要求している。その際に目標として問題になるのは、長期にわたる保全を条件とした経済運用を第一義とする目標であり、こうした目標は、純然たる人間中心主義の立場に立って規定される。要するに、「自然の解放が、人間解放の鍵となる」のである。「森林・河川・海洋それ自体の利害だけではなく、全体としての自然環境それ自体の利害にまで及ぶ配慮」が命にかかわるほど重要な意味を持つのは、本来、自然のためにではなく、われわれ〔人間〕のためである。このような見方は、自然のことを、まるで人間の主体的な同伴者であるかのように見なしているところからして、すでに事実上正当化されえないわけだが、ともかく、少なくともプラグマティズムの立場では都合の良い解釈としてあってよいものなのである（Bosselmann 1989, S. 207, 208, 255）。ヴィットリオ・ヘスレもまた、同様の方針で以下のように論じている。

エコロジーの危機は、カント倫理学の発展を要求しており、カント倫理学の修正までをも要求している。[…]カント存在論の枠内では、経験世界が独自の威厳を失わざるをえない。だが、エコロジーの危機の時代に必要なのは、そのようなことではないのである。(Hösle 1991, S. 71)

このような要求にもとづく「新しい自然概念」によれば、自然は、固有価値を有する人間の同伴者と見なされ、評価されるだけではなく、独自の権利を持った主体としても、まるで人格の尊厳を具備しているかのように扱われるべきなのである。自然は、人間による行為の手段としてだけではなく、行為の目的としても――つまり、人間と対話してコミュニケーションを取り合う関係にある「同伴者」としても、人間の視野に入ってくるべきものなのである。しかし、ここで疑問が生じる。そのような関係は、頭の中以外のどこにありうるだろうか。人間と自然の関係が非対称的であるのは如何ともしがたい。自然は、人間が自然を「支配する」のと同じ意味で意図的に人間を「支配する」わけではない。自然を認識するのは人間だけであり、自然は人間を認識していない。自然の「和解」や「協働」、あるいは「共感」が可能だとしても、それは、せいぜいのところ本来的ではない比喩的な意味である。

4　不明確性

機能的論証を用いれば、人が信じていないことでも、その人に信じ込ませることはできるのだろうか。ある特定の信念について確信の持てない人がいたとしても、その人を説得して、その特定の信念について納得させることは可能だろうか。環境倫理学分野の著者の中には、自然について他者の考え方を変えさせようとする自分の努力が、少なくとも自分自身については功を奏したかのような印象を与えている著者が多い。しかし、これが疑う余地のない成功であることは、めったにない。〔このような著者は、〕多くの場合——神学の言葉遣いと同じように——語られた言葉を文字通りの意味で受け取ればよいのか、それとも、比喩と見なせばよいのかがはっきりしないような言回しを用いる。

その一例は、カリフォルニアの法学者ローレンス・トライブである。トライブは、「プラスティック製の樹木に反対する理由は何か」(Tribe 1980) という頻繁に引用される論文の中で、人間中心主義的な、功利主義的に偏った価値にもとづく政策立案を批判している。トライブの主な主張によれば、もっぱら人間中心主義的な予防措置だけを基準に〔政策立案の〕方針を決めていたのでは、かえって悪い結果を招く恐れがある。なぜなら、単純な人間中心主義だけに頼っていると、かえって、この方針の達成目標を実現できない結果になると思われるからである。長期的な予防措置および保全の目標達成に近づくためには、現実問題として、人間中心主義的な価値とは違うその他の価値を基準に方針を立てざるをえなくなるのである。

> もしかすると、環境保護主義者は、次のような事実について、いつまでも気づかないままで終わるのかもしれない。環境保護主義者は、人間一人ひとりの必要および個人的な利害関心に基づいて、みずからの要求を申し立てる。これによって、環境保護主義者は、長期的には、ある種の言論体制の正当化に寄与する可能性がある。すなわち、それは、人間の思考と感情に深い影響を及ぼして、長い目で見れば、人間が保護活動に取り組むきっかけとなったほかならぬその義務感情を、徐々に弱体化させるのに適した言論体制なのである。(Tribe 1980, S. 40)

注目すべきことに、トライブは、代替策と考えられる方針に対する自分自身の姿勢には、一言も言及していない。トライブは、そのような代替策となる方針が、ただ戦略的な意味で要求されるにすぎないと考えているのか、それとも、〔この方針が〕内的な根拠にもとづいて正当だと考えているのだろうか。人間は、エコロジーに関してみずから窮地に陥っているわけだが、この窮地を脱するためには、いわば〔ドストエフスキーの『カラマーゾフの兄弟』に出てくる〕大審問官の視点に立ち、――〔大審問官が〕信仰に対する信仰を失っても、最後の拠り所となる者の存在を不可欠と見なして、この立場に傲然としがみついていたように――新しい自然観を戦略的に導入して、それを頼みの綱としてこの緊急事態を脱するしか手立てがないのだろうか。それとも、こうした状況は、自然の理解ならびに自然における人間の役割についての理解を適正化し、より豊かでより深い理解に到達するための絶好の機会にほかならず、かつて啓蒙と進歩礼賛の風潮の中で片隅に追いやられてしまった真理を改めて承認するための絶好の機会にほかならないのだろうか。救済をもたらすものは、救済の故に真であるのか。それとも、それは真であるが故に救済をもたらすのだろうか。

さらには、論者が、想定している「新しい自然概念」に関して、そもそも何らかの真理を申し立てているのかどうかが最後まで不明な場合も多い。もしも、この点が不明でないならば、それによって、すべてとは言わないまでも多くの懸念が解消されることになるだろう。いずれにせよ、比喩的な意味の言葉遣いであることが公然と言明されていないかぎり、その言葉遣いは誤解を招く性格を有し、この点で懸念を招くことになるだろう。たとえば、自然の「利害」や「権利」を云々する人がいて、その言葉遣いが字義通りの意味ではないことを明示していないとすれば、その人は、自然を一つの全体として、まるで人格的存在者のように考えているとの誹りを免れることができない。「被造物」という語を用いたお馴染みの言葉遣いについても、同じ指摘が当てはまる。「創造に対する責任」を云々する人、あるいは――この点については負けず劣らず無頓着なドイツの立法者と同じように――「被造物としての仲間」(動物保護法§1)を云々する人は、神による創造を信じていると見なされざるをえない。われわれは語るとおりのことを考えているにちがいないのである。[*1]「創造」がなければ、「被造物としての仲間」を考えることもできないのである(と、Koslowski 1993, S. 190も述べている)。

事実に即した言明と比喩、倫理学と修辞学、哲学と政治学の間の境界線がますます曖昧になってゆくこと以上に、新しい環境哲学に対する不審の念を強くするものは他にない。環境法学者のボッセルマンは、一方では、自然および自然物の道徳的および法的権利を承認せよと要求していながら、他方では、この「権利」が自然との新たな関係の比喩にすぎないと説明している(Bosselmann 1989, S. 373)。それでは、ボッセルマンにとって、権利は単なる虚構としての役割を果たせば、それで十分なのだろうか。もしも、そうだとすれば、自然の権利を承認したところで、決して、われわれの考え方や姿勢が根本的な方針転換を迫られるわけではないのである。もしも、権利が単なる仮構を超えるものではないとすれば、そのような権利は、主体なき存在者にも認められうるのであって、権利とは似て非なるものにすぎなくなるだろう。そのような権利は、社会的規制の「技術的」補助手段であって、固有の妥当性を要求できるわけでもなく、ちょうど株式会社その他の「法人」にも付与される権利と同じようなものなのである。

5　機能主義者のジレンマ

価値信念および世界観を支持する機能的論証は、真っ直ぐ、ジレンマに陥ると思われる。このジレンマとは、どのようなものなのだろうか。時おり主張されているように、機能的論証は、一つの「パラドックス」を含んでいるのだろうか（Callicott 1989, S. 98）。

もしも、人に向かって、その人が信じていないことを信じるように、あるいは、その人が感じていないことを感じるように要請するとしたら、それがパラドックスであることは疑いの余地がないだろう。同様に、人が特定の事柄を信じないか、あるいは特定の事柄を感じないからといって、その人を非難することもできない。たとえば、物事を信じたり、物事について何らかの評価を下したり、物事を感じたりするように、人が意図的には全く制御できないことについては、その人に要請したり、その人を非難したりすることは、決してできないのである。本物の事実判断または価値判断は、意志の産物ではない（とはいえ、デカルトは、そのような判断を意志の産物だと思っていたわけだが）。人が責任を問われうるのは、いつでも、ただ（外的および内的な）行為（ならびに不作為）だけに限定されるのである。

もちろん、だからといって、信念を意図的に制御することが、どのような仕方でも絶対に不可能だということではない。それは、ただ、この制御が間接的に、行為に類する中間段階を経て行われなければならないというだけのことである。もちろん、人がおのずと特定の信念を受け入れたり、特定の感情を抱いたりするようになる条件下にその人を置くことはできる。長年連れ添った夫婦は、たとえお互いの間では相手に合わせるように要請し合ったりせずとも、かなりの程度まで物腰が似てくる（ただし、普通は、二人が考え方までが似てくるほどそっくりになることはない）。また、信仰を失った（あるいは信仰し続けている）ことを理由として、人を直接的に非難することはできないけれども、その人がもう教会に通っておらず（あるいは、相変わらず教会に通い続けており）、それによって、その人の信仰に影響する要因を避けている（あるいは、そのような要因に身をさらしている）点での非難は、十分に可能なのである。

このような戦略は、何人もの環境思想家によって推奨されている。社会では、その圧倒的多数が救いようもなく人間中心主義的な考えを持っているのかもしれない。だが、それでも、社会の圧倒的多数は、自分たちの生存に資するべく、人間中心主義的ではない背景にもとづく制度を導入し、そのような仕方で、人間中心主義的ではない考え方および感じ方に接近してゆくだけの、十分な賢さを持ち合わせているはずなのである。

たとえ、自然に対して正義が為されるか否かをまったく意に介さないような社会であっても、自然のためには権利を認めるべきだろう。なぜなら、そのような権利のほうが、義務の構想に比べて、より効果的にその社会自身の生き残りを保証してくれるのだから。（Weber 1990, S. 150）

このような戦略は「パラドックス」だろうか。この戦略が懸念を招くとしたら、それが論理的な理由にもとづく懸念でないのは明らかである。この戦略は、イデオロギーではないかとの疑いをかけられることがあったとしても、〔論理的〕矛盾に陥ることは決してないのである。

だが、もしも、自分自身の人格についてこのような考えを巡らしたとすれば、どういうことになるのだろうか。自分でも信じていないことを、機能的な理由に基づいて信じることは、できるのだろうか。

機能的な理由にもとづかなければ信じないと思われる物事を、機能的な理由にもとづいて信じると決心することは、できるのだろうか。このような疑問が生じると、〔われわれは、〕明らかに、すぐさま論理的な限界に直面する（Williams 1978, S. 236を参照）。〔われわれが〕決心できるのは、いつでも行為および不作為だけである。「信念を受け入れる」ことは、単に見かけ上の行為にすぎない。とはいえ、パラドックスから抜け出すための、第三者に有効な解決策は、当人自身にも有効である。たしかに、自分が特定の信念を持つように決心することはできないけれども、そのような決心をするように様々な仕方で自分を仕向けることは、できるのである。状況が不確実である場合には、まずは対外的に特定の立場を表明し――ただし、〔その段階では、まだ〕この立場を自分の信念にもとづいて受け入れているわけではない――、その後で徐々にこの立場を自分のものにしてゆくことができる（Birnbacher 1992, S. 7f. を参照）。こうすると、他者は、この立場をある人の立場だと思うように仕向けられ、それによって、信念の固定化のプロセスは、ますます促進される。言い換えると、機能的に動機づけられた信念の受け入れが特定の交際関係によって容易になるか、または困難になると想定される場合に、〔われわれは、〕そうした特定の交際関係を受け入れるか、または回避するかを決心するのである。パスカルの言葉を借りれば、人が教会に通うのは、結局のところ、信心深くなるためなのである。

機能的論証の支持者は、決心という概念を避けているかぎり、この概念に結び付いた論理的パラドックスも避けているのである。ところが、評価的または記述的な信念pを支持する機能的な理由と、pの受け入れに反対する、事実に関係した理由との間の対立は、機能的論証の支持者もこれを避けることができない。たとえば、ボッセルマンやヴェーバーのように、人間中心主義的な理由にもとづいて人間中心主義的ではない姿勢を推奨している人間中心主義的な環境思想家は、このような対立を免れないのである。こうした対立は、分別をわきまえた理由または道徳的な理由にもとづいてしなければならないと思われる物事と、したいと思う物事との間の対立に比べて、それよりもずっと厄介で解決困難な対立である。われわれの意志は、われわれの悟性に比べて、ずっと機能的な論証の影響を受けやすい。なぜなら、この場合に悟性が克服しなければならないのは、意志ではなくて、悟性その自身だからである。悟性の犠牲（sacrificium intellectus）は、悟性自身の名において生じるのである。さて、この対立は、とりわけ自分の知的良心にとってのジレンマである。当該の論者たちは、人間中心主義的な前提にこだわっているかぎり、自身の推奨する事柄が認知的または価値論的な根拠を欠く虚構であり、「どうしても必要な名目」なのだと考えざるをえない。ところが、もしも、論者が自分の推奨する事柄を本当に信じているとすれば、これらの論者は、そのために与えられた機能的な根拠づけの方を「どうしても必要な名目」と見なさざるをえなくなる。機能的に根拠づけられた事柄のほうがイデオロギーにかかわるか、あるいは、その根拠づけられた事柄をために与えられた根拠づけのほうがイデオロギーにかかわるか、そのどちらかである。

　機能的論証を用いた知的な自己操作のジレンマは、プラグマティズムの真理論を援用しても解消されえない。というのも、少なくとも、ウィリアム・ジェイムズに代表される強いタイプのプラグマティズム真理論では、このような知的自己操作を受け入れられる余地が、ほぼないからである。

　弱いタイプのプラグマティズム真理論によれば、ある言明を受け入れるか否かを決める実践的根拠は、事実に関係した根拠と反対根拠とが拮抗している場合には常に（しかも、そのような場合にかぎって）、関連性を持つ。つまり、このような考え方に従えば、機能的観点は、ただ「事の成り行きを左右する」機能を果たすだけである。強いタイプのプラグマティズム真理論によれば、言明が論理矛盾に陥っていないか、あるいは直接的経験と両立不能ではないかぎり、あらゆる言明において機能的根拠は認知的根拠との競合関係にある。このタイプ〔のプラグマティズム真理論〕では、認知的根拠がそれ自体としては言明に反している場合でも、その言明が受け入れ可能である（あるいは、受け入れ可能でなければならない）ことが認められる。ジェイムズによれば、このような条件が満たされているのは、たとえば、慈悲深い神の存在が想定されるような場合であった。われわれが神の如き指導者を想定する目的は、道徳に統一ある形態を与えるためであり、特に、ジェイムズが「激情」と呼んだものを解き放つためである。その激情とは、重要な目標のために立ち上がる意志であり、理想の名において卑近な幸福を断念し、「生存をかけた駆け引きの中から可能なかぎりの激しい熱意を絞り出す」（James 1956, S. 213f.）意志のことである。

ところで、よく考えてみると、プラグマティズム真理論の強いタイプは、結局、あるべきでないものはありえないのだというパルムシュトレーム[*2]の論理につながる。クルト・バイエルツ（Bayertz 1987, S. 185）は、転倒した自然主義的誤謬推論という、うまい言い方をしている。つまり、あるものが現にあるとおりにあるのは、それが現にあるとおりにあると考える方が良いからだというのである。プラグマティズムの真理論は、決して、真面目に考慮すべき選択肢ではない。

しかし、これでもまだ、機能的に動機づけられた自己操作が、もしかするとパラドックスの性格を持つかもしれないという問題が解消したわけではない。たしかに、私の見るかぎりでは、論理的パラドックスは見出されない。もしも、礼拝の儀式に参加することによって自分自身を信仰へと誘引することがパラドックスでないとすれば、生物圏をガイア仮説（Lovelock 1988）に従って一つの生物と見なすように自分自身の考えを変えてゆくこともまた、パラドックスではありえない。前者が全く不条理を含んでいないとすれば、後者もまた、不条理はまったく含んでいないのである。もっとも、両者の間にはたしかに違いがあって、宗教的な世界解釈については根拠を問わないのが普通だけれども、たとえばガイア仮説のような、論争の多い自然解釈については、大いに根拠が問題になる。つまり、もしも、なぜ神を信じるのかと問われた人が、そういう教育を受けたからだと答えたならば、われわれはそれで満足するのが普通だけれども、なぜガイア仮説を信じるのかと問われた人が、それはラブロックの書物を読んだからだと答えたとしても、それではわれわれは満足しないのである。だが、この違いは、もしかすると、それぞれの場合に適切と考えられる感受性の違いにすぎないのかもしれない。神を信奉する人々が神に込める感情は、ガイアを信奉する人々がガイアに込める感情よりも強いのが普通である（いつの日か、子どもたちがエコロジカルな宗教の影響を受けるようなことになれば、事情が変るかも知れないけれども）。したがって、神信仰とガイア仮説との間に体系的な差異は存在しない。機能的論証を自分自身に適用することから生ずる苛立ちは、総じて、論理的パラドックスにかかわるというよりは、道徳的パラドックスにかかわるものであると考えられる。われわれは、政治家が〔話を〕単純化しても仕方がないと思うし、弁護士が〔話を〕誇張するのも、聖職者がきれい事を言うのも仕方がないと思う。しかし、われわれが学者に期待するのは、役に立つことよりも真理の方を優先することなのである。

ジョン・エルスターは、機能的な動機にもとづく「自己転向」が論理的パラドックスを含むというテーゼを、首尾よく転向ができた後の逆説的な状況によって根拠づけようとした。

> 信念は［…］道具的な目的のための操作に抵抗する。信念を持てば良い結果が得られるからといって、意のままに信念を持とうするならば、そのような企ては自滅するだろう。なぜなら、信念を持つと同時に、その信念が認知とかかわりのない根拠に基づいて採用されているという信念を持つことはできないし、そのようなことは概念上も不可能だからである。（Elster 1989, S. 7）

しかし、このような議論がもっともらしく見えるのは最初だけである。（たとえば、世界には過去があるといった信念のように）基礎的な信念は数多く存在しており、これらの信念は極めて基本的なものであって、考えられうるあらゆる根拠づけに先行し、その信念自身をそれ以上認知的に根拠づけることはできないのである。つまり、「根拠づけられた信念の根底には、根拠のない信念がある」のだ（Wittgenstein 1984, §253〔邦訳、六六頁〕）。たとえば、過去が実在したことを確信させる根拠が、「事実に関係した」根拠ではなく、機能的な根拠であるという主張は、不合理ではない。しかし、これがエルスターの念頭にある種類の根拠でないことは、言うまでもない。エルスターの議論は、次のような意味に解されなければならない、すなわち、われわれの持つ信念が、事実に関係した根拠に重要な関連のある信念であって、同時に、この信念についてわれわれがもっぱら機能的な根拠だけに基づいてそれを受け入れたと信じる、そういう信念であることは、ありえないという意味である。また、エルスターの議論は、「信じる」ということをわれわれがどのような意味で考えるかによっても説得力が違ってくる。もしも、「信じる」ことが「推測する」こと以上の意味を持たないとすれば、推測pについて、われわれがまったくのところプラグマティックな根拠だけにもとづいてその推測pを我がものとしたように思ったとしても、そこにはパラドックスなど無いも同然であろう。だが、もしも、「信じる」とは「確実だと思う」ことなのだと解釈すれば、どうなるだろうか。もしも、われわれがpを確実だと思い、しかも、pに賛成または反対するための根拠が提示可能である（つまり、pは前記のような基礎的想定ではない）とすれば、そのような根拠の中から少なくとも一つを支持する用意がわれわれの側になければならないという要求には説得力がある。もしも、pは確実に真であると主張する人が、同時に、pに重要な関連のある根拠はどれ一つとして正しくないなどと言い張るならば、そのような人の主張が説得力を持つとは考えられない。だが、もしも、pの想定を支持する根拠がもっぱら機能的根拠だけであるとすれば、これは、そのような〔主張の〕場合とまったく変わらないのではないだろうか。さて、環境思想家が機能的論証にもとづいて、みずから生物圏に主体性があると確信するに至ったと仮定してみよう。そうすると、この環境思想家は、みずからの信念の生立事情を正直に認めると信頼性を損なうことになるから、それを避けるためには、どうしても、みずからの信念の生立過程を都合よく「忘却」しなければならないだろう。とはいえ、そのような場合でさえ、この環境思想家の立場は、厳密な意味では矛盾していない。この思想家は、具合の良くない立場には陥るけれども、パラドックスに陥るわけではないのである。

6 イデオロギーのない機能的論証とは？ リュッベの機能主義的な宗教哲学

ヘルマン・リュッベは、機能主義的な宗教哲学を扱った試論の中で（Lübbe 1979, 1986）、宗教的言明について重要な関連があるのは、もっぱら機能的な根拠だけであるというテーゼを展開した。このテーゼによれば、宗教的言明は、決して記述的な意味での真理性要求を申し立てるものではなく、むしろ、その言明の機能だけによって規定されるものであり、詳細には、不測の事態に対処する機能、つまり運命に対処する機能だけによって規定されるものである。その結果として、宗教的信条を支持する機能的根拠が事実に関係した根拠と衝突するなどということはありえない。このような試みによって、宗教は慰めを与え融和をもたらす機能にまで還元されるが、これはまた同時に、宗教を復興させることにもなる。というのも、リュッベによれば、宗教の機能は真理問題とはまったく無関係なのだから、リュッベの認める啓蒙主義の宗教批判も、宗教に害を及ぼすことは全然できないからなのである。

そうすると、つまり宗教における機能的論証は、環境哲学における機能的論証に比べて懸念を招く度合いが低いということになるのだろうか。決してそのようなことはない。なぜなら、リュッベによる宗教の定義が不十分なのは明らかだからである。たしかに、宗教が、とりわけ不測の事態に対処するための役に立つというのは正しい。だが、このような機能を宗教が持つのは、精神的に対処の難しい運命の打撃を、宗教が超越的な実在に関係づけるかぎりにおいてのことである。神の視点（当事者は誰もその視点に立てない）から見れば、意味の無いものが、それにも関わらず意味のあるものと考えられる場合にかぎって、意味の無いものが意味のあるものと見なされうるのである。このような（有神論的）宗教の特別な意味づけ能力は、リュッベの純然たる機能的定義では考慮されていない。そのうえ、リュッベによる宗教の機能的定義は、神話が不測の事態に対処するという機能を果たすかぎり、どのような個人的神話でもすべて「宗教」と認められるなどという、ほとんど受け入れがたい結論に結び付く。すなわち、宗教を支持する機能的論証は、リュッベの構想によれば、たしかに善い論証であり（また、宗教に反対する認知的論証は、悪い論証である）、けれども、そういうことになる理由は、実のところ、不測の事態への対処に関して機能的である信念が、すべて宗教と見なされるからなのである。

これに対して、もしも、宗教概念がもっと特別で（だから、もっと適切な）概念であれば、そのような宗教概念は、すべて、機能的論証が期待外れに終わるという結果をもたらすことだろう。というのも、実際には、宗教の発揮する影響は、人間が宗教の真理を信じているということと決して無関係ではないからである。宗教の真実を信じることがなければ、宗教は、せいぜいのところ空虚な儀式にすぎないということになるだろう。たしかに、そうした儀式は、一部の人々にとっては、たとえば、幼いころの心地よい思い出を連想させるような精神的な安らぎや緩和の効果があるかもしれない。だが、それでは、このような効果が、宗教それ自体の特徴である要因にもとづくものではないことになる。非宗教的な儀式でも、場合によっては同様の効果があるかもしれないのである。とはいえ、もしも宗教が、その機能を発揮するためには、真理であると受け取られなければならない（だから、ただ効果があると受け取られるだけではない）ならば、もはや宗教は、たとえ純然たる機能的観点に立ったとしても、啓蒙主義の批判から何の影響も受けないわけにはいかなくなるのである。

7　イデオロギーのない環境倫理学

機能的論証と倫理学の信頼性は両立しない——それならば、代替案として、倫理学から機能的論証を除けば、環境倫理学はどのような様相を呈することになるのだろうか。その第一の可能性としては、人間中心主義者が推奨するような、人間中心主義的ではなくて記述的かつ価値論的な思考法について、初めから、これを比喩ないしは虚構、または目的に適った仮構の理念であると公言してしまうことが考えられる。虚構や比喩が実践的な指導理念として重要な役割を演じうることについては、疑いの余地がない。だから、たとえばファインバーグの指摘によれば、多くの人は、自己意識や合理性あるいは道徳性のような、類としての人間に特徴的な性質を全然有していないけれども、それでもわれわれは、そのような人々に対して、あたかもこれらの性質を具備しているか、か、の、ような態度で接するべきなのである（Feinberg 1980, S. 165）。同様に、オット（Ott 1993, S. 174f.）の意見によれば、「客観的価値が自然のうちに存在するかのような行為」は、結果の点から見て、場合によると純然たる人間中心主義的な前提の下でさえ、純粋に人間中心主義的な動機にもとづく行為よりも望ましいのである。ところが、アンゲーリカ・クレプスの指摘によれば（Krebs 1999, S. 59f.〔邦訳、一一九頁以下〕）、このような仮構としての構成物には不十分な面が多い。このような構成物の正体を見抜けない人は、自分自身のことがよく分からなくなってしまう。これらの構成物が仮構としての構成物であることを見抜いた人は、そのような構成物が理論面で持ちこたえられないことに気づき、そのため、もはやこれらの構成物によって動機づけられなくなる。もしも、虚構を用いて他者を動機づけようとすれば、（虚構が虚構であることを公言しない場合には）詭弁を弄することになるか、さもなければ他者の心を動かせずに終わる。そのうえ、虚構は様々な仕方で固有の運動を展開し、この運動によって、虚構は——まずは仮説となり、結局はドグマとなって——文字通りの意味に解された理念へと変貌するのである（Vaihinger 1923, S. 138を参照）。

別の可能性としては、ウェストン（Weston 1985, S. 322）が提唱したプラグマティズムのモデルに従って、環境倫理学の言明を根拠づけるのではなく、ただ単に位置づけるだけにしておくことも考えられる。このモデルによれば、環境倫理学とは、決疑論的かつ具体的に紛争を解決する営みのことであり、そのための手段となるのは、万人に受け入れられ——それ以上は根拠づけの必要がない——価値を適用し比較考量することなのである。怪しげな世界観に頼らなくとも、行為指示や行動モデルおよび規範的な方針は、たとえば、資源保護や長期的な現状維持、環境の質の保持、リスク回避および種の保全などといった目標に直接関連づけられるだろう。とはいえ、そのような手続きには問題がある。それは、そのような手続きがあまりにもプラグマティックになりすぎて、環境倫理学に対する哲学者の関心を特に惹きつけている根拠づけや体系化および一元化の機会を、すべて逸してしまうのではないかという問題である。

最後の可能性としては、具体的な決定において重要な関連のある観点を、比較的に抽象的で分野横断的な規範および原理において基礎づけることが考えられる。ただし、その際には、人間中心主義的な規範がもっぱら人間中心主義的な原理に還元され、生態系中心主義的な規範は、生態系中心主義的な原理に還元される——たとえば、ポール・W・テイラー（Taylor 1986, 1997）の環境倫理学が、その一例である。信頼性が損なわれることに因る長期的な損害は、知識人が認知的に正当な根拠のないイデオロギー（私は、機能的論証もそのようなイデオロギーの一つだと思う）を生産することによって、ますます大きくなるのであって、そのような損害は——パスモアが説得力のある仕方で論じているように（Passmore 1977, S. 436）——たとえ、このイデオロギーがエコロジー意識を喚起するために利益をもたらすとしても、そのような実践的な利益に比べて、どう考えても高すぎる代償となるだろう。

引用参考文献

Bayertz, Kurt, »Naturphilosophie als Ethik. Zur Vereinigung von Natur- und Moralphilosophie im Zeichen der ökologischen Krise«, in: *Philosophia naturalis 24* (1987), S. 157-185.

Birnbacher, Dieter, »Dezisionen in der Ethik – Widerspruch oder Wirklichkeit?«, in: *Ethik und Sozialwissenschaften* 3 (1992), S. 7-16.

Black, John, *The dominion of man. The search for ecological responsibility*, Edinburgh 1970.

Bosselmann, Klaus, *Im Namen der Natur. Der Weg zum ökologischen Rechtsstaat*, Bern 1989.

Callicott, J. Baird, *In defence of the land ethic. Essays in environmental philosophy*, Albany, N.Y. 1989.

Elster, Jon, *Salomonic judgements. Studies in the limitation of rationality*, Cambridge/ Paris 1989.

Feinberg, Joel, »Die Rechte der Tiere und zukünftiger Generationen«, in: Birnbacher, Dieter (Hg.), *Ökologie und Ethik*, Stuttgart 1980,S. 140-179.

Hösle, Vittorio, *Philosophie der ökologischen Krise*, München 1991.

James, Williams,´ »The moral philosopher and the moral life«, in: *The will to believe and other essays in popular philosophy*, Reprint New York 1956, S. 184-215.

Koslowski, Peter, »Ökonomie und Ökologie. Natur als ethischer und ökologischer Wert«, in: Rapp, Friedrich (Hg.), Neue Ethik der Technik? Philosophische Kontroversen, Wiesbaden 1993, S. 179-193.

Krebs, Angelika, *Ethics of Nature*, Berlin 1999.〔『自然倫理学——ひとつの見取図』加藤泰史，高畑祐人訳，みすず書房，2011年〕

Leopold, Aldo, »The land ethic«, in: Ders., *A Sand County almanac and Sketches here and there*, New York 1949, S. 201-226.〔『野生のうたが聞こえる』新島義昭訳，講談社学術文庫，1997年〕

Lovelock, James, *Das Gaia-Prinzip. Die Biographie unseres Planeten*, Zürich/ München 1988.〔『ガイアの時代——地球生命圏の進化』星川淳訳，米沢敬編，工作舎〕

Lübbe, Hermann, »Religion nach der Aufklärung«. in: *Zeitschrift für philosophishe Forschung 33* (1979), S. 165-183.

Lübbe, Hermann, *Religion nach der Aufklärung. Grund der Vernunft – Grenzen der Emanzipation*, Graz 1986.

Passmore, John, »Ecological problem and persuasion«, in: Dorsey, Gray (Hg.), *Equality and Freedom*, Bd.2., New York/Leiden 1974, S. 431-442.

Spaemann, Robert, »Technische Eingriffe in die Natur als Problem der politischen Ethik«, in: Birnbacher, Dieter (Hg.), *Ökologie und Ethik*, Stutttgart 1980, S. 180-206.

Taylor, Paul W., *Respect for nature. A theory of environmental ethic,* Princeton, N. J. 1986.

Ders., »Die Ethik der Achtung für die Natur«, in: Birnbacher, Dieter (Hg.), *Ökophilosophie*, Stuttgart 1997, S. 77-116.

Tribe, Lawrence H., »Was spricht gegen Plastikbäume?«, in: Birnbacher, Dieter (Hg.), *Ökologie und Ethik*, Stutttgart 1980, S. 21-71.

Vaihinger, Hans, *Die Philosophie des Als Ob*, Volksausgabe, Leipzig 1923.

Weber, Jörg, *Die Erde ist nicht Untertan, Grundrechte für Tiere und Umwelt*, Frankfurt am Main 1990

Weston, Anthony, »Beyond intrinsic value. Pragmatism in environmental ethics«, in: *Environmental Ethics 7* (1985), S. 321-339.

Williams, Bernard, »Kann man sich dazu entscheiden, etwas zu glauben?«, in: Ders., *Probleme des Selbst,* Stuttgart 1978, S. 217-241.

Wittgenstein, Ludwig, *Über Gewißheit*, in: Ders., *Werkausgabe* Bd. 8, Frankfurt am Main 1984, S. 113-257.〔『確実性の問題』黒田亘訳，『ウィトゲンシュタイン全集9』，大修館書店，一九七五年〕

訳注

＊1　Stanley Cavell, "Must we mean what we say?" (Charles scribner's sons, 1969; Cambridge University Press, 1976: 2002) をひねったアイロニー表現と思われる。

＊2　ドイツの詩人クリスティアン・モルゲンシュテルン Christian Morgenstern (1871–1914) の代表作『絞首台の歌』という詩集に収められた詩に出てくる架空の人物の名前。モルゲンシュテルンは「愉快な言葉の響きと楽しい言葉遊びに満ちた諧謔詩」を得意とした（以上の記述については、宮内伸子「モルゲンシュテルン没後百周年に寄せて」：「日本独文学会」ホームページ内「文学コラム」を参照した。Vgl. http:// www. jgg.jp/ modules/ kolumne/ detailS. php?bid=100）。

第6章　人間的行為の尺度としての「自然」

1　倫理的概念としての「自然」

「自然」という概念と、その派生語である「自然な」「自然に沿っている」「不自然な」「自然に反する」といった語の倫理的使用は、総じて「自然」概念に特徴的である多義性を共有している。この多義性は非常に幅広いものであるため、明らかに肯定的で承認的な含意だけが、自然概念すべての倫理的使用に共通する、ほとんど唯一のメルクマールなのである。「不自然な」〔という語〕が一貫して悪い意味で使用されるのに対して、「自然なもの」とは、より正しく、より適切で、より正当なものを指すのである。たとえば、「自然権」は——たとえ、この複合語で「自然」という語がどのような意味で理解されていようとも——実定法よりも優位に置かれ、人間の「自然な」権利は、単に取り決めによって認められただけの権利よりも優位に置かれるのである。その際には、妥当性のあり方に関するこのような優先順位が時間的な優先順位と同一視される場合が多い。つまり、自然なものは、より先なるものであり、より根源的なものであるという理由で、優位に立つものなのである。

もっとも、この際「不自然なもの」に対する「自然なもの」の倫理的優位性がどの点において認められるかは、きわめて流動的である。二つの主要な傾向を区別することができるが、これらの傾向が、日常語における「自然な」という言葉の主要な使用法に一致しているのは決して偶然ではない。

まず一方で、「自然な」〔という語〕は、自明なもののことを指している。つまり、〔この語は、〕一般的な習慣や支配的な見方、および伝承と一致するもののことを指しているのである。この意味で「自然」は、現存しすでに受け入れられているものを保とうとする保守的なレトリックの決まり文句（トポス）なのである。その事例はすでに古代にも見出される。アリストテレスは『政治学』の中で、奴隷は「自然からして」奴隷なのであって、支配されることは奴隷の本性に属していると述べて、奴隷制を正当化している（1254 b 15）。同様に、女性的なものは「自然からして」男性的なものより「劣っている」のだから、「一方が支配し、片方が支配された」としても、自然なことにすぎないのである（1254 b 13）。同じように、十八世紀には、エドマンド・バークが、フランス革命に対抗して、立憲君主制の政治体制は「世界秩序や自然秩序に対して正確に対応し一致している」と論じ、この政体を擁護している（Burke 1964, S. 31ff.〔邦訳、六五頁〕）。どちらの場合にも、「自然なもの」の肯定的な評価が前提されている。「自然なもの」には最初から規範的拘束力が付与されているのであって、その「自然なもの」がそのつど前提されている意味で理性的なものでもあるのかどうかは、まったく問題にもされないのである。

他方では、「自然な」〔という語〕は、人工的でないもの、簡素なもの、真正なもの、および、自発性の点で愛すべきものを指している。つまり、自然は、慣習とは正反対の概念なのである。自然なものは、もはや文化と慣習による特殊な鋳造物ではなく、文化的変容の影響を免れているものであり、規範や流行、生活様式の歴史的変移の中にあって変わることなく持続しているものである。このような意味で自然概念は、社会の強いる適応圧力に対する異議申し立てにはまったく最適の概念なのである。自然は「解放の概念」（Forschner 1986, S. 14）となるのである。すでに古代のソフィストたちも、このような意味での自然（「ピュシス」すなわち、広く妥当するもの）のほうを、伝統的なもの、および〔人間によって〕定められたにすぎないもの、つまりノモスと比べて、より拘束力の強いものと見なしていた。ただしその際に、この「自然なもの」は――「人間の自然な欲求」との一般的関係を別とすれば――ほとんどの場合、内容的には無規定なままであった。単なる慣習や歴史的に偶然な社会構造による権威要求は首尾よく否定できたわけだが、これに対して具体的に自然の何を反論根拠とするべきなのかは、不明瞭なままであった。したがって、すでにソフィストたちがそれぞれ相当に異なる自然概念の解釈を示していたのも不思議ではない。「強者の自然権」が強者に特権と弱者に対する支配を認め、それを強者に命じさえするのに対抗して、「弱者の自然権」が人間の自然な平等性を強調し、奴隷制ならびにあらゆる支配被支配の関係を不当なものとして非難するのである（Nestle 1944, S. 186ff. を参照）。ストア派の場合にも倫理的な自然概念は、同じく「解放を目指す」論法によって、しかし内容的にはより強固な仕方で機能している。「自然との一致に生きよ」という有名な標語は、この〔ストア派の〕場合には、もっぱら理性的自然との一致を意味しており、これは結局、すべての個人の理性に表出している世界理性との一致を意味しているのである。「自然に従う（naturam sequi）」という理想は、この場合にもまた、人間をさまざまな従属から解放することを目指しているわけだが、逆説的なことに、第一義的には自然それ自体への従属から人間を解放することを目指している。後にカントが「傾向性」を倫理学から厳格に追放したのと同様に、人間の「自然な」欲求、ならびに、快楽や健康、生などといった「自然な」財は、自然の名の下に倫理学から厳格に排除されるのである。

倫理的自然概念の伝統批判的使用は、ヨーロッパの啓蒙哲学者の場合にも重要視されており、とりわけルソーがその好例である。それどころかルソーにおける自然概念は、経験的基盤からかけ離れたものとなっており、二重の意味で理想化されている。すなわち、自然状態は、他のあらゆる状態、とりわけ旧体制(アンシャン・レジーム)における社会の「疎外」状態に比べて優位に立つだけではなく、理想化の傾向を示しており、厳密に言えば、虚構の傾向を示している。「自然」は、所与の、または歴史的に実現された自然的ないし社会的現実にではなく、むしろ過去へ向かって投映された夢想に関係しているのである。

このような、多様であり、実は相反している自然概念の諸内容が覆い隠され見えなくなる度合いが強まれば強まるほど、それだけますます、倫理的自然概念は、「空虚な決まり文句」として機能しやすくなる。つまり自然概念は、肯定的な含意を有し、広範な解釈を許す無内容な概念として、話し手と聞き手との間に外見上の了解を生み出すのだが、話し手には、自身の内容的な価値前提を明示する必要がなく、聴き手には、この価値前提に照らして自身の賛同ないし拒絶を検証する必要がないのである。それゆえに、「自然」および「自然な」〔という語〕が最終的な決定権を持つような論証は、単なる仮象の論証であることが明らかになる場合が多いのである。

こうした仮象の論証の好例は、自殺をそれが「不自然」であるという理由で倫理的に非難する場合である。トマス・アクィナスの『神学大全』には自殺の道徳的許容性に反対する論証がしばしば見出され、その最初の論証によれば、自らに死を与えることは「自然な法則に反する」とされる。しかしこの論証は、ここで「自然な法則」とは何を意味しているのか、という疑問を生む。もしも、「自然な法則」が「自然法則」を意味するとすれば、この論証は明らかに誤りである。なぜなら、もしも、そのような自然法則があったとすれば、自殺は生じえないし、道徳的に非難される必要もないからである。たしかに、自己保存欲求には自然な(本能的な)基礎がある。だが、自殺という事実が示しているように、この基礎の作用には例外がないわけではない。むしろ人間はこの衝動を、他の衝動と同様に、特定の条件の下では克服できてしまうのである。他方、「自然な法則」が規範的な意味で理解され、「自然権」のような意味で理解されるならば、循環論法に陥ることになる。自殺が禁止されるのは、自殺が禁止されているからだというのである。なぜ自殺が法則に反するのか、という決定的に重要な問いには、答えが出ないままである。このように、自殺の「不自然性」にもとづく議論は、決して根拠づけ機能を発揮せず、場合によっては、本来の非難すべき根拠を覆い隠しかねないのである。後にカントはこれと似た論法で、自殺に対する非難の理由を、自殺の「不自然性」に帰そうと試みた。しかも、〔カントの論証は、〕自殺において自然は自己矛盾に陥る、という——何度見ても驚くべき——論証なのである。カントによれば、「もしも、生が堪えがたいものになったと思われる場合には、自愛にもとづいて生を切り詰める」ことを各人が自分の規則とすることは、まったく不可能なことである。なぜなら「感覚が決定するのは生命を刺戟して促進することなのに、その同じ感覚によって生命そのものを破壊することが法則だとしたら、そのような法則をもつ自然は自己矛盾に陥るので、自然として存続しないこととなろう」からである(Kant 1968, S. 422〔邦訳、五五頁〕)。カントが論拠とした自然の概念に従えば、自己愛はつねに生のみを望み、決して死を望まない。それならば、ある一定の条件の下では万人は自殺を実行すると仮定すれば、当然ながら矛盾をきたすことになろう。しかし、こうした自然概念は、論証にあつらえて構築されたもので、純粋な虚構である。同じ論法で、前記の状況で自殺を選ばない人の行為は、「不自然」であると言うこともできるだろう。自然はただ単に、残された人生の可能性を決算した際に最大限の幸福を得られると思われる行動へと各人を促すものと定義されるべきなのかもしれない。実際に、啓蒙哲学者のドルバックは、この論法で自殺の道徳的正当性を根拠づけている。すなわち、人が生を愛せるのは、生が幸福であるかぎりでのことであり、愛せない生を敢えて生きるように人を強制することはできないということほど自然なことはない。そのかぎりで、自殺は誕生に負けず劣らず自然なことなのである（d'Holbach 1978, S. 244ff.〔邦訳、I、二二七頁以降〕）。だがこの論証も、土台に据えた自然概念が正当化されなければ、カントによる正反対の論証同様、まったく空虚な論証のままなのである。

ところで、最後にあげた〔ドルバックの〕事例は、このジレンマがたとえ形式的な自然概念を論拠としても解消される見込みはなく、それゆえに本質規定という意味での「人間の自然」を論拠としても解消される見込みはないことを示している。人間の「本質」は固定化されておらず、そのつど異なる規範的含意を伴ったきわめて多様な本質定義に対して開かれている。もしも自殺のような特定の行動様式の「反自然性」を説明するために、この行動様式が「人間の自然」に反していることを理由にしようとするならば、なぜ多数ありうる人間の本質規定の中でも殊にそのような行為の仕方の禁止を示唆する規定が道徳的基準の地位へと高められるべきなのか、という問いに証明責任が移るだけなのである。

2 「自然主義的誤謬」の論証

倫理学の文脈では「自然」という概念とその派生語は、そのつどの規範的な前提を明示するのではなく、むしろ覆い隠す空虚な決まり文句として機能していることが多い。しかしこのことが、「自然」という概念とその派生語を論証的明瞭さという観点から見て疑わしいものにしている唯一の理由ではない。自然概念の問題は、この概念が見かけ上の客観性を生じさせることによって、さらに大きくなる。つまり、何が自然的で何が不自然であるかはある程度まで客観的に定まっているのだから、「自然に沿っている」として承認されたり「自然に反している」として非難されたりする行動の在り方については、議論の必要がなく、あとはただ自然それ自体に問いかけさえすればよいという見かけである。「自然な」および「不自然な」という概念は、道徳的判断に特徴的な客観的妥当性への要求に応えるための、非常に単純な——あまりにも単純すぎる——道筋を示しているように思われる。たしかに、その判断を確固とした客観的な拘束力という格別の権威で補強するのは、道徳の言語に本質的な特徴である。道徳的な判断を下そうとする者は大抵、自身の私的な意見に拠り所を求めるだけではなく、何か客観的で、自分の意見からは独立して基礎づけられているものに拠り所を求める——ただし、だからといって、そのような種類の客観的基礎づけが実際に存在することにはならないし、あるいはそのような基礎づけが可能であると言えるわけでもないのである。いずれにせよ、J・L・マッキー（Mackie 1981, S. 11ff. を参照）の相当に確からしい論証によれば、先述の点に関して、道徳の言語は一つの音声（*flatus vocis*）以外の何ものでもないのである。道徳の言語は、法律家が、かなり主観的な法解釈を断定的な口調で「事実は次のとおりである」という外見上は反論の余地がないように思われる形の文に置き換える言回しにも比肩しうる。道徳に固有なのは客観性ではなく客観化であり、つまりは事柄の本性からして道徳的判断には見出されないような妥当性の在り方を要求することなのである。

自然概念は、このような道徳的言語の傾向に適合している。なぜなら自然概念は、「自然」が自然科学によって記述された自然であるか、それとも特定の形而上学的構成物であるかに関わらず、あらゆる人間的価値が設定に先立って存在していると思われる秩序に関連があるからである。そのかぎりで自然概念には、たとえば「自由」や「平等」のような、倫理学のその他の空虚な決まり文句よりもさらに用心が必要なのである。「自然」は単に内容が未既定であるだけでなく、そのつどの根拠として用いられる説明を、あたかもそれが事実にもとづいて、したがって客観的に正しいものであるかのように思わせもする。ある特定の行動が自然に沿っているとか反しているとかいう発言は、たやすく純然たる記述的言明と見なされるようになり、道徳的承認または非難が事実にもとづいて、まったく自ずから生じたかのように見えてしまうのである。

別の言い方をすれば、自然概念は記述的意味も規範的意味も帯びることができるため、他のどの概念よりも存在と当為のあいだの溝を跳び越えるように、またその溝の存在自体を覆い隠すように定められている。たとえば、「誰もが平等で自由に生まれ（た）」（Rousseau 1966, S. 42〔邦訳、十六頁〕）、「すべての人間は生まれながらに平等である」（アメリカ独立宣言）、「人間の尊厳は不可侵である」（ドイツ基本法第一条）といった、規範に自然事実の衣をまとわせた言い回しこそが、最高度の影響力を発揮するのも偶然ではない。しかし、存在と当為、ならびに記述と評価のあいだの橋渡しは、いつもただ見かけ上で成立しているにすぎない。特定の記述が評価の理由や基準、あるいは論拠として機能しうるのはたしかだが、しかし、記述と評価の論理的関係は決して密接ではないのだから、たとえ事実をどれほど多く記述したとしても、そこから評価が論理的に導出されるわけではない。むしろ、的確な記述をどれほど沢山積み上げたとしても、それらの記述は、考えられうるどのような評価とも、論理的には両立してしまうのである。「自然主義的誤謬」という論証の背景には、このような単純な事実が隠されているのだ。一九〇三年にG・E・ムーアが展開した「自然主義的誤謬」の論証は、存在から当為を論理的に導出することが不可能であるだけでなく、ただ記述的に特徴づけられたにすぎない事実存在にもとづいて、善なる存在あるいは善とは別の観点で価値のある存在を論理的に導出することも不可能であることを主張した点において、いわゆる「ヒュームの法則」の上を行っている。ただし、「自然主義的誤謬」という名称は、誤解を招きやすい。ムーアの論証は、自然に関する記述的言明から規範的および評価的言明を導き出そうとする試みを論駁するだけではない。他の種類の（つまり、実際のあるいは憶測上の）現実に関する記述的言明から評価を導き出そうとする試みもまた、ムーアの議論によって同様に論駁されるのである。「私がxを行うことを、神が望んでいる」という、自然主義的ではない言明からも（この言明を純粋に記述的な意味に解することを前提とすれば）、私がxを行うべきであるということを演繹的に導き出すことはできないのである。

ムーアによる自然主義批判は、二つのテーゼを含んでいる。〔その第一は、〕「善い」という言葉の定義不可能性というテーゼであり、〔第二は、〕純粋に記述的な言明から「善い」を含んだ言明を導出することの不可能性というテーゼである。これら二つのテーゼのうちで、最初のテーゼには説得力がないし、「自然主義的誤謬」を反駁するためには必ずしも必要ではないので、ここでは無視してもよいだろう。そこで、第二のテーゼが重要になる。導出不可能性のテーゼを支持するムーアの論証の本質は、「未解決の問い」という論証にある。すなわち、たとえば「快楽を最大化する」、「目的に沿っている」、「適切である」、「すべての人から望まれている」などといった、事柄の純然たる記述的な特徴づけは、このような仕方で特徴づけられたものが実際に善いものであるかどうかという問いを未解決のままにしている、というのである。ある事柄が快楽を最大化したり目的に沿っていたりしているからといって、それゆえにこの事柄は善いものでもあるのかどうかという問いが不要になるわけではない。事柄を評価するということは、事柄の記述には含まれていなかった承認や態度表明といった、追加的要素をそこに持ち込むことなのだ。

自然主義的誤謬という論証は、きわめてあたり前のことであるように見えるけれども、その帰結は、道徳的要求を基礎づけるために自然を頼りにする試みすべてにとって甚大な影響を及ぼす。もしもこの論証が正鵠を射ているとすれば（そして私は、この論証を誤りと見なす理由はないと考えている）、自然を何らかの道徳的判断の論理的に十分な根拠として扱おうとする言明は、それが科学的（生態学的、進化論的、あるいは社会生物学的）言明であれ、形而上学的で自然哲学的な言明であれ、考慮するに値しない。道徳的言明やその他の規範的言明、あるいは評価的言明を導出するためには、少なくとも、それ自体もまた規範的または評価的である何らかの前提が必要なのである。言い換えれば、私はある評価を正当化するために、自然の（現実的あるいは憶測上の）事実だけを拠り所とすることは決してできないのである。自然が唯一の「倫理的行為の基礎および尺度」として役立つことは、ありえない。所与の客観的自然を拠り所とすることによって、自分自身で評価をくだすという課題（およびその責任）を免れようとする試みは、すべて挫折する運命にある。

とはいえ、以上のような結論が出たからといって、倫理的要求を基礎づけるために自然を拠り所とすることがすべて許されないのだ、と誤解してはならない。「自然主義的誤謬」という批判が意味するところは、ただ単に、価値判断は純然たる記述的言明からは論理的に導き出されえない、ということであって、それ以上でもなければ、それ以下でもない。特に、自然あるいは人間の自然的性質に関する形而上学的または科学的事実は道徳的評価のためのもっともな根拠や基準、あるいは論拠として全然考慮に値しない、などという意味でもない。ただし、そのような場合に記述的前提と評価的結論との間の導出関係は演繹的導出の場合に比べて弱い関係であり、せいぜいのところ、蓋然性の論証という地位を要求できるにすぎないのである。

ちなみに、倫理学は総じて厳密な演繹的論証に携わるよりも、蓋然性の論証に携わることの方が多いものなのだから、自然主義的誤謬の「完璧」な事例に遭遇する機会がめったにないとしても、不思議ではない。皮肉なことに、ムーアによる批判の主たる対象であった倫理学的「自然主義者」のジョン・スチュアート・ミルとハーバード・スペンサーでさえも、ムーアの批判から深刻な打撃を被るわけではないのである。

ミルについて言えば、人間が幸福を追求するのは「自然な」ことだという事実の指摘がミルの説く倫理的快楽主義の論拠として役立っているのは確かである——この点は、〔ミルに〕先立つエピクロスや啓蒙主義の哲学者たちの場合と同じである。しかしミルは、このような規範的で倫理的な快楽主義が記述的で心理学的な快楽主義から論理的に演繹されうる、とは主張してはいない。ミル自身が明確に認めていたとおり、その「功利主義の証明」と言われるものは、論理的強制力のある厳密な証明——つまり「普通の、一般的な意味での」証明——と見なされるべきものではなく、むしろ、蓋然性の論証と見なされるべきなのである。ミルが「証明」として提供しているものは、論理的に十分な条件ではなく、「精神が理論に賛同するか反対するかを決めるために適当な［…］熟慮」（Mill 1976, S. 8f.〔邦訳、四六五頁〕）なのである。このような蓋然性の熟慮は、——少なくとも、ミルがこの蓋然性の熟慮に与えた形式では——たいした説得力も発揮しないわけだが、それはまた別の問題である（Birnbacher 1978, S. 95 を参照）。

スペンサーが自然主義的誤謬に陥っていると非難しているのは、ムーアだけではないけれども（たとえば、Vossenkuhl 1983, S. 147 を参照）、そのスペンサーに対してさえ、もしも多少なりとも悪意がなければ、そうした疑いをかけることはできない。スペンサーが非難の的となった発言の一つによれば、「われわれが善という名辞を適用する行為は、他と比べてより進化した行為であり、悪とは、他と比べてあまり進化していない行為に適用される名辞である」（Spencer 1887, S. 25）。この発言に関して自然主義的誤謬を云々することができるためには、次の二つの条件がそろわなければならない。1.「他と比べてより進化した」という特徴づけが純然たる記述的な特徴づけであること。2. 前記のような「善悪」の進化生物学的定義が、分析的定義として（つまり、総合的かつ操作的な定義としてではなく）考えられていること。〔しかし、〕これらの二つの条件は——スペンサーでは多くの場合に概念が混乱しているので、そもそも、そのような判断が可能であるかぎりにおいてではあるが——満たされていないのである。「他と比べてより進化した」といっても、それは（「他と比べて後になってから進化した」がそうであるようなほど）明確に記述的な述語となる資格があるわけではないし、形式上は同等の意味を持つように見えるものであっても、それが実際に同等の意味を持つものと考えられているかどうかも、はっきりしていない。むしろ、議論の脈略からは次のことが推測されるのである。すなわち、もしも「他と比べてより進化した」というのが記述的な意味を持つとすれば、より進化の進んだものがより善く、あまり進化していないものがより悪いという言明は、ある善悪の基準を提示していることになり、したがって、一つの実質的な道徳原則を提示しているということになる。この道徳原則がさらにまた純然たる記述的言明から導き出されることはありえないだろうから、その原則は、一つの新たな、追加的な前提を導入しているのである。

どうやら、今まで人は自然主義的誤謬を避けることができてもよさそうな時にかぎって、この誤謬に陥ってきたように思われる。行動生物学者のヴォルフガング・ヴィックラーは、殺害の禁止との関連で「種の保存という自然権および自然法則」に言及したとき、かなりの程度まで自然主義的誤謬に接近しているのではないかと思われる。すなわちヴィックラーは、記述的な（普遍的に妥当する）意味での法則と、規範的な（違反することも可能な）意味での法とを密接に結び付けており、まるで両者が結局同じことであるかのように論じている（Wickler 1971, S. 91）。〔ヴィックラーの〕別の発言では、規範的な述語が、記述的かつ自然的な述語と定義の上でも同一視されている。「何が『正しい(richtig)』行動であるのかについては、たしかに意見が分かれるかもしれない。だが、種の保存を目指す(gerichtet)行動は、きわめて普遍的に理解されうるのである」(Wickler 1971, S. 16)。もちろん、この事例もそれほど明瞭というわけではない。なぜなら――スペンサーの場合と同様に――〔ヴィックラーの〕定義は大して厳密な意味では理解され得ないからである。

自然主義的誤謬に陥っている徴候は、ローベルト・シュペーマンの場合にも見出される。理性的なものとは「自然的なものに関する真実が明るみに出ること」であり、この意味での理性的なものは「それ自体が自然の目的論の中に」含まれているのだ(Spaemann 1987, S. 157)とシュペーマンは言う。――しかし、これでは、理性的なものとは、自覚的となった自然にほかならないのであって、つまり、人間は――自然存在としての自覚を持って――自然的なことを行うがゆえに理性的であるということになってしまうだろう。

ヨナスは、より率直に自然と道徳の関係について言及した。とはいえ、率直だからといって、ヨナスの発言がそれだけ憂慮に値しないわけではない。倫理学は「事物の自然の中で発見されうる原則によって」基礎づけられねばならない(Jonas 1973, S. 342)という、『有機体と自由』の中でヨナスが要求しているプログラムは、ムーアが批判している意味で「自然主義的」である。ヨナスは、『責任という原理』の中で、価値論を「存在論の一部」(Jonas 1979, S. 153〔邦訳、一四一頁〕)とし、「存在から当為につながる道は存在しないというドグマ」(ebd. S. 93〔邦訳、七八頁〕)を論駁すると明言して、先の要求に応えようとする。もちろん、ヨナスもまた、多少なりとも説得力のある推論を提示することさえできていない。そのためにヨナスが拠り所とする実例は、「新生児の呼吸」である。ヨナスによれば、新生児の呼吸は、

「反論の余地なく、一つの当為を、すなわち世話すべしという当為を周囲の世界に差し向けている（Ebd., S. 235〔邦訳、二二三頁〕）。だが、この実例は——それが、論理的に考える人を、ある意味で冷血漢と思われるように仕向けてしまうという点で、「反則技」であることは別としても——次のような理由で、説得力がない。すなわち、ここで主張されている当為が記述的特徴から導き出されるのは、この記述的特徴が新生児の呼吸という「誘発性」を含んでいる場合にかぎられるからである（このような誘発性は、因果的には、たとえば保育本能の人間的形成のような心理学的事象に依拠している）。だが、そうすると、記述的特徴はもはや純然たる記述的なものではなくなるだろう。

自然主義的誤謬への最も大きな誘惑が生物学、特に進化生物学から生じるのは偶然ではない。生命体の構成法則や生物学的進化の発展段階を人間の視点から眺め、それらを人間に対する相対的な距離に応じて「より下等」および「より高等」と評価する傾向は、容易には克服できない。「進化」という概念からして、すでに肯定的評価の意味を含んでいる。進化の過程の中ではすべての道が「上方へ」通じたわけではなく、（たとえば寄生虫の場合のように）多くの道が「下方へ」、つまり、より退化しより単純化した形態へと通じた（Lorenz 1978, S. 32 を参照）ことを、われわれは知っている。それにもかかわらず、退化の過程を「進化」とみなすこと、あるいは、単にこれを「発展」と見なすことすら困難である。アメーバが、自分を取り巻く環境に適応している度合いは、人間の脳がその環境に適応している度合いと比べても、勝るとも劣らず完璧であるのかもしれない。ところが、一方〔のアメーバ〕から他方の〔人間の脳〕への発展を「進歩」と言わずにおくこと、つまり、不完全なものから完全なものへの発展、下等なものから高等なものへの発展と言わずにおくことは、やはり困難なのである。「高等な組織および下等な組織という概念を動物界に適用することを拒むのは、われわれには無理な要求である」（Needham

1943, S. 236)。とはいえ、この場合にもまた記述と評価を画然と区別することができない、というわけではない。純然たる記述的観点に立てば、向上進化、つまり進化の過程にある有機体の「上昇発展」とは、複雑性の増大であり、機能的分化および下位組織の統合である。その範囲では、「進歩」とか完全性の増大とかは問題にならない。そのうえ、二十世紀の人為的災害と生態学的危機によって、進化は必然的に「上方へ」と向かってきたのであり、そして今後もまたそのように続いていくのだという信頼感は――ダーウィンが共有していた (Darwin 1963, S. 677〔邦訳、下、二六〇―二六二頁〕を参照) ――十九世紀中頃の進歩楽観主義とともに、衰退してしまった。もしも、進化の「完全性」が本質的に生存の成功を基準として測られるとすれば、あらゆる証拠に照らして、人間よりも遥かに単純に組織された生物種のほうが、長期的に見れば「被造物の王者」として優れていることが認められるだろう。それにもかかわらず、自然科学の中でも「最も歴史的な」科学である生物学は、今日においてもなお、現代版の倫理的自然主義を最も繁栄させている培養基となっているのである。

3　倫理的基準としての自然――倫理的自然主義

自然主義的誤謬の論証は、あらゆる倫理的自然主義を「打ち倒す (knock down)」論証として、繰り返し使用されてきた。けれどもこの論証は、倫理的自然主義の最も重要な形式に対しては、ほとんど機能しない。というのも、このような形式の倫理的自然主義は、たしかにいつでも自然を基準にしてはいるのだけれども、それでいて、自然を道徳的価値の源泉とするわけではないからである。このような倫理的自然主義にとっては、正しい行動の尺度が自然にあることは確かだが、その尺度は――明示的にであれ暗示的にであれ――自然に内在するものと見なされるわけではなく、むしろ、人間によって設定されたものの表現と見なされるのである。必ずしもすべての倫理的自然主義が、同時にメタ倫理的自然主義であるわけではない。メタ倫理的自然主義が道徳的価値を自然の記述的言明から導き出そうとするのに対して、倫理的自然主義は、自然に従うことを人間の義務とする規範的原則から道徳的価値を導き出す。倫理的自然主義が同時にメタ倫理的自然主義でもあるのは、倫理的自然主義が通常は主張しないことを主張する場合だけなのである――つまり、この規範的原則を純然たる記述的言明から導き出した場合にかぎって、倫理的自然主義は同時にメタ倫理的自然主義となるのである。

そのかぎりにおいて、歴史的に最も重大な結果をもたらした倫理的自然主義の形態である、社会ダーウィニズムや人種主義には、自然主義的誤謬だという非難は効果がない。なぜなら、このような形態の倫理的自然主義が究極の拠り所としている設定は、それ自体としては科学的に基礎づけられないからである。それにもかかわらず、このような形態の倫理的自然主義は、たとえば自然淘汰というダーウィン主義の説明モデルのような、成功した科学的説明モデルに準拠することによって、また、ある意味ではこのような説明モデルの権威にあやかることによって、絶大な魅力を獲得しているのである。このような倫理的自然主義は、形而上学的な架構や信仰上の確信、あるいは主観的な明証性を拠り所とする代わりに、もっぱら科学的確証のある、それゆえ最高度に客観的な事象を導きの糸としているという特権をみずからに付与するのである――その点では、こうした倫理的自然主義はいわゆる「科学的社会主義」に似ている。それに加えて、このような倫理的自然主義の魅力を高めるのは、そうした倫理的自然主義が「客観性」への欲求を満たすと同時に、道徳的規範に対する包括的保証への欲求もまた満たしていることである。自分自身の行為の尺度が、個人と社会を包括する自然史の過程に組み込まれる。「一致して（Homologoumenos）」——つまり調和の内に——生きることは、もはや神の救済史と一致して生きることを意味するのではなく、自然科学が成功を収め続ける中で、ますますその作用の方式が見透かされるようになりつつある自然と一致して生きることなのである。

社会ダーウィニズムにおいて、権力の既存の発展形態または企図された発展形態を正当化するための拠り所とされる生物学的原則は、「最適者生存の法則」である。社会ダーウィニズムは、帝国主義や留まるところを知らぬ資本主義および人種政策のようなイデオロギーの唯一の源泉でないことは間違いないにしても、そのようなイデオロギーを事後的または補助的に正当化する役に立ったこともたしかなのである。ジョン・D・ロックフェラーには次のような格言がある。「大企業の成長は、最適者の生存にほかならない［…］。それはビジネス活動における悪ではなく、ただ自然法則と神の法の証明にすぎない」（Flew 1967, S. 5 および Richards 1987, S. 597 による引用）。最初期のダーウィン主義者であったスペンサーの場合にも、すでに「最適者の生存」という決まり文句が、経済的な成功者（最適者）に自身の成功の成果を存分に享受すること許す、自由放任主義的リベラリズムの正当化理由として用いられている。すでにスペンサーの段階で、この原則は優生政策の方向に向かい始めている。すなわち、「成功度の低い者どもが、精神薄弱者や犯罪者、および怠け者の数の増大という負担を後の世代にかけることのないよう、そのような成功度の低い者どもには、適切な産児制限が課されるべきなのである」（Miller 1976, S. 197 による引用を参照）。非生産者の増殖を促しかねない社会政策に対する警告が世紀末前後の時代に通俗科学の決まり文句になっていたのは、ドイツだけではなかった。また、「民族衛生」という概念も、当初は——この概念を提唱したアルフレート・プレッツにおいては——人類一般に関する概念であったが、この概念もまた前記のような〔社会ダーウィニズムの〕思想に由来している。この思想は、ドイツとオーストリアでは、やがて大衆酒場で交わされる談義の話題にまで浸透して、最終的には、ヒトラーの演説において幾度となく登場することになった。たとえば、一九二八年の演説でヒトラーは次のように弁じている。

闘争という観念は、生それ自体と同じくらいに古くからある観念である。なぜなら、生は、他の生が闘争の中で没落することによってのみ保たれるのだからである〔…〕。この闘争を勝ち抜く者は、強者であり、能力者である。これに対して、無能者、弱者は敗れ去る〔…〕。人間が生きるのは、そして人間が動物世界に対抗し打ち勝つことができるのは、人間性の原則によってではない。その手段は、ただひたすら残酷きわまる闘争だけなのである。（引用は Bullock 1953, S. 32 による。Flew 1967, S. 36 における引用も参照せよ。）

ところが、以上のような、最適者生存および「生存競争」の原則を人間の行為の尺度にしようとする試みは、その道徳面での疑わしさを別にしても、すべてが、そもそも理論的誤謬に陥っているのである。つまり、このような試みは最適者生存という原則を、記述的な内実を含む法則の言明と見なしているのだ。ダーウィンの場合、「適応」とは、そのつどの淘汰条件の下で生殖に成功することを基準に定義されている。したがって、「最適な」個体や変種または種類が生存するという原則の意味するところは、生存に適した能力を持ち、（例外的な状況の下で）実際に生存する者たちが生き残ることにほかならない。したがって、最適者生存の「法則」と呼ばれているものは、決して科学理論的な意味での法則ではないのだから、規範的な意味での法則、すなわち意図的な選別または育種の基準の役割を果たすものではなおさらありえない。たとえ、どのような選別が行われようとも、それとは無関係に「最適者」は生存する。たとえどのような社会政策が行われようとも、「最適者」が最も多くの子孫を持つことになる。なぜなら、それこそが「最適者」の生物学的な優秀性なのだからである。福祉国家や補綴医療は「野生状態」の条件下では到底生き残る見込みがないさまざまな障害と脆弱性に満ちた生を可能にしており、それは非難されなければならないと思い込んでいるような人は、「生存競争」以外の別の原則を引き合いに出さなければならないだろう。ニーダムによれば（Needham 1943 S. 261）、社会ダーウィニズムの民族衛生学者が生殖制限を課そうとしている階層の人々は、生物学的適応に反しているどころか、生殖の成功によってかえって生物学的適応を証明している人々なのだから、その民族衛生学者がしていることは実に「おかしい」とされる。この点で、ニーダムの言うことは正しい。

社会ダーウィニズムの道徳的な疑わしさは、その理論的弱点よりも、さらに明白である。この種の疑わしさは、基本的には、倫理的自然主義のあらゆる変種に当てはまり、次のような一点に集約できる。すなわち、あるものが実際にあるとおりにあるという事実は、このあるものが実際にあるとおりにあるべきである、ということの十分な理由とはなり難いということである。人間のいない自然、すなわち飼い慣らされていない野生の自然は、決して善でもなければ、慈悲深くもない。

自然は人間を突き刺し、車裂きの刑に処すが如く押し潰す。野獣の群れへ獲物として放り込む。初期のキリスト教殉教者にそうしたように石打ちにし、焼き殺しにする。飢え死にさせ凍死させる。即効性があったり、徐々に効いたりする蒸気の毒で殺す。明らかに無慈悲なナビスやドミティアヌス[*1]だって思いつきそうにない、ぞっとするような殺害方法をまだいくらでも持っている。

(Mill 1984 S. 31)

このような、ジョン・スチュアート・ミルによる幻想なき現状認識にもとづく結論によれば、自然は道徳に無関心なのであり、したがって、自然の営みを人間の行為のモデルにするのは、不合理以外の何ものでもないだろう。

自然が殺すからわれわれも殺し、自然が苦しめるからわれわれも苦しめ、自然が荒らすからわれわれも荒らす。これが正しいことなのだろうか。それともわれわれは、人間の行為全般について、自然が何をするのかを考慮する必要などなく、もっぱら考慮するべきは何をするのが正しいのかという点だけなのだろうか。もしも帰謬法のようなものを使って証明するべきものが何かあるとすれば、ここでわれわれが問題にしている事柄こそが、それなのである。(ebd, S. 33)

それにもかかわらず、ミルのような合理主義者でさえ次のような一節に副文を付して認めねばならなかったように、以上のような事実をすべて目の当たりにした後でも、自然が最終的にはやはり慈悲深く正しいと考えたくなる感情的な傾向は、注目すべきことに、少しも揺るぐことなく残ってしまう。

信仰のある人であろうと無信仰の人であろうと、自然の有害な力が全体として何らかの善い目的に役立つとすれば、その目的が理性的人間を刺激して、自然の有害な力に抵抗するよう仕向けること以外にあるなどと考える人は誰もいない。仮に、そのような自然の力は慈悲深い摂理によって、それ抜きには達成されえない賢明なる目的のために、その手段として定められているのだとわれわれが信じるならば、自然の力を抑えつけたり、その有害な影響を制限したりするために人間が行うことは——有毒の霧を発する沼を干拓することから、歯痛を治療したり傘をさしたりすることまで——すべてが神に対する冒瀆と見なされなければならなくなるだろう。だが、たとえそのように考えたくもなる傾向が時折意識下で感じられるとしても、間違いなく誰一人として、そのような考えには賛同しないのである。(ebd., S. 33f. 傍点は引用者による。)

自然の調和を不適当なまでに強く見る傾向は、法的平等と自然的平等とが調和していると知覚したがる傾向と同様に、心理学的には認知的不協和の削減と解釈されうるように思われる。フェミニストたちは、両性の間に見られる自然な才能の差異について(たとえば、高等数学への適性は男性の方が高く、これは、おそらく部分的には純粋に細胞レベルで条件づけられた適性だと考えられる。Zimmer 1988 を参照)云々することを好まず、反人種主義者は、ジェンセンその他の研究者が示した、人種ごとの平均的知能指数の差異に関する容易には揺るがしがたい成果に強く反論する——まるで、権利の平等を認めることに関して、これらの事実が何らかの差異をもたらすかのように。だが、そもそも自然が人間の行為のモデルではないのならば、自然的差異もまた、権利認定における差異のモデルにはならないのである。

ミルの考えによれば、——たとえば、芸術が自然の中でも、美しく、ロマンチックで、崇高な、あるいは牧歌的な等々の特定の部分だけをモチーフにするのを好むように——もしも全体としての自然を模範とするのではなく、自然の特定の部分あるいは特定の側面を模範とするならば、調和した自然像への感情的な欲求を、自然が人間の行為の尺度としては役立たないという認識と融和させることができる。

ところで、その際に循環論法を避けるべきだとすれば、模範として役立てられる自然の部分は、道徳的基準とは無関係に選定可能でなければならない。ところが、ミルも正しく見抜いていたとおり、現実にはそうはならない。むしろ、模範とする価値のある「創造者の作品」あるいは「創造者の本質を表す真なる表現」として、自然の特定の領域を選択する際には、道徳的基準がその拠り所とされるのである。どのような自然の側面が選ばれるかに応じて、そこから得られる「自然に沿った」倫理は実にさまざまである。たとえば十九世紀の終わり頃には、「正しい」社会ダーウィニストたちが、多くの動物種で病気または虚弱な個体の選別と追放が見られることを拠り所として、それを積極的「民族衛生学」という考えに結び付け、人間にも適用しようとした。その一方で、ピョートル・クロポトキンは、みずからの連帯倫理を基礎づけるために、同一種の内部では攻撃抑制や利他主義が〔選別や追放に〕劣らず認められるという現象を拠り所としていたのである。これらの立場は、両方とも、「自然」概念の肯定的な含意を大いに利用しているけれども、両者は、それぞれの規範的目標に適合した、相異なった自然解釈を拠り所としているのである（Altner 1981, S. 97ff. を参照）。

もしも、人間の義務が、外的自然あるいは自分自身の内なる本能的自然に従うことではありえないとすれば、人間の義務は——内的および外的な自然を、陶冶して改善してゆくこと以外ではありえないだろう——この点で、ミルの考えは、十八世紀の啓蒙の理念と一致している。けれどもこの陶冶は、純然たる自然適合性ではない、何か別の基準に従われなければならない。自然に資する進歩の基準を再び自然から取り出すことはできないのである。

4 応用

ミルによる倫理的自然主義批判は、特にセクシュアリティの分野で厳格な道徳規範を備え、社会的な役割分配の硬直したシステムを伴っていたヴィクトリア朝文化に対して、大きな衝撃を与えないわけにはいかなかった。ミルは、女性の政治的および社会的な解放と、そうした解放の本質的前提条件である受胎調整を支持していたが、ミルのこのような立場は当初から保守派の反論に直面した。その主張によれば、女性の解放は女性の「自然な」使命に反し、受胎調整は生殖という「自然な」法則に反するというのである。今日では、このような種類の自然主義的な主張が申し立てられる例はごく希になった（たとえば、カトリック教会はその一例である）。けれども今日では、とりわけ二つのアクチュアルな問題領域において、つまり環境倫理ならびに生殖医療での新たな手法を巡る議論において、いかがわしい自然主義的議論が一定の役割を演じている。

文明による自然介入の野放図な増大に伴う生態学上の問題は、生態系が脅かされているという認識を促すと同時に、理想的な自然像の復興をも促進してきた。この復興に特徴的なのは、人間によるあらゆる介入から解放された自然を仮想した上で、そのような自然が、人間に自然と調和的に交渉するための尺度を提供しうると考えることである。この際、根源的な自然は「釣り合いの取れた」状態と見なされ、この状態は、人間の活動が拡大したせいで失われてしまっており、ただ徹底的に利用を放棄することによってのみ回復されうると考えられる。このような考え方をよく表しているのが、生態学者バリー・コモナーによって定式化された、いわゆる「生態学の第三法則」、すなわち「自然は最もよく知っている」という法則である（Commoner 1971, S. 41）。

けれども、「釣り合い」の取れた自然というこのロマンチックな〔自然〕像は、ただ単に記述的観点から見て疑わしい――破局的な破壊は、人の手が入っていない自然にも決して無縁ではないのだから。それればかりではなく、「食ったり食われたり」という自然な釣り合いもまた、苦痛付与のメカニズムを何度も代価として引き受けることによって成立している。もしも、このようなメカニズムが人間の手で意図的に導入されたとしても、人間はそれには道徳的に耐えられないだろう。自然の法則が人間性の法則とは一致しえないことについては、アルベルト・シュヴァイツァーによる「生に対する畏敬の念」の教説が最も雄弁に語っている。

> 自然は生に対する畏敬の念を持たない。自然は幾千のも種類の生をまったく無意味に生み出す。すべての生の段階を貫いて人間の領域に至るまで、恐ろしい無知が全存在者に流し込まれている。それらは生への意志は持つが、他の存在者に生じていることを、共体験する能力を持たない。それらは苦しむ、しかし共苦することはできない［…］。外から観察するかぎり、自然は美しく偉大である。だが自然の本を読むことは身の毛がよだつ。そしてその残酷さはなんとも無意味なのである。最も貴重な生が最も下等な生の犠牲になる。(Schweizer 1966 S. 32f.)

これと同じように油断のならない役割を演じているのが、環境水準および限界値を巡る議論での「自然な」負荷という概念である。たとえば、K・S・シュレーダー＝フレチェットは、リスク研究の一般的な手法に注意を促している。この手法は、自然な負荷または正常な負荷を(〔それが実際に〕許容されているのだから)許容可能であると設定したうえで、――たとえば核エネルギーを使用した結果として生じた——追加的な負荷が、こうした手法で定義された「正常範囲」に収まることを示そうとするのである（Shrader-Frechete 1980 S. 143ff を参照）。しかし、自然な放射能または（部分的にはこの放射能によって生じた）自然ながん発生率が想定内の正常値に属しているからといって、すなわちこれらが許容可能であることにはならない。仮に、自然な放射能が技術的手段によって、安いコストで大幅に削減可能であるとすれば、われわれがそれを実施する義務を持つことは疑いの余地がないだろう。多くの「自然な」事象は——たとえば「自然」分娩のように——かなりのリスクと結び付いているのだから（Shrader-Frechete 1987 S. 44 を参照）、それらの事象を、ただその「自然性」だけを理由に、リスク許容の尺度とするならば、それはとんでもない無分別であろう。

自然主義的論証が行われているもう一つの領域は、最新の生殖技術を巡る論争である。この論争は、一般によく見られる拒絶の姿勢が、いかに自然主義的な仮象の理由づけという形で表明されうるものかを示す具体例の宝庫である。実際に、技術的かつ人工的な機能で自然な機能を代替するこの分野のプロセスは、人間の心理的適応能力をはるかに超えているように見える速度で進行中である。それゆえに、新しい医療技術上の可能性の多くに対するいわば本能的な拒絶をどうしても合理的に基礎づける必要があると思い込んで、その結果として、果たすべきことを果たせないような論証に助けを求めることになるのも、理解できる。このような、ほとんど論証としての役割を果たせない論拠の一つが、代理母ならびに——未来の——体外発生、つまり人工培養器による自然妊娠の完全なる代替といった処置の「反自然性」である。たとえば、ベンダによれば「母子関係は、人間関係の中でも最も自然と考えられる関係である。この関係を技術的操作によって妨げたり、分断したりするのは、非人間的である」（Benda 1985, S. 222; van den Daele 1985, S. 206 も参照）。しかし、「非自然性」が代理母に反対するための特別有力な論拠にならないことは、この論拠を理由にすると、出産を助けるための、あるいは出産の負担を軽減するための人工的介入が、帝王切開のような慣れ親しんだ方法も含めて、すべて非難の対象となってしまうのを見るだけでも、すでに明らかである。それとも帝王切開もまた、シュペーマンによれば「自然法によって」尊重を要求する「人間の基礎的な自然成長性」(Spaemann 1983 S. 76) を傷つけるのだろうか？まったく逆の問いも当然ながら生じるだろう。すなわち、なぜ「自然成長性」は、そもそも価値なのか？結局のところ、自然の横暴に対処するべく定められているのは、すべての医学や文化の全体だけにとどまらない。人間は、「自然からして」もまた、外的な（および人間自身の内的な）自然を変化させ、変容させることに依拠しているのである。したがって、「不自然なもの」は、決して人間の尊厳を毀損するものではなく、むしろ、人間の尊厳の証拠なのである。

引用参考文献

Altner, Günter (Hg.), *Der Darwinsmus. Die Geschichte einer Theorie*, Darmstadt 1981.

Bayertz, Kurt, *GenEthik. Probleme der Technisierung der menschlichen Fortpflanzung*, Reinbek 1987.

Ders., »Naturphilosophie als Ethik. Zur Vereinigung von Natur- und Moralphilosophie im Zeichen der ökologischen Krise«, in: *Philosophia naturalis 24* (1987), S. 157-185.

Benda, Ernst, »Erprobung der Menschenwürde am Beispiel der Humangenetik«, in: Flöhl, Rainer (Hg.), *Genforschung – Fluch oder Segen? Interdisziplinäre Stellungnahmen*, München 1985, S. 205-231.

Birnbacher, Dieter, »The scientific basis of utilitarian ethics«, in: Diemer, Alwin (Hg.), *16. Weltkongreß für Philosophie Düsseldorf 1978. Sektionsvorträge*, Düsseldorf 1978, S. 95-98.

Bullock, Alan, *Hitler. Eine Studie über Tyrannei*, 2. Aufl., Düsseldorf 1953.

Burke, Edmund, *Reflexions on the revolution in France* (1790), London/New York 1964.〔『フランス革命についての省察』中野好之訳、岩波文庫、二〇〇〇年〕

Commoner, Barry, *The closing circle. Nature, man and technology*, New York 1972.

Darwin, Charles, *Die Entstehung der Arten*, Stuttgart 1963.〔『種の起原』(上・下) 八杉龍一訳、岩波文庫、一九九〇年〕

Flew, Anthony G. N., *Evolutionary ethics*, London 1967.

Forschner, Maximilian, »Natur als sittliche Norm in der griechischen Antike«, in: Eckermann, Willigis/Kuropka, Joachim (Hg.), *Der Mensch und die Natur*, Vechta 1986, S. 9-24.

d'Holbach, Paul Thiry, *System der Natur*, Fankfurt am Main 1978.〔『自然の体系』(I・II) 高橋安光、鶴野陵訳、法政大学出版局、一九九九年/二〇〇一年〕

Jonas, Hans, *Organismus und Freiheit. Ansätze zu einer philosophischen Biologie*, Göttingen 1973.

Ders., *Das Prinzip Verantwortung*, Fankfurt am Main 1979.〔『責任という原理』加藤尚武監訳、東信堂、二〇〇〇年〕

Kant, Immanuel, *Grundlegung zur Metaphysik der Sitten* (1785), in: *Werke* (Akademie-Textausgabe), Bd. 4, Berlin 1968.〔『人倫の形而上学の基礎づけ』平田俊博訳、『カント全集7』、岩波書店、二〇〇〇年〕

Lorenz, Konrad, *Das Wirkungsgefüge der Natur und das Schicksal des Menschen. Gesammelte Arbeiten*, München/Zürich 1978.

Mackie, John L., *Ethik. Die Erfindung des Richtigen und Falschen*, Stuttgart 1981.〔『倫理学――道徳を創造する』加藤尚武監訳、晢書房、一九九〇年〕

Mill, John Stuart, *Der Utilitarismus* (1861), Stuttgart 1976.〔『世界の名著38――ベンサム、J・S・ミル』、中央公論社、一九六七年〕

Ders., *Drei Essays über Religion* (1874), Stuttgart 1984.

Miller, David, *Social justice*, Oxford 1976.

Moore, George E., *Principia Ethica* (1903), dt., Stuttgart 1970.〔『倫理学原理』泉谷周三郎、寺中平治、星野勉訳、三和書籍、二〇一〇年〕

Needham, Joseph, *Time, the refreshingriver. Essays and addresses*, London 1943.

Nestle, Wilhelm, *Griechische Geistesgeschichte*, Stuttgart [2] 1944.

Richards, Robert J., *Darwin and the emergence of evolutionary theories of mind and behavior*, Chicago 1987.

Rousseau, Jean-Jacques, *Du Contrat social*, Paris 1966.〔『社会契約論』桑原武夫、前川貞次郎訳、岩波文庫、一九五四年〕
Schweizer, Albert, *Die Lehre von der Ehrfurcht vor dem Leben. Grundtexte aus fünf Jahrzehnten*, hg. Von Hans Walter Bähr, München 1966.
Shrader-Frechette, Kristin S. , *Nuclear power and public policy*, Dordrecht 1980.
Shrader-Frechette, Kristin S., *Risk analysis and scientific method*, Dordrecht 1985.
Singer, Peter/Wells, Deane, *The reproduction. New ways of making babies*, Oxford 1984.
Spaemann, Robert, »Die Aktualität des Naturrechts«, in: Ders., *Philosophische Essays,* Stuttgart 1983, S. 60-79.
Ders., »das Natürlich und das Vernünftige«, in: Schwemmer, Oswald (Hg.), *Über Natur*, Fankfurt am Main 1987, S. 149-164.
Spencer, Herbert, *The data of ethics* (=*The principle of ethics*, Vol. I), London 1887.
van den Daele, Wolfgang, *Mensch nach Maß? Ethische Probleme der Genmanipulation und Gentheraphie*, München 1985.
Vossenkuhl, Wilhelm, »Die Unableitbarkeit der Moral aus der Evolution«, in: Koslowski, Peter/Kreuzer, Phillip/Löw, Reinhard (Hg.), *Die Verführung durch das Machbare. Ethische Konflikte in der modernen Medizin und Biologie*, Stuttgart 1983, S. 141-154.
Weingart, Peter/ Kroll, Jürgen/ Bayertz, Kurt, *Rasse, Blut und Gene. Geschichte der Eugenik und Rasseenhygiene in Deutschland*, Fankfurt am Main 1988.
Wickler, Wolfgang, *Die Biologie der Zehn Gebote*, München 1971.
Zimmer, Dieter E., »Sexualhormone und die Mathematik«, in: *DIE ZEEIT* vom 2. 12. 1988, S. 86

訳注

＊1　ナビス（希：Νάβις. 在位：B.C. 206–B.C. 192）は、スパルタの僭主。軍事力と残虐さによって権力を掌握したとされる。ドミティアヌス（Titus Flavius Domitianus. 51–96, 在位：81–96）は、ローマ帝国の第十一代皇帝。キリスト教徒を迫害した。

第Ⅲ部　生と死をめぐる問題

第7章　古典的功利主義の観点からみた殺害の禁止

1　功利主義倫理学の出発点における信頼性

究極の倫理原則は、証明可能でもなければ、端的に自明でもない。もしも倫理学の最終的な原則が受け入れ可能かどうかを確かめたいならば、できることはせいぜいその信頼性を吟味することだけであろう。では、功利主義倫理学の基本前提は、信頼できるのだろうか。

ミル（Mill 1976, Kap. 4)、シジウィック（Sidgwick 1907, Buch 4, Kap. 2)、ピーター・シンガー（Singer 1984, Kap. I; 1988）とともに、私は功利主義倫理学の出発点は間違いなく一定程度信頼できると確信している。その理由は、とりわけ、功利主義倫理学が道徳規範のメタ倫理学的な特徴に合致しているからである。まず功利主義倫理学は道徳的な命令および判定に際して、判断する人がその都度持つ固有の利害関心や個人的理想を考慮するだけではなく、他者の利害関心や理想もバランスよく考慮すべきだという要求（公平性の原理）に合致している。そしてあらゆる分別ある人々によって了解され、理解され、受け入れられるという要求（普遍妥当性要求）にも合致しているのである。

道徳的立場の公平性の原理が功利主義倫理学と合致することは直接的に明らかである。功利主義倫理学は、その原理を受け入れるべき人々が自身の利害関心当事者性を考慮することを妨げないどころか、あらゆる個人の関心を等しく考慮するのである。功利主義倫理学は、道徳的な決断や判断を行う当事者の、あるいは彼が所属していると感じている集団の道徳的特権を認めない。もっとも、こうした公平性が一般に認められるのは、厳密には理論の中だけのことである。実践に応用されるときには、少なくとも当事者に突きつけられる道徳的要求が過大になってしまい、それによって功利主義的倫理の実現する機会が減少してしまうかもしれない場合には、常にある程度の不公平が許容されねばならない。功利主義者も、通常の場合には両親が他者の子どもではなく自分の子どもを優先して世話することを期待するが、このような不公平さが支持されるのは、功利主義倫理学から見れば公平なやり方だからである。というのも、権限および役割に応じた義務を明確化することによって、道徳負担を──「道徳的分業」という意味で──できるだけ分散しようという戦略は、〔功利主義倫理学の目指す〕公平な効用最大化に貢献するからである。

功利主義倫理学はいくつかの特徴によって普遍妥当性要求に合致している。第一に、功利主義倫理学は「形而上学なき倫理学」である。功利主義倫理学は疑わしい世界観や宗教的確信が〔人々に〕受け入れられているという事実を前提とするが、だからといって功利主義倫理学の普遍妥当性要求が持つ確からしさは揺るがない。第二に、功利主義倫理学は、古代のストア派やキリスト教倫理学のように、いかなる人々であれ考慮の埒外に置かないという意味で「普遍主義的」である。第三に、功利主義倫理学では主観が肯定的なものとして経験した事柄には肯定的な価値を付与し、否定的なものとして経験した事柄には否定的な価値を付与するという主観主義的で快楽主義的な価値論が採用されている。価値基盤はきわめて限定されている。しかし、このような価値基盤の道徳的な重要性は、どんな倫理学でも否認しきれないであろう。対するに客観主義的な価値説は、それぞれの時代および文化的差異への依存度がより強いために、普遍妥当性への権利要求を申し立てることだけではなく、この権利要求を信頼のおけるものにすることもより難しくなっている。第四に、このような普遍妥当性への権利要求という意味では、しばしば功利主義倫理学の弱点として非難される点、つまりその内容が未規定であるという点は、むしろ強みになる。功利主義倫理学は、どちらかといえば形式に留まることによって、異なった文化と時代に属する人々にとっても、同じように許容可能である。もちろん、功利主義倫理学を日常的な行為を直接的に指示しうるものと解してはならない。この倫理学は〔理論としての〕倫理学であって〔日常的な〕道徳ではないからである。実践にとって意味のあるものとなるためには、功利主義倫理学は「二次的原理」によって補塡され具体化される必要がある。この「二次的原理」の大部分は、すべての場合に適用可能なものではない。そうではなくて、そのつど変化する自然的で社会的な生のさまざまな条件に適応しなければならない原理なのである。

こうした見方のポイントの一つは次のものである。すなわち、社会的効用の最大化という功利主義的原理を実践的な行為の方向づけに必ずしも（あるいは、かなり限定されたかたちでしか）用いないということには、正当な功利主義的根拠がありうるということである。そのような根拠として挙げられるのは、〔第一に、〕帰結を包括的に比較考量するために必要とされる時間も情報も心の平穏も与えられない状態で、われわれはさまざまな道徳的決定を行わなければならないということである。第二に、他者に影響を及ぼす行動については、たとえ最低限の社会的期待を保証するためであっても、結果が不確かで変わりやすい個別事例ごとの比較考量を頼りに行動方針を決めるのではなく、比較的安定した規則を頼りに行動方針を決めることが最低限の要件だからである。そして第三に、利益とコストを帳簿上で収支決算するような態度は、人間的で望ましい行動様式とは必ずしも両立しない。こうした態度は、自発性や表現行動、さまざまな感情を楽しむ生活といったものに、ほんの僅かな余地しか残さないことになろう。功利主義的な尺度に照らしてみても、いつでもただ理性的であるだけというのは、必ずしも理性的であるとはかぎらないのである。

2　直感に反しているという批判について

功利主義に対してもっとも頻繁に投げかけられる批判は、功利主義がもたらす実際の帰結、あるいは誤解された帰結が、広く普及しており部分的には感情に深く根を下ろした道徳的確信と一致しないというものである。こうした批判の典型的事例として、三つのものが挙げられる。（1）処罰の正当性の功利主義的基礎づけは不適切であるという批判。（2）獲得された快楽の「質」を考慮していないという批判。最後に、（3）生殖の義務という古典的功利主義の主張する義務が直感に反しているという批判である。

まず（1）について見てみよう。報復的な処罰の原理は、処罰の方法や程度を、もっぱら、あるいは本質的に、行為の重大さのみにもとづいて決定する。これに対して、功利主義的な処罰の原理は、処罰の方法や程度をまずもって犯罪防止と治療の観点に即して決定するが、多くの人にとって功利主義的な処罰の原理よりも報復的な処罰の原理の方が、直感的に信頼できるものに見える。〔というのも〕功利主義的な処罰の理論の中には、本来であれば同様に扱われるべき事例であっても、たとえば見せしめのために不平等に扱うことをむしろ正当化しかねないものがある〔からである〕。

次に（2）の判断によれば、功利主義はとるに足らない少数者の欲求を満足させる〔にすぎない〕オペラハウスその他の文化事業に対する補助金に税金が使われることを、かなり限定的にしか正当化できない。〔たとえば〕「快楽の量が同じであれば、プッシュピン〔＝ピンをはじく子どもの遊戯〕は詩と同じくらい善い」というベンサムのモットーを忠実に守り、大量の〔つまり、大衆の〕欲求を満足させるために使用可能な手段であれば何でも使用してしまうことを、そしてそれによって文化水準の平板化という危険を引き起こすことを、多くの人は受け入れ難く感じるだろう。

最後に（3）であるが、通常、個人の総数が増加すれば生の快楽の総量も増加する。したがって古典的功利主義にしたがえば、基本的な義務として子どもを産む義務が存在することになる。しかし、この種の義務を課そうとしても、それは一般には拒絶されるであろう。

以上のような批判に対し、功利主義者には全部で三つの擁護戦略が用意されている。（1）功利主義者は、功利主義的原則から直感に反する帰結が導き出されることを認めなくてもよい（否認戦略）。（2）功利主義者は自らの原理を適用可能なかたちへと修正することによって、倫理学説と「直感」の衝突を解消しようと試みることができる（適合戦略）。（3）功利主義者は自らの解決策が支配的な直感に反するような場合でも、敢えてそれを持ち出すことができる（英雄主義戦略）。

（1）の戦略、すなわち否認戦略を選択する者は、批判者が提示する直感に反する帰結に対して、その帰結は功利主義的前提から誤って導出されたものにすぎないと主張するか、あるいは衝突が生じるのはあくまで抽象的な次元においてであって、現実に存在しうるさまざまな条件の下ではそうではないと主張するかのいずれかである。この戦略を追求する者は、たとえば刑罰における平等性原理の毀損が功利主義的に正当化されるとしても、それは法的安定性の保持を目的とする場合にかぎってのことであると論じることができるだろう。また、文化事業への補助金を擁護するためには、文化的な単調性は教養ある人々にかなりのフラストレーションを与えるに違いないこと、彼らが創造的で生産的でいられるためにはある程度の刺激が要求されることを主張しうる。生殖の義務に関しても、古典的功利主義者の立場でさえ、少なくとも世界がエコロジカルな資源の枯渇危機に直面し、すでに人口過多であると言わざるをえない場合には、いつでも生殖の義務を免除してきたことを引き合いに出すことができるのである。加えて、先進工業諸国では人間が一人余計に生まれるたびに、発展途上国でそうなるよりもはるかに多くの負荷が、生態系の資源に対してかかることになるだろう。

この否認戦略は、たしかに一定の成功を収めるだろう。だが、この戦略は、功利主義的解決と〔それに反する〕支配的な直感との溝を、批判者が求める通りにぴったりと埋めることができるのだろうか。この点については疑問が残ると言わざるをえない。広範に否認戦略を支持したシジウィックやヘアのような功利主義者でさえも否定できなかったことであるが、功利主義は日常道徳の原則に従って禁止される行為（たとえば無実の人を「処罰すること」）を、少なくとも極限状況では許容せざるをえず、それどころか、このような行為が命じられていると考えなければならない（たとえば、大勢の無実の人々がリンチにかけられ殺されるのを防ぐためには）。いずれにせよ、子どもを産む道徳的義務を原則的に認めない人々は、単にこの義務が今日的な条件の下では存在すべきでないという回答でもって満足するはずがない。

（2）支配的な直感との合致を規範倫理学の受け入れ可能性の基準とみなそうとする者は、標準的なタイプの功利主義倫理学を否認するか修正するかの選択を避けて通ることはできない。適合戦略の支持者が企てるのは、功利主義の修正である。この修正は、放棄できないように思われる直感との衝突を回避するためになされるが、しかしその際に功利主義の核となる部分に変更を加えることは絶対にしない。

報復的正義と公正さの規範を功利主義の思考枠組みの内で統合しようという興味深い試みとして、たとえばライナー・W・トラップの「正義論的功利主義」(Trapp 1988)の体系がある。この体系においては、非功利主義的な構成要素が意図的に変動可能なものとして残されており、そのつどの理論を用いる個人は、自分自身の直感を考慮してもしなくてもどちらでも構わない。そのかぎりで、「正義論的功利主義」の体系は、理論の構造さえも適合戦略によって規定されている。適合戦略は、ジョン・スチュアート・ミルが練り上げないままにした、幸福の二要因理論の基盤にもなっている。この理論によれば、幸福は、その源泉の洗練度に応じて段階的に価値づけられるべきである(Mill 1976, Kap. 2)。また古典的功利主義によって要請された生殖の義務を今日のみならずあらゆる可能的状況において排除するような複雑な理論が、功利原理の定式に導入されている(Narveson 1976; Singer 1976; Trapp 1988, S. 594ff.)。

もちろん、適合戦略がある特定の観点から支配的な直感に接近しようと試みることによって、別の観点から見ればこの直感を離れてゆきかねない。そのつど定常的なものと想定される人口に対してのみ効用最大化の原理を適用するような「仮想的な人格の観点」は、なるほど生殖の義務を回避するという利点をもっている。しかしそれは、非常に制限されたかたちであるとはいえ、生殖行為が別の観点から道徳的であると判定される可能性を犠牲にしている(Birnbacher 1996, S. 41を参照)。生殖の義務を回避しようとする別の試み(これはトラップの構想に見られる)は、明らかにその場しのぎの効果しかないという欠点を持っている。こうした試みは、支配的な直感の基礎づけに何らかの貢献を行うというよりも、そうした支配的な直感をなぞっているにすぎないのである。

しかし、適合戦略の根本的な問題は、別のところにある。すなわち、まさに倫理学説を参照しようという実践的欲求がもっとも強いとき、すなわち、当該の直感が危機に陥ったり不確かになったりしたときにかぎって、この戦略が使えなくなるという問題である。シンガーの見解――人工中絶、新生児安楽死、臨死介助についての見解――をめぐる論争において直感がどの程度中心的な役割を果たすのかという疑問においては、まさに適合戦略が定位できるような十分に明瞭かつ一義的な直感が存在しない。たとえば人工中絶をめぐる問いの中で、適合戦略はどのような直感に定位するべきなのだろうか。なぜ現在における直感であって、過去における直感ではないのか。なぜ、たとえば現在における生殖の義務の拒絶という直感に定位すべきであり、何百年間も問題なく続いたこの義務の容認に定位すべきではないのか。もっぱら現在の価値意識および規範意識の水準のみに定位することは、そもそも倫理の普遍妥当性要求と両立するのだろうか。

こうした疑念の背後にある根本的な問いは、支配的な道徳が倫理学説のために基準として役立つということを、そもそも何が正当化するのかというものである。なるほど、功利主義倫理学は〔さまざまな要求を〕調停することができ、かつ〔理論を〕貫徹することができるという理由からしてすでに、支配的な道徳理解にある程度適合することをみずからの課題としている。だが、〔日常道徳ないし直感との〕適合がこのようなプラグマティックな理由によって動機づけられているとしても、理論において予めふさわしいとされた適合がそれによって正当化されるわけではない。今日支配的な直感を引き受ける理由があるならば、この直感を権威的な基準と見なすことは余計である。そのような理由がないのであれば、なぜこうした直感に倫理学的吟味の審級としての権威を認めるべきなのかが分からなくなってしまうからである。

当然のことながら、原理に忠実な功利主義者も道徳的直感を必要とする。それにもかかわらず、このような功利主義者は、道徳的直感がより深遠な知恵の源泉である神のお告げなどではなく、発見を助ける手段にほかならないと理解している。直感が重要であるのは、それが倫理学的方法の「盲点」を修正し、倫理学によるお決まりの問題区分の仕方では把握しきれない問題次元へと注意を向けさせるのに役立つからである。直感は、なるべく先入観を持たず、なるべく理論的な党派性による歪みに影響されずに、道徳的な問題状況に気づくための道を示すことができるのである。

（3）全体的にみて、功利主義にもっとも相応しいのは人々が確信する支配的な価値・規範と功利主義倫理学との差異を無くそうとする適合戦略ではなく、英雄主義戦略であるように思われる。英雄主義戦略は、功利主義の出生地である啓蒙の精神にもっともよく合致するであろう。この戦略に従えば、功利主義倫理学は支配的な倫理の再構築ではなく、批判的修正の機能を果たす。このような倫理学は、堅固に根づいた道徳的直感でさえ、功利主義的に正当化できない場合には勇気をもって議論の俎上に載せる。こうした批判的修正とは異なり、急進的な道徳批判はほとんどの場合適切ではない。というのも、あらゆる急進化はリスクをはらんでおり、このリスクは通常功利主義の立場では引き受けられないものだからである。英雄戦略と合致するのは、どちらかといえば「慎重かつ破壊的」とでも呼べるような姿勢である――総じて功利主義の歴史は、革命運動よりはむしろ改革運動と手を組んできたのであって、「慎重かつ破壊的」な姿勢は、そのような功利主義の歴史にも合致しているのである。同時代の野蛮な刑法に対するベンサムの反駁、女性差別およびヴィクトリア王朝の道徳がもっていた同調圧力に対するミルの戦い、そしてシンガーの家畜工場反対運動でさえも、決して多数派の信念に拠り所を得ていたわけではない。今日再び勢いを盛り返してきた規約主義の考えによれば、「道徳理論は」このような多数派の信念に照らして「有効性を証明しなければならない」とされるが（Brülisauer 1988, S. 132 を参照）、前記のような［ベンサムやミル、シンガーの］運動はむしろ既存の自明性に対抗し、功利主義の原理が持つ批判のポテンシャルを展開しているのである。ところで、ミルは英国議会下院に女性の参政権を導入しようと努力したために笑い者にされたが、われわれは今日、ミルに対して、同時代の支配的な確信に迎合し、女性を政治から排除する倫理学を展開すればよかったのに、などと助言するべきだろうか。いずれにせよ、まったく疑いの余地がないミル自身の主張によれば、倫理学者は論争の的となる道徳的問題に関する事実上の合意から影響を受けすぎてはならないのである。

伝統的な根拠を疑問視することなしに道徳学説を打ち立てることは容易ではないし、道徳学説は、他の伝統的な学説とまったく同じように、細心の注意を払って吟味されなければならない。他の学問領域と同様、伝統的な見解は、それがどれほど広く普及しているとしても、啓蒙された理性の判断にもとづいて評価されなければならないのである。(Mill 1835, S. 74)

目下のところシンガーは、特に人工妊娠中絶および新生児安楽死の問題に関する彼の極端な立場が直感に反するという理由によって激しい批判にさらされている。そのシンガーでさえ、多数派の思想傾向に迎合しすぎているという批難を完全に免れるわけにはいかないだろう。少なくとも『実践の倫理』[*1]のいくつかの議論の基礎に置かれた選好功利主義は、どう考えても適合戦略と見なさざるをえない。経済学者たちの多くはしばしば選好功利主義の支持者に数えられるが、彼らは選好功利主義の魅力が(主観的な満足感を「測定」するかわりに、ただ選好の測定だけを要求するという)方法論的利点にあると(間違って)思い込んでいる。これに対して、シンガーのような倫理学者にとって選好功利主義が魅力的なのは、殺害禁止および日常道徳において広く認められたいくつかの忠実義務を洗練されたやり方で基礎づけることができる点なのである。たとえば、臨終の床でなされた約束が実現されないことは、もはや故人の意識状態を傷つけないとしても、故人の選好に反する行為である。眠っている他者を恐怖や苦しみを与えることなく毒殺することは、〔眠っていなければ〕当人によって経験されたはずのネガティブな意識状態を引き起こすことはないが、それにもかかわらず（通常の場合には存在する）その人の選好、すなわち、もっと生きたいという選好を毀損しているのである。

選好功利主義は、古典的功利主義よりも正当に直感を評価する。また、個々の人格は、ポジティブな意識状態およびネガティブな意識状態の担い手であるだけでなく（そのかぎりでは、人格ではない有感生物と同等である）、尊重される権利をも持っている。これらのことが、シンガーが選好功利主義を選好する動機をさらに強めているように思われる。人格の利害関心が尊重に値するのは、利害関心を満足させることによって人格が受け取る福利が増えるという理由からだけでなく、利害関心の充足が人格を尊重する本質的なやり方だからである。

もちろん、人格による選好の充足という原理には、功利主義的観点からみて何ら非難されるべきところはない。問題は、単に、この原理が選好功利主義というかたちですでに理論の基礎にあるとすべきなのか、それとも古典的功利主義における二次的原理として、中位の抽象的次元において定式化されるとすべきなのかということだけである。後者の利点は、選好の充足という原理の妥当性が二次的なものにすぎず、それゆえ選好功利主義が直面することになる困難のいくつかが回避される点にある。とりわけ、未来に関わる選好あるいは他者に向けられた選好がかなりの程度まで認知的にも感情的にも歪んでおり、非合理的で自分自身に害を及ぼす選好でありうるがゆえに、この種の選好を充足することが必ずしもそれぞれの主体にとって常に望ましいことではないという困難が回避される。あらゆる選好の充足が福利の増大をもたらすわけではない。あらゆる福利の増大が選好に依存しているわけでもない。ある人が自らの外的生活状況ないし健康状態の改善に向けて努力していないからといって、彼の生活は彼にとってありえたはずの、できるならそうあるべき生活と同じくらいよいものだ、とは言えない。満足が絶望と諦めの表現であることも珍しくはないのである。

　選好功利主義がこうした困難を避けようとする場合、実際に言明された選好、あるいは態度のうちに表明された選好の代わりに、理念化されたモデルを採用しなければならない。たとえば、主体は可能なかぎり最大限に合理的であるという反事実的な条件を設定し、さらに反社会的な選好（Harsanyi 1982, S. 56）ないし「対外的な」選好、つまり他者に向けられた選好（Hare 1981, S. 104; Harsanyi 1988, S. 97）を可能なかぎり排除した上でなされる「仮言的な選好」（Hare, 1981, S. 106; Harsanyi 1982, S. 56）というモデルがある。こうしたモデルを採用することによって、選好功利主義に期待された本質的な利点が再び失われてしまう。ある人が合理的に選好する事柄を発見することは、その人にとって最善の事柄を発見することよりもまったく容易ではない。これに加えて、選好功利主義ではなく、終始一貫して幸福功利主義に即して考えるという態度にむしろ利点があるとしたら、それは、シンガーとともに一種の「理論的楽観主義」を採用する必要もなければ、問題のコンテクストに応じて、古典的功利主義と選好功利主義の間で、そのつどどちらの理論がよりよく「適合する」かをめぐって右往左往する必要もない、ということだろう。シンガーは、理性も自己意識もない存在者については幸福功利主義を適切な理論と見なす一方で、理性および自己意識を持つ存在者に関しては、選好功利主義を優先させているのである（Singer 1984, S. 141f.〔邦訳、一三六頁以下〕を参照）。

3 功利主義と殺害禁止

殺害禁止を適切に基礎づけることができないという批判は、功利主義とりわけ古典的功利主義に対する標準的な批判である。この批判については強いタイプと弱いタイプを区別することができる。強いタイプの批判によれば、殺害禁止が直感的にもっとも異論の余地なく妥当する事例についてさえ、功利主義は殺害禁止の理由を説明することができないと言われる（たとえば Henson 1791; Brülisauer 1988, S. 145）。ある裕福な叔母を不安や苦痛もその他のネガティブな意識状態を一切感じないように睡眠中に毒殺してはならない理由を、功利主義者は説明することができないとされる。一方、弱いタイプの批判によれば、功利主義者には人工中絶や患者本人の要求にもとづく積極的臨床介助、重度障害新生児に対する積極的臨死介助といった限界事例についても殺害禁止を支持し続ける理由がなく、むしろこのような限界事例の領域では、容認可能な範囲をはるかに超えて、殺害禁止の例外を許容しなければならないとされるのである。

（古典的）功利主義者は、他の人間に対する殺害行為を禁止するために、どのような根拠を示すことができるのだろうか。私見によれば、ここでは重要度の異なる五つの根拠が考察に値する。

（1）原則として他の人間を殺害することは、意識のある存在者が不断にみずからの生を耐えがたいものとは感じていないのに、そのような存在者の生命を切り詰めることである。

功利主義者にとって、純然たる生物学的生命はまったく内在的価値をもたない。もちろん、生物学的な生命は各々の主観的意識にとっての実質的な必要条件であるがゆえに、きわめて高い外在的価値を有している。人間の生物学的生命が保護に値するのは、最低でもみずからの生を耐えがたいとは感じていない意識ある存在者の生にとって生物学的生命が前提条件であるからであり、それ以上でも以下でもない。

とはいえ、もしも他の人間を殺すことは、意識ある存在者が総じてポジティブな感覚を持っているにもかかわらずそうした存在者の生命を切り詰めることだという理由で、他の人間を殺してはならないと論ずるならば、明らかにそのような議論は殺害禁止の根拠としてはかなり弱い。もしもこれが唯一の根拠だとすれば、たとえば、G・ハーマンの考案した「臓器移植事例」という架空の事例のように（Hermann 1981, 13f.）、少なくとも、Aの生命を切り詰めることによって他の多くの人B、C、その他の生命が延長されうる場合には、つねに殺人が許容されることになってしまうだろう。すなわち、五人の患者がいて、各患者はそれぞれ別々の臓器を移植された場合にのみ延命可能であるとする。このとき、もしもその病院に定期健診のために入院しているAを、恐怖を感じたりその他の仕方で苦しんだりしないようにして殺せば、五人が生き残り、死ぬのは一人だけとなる。しかし、もしもAを殺さなければ、死ぬのは五人で、一人だけが生き残ることになる。

このような場合には、たとえ（古典的）功利主義者であっても、Aの殺害を認めることはできない。その理由は、Aの殺害を禁止する根拠が、本質的には、直接的な当事者への影響ではなく、他者への間接的な影響にあるからである。〔古典的功利主義による殺害禁止の〕他の四つの根拠は、この間接的影響に関係している。最初の根拠は次の通りである。

（2）殺害された人の死によってその人の近親者や扶養家族その他の人々が被る損失。

すぐに分かるとおり、これもまた殺害禁止を支える根拠としてはきわめて薄弱である。ハーマンの考案した臓器移植の事例で、「犠牲になった」Aにはその死を損失と感じるような親戚や友人がいないのに対して、五人の患者の死は、その五人の近親者に重大な損失を意味するという場合を思い浮かべていただきたい。

これとは異なり、次の（3）には功利主義的観点から見て重要な意義がある。

（3）殺害（および、とりわけ殺害の実行）が第三者に及ぼす恐怖と不安。

ミルは、シジヴィックに対する批判の中でこの議論を簡潔に定式化している。「ある人がいない方が世界は善くなると思われたならば、誰でも意のままに殺害してよいと認められている、と想定してみよう。——そうすると、誰の生命も安全とは言えなくなるだろう」（Mill 1969b, S. 181f.）。公共の安全が脅かされるべきでないとすれば、殺害禁止は（1）と（2）が示唆するよりも厳格に適用されなければならない。実際には、殺人者がみずからの目論見を正当化するために福祉的な意図や動機に訴えることが一般に認められなくなる程にまで、殺害禁止は、厳格に適用されるに違いない。もしかすると良心の声に従って殺人を犯すような者がいるのかもしれないが、そのような良心殺人犯が社会に及ぼす脅威は、悪漢が社会に及ぼす脅威にも決して劣らないのである。ある人が殺された方が当人または社会にとって善いと判断した場合には誰でも他の誰かを殺してもかまわないといった状態は、耐え難いであろう。このような理由から、功利主義者もまた、ハーマンの臓器移植事例ではAの殺害を禁じざるをえない。たとえそのような臓器移植の場合にかぎってのみ殺人が処罰の対象にならず、あるいは、別の方法で直接的または間接的に正当化され免罪されるのだと仮定しても、信頼は、単に医療制度への信頼のみならず根底から揺らぐことになるだろう。

第四の議論も似たような方向性をもっている。すなわち、

（4）殺害禁止に例外を設けてしまうと、たとえこの例外が——それ自体では——功利主義の立場か

ら正当化されうるものであったとしても、そこには、さらなる正当な理由のない例外まで認める白紙委任状が与えられたかのような誤解を招くリスクが含まれている。

できるかぎりわずかな例外しか認めない殺害禁止だけが、恐れと不安を効果的に防ぐことができる(Mill 1969b, S. 182を参照)。公共的に容認された、あるいは適法と認められた規則の毀損は何であれ、その規則を弱めかねない。たとえ個々の規則の毀損がそれ自体としては正当に見えたとしても、そうした毀損を総計すると相当の損失が生じかねないのである。

他者殺害の帰結には、功利主義的観点から見て重要なもうひとつの領域が存在する。この領域は通常あまり考慮されないが、シンガーの見解と対決するにあたっては、この領域こそが重要なのである。

(5) 殺害行為が、間接的な関係者である個人の自己理解に及ぼす影響。

このような帰結の領域がとりわけ重要なのは、殺害対象となる人間が望ましくない特徴の担い手であるという理由だけにもとづいて、あるいは、そのことを本質的な理由として、殺害が実行される場合である。このような例は選択的人工妊娠中絶や選択的新生児安楽死ではしばしば見られる。望ましくないとされる特徴を持っており、心の中で自己自身をそうした特徴の担い手集団と同一視しているあらゆる人々は、この集団に属する他の誰かが殺害された場合には、それを自分自身に対する無価値の宣告と感じるだろう。

(古典的)功利主義が利用できるこれら五つの根拠は、強力な批判に対応するのに十分だろうか。また、少なくとも直感的に正当とされている殺害禁止の中心的事例について、殺害禁止を基礎づけるのに十分だろうか。私は、これで十分だと思う——もちろん、この見解が正しいことを完全な厳密さをもって証明するのは難しいけれども。私の考えでは、功利主義に反対するための材料としてもっとも頻繁に言及される「恐るべき事例」を無力化することだけは少なくとも可能である。裕福な叔母を睡眠中に殺害することは、被害者がまったく恐怖を感じないという理由で功利主義的に容認されるわけではない。その殺害が一般の安全に対して及ぼす影響こそが、本質的に重要なのである。多数派が少数派を絶滅させ、多数派が少数派の排除に利益があると感じること（Kriele 1979, S. 56を参照）は、次のような条件下でのみ〔殺害禁止の〕反例となるだろう。その条件とは、すなわち、多数派の満足度が非常に高く、この満足度が、直接的な犠牲者の恐れや屈辱を補って余りあるだけでなく、自己自身を犠牲者と同一視したり、少数派の迫害によって脅威を感じたりするその他の人々全員が（たとえば迫害の犠牲者となりうる他の少数派に属しているという理由で）感じる恐れや屈辱を補って余りあるものであり、しかも受け入れ可能な仕方で少数派を排除できる可能性がまったくない、という条件である。現実には、このような条件が満たされることはほとんどない。「秘密の」殺害という好んで用いられる別の事例を考えてみても、通常は「秘密の」殺害が長い間秘密のままになっていることはない。まさに（たとえば敵対者が）痕跡もなく「消失すること」は脅威と弾圧の雰囲気を蔓延させ、このような雰囲気の中、敵対者の物理的根絶という犠牲によって実現された「平穏」は、単なる墓場の平穏へと変貌してしまうのである。以上のことから私は、その主要な適用事例における殺害禁止を功利主義的に基礎づけるという目標を達成するために、古典的功利主義から選好功利主義への移行が必要だとは考えていない。

殺害禁止に対する（古典的および選好）功利主義的な根拠は、しばしば不十分であると理解されている。多くの人にとってそれらはあまりに間接的で、あまりに強く偶然的な心理学的・社会学的条件に強く依存しすぎているように見える。ディヴァイン（Devine 1978, S. 34f.）のような義務論的倫理学者たちは、功利主義的な（あるいはあらゆる帰結主義的な）殺害禁止の基礎づけを非難していた。彼らによれば、殺人の忌わしさは殺人と偶然的に結び付いている直接的・間接的な帰結が望ましくないという点にのみ存在する、などということはありえない。帰結主義的なやり方によっては、殺害禁止に付随している無条件性の効力が十分に生かされないことになるだろう。

こうした批判に説得力があると私には思われない。もしも殺害禁止の功利主義的基礎づけが間接的すぎるのであれば、殺害禁止の直接的な基礎づけとはどのように定式化されうるのか、と問い返すことができるに違いない。当然のことながら義務論的倫理学は、殺害禁止をある程度まで自明なものとして要請できる。しかしながらそうした要請によって得られるものは少ないだろう。われわれが倫理学に期待するのは、われわれがすでに知っていること、すなわち殺害禁止なるものが存在していることを繰り返すことではない。そうではなく、なぜそれが存在し、存在すべきなのかを説明してもらうことなのである。根拠への問いに対して義務論的倫理学が与えうる回答は、常に同語反復的である。そのうえ義務論者にとっても、殺害禁止の無条件性は他の義務および権利と衝突する場合には例外規定と優先規則によって制限されるのが常である。自明の存在にみえる「生命権」を要請する者でさえ、コンフリクトが生じている事例では、どのような条件の下でこの権利に背くことが許されるのかについて言及しないわけにはいかない(基本法第二条第二項も法律の制限の下で生命権を規定している)。だが、義務論者がコンフリクト事例のために例外規定と優先規則を要請として導入しなければならないのに対し、帰結主義者はこうした規則を基礎づける立場にある。すなわち帰結主義者は、道徳的規範の機能が視野に入ってくる思考領域に、しかもその機能にもとづいてこうした規範の適用の限界を導き出すことができる思考領域に移行することによって、この基礎づけを行う立場に立つのである。

殺害禁止の功利主義的基礎づけに対するもう一つの批判によれば、功利主義者は殺害禁止の根拠を問うことによって、すでにこの禁止の相対化に貢献しており、それによって自らの意に反して殺害禁止の妥当性を弱体化している。殺害禁止を何か別のものに還元しようとするあらゆる試みとともに、その禁止の無条件性は損なわれ、殺害にまつわるタブーは弱くなると言うのである（Richards 1988, S. 123 を参照）。

厳密に言えばこの議論は、功利主義による殺害禁止の基礎づけが事柄として適切であることを否定する倫理学的議論ではなくて、むしろこのような基礎づけが知的エリートを超えて広がっていくことに対する道徳戦略的な議論である。ここで思い出されるのはシジウィックのテーゼである。このテーゼによれば、道徳的規範が異論の余地なく妥当性を認められるためには、場合によってはこの規範の根拠が大衆に理解されず、公開された議論の対象にもならない方がよいのである（Sidgwick 1907, S. 489 を参照）。

もっとも、こうした哲学的な「司祭の欺瞞」[*2]を考案したところで、そこから得られるものはほんのわずかしかないだろう。民主主義的で批判的な公共圏を放棄したいと思うような人は誰もいないのだから、このような公共圏を前提とすると、いったん成立したタブーがその後も純然たるタブーとして長期にわたって維持され、このタブーに触れるような議論の芽が摘まれてしまうなどということは、可能でもなければ望ましいことでもないと思われる。成人に至るまで教育を受けた人々は、われわれの社会で現在妥当性を認められている道徳規範がなぜわれわれの社会で妥当しているのか、人々がなぜこの規範に合わせて教育されたのか、その理由を知ろうと欲するだろうと期待されて当然である。このような人々に対して、これらの規範をただ単に伝統の一環として素朴に受け入れるように要求することはできない。そのうえ、「より深い」基礎づけのレベルへ遡って考えることが、実際に妥当している規範を弱体化することにしかならないのかといえば、それは疑わしいように思われる。タブーは、一度でも疑問視されれば、もはやタブーではなくなる。たとえ合理的な論証を用いたとしても、〔いったん疑問視された〕タブーをタブーとして復元することはできない。反対に、信頼できる原理によって基礎づけ可能であることが証明された規範は、この証明によって揺るぎないものとなる。こうした規範は、もはや盲目的に信じられるだけのものではなくなるのである。

4　弱い形態の批判

功利主義的倫理学に対する強い批判、すなわち、(古典的)功利主義は主要な事例においてさえ殺害禁止を基礎づけることができないという批判については以上のとおりである。それに対して功利主義による殺害禁止の基礎づけが不適切であるという点に関する弱い批判は、たとえば、妊娠中絶・本人の意志にもとづく積極的臨死介助・重度障害新生児の積極的安楽死といった「限界事例」に照準を当てている。これらの限界領域を論じる際のシンガーに特徴的なのは、殺害に反対するために功利主義者が主張できる五つの根拠を著しく偏った仕方で取り扱っていることである。明らかにシンガーの議論では恐れを減らすこと(3)が論拠として前面に出ており、ダム決壊の可能性(4)および間接的影響(5)を論拠とする議論は、比較的に軽い扱いしか受けていない。このような扱いの偏重を認めてしまうと、シンガーの論証による結論を避けることは容易でなくなる。つまり、初期の発育段階における人間生命は、殺害されるかもしれないという恐れを感じられるほどの意識能力をまだ形成していないのだから、そのような初期の発達段階でも人間生命を保護するべきであると考える功利主義的な根拠は見出されないのである。してみれば、ヒト胚ないしは新生児の殺害が禁止されているのは、決してヒト胚や新生児の殺害が恐怖を引き起こすからではないのだ。ヒト胚や新生児の殺害について知った人がすべて脅威を感じるわけではない――少なくとも（という限定は必要だろう）直接的な脅威を感じるわけではないのである。

とはいえ、どうしても次のような問いが生じる。すなわち、シンガーがここでロック的な人格概念を持ち出して、人格という地位を定義するために自己意識の能力と未来を意識する能力を用いたのは、はたしてシンガーの論証に明晰さと統一性をもたらす役に立ったと言えるだろうか。というのも、以上のような意味での人格ではない人々（たとえば認知症の進んだ高齢者）全員に対して、脅威の欠如という論拠を胚や新生児に適用するのと同じ仕方で適用することはできないからである。われわれは、（ロック的な意味で）かつて人格であった人を遇するのと同じ態度で、人格となる人、あるいはこれから人格となりうる人を遇するわけではない。そればかりではなく、功利主義の立場から見れば、たとえば認知症高齢者の殺害は、潜在的な〔殺害〕対象者が今後実際に〔殺害〕対象者となるよりも遥か以前に、これらの潜在的〔殺害〕対象者に深刻な恐怖をいだかせる可能性があるのだから、すでにそのような理由で不認可とならざるをえないのである。たしかに、シンガーも以上のような論点を考慮に入れてはいるが、このような論点から導かれる帰結、すなわち、高齢者における「本人の意志によらない」安楽死の禁止という結論を、十分明確に導き出しているとは到底言えない（Singer 1984, S. 190〔邦訳、一八三頁以下〕を参照）。したがってシンガーの議論においては、不安を感じる能力ではなく、人格という地位が殺害禁止の直接的で決定的な根拠であるかのように見える。――こうした印象は、人格概念が伝統的に何らかの道徳的権利付与と結び付けられており、そのかぎりで人格という地位の否認は何らかの権利剝奪を直接的に引き起こすということを考慮したとき、さらに強化される。だが、少なくとも古典的功利主義の観点からは、直接的な〔殺害〕対象者の人格地位に関する問いは、せいぜい間接的な関連を有するにすぎないのである。決定的に重要なのは——もしも、シンガーに従って、恐怖を減らすという側面に注目するならば——恐怖を感じる能力だけである。

ダム決壊論法や殺害行為の副作用に注目する論証は、本当に、シンガーの例のように（とりわけ、重度障害新生児の安楽死に関するクーゼとシンガーの例のように（Kuhse/Singer 1985, S. 213 を参照）、軽視されてもよいのだろうか。

ダム決壊論法をある程度まで疑いの目で見ていたという点で、シンガーはたしかに正しかった。ダム決壊論法には本物の帰結主義的論証を意図してはいないのではないかという疑いがかけられている。すなわち、帰結主義的論証とは、行為がそれ自体としては道徳的に問題ない場合に、そのような行為の影響に注目する論証なのだが、ダム決壊論法はむしろ屁理屈をこねて、行為それ自体に問題があることを論証しようとするものではないかという疑いをかけられているのである（Williams 1985, S. 127 を参照）。このような疑いを払拭するのは、容易なことではない。さらに近年では、法政策についての論争の中で、改革反対派はこれまでほとんど経験的に確認されていない実に様々なダム決壊についての懸念を表明してきた。この事実もまた、ダム決壊論法の信頼度を上げることにはつながっていない（Deutscher Juristentag 1986, S. 133 の H.-G. Koch を参照）。たとえば、本人の意志にもとづく積極的臨床介助の特定のタイプを刑法上容認するべきか否かをめぐる論争で提示されるダム決壊論法は、その多くがあまりにも極端な議論なので（たとえば Spaemann 1990）、ダム決壊論法が改革反対派の立場を補強するよりは、むしろ脆弱化するのではないかと自問せずにはいられない。

他方で、生命の保護のような細心の注意が必要な領域では、たとえ小さなリスクであっても避けたほうがよいということを若干のダム決壊論法は物語っている。そうした危惧が多くの論者によって誇張されているとしても――依然として（妊娠中絶、正当防衛における殺人、防衛戦争における殺人、場合によっては暴君殺し以外に）さらなる例外の許容が殺害禁止の自明性を脆弱化し、それとともに生命の保護をまとめて脆弱化してしまいかねないという危惧は完全に払拭されないだろう。ダム決壊はどこでも等しく脅威であるわけではない。殺害禁止の領域における滑り坂は、たとえば性道徳の領域におけるダム決壊よりも脅威が大きいだろう。「残忍」な子どもの遊びはすでに、人間の殺人願望を支配的な文化的自己理解が忠告するよりもいっそう真剣に受け止めるべきことを大人たちに教えてくれるが、同情による殺人と社会ダーウィニズム的な「安楽死」行為のより広範囲の容認もまた同じことを教えている（Lamb 1988, S. 38ff においてで引用されているアメリカでのアンケート調査の結果を参照）。文明という保護膜は、おそらくわれわれが夢想するほど厚くない。そこで決壊をもっとも容易に防ぐことができるのは、殺害禁止の自明性ができるだけ疑われないままであるときなのである。

シンガーは、ダム決壊の可能性に向けたほどの注意を、殺害禁止の例外が拡張された場合にもたらされる直接的で社会的な副作用、とりわけ第三者に与えるかもしれない苛立ちや不安感、劣等感に対して向けてはいない。おそらく、シンガーはこうした指摘を〔自分に対する〕批判として妥当であるとは考えないであろう。そして、自分にとって特に重要であるのは、事柄に即した問題分析によってそうした感情の根底にある態度と評価がさまざまな点で誤っており、また非理性的であることを証明することだ、と言うであろう。特定の実践に対する感情的反対をこの種の分析によって解決しようと望むかぎり、とりわけ強力な感情的拒絶反応を引き起こすという理由でその実践は許されないと考えることは、実際のところ的外れであるかもしれない。さもなければ功利主義者は、たとえ甚だしい社会的弊害があったとしても、それを除去することで人々の繊細な心が傷つく恐れがあるかぎり、そのような社会的弊害を容認しなければならないという超保守主義的な戦略に縛りつけられることになるかもしれない。しかし、少なくとも次の二つの場合には、功利主義的観点から感情や態度の重要性が若干であれ認められねばならない。第一に、そうした感情や態度が、問題となっている実践とは独立に、重要な個人的・社会的機能を担っており、しかも、こうした感情や態度が部分的に脆弱になってしまうと、そのような個人的・社会機能を担うことができなくなる場合である。あるいは第二に、論証によって方向性を変えようとするあらゆる努力に対して、感情や態度がしぶとく抵抗する場合である。後者の場合には比較考量が必要である。実践の変更によって、これまでの実践を支持していた態度の脆弱化を甘受しなければならなくなるかもしれないが、それでも実践の変更はこうした脆弱化と比較した場合にどれほど切迫した重要性をもっているのか。従来の実践に固執する人々が受ける侮辱と比較した場合には、どうであろうか。倫理学は、より「理性主義的」になればなるほど、感情的な学習能力ならびにセンシティヴな問いに理性的一貫性をもって臨もうとする覚悟とを過大評価する傾向にあると言えるかもしれない。〔しかし〕良心的で自己批判的であればあるほど、倫理学は、こうした比較考量を重視しなければならない。

功利主義的な帰結評価において社会的な副作用が考慮されねばならないことは、とりわけ次のような問いを立てたときに明らかとなる。すなわち、他の事情がすべて同じであるとき、行為することによってある状態がもたらされることと、行為しないことによって同じ状態がもたらされることとの間には、道徳的に意味のある相違があるのだろうか。この問いに対して、現在の分析的な倫理学者たちの大部分は、行為することとしないこととの間には道徳的に意味のある差異は原則的に存在しないという等価性テーゼを支持している。したがって、殺人と死ぬに委せること（すなわち、直接的にではないにせよ間接的に引き起こされた死や、回避できることが知られている死を放置すること）は、他の事情がすべて同じであるならば、同じように道徳的に許されたり禁止されたりする。功利主義者もまた、等価性テーゼを支持しなければならないのは明らかである。なぜなら、功利主義者にとっては、ある行為または行為のあり方の道徳的な正しさや不正はもっぱらそれらの（予測可能な）帰結の性質だけに左右されるので、帰結をもたらす態度がどのようなものであったとしても、この態度の道徳的許容性には、いかなる違いも生じないからである。

しかしながら直感的にはほとんどの場合、殺害は死ぬに委せることという多種多様な観点において比較可能な事柄よりも明らかに道徳的に深刻であると判断される。このことは、刑法上の処罰にも反映されている。ドイツ連邦共和国では、本人の意志にもとづく消極的臨死介助は法律上認められているが、本人の意志にもとづく積極的臨死介助は（生命維持処置を積極的に中止することである場合は除いて）本人の意志にもとづく殺人と見なされ、半年間またはそれ以上の禁固刑に処することになっている。

ともあれ、理論と実践の見かけ上の対立は、一方で殺害の、他方で死ぬに委せることの社会的な副作用を考慮するならば、ある程度は解消する。さしあたり、ここではさまざまな期待について考えてみたい。たとえば、検査のために病院に行く人は、他者の生存のために自分が殺されるなどと思ってもみない。同様にこの人は、他者の生命を犠牲にして自分が助かることも期待していない。そのうえ、殺害と死ぬに委せることは、その主要な帰結においては相違がなかったとしても、異なった仕方で脅威であると感じられる。患者を殺すような医師が及ぼす脅威の方が、延命効果があるかもしれない治療について患者に教えないような医師が及ぼす脅威よりも大きいように感じられる――その感じ方が正しいか正しくないかはともかくとして。殺害は暴力と苦痛に満ちた非常に否定的なイメージを連想させるが、死ぬに委せることは「穏やか」で「自然」な死という、むしろ肯定的なイメージと結び付けられている。カトリックの道徳理論の支持者の多数は、あらゆる積極的な殺人を拒絶しているが、いわゆる「例外的手段」を告知しないことによって意図的に患者を死ぬに委せることは一貫して容認している。英国では、ある年齢以上の腎不全患者に対して、その年齢未満であれば告知されるべき有効な血液透析に関する資金提供について告知せず、それによって死ぬに委せることが公式のやり方になっている。たとえ、こういった政策がほとんど受け入れがたいようにみえたとしても、しかし、それは明らかに事実上、この患者を国家の側で殺害するという政策の可能性よりもはるかに容易に受け入れられるはずである。

行為することと行為しないこととの間のよく知られた「直感的な」差異を、功利主義者は全体としては引き受けることができないだろう。それにもかかわらず、さまざまな社会的な副作用を考慮することによって、功利主義者はこの差異を、生命の保護を含む限定された領域において少なくともある程度は認めざるをえなくなる。クーゼとシンガーの推測によれば（Kuhse/Singer 1985, S. 197）、世論は積極的新生児安楽死と消極的新生児安楽死の間に大きな違いを認めていないという。だが、私は、そのような推測は疑わしいと思う。そして、もしも世論が差異を認めているならば、そのことは包括的な帰結評価にとって決して無視しうるものではない。

功利主義的観点から見て、ある実践（あるいはある実践の正当化）の社会的な副作用を無視できない問題領域がある。その一つが選択的人工妊娠中絶である。そこでは選別基準となる特徴を事実上有しているすべての人々が、潜在的に間接的な当事者に属している。そうした人々は、たとえ「自分たちの仲間」の誰かが自分たちと同じ欠損を伴って生まれてくることをまったく望んでいない場合であっても、その誰かが「その特徴」ゆえに除去されるという事実によって、自分たちが差別されていると感じるかもしれない。「選択的人工中絶という方法がもっと早くに存在していたならば、私は除去されていたであろう」という考えは、そうした中絶の対象となる集団に属する人々が何らかの社会的差別に晒されれば晒されるほど、より強く侮辱的であるように感じられるに違いない。ヒトゲノム分析の過程で急速に発展した選別可能性によって当事者性が強化されていることは、当事者グループの発言から見て取ることができる。たとえば、消極的優生学によるハンチントン舞踏症の防止に対するアメリカの遺伝学者マーガリー・W・ショーの意見（この意見は、実際には、正しい範囲内での、そして合法的な強制手段を除外していない）がその好例である（Shaw 1987 S. 245 を参照）。ショーの意見では、ハンチントン舞踏症の防止策とは「嫌悪されている個人を社会的に根絶するために、遺伝子テスト法を道具として用いること」（Krahnen 1989, S. 89f.）だと論争的に表現されている。

シンガーは、間接的差別に当たる選別の効果を――これは人種差別ならびに男女差別との関連でははっきりと考慮されていたが（Singer 1984, S. 60〔邦訳、四五頁以下〕を参照）――簡単に議論の対象から外すべきではなかった。シンガーがなおざりにしたこのような帰結の領域を考慮することで、どの程度までシンガーの実践的判断が違ったものになるのかということは、もちろん別の問題である。たとえ選別の効果を計算したとしても、差別待遇という副作用は、出生前診断の利用ならびに選別的妊娠中絶に対する権利を女性に疑問視させるに足るほど重大な根拠ではないように思われる。しかしながら、おそらくわれわれは、着床前診断を政治的側面から騒々しく宣伝することを、差し控えるべきである。そのようなプロパガンダはすべて、差別的な効果をもたらすように思われるからである。さらには、ある女性が未来の新生児を危険に晒すことを懸念し、新生児の利害を考慮して妊娠中絶をするのではなく、ただ個人的な好みを満足させるだけのために妊娠中絶をするのだと考えられる場合には、その女性に妊娠中絶を勧めることも差し控えるべきである。ジョナサン・グラバーが正しく指摘したように、たとえば選択的人工妊娠中絶による性選択という形で表現されているような、新生児に対する姿勢を、さらにそのうえ公的に支持するのは問題であろう（Glover u. a. 1989, S. 143f. を参照）。着床前診断にもとづく選択的人工妊娠中絶によって性別選択が実践され、それが公式に促進された場合にもたらされる社会的な副作用は、私的な背景で行われる〔パーコール法による〕遠心分離機を用いての性別選択の副作用よりもさらに憂慮すべきものである。妊娠中絶それ自体は道徳的に許されていると考えている人でさえ、このような事実からは目を背けることはできないはずである。

5　功利主義的な観点からの妊娠中絶と新生児安楽死——試験的な判定

功利主義者は人工妊娠中絶と新生児安楽死に対してどのような立場をとるのか。主流となっている考え方とは反対に、功利主義者にとってこの問いに対する道徳的判定は、新生児ないし胚が（ここでの胚という概念は出生前の人間生命のあらゆる発育段階を意味している）ひょっとしたら当事者性以上に第三者に及ぶかもしれない影響に左右される（Glover 1985, S. 23 を参照）。意識経験の能力の基盤をなす脳の構造は、妊娠第二期〔すなわち、五ヶ月から七ヶ月〕にかけて初めて形成される。そのため、妊娠第一期〔すなわち、二ヶ月から四ヶ月〕の終わりまでは、胚の主観的な当事者性については問題にならない。とはいえ、胚発育の後期でも、胎児に認められうる意識的生は、おそらく、ごく初歩的なものに留まる。ヒト胚を保護するべきである理由がその主観的な当事者性だけにかぎられるとすれば、十分に発育し感覚能力を有する哺乳類をヒト胚よりも遥かに保護に値するものと考えないのは、きわめて筋の通らない話であろう。

功利主義的観点から見て、胚が「主観的」当事者性を有する可能性が重要でないとすれば、いったい何が重要なのであろうか。第一に、人工妊娠中絶によって人間生命が阻害されることである。このことはもちろん、人口過剰という条件下において人工妊娠中絶に反対する根拠としては非常に弱いものである。人間生命が阻害されるという反対根拠が重要になるのは、両親が新生児をこの世に産み出す義務を負う場合にかぎられるであろう。だが、両親がそのような義務を負う場合でさえ、妊娠中絶は避妊と性的禁欲以上に非難されるべきものとはならないだろう。

第二に、中絶反対論者の当事者性——つまり、中絶を殺人と同一視している人々や、そうでなくても、中絶は人間の尊厳という原理に適合しないと考えている人々の当事者性もまた、最初から無視しうるものではない。たとえ、功利主義者にとって中絶と殺人は同一視できるという解釈も、中絶は人間の尊厳に適合しないという解釈も、どちらも受け入れることができないとしても、功利主義者は、人工妊娠中絶が広く実施されたり、とりわけ、人工妊娠中絶の実施がもしかすると「公的に」認可されたりしたときには、場合によっては中絶反対論者が強烈な道徳的感情を抱くようにならざるをえないと考えて、そのような道徳的感情に配慮しなければならない。とはいえ、少なくとも母親が妊娠を継続しないことに対して強い関心を抱いている場合には、財の比較考量の中でこうした心理学的効果を重視する必要はない。通常、中絶反対論者の感情に対する配慮は、母親が妊娠の中断を望んでいてもそうしないでおくという道徳的義務を、母親に負わせる根拠とはならない。ましてや、中絶反対論者の感情を顧慮したからといって、国家に妊娠中絶を刑罰の対象にする権限を与えることはできないのである。

人工妊娠中絶に関するシンガーの議論には賛同できるが、新生児安楽死についてのシンガーの議論を同じように支持する必要はない。新生児の殺害は、その社会的な副作用の点で、胎児の殺害とは比較できないからである。誕生は新生児の発育状態に関する「真正の」境界ではないし、早生児は、出生直前の胎児と比べてそれほど大幅に発達しているわけではない。それにもかかわらず誕生は、第三者から見ればやはり境界なのであり、ここで本質的に重要なのは第三者の知覚の方なのである。真剣に受け止められるべき帰結の領域に社会的な知覚を含めれば、積極的な新生児安楽死と消極的な新生児安楽死との粗雑な同一視が簡単に支持されるべきではないことが分かる。なるほど、新生児安楽死を原則として拒絶する幾人かの医師の見解に従って、すぐに死んでしまうことが確定している重度障害新生児の中に内在的視点を仮説的に設定し、その視点から見れば、短くて苦しい人生を生きるよりも、すぐに殺される方がよい場合もある、と言えるかもしれない（Heifetz/ Mangel 1976, S. 61f. における小児科医ヨハン・M・フリーマンからの引用を参照）。しかしながら、もちろん、ハンス・ヨナスが簡潔に述べたように（Jonas 1989 を参照）、次のように問われなければならない。われわれは特定の条件下にある新生児が殺害されるような社会に生きるという思想に慣れ親しむことができるだろうか、と。われわれは、人工妊娠中絶に関して、社会の大部分はそれと「折り合いを付けている」と、多少の確信をもって言うことができる。しかし、このことは、（例によって限定的な条件の下での）新生児の殺害についても当てはまるだろうか。——新生児の殺害はナチス時代の「安楽死」行為を否応なしに思い出させるが、そのような社会においてもわれわれは同じことを言うことができるのだろうか。

ここで、さらに別の難問が付け加えられる。シンガーが念頭に置いている範囲内での（すなわち血友病という事由まで含む範囲内での）新生児安楽死は、クーゼとシンガーが認めているように（Kuhse/ Singer 1985, S. 191 および Singer 1984, S. 182〔邦訳、一七六頁〕を参照）、当事者である新生児自身の利害関心に関係づけて内的に基礎づけられうるわけではなく、せいぜいのところ家族ないし社会の利害関心との関連で外的に基礎づけられうるにすぎない。ダウン症ないし特定タイプの血友病を患った新生児は、幸福な人生を送ることについて普通の新生児よりもずっと悪い見通しをもっているわけではない。もちろん、そのような新生児は、家族の負担になりうるし、とりわけ家族の一員としての女性が自己実現するチャンスに対して制限を課すことにもなりうる。功利主義的な帰結考量の際にこの種の外的な〔事情の〕考慮を行う余地が認められなければならないことは疑いようがない。しかし同時に、この種の外的な〔事情の〕考慮が確立された習慣的行為となったとしても、そのような考慮をはたして十分確実に限界づけることはできるのだろうかという疑問も生じる。人間を社会的有用性という基準に従って判定することは、必ずしも社会的に有益なことではない。一方では、個人的および社会的帰結に無頓着な「できることはすべてやる」という盲目的な姿勢は憂慮すべきである。他方では、みずからの子孫の質に関する期待をとりわけ選別的な新生児安楽死によって満たそうとする可能性は、すでに子どもたちに対して相応しい程度を何倍も超えた要求を突き付けている現代の姿勢に拍車をかけるのではないか、という心配もまた正当である。そのうえ、人間生命に関する外的価値評価の実践は、他者を道具化していく観点を一般的に支持しており、したがって、他者を実際に道具化するための第一歩を踏み出す危険性をはらんでいる。社会的な援助を作業能力および生産性という条件と結び付ける暗黙の規範が今日すでに存在するが、この規範はますます顕在化するだろう。だが、配慮と援助が条件つきであるならば、まさに他者の配慮と思いやりがもっとも必要となる場面で、弱く困窮した立場や状況であっても他者に受け入れられるという信頼さえも失われてしまうに違いないのである。

私は、ここで必要となる境界設定についての議論を避けて通ることはできないと考えられている。医師、法律家および神学者という政治的正当性を付与されていない少数のエリートによって境界が設定されることは、民主主義的な社会においては持続的な解決策とはなりえない。医療制度の法的安定性と「グラスノスチ」のためには、消極的な新生児安楽死（とはいえ、法的には不作為による殺人である）が現在行われている法的グレーゾーンに光が当てられることは、いずれにせよ歓迎されるべきであろう。シンガーの極端な立場はひとつの挑戦である。シンガーの立場との対決は、医療の可能性が一歩一歩進展する毎にますます切迫してきた問題から目を逸らす態度を打ち破る機会となりうる。とはいえ、現在の反シンガー・キャンペーンから判断するに、こうした希望は少なくともドイツでは時期尚早であると思われるのである。

引用参考文献

Birnbacher, Dieter, »Prolegomena zu einer Ethik der Quantitäten«, in: *Ratio 29* (1986), S. 30-45.

Brülisauer, Bruno, Moral und Konvention. *Darstellung und Kritik ethischer Theorien*, Frankfurt am Main 1988.

Deutscher Juristentag, »Recht auf den eigenen Tod? Strafrecht im Spannungsverhältnis zwischen Lebenserhaltungspflicht und Selbstbestimmung«, in: *Sitzungsbericht M zum 56. Deutscher Juristentag Berlin 1986*, München 1986.

Devine, Phillip E., *The ethics of homicide*, Ithaca, N. Y./London 1978.

Glover, Jonathan, »Matters of life and death«, in: *New York Review* vom 30. 5. 1985, S. 19-23.

Ders. u. a., *Ethics of new reproductive technologies. The Glover Report to the European Commission*, DeKalb, Ill. 1989.

Harman, Gilbert, *Das Wesen der Moral. Eine Einführung in die Ethik*, Frankfurt am Main 1981.

Harsanyi, John C., »Morality and the theory of rational behavior«, in: Sen, Amartya/ Willams Bernard (Hg.), *Utilitarianism and beyond*, Paris/Cambridge 1982, S. 39-62.

Ders., »Problems with act-utilitarianism and malevolent preferences«, in: Seanor, D./Fotion, N. (Hg.), *Hare and critics. Essays on Moral Thinking*, Oxford 1988, S. 89-101.

Heifetz, M. D./Mangel, C., *Das Recht zu sterben. Tötung oder Erlösung*, Frankfurt am Main 1976.
Henson, Richard G., »Utilitarianism and the wrongness of killing«, in: *Philosophical Review 80* (1971), S. 320-337.
Jonas, Hans, »Mitleid allein begründet keine Ethik«, in: *DIE ZEIT* vom 25.8. 1989, S. 9-12.
Krahnen, Kai, »Das Recht auf Wissen versus das Recht auf Nicht-Wissen«, in: Schroeder-Kurth, Traute M. (Hg.), *Medizinische Genetik in der Bundesrepublik Deutschland*, Neuwied/Frankfurt am Main 1989, S. 66-103.
Kriele, Martin, *Recht und praktische Vernunft*, Göttingen 1979.
Kuhse, Helga/Singer, Peter, *Should the baby live? The problem of handicapped infants*, Oxford 1985.
Lamb, David, *Down the slippery slope. Arguing in applied ethic*, London 1988.
Mill, John Stuart, »Sedgwick's Discourse (1835)«, in: Ders., *Essays on ethics, religion and society*, Toronto/London 1969a (Collected works, 10), S. 31-74.
Ders., »Whewell on Moral philosophy (1852)«, in: Ders., *Essays on ethics, religion and society*, Toronto/London 1969a (Collected works, 10), S. 161-201.
Ders., *Der Utilitarismus* (1861), Stuttgart 1976. 〔『世界の名著38——ベンサム、J・S・ミル』、中央公論社、一九六七年〕
Narveson, Jan, »Moral problems of population«, in: Bayles, Michael D. (Hg.), *Ethics and population*, Cambridge, Mass. 1976, S. 59-80.
Richards, David A. J. »Prescriptivism, constructivism, and rights«, in: Seanor, D./Fotion, N. (Hg.), *Hare and critics. Essays on Moral Thinking*, Oxford 1988, S. 113-128.
Shaw, Margery W. »Testing for the Huntington gene. A right to know, a right not to know, or a duty to know«, in: *American Journal of Medical Genetics 26* (1987), S. 243-246.
Sidgwick, Henry, *The methods of ethics*, 7. Aufl., London 1907.
Singer, Peter, »Autilitarian population principle«, in: Bayles, Michael D. (Hg.), *Ethics and population*, Cambridge, Mass. 1976, S. 81-99.
Ders., *Praktische Ethik*, Stuttgart 1984. 〔『実践の倫理』山内友三郎、塚崎智監訳、昭和堂、一九九一年〕
Ders., »Reasoning towards utilitarianism«, in: Seanor, D./Fotion, N. (Hg.), *Hare and critics. Essays on Moral Thinking*, Oxford 1988, S. 147-160.
Spaemann, Robert, »Wenn Tötung auf Verlangen rechtlich anerkannt würde«, in: *Süddeutsche Zeitung* vom 22.4. 1990, S. IX.
Trapp, Rainer W., *Nicht-klassischer Utilitarismus. Eine Theorie der Gerechtigkeit*, Frankfurt am Main 1988.

Williams, Bernard, »Which slopes are slippery?«, in: Lockwood, Michael (Hg.), *Moral dilemmas in medicine*, Oxford/New York 1985, S. 138-154.

訳注

＊1　シンガーの『実践の倫理』は、本章でのみ初版のドイツ語訳から引用されている。現在普及している第二版以降のいわゆる「新版」ではない。本書の他の章ではすべて「新版」（邦訳にも「新版」がある）が参照されている。シンガーは新版で大幅な書き換えを行っており、本章で参照されている頁が「新版」では削られている場合がある。本章では原著の通りにし、邦訳も初版の翻訳を参照し、頁数を記す。

＊2　「司祭の欺瞞」とはある人が自らの教説によって大衆を欺き、それによって大衆を無知に留めていることを自覚しながらも、大衆支配のためにその欺瞞を継続することである。元々は教会批判の（とくに教会の世俗権力を批判するための）概念であり、十八世紀のフランス啓蒙思想やニーチェのキリスト教道徳批判に典型的に見られる。

第8章　倫理的観点からみた自殺と自殺予防

1　哲学的倫理学の伝統における自殺の評価

1－1　序論

自殺の評価は、哲学的倫理学の歴史において激しい論争の主題となった問題の一つである。他殺の問題の場合、それが道徳的に許容できないものであることについては倫理学者の見解がほぼ一致していると言ってもよいのに対し、自殺の問題の場合は、意見がかなり食い違っている。他殺（例外事例は除く）が道徳的に禁じられねばならないということは、社会的効用という比較考量の基本に照らしてみれば初めから明らかである。実際、他殺の禁止を廃止すれば、誰もが自分の生命に不安を覚えるだろう。〔他方、〕自殺が道徳的に憂慮すべきものかどうかは、同じように明らかというわけではない。事情はその反対であって、形而上学や世界観に関する一連の問いすべてに同時に答えることなくして、自殺の道徳的評価に関する問いに答えることは、ほぼ不可能である。そして前者の問いには、世界における人間の位置、神の存在――人間の生命は神に負うものなのかもしれない――、個人の存在一般の意味といった、古くから激しい論争の主題となって来た問いが含まれている。

哲学的倫理学ということで意味されている道徳的な命令ならびに禁止は、普遍妥当性と普遍的同意を要求する。したがって、そうした命令と禁止は、あらゆる人間に共通しているもの、すなわち理性にその拠り所を求める。しかも、原理的には誰もが論証できるやり方を求める。素朴な信仰箇条、あるいは宗教その他の権威に依拠する場合、道徳的命令のすべての名宛て人からの等しい承認を得ることは期待できず、そのため、そういうやり方は、普遍性にもとづいて考量する倫理学にはなじまない。キリスト教徒によって定められた道徳的規範でも、ヒンズー教徒や無神論者が受け入れられるものでなければならないのである。

自殺に関する歴史上最も重要なモラリストであるアウグスティヌスは、『神の国』(Augustinus 1979, Buch I, Kap. 20〔邦訳、六九頁〕)の中で、第五の命令によって、人間には他殺のみならず、自殺もまた神によって禁止されている(「自分自身を殺すものも、人を殺すのである」)というテーゼを主張しているが、この時彼は、そのテーゼを哲学者としてではなく、神学者として語っている。というのも、アウグスティヌスは、神の啓示として第五の命令に論及しており、実践理性の要請として論及しているのではないからである。それでもやはり、アウグスティヌスのような神学論証は、倫理的論証に対して鉄壁の免疫力を持っているわけではない。実践理性という手段は、それだけでは、神学論証を根拠づけるには十分ではないが、しかしそれを批判するには十分な力を持っている。実際、アウグスティヌスは第五の命令を引用しているのではなく、解釈しているのであって、その解釈は後代の論者たちの見解によれば、実に疑わしい。第一に、聖書は、自殺に関する一連の記述では自殺を禁令違反として非難していないし、また、神が他の点について自殺を断罪するという場面も聖書には見当たらないのであって、これらの事実とアウグスティヌスの解釈を一致させることは困難である。第二に、アウグスティヌスは、第五の命令が殺害行為を普遍的に禁止するものと理解しているが、そうすると、正当化できる許容可能な殺害行為を認める余地はないことになる。とはいえ、アウグスティヌスは平和主義者ではなかったし、死刑を非難することもなかった（Augustinus 1979, Buch I, Kap. 21〔邦訳、六九頁〕を参照）。ある種の他殺を道徳的に許容するなら、少なくともある種の自殺をも許容するのでなければ、その議論は、ほとんど説得力を持たない。何といっても、自殺には、少なくとも通常の他殺に見られる道徳的に重要な特徴の一つである、殺害される人の意志に反して行われるという特徴が欠けているのだから。

アウグティヌスの自殺の評価は教会の内部で広く受け入れられ、自殺未遂を処罰することは教会法と世俗法の確固とした要素にまでなり、現在に至るまで数百年のあいだ、西洋世界の考え方に決定的な影響を与えてきた。今日、自殺についての評価は根本的に変化しており、こうした考え方を批判する傑出した批評家たちの意見が新しいアクチュアリティを獲得している。たとえばモンテーニュは、きわめて詳細に書かれたエッセイの一つで、耐えがたい苦悩や、自身の手による死よりも悲惨な死が迫っている場合には自殺は許容できるとしている（Montaigne 1976, Buch 2, Kap. 3）。またヒュームは、非難されることを警戒して、死後になってはじめて「自殺について」というエッセイを公にした（匿名で一七七七年、著者名つきで一七八三年公刊）。その他にもフランス啓蒙主義の哲学者たちがいる。彼らはヒュームの批判を受け入れ、その一部をさらに先鋭化させた。

1-2　自殺に反対する形而上学的で倫理的な論証

アウグスティヌスの論証に劣らないほど歴史的な影響力を持つようになった論証がある。啓示の権威にではなく、理性と経験のみに依拠する自然宗教の原理を拠り所として行われる論証、すなわち、自分の生命でも自分の意のままにできない、という論証である。この論証にはさまざまなタイプがあるけれども、出発点は共通であって、それは、われわれの生命があるのは、究極的には自然の条件によるのではなく、慈悲深い創造者のおかげだ、という前提である。

この論証の最初のタイプを代表するのは、トマス・アクィナスである。トマスによれば、生命は神からの賜物であり、それゆえ、その後も神の権能の下にある。われわれの生命の内実に関しては――道徳的命令が制限する範囲内で――われわれの自由となるが、生命に時間的な区切りをつけることは、われわれの意のままにならない。生と死を自律的に決定することは、神の特権を行使する思い上がりであろう（Thomas von Aquin 1953, II. q. 64, art.5 を参照）。

後代の批判が示したように、この論証は三つの重大な難点に直面する。

（1）贈り物は、贈与された人の所有物になるものとして定義される。生命が神の贈り物だとすれば、他の所有物と同様に、生命を処分する権利もそれを贈与された人にあることになる。

（2）普通は、贈り物を拒むことができる。しかし、われわれは自分の生命を選ぶ自由を持たない。望まれない贈り物は、それが負担となると分かったならば、返却しても道徳的な批判の対象とはなりえない。モンテスキューの言葉を借りれば「他のすべての恩恵者と異なる神は、僕を苦しませるような恩恵を受けさせて僕を罰せられることを望まれるだろうか」（Montesquieu 1986, Brief 76〔邦訳、一一四頁〕）。他方、かりに賜物を強制するような神がいたとして、その神を慈悲深い存在として理解することは、ほぼ不可能だろう（Hammer 1975, S. 79 を参照）。

（3）生命を神の贈り物だとしながら、人間に授けられたそれ以外の――みずからの生を自分で終わらせる可能性を含んだ――行為の可能性は神の贈り物ではない、とするのは恣意的だろう（Hume 1984,

S. 99〔邦訳、一五五頁〕を参照)。自分の人生に絶望するような状況に陥ったとき、人はなぜ、神によって与えられたこの可能性を利用してはいけないのだろうか。

生命は自分の意のままにできないという論証の第二のタイプの典型は、カントの道徳哲学講義に見出される。カントによれば、「慈悲深い主人の先慮のもとに暮らしている」人間は、「主人の意図に反抗すれば、当然処罰されるだろう」(Kant 1924, S. 193〔邦訳、一九七頁〕)。このタイプの論証に対する決定的な反論は(カントに先立って)ヒュームによって提示されていた。ヒュームによれば、神があらかじめ施した配慮に背くことになるという理由で生命の短縮が禁止されるならば、延命も禁止されねばならないことになる。延命もまた神の配慮に背くことになるからである。もし、この論証が的を射ているならば、自殺とともに、医療の広範な領域を含む延命のための準備対策も、すべて退けられねばならないだろう。

生命は自分の意のままにできない、という論証の第三のタイプでは、生命は賜物ではなく、端的に、生命を与えた者の所有物と見なされる。

人間が、すべて、ただ一人の全能で無限の智恵を備えた造物主の作品であり、主権をもつ唯一の主の僕であって、彼の命により、彼の業のためにこの世に送り込まれた存在である以上、神の所有物であり、神の作品であるその人間は、決して他者の欲するままにではなく、神の欲するかぎりにおいて存続すべく造られているからである。〔…〕各人は自分自身を保存すべきであり、勝手にその立場を放棄してはならない。(Locke 1967, II, §6.〔邦訳、二六九頁〕トマス・アクィナスおよびカントにも同様の考えがある。)

「勝手に持ち場を離れずにいる」義務という思想は、古代では、すでにピュタゴラスにおいて、また少し下ってプラトンの描くソクラテスにおいて見られる。ソクラテスは、対話編『パイドン』の中で「秘密の教義」を拠り所として、次のような考えを述べている。「われわれ人間の生は、なにものかの見張りにおいてあるのであり、その見張りからわれわれはみずからを解き放ってはならず、逃げ出すことも許されない」(Platon 1988b, 62 b-c〔邦訳、一七〇頁〕)。もちろん、この考えは、ソクラテスにとって、神々が自殺を必要なものとして命ずる場合もあること――ソクラテス自身の自殺も神々が命じたものかもしれないように――を排除しない。(この対話は、ソクラテスが毒杯を飲む当日に牢獄で交わされている)。生命は自分の意のままにできないという論証のこの第三のタイプは、第二のタイプに対するヒュームの論証によって容易に動揺するようなものではないという点で、他のタイプよりも優れている。神の所有物としての人間を「奴隷」(Kant 1924, S. 193〔邦訳、一六七頁〕)とみなすならば、一方で、自殺は主人の便益を損なう行為なので人間に自殺(そして自己毀損)を認めず、他方で、労働力を保持する義務もしくは、できるかぎり労働力を高める義務を課すということは矛盾ではなく、まったく筋の通ったことである。奴隷や兵士が所有物として受けとめられてきたように、人間が所有物であることをまじめに受けとめるならば、自殺の禁止と延命の禁止の対称性は廃棄されるのである。

第四の非神学的な論証のタイプは、義務を決定する審級を神から人間自身へと移行させる。これは、カントの道徳哲学の中に見出される。カントは、みずからが要請した形而上学的人格性、すなわち叡知的な主体を、神聖なもの、端的に尊敬を命ずるものと考え、個人の実在の限界を超え、そのかぎりで個人の意志には従わないものであると考えた。

自己の人格のうちなる人間性は、不可侵なものである。人間性は、われわれに委託された神聖なものである。人間は一切を己に従属せしめうるが、ただ自己自身にだけは手をつけてはならない。〔…〕怜悧の規則によれば、自己自身を殺すことが最善の手段である事態もしばしば起こりうるだろうが、人倫の規則によれば、自身を殺すことはどんな条件のもとでも許されないだろう。なぜなら、自殺は、人間性の破壊だからである。（Kant 1924, S. 189f.〔邦訳、一九三―一九四頁〕）

しかしこの論証の説得力には制限がある。それは、この形而上学的人格性の核心部分にあるものが単なる要請であって、カント自身、経験世界の中にはそれが現存することを示すいかなる拠りどころも存在しないことを認めているという制限である。人間における永遠なるものの現実存在を認めるとしても、それを維持することが比類なき高次の価値をもち、自殺するかもしれない人々が抱える無価値な苦悩すべてを凌駕する、と言えるのは一体なぜなのかは、明らかではないのである。

結論として確認しておくべきなのは、伝統的な形而上学的－倫理学的論証が、いずれも自殺を道徳的に禁止するだけの説得力を持ちえないということである。こうした結論は〔その論証への〕内在的視点からの反論を顧慮するだけで得られるものであり、その際、形而上学的な前提そのものが理に適ったものかどうかを問題にしなくてもよい。形而上学的な倫理学者の依拠する形而上学的な前提が理に適っていても、いなくても、いずれにせよ、形而上学的な倫理学者の挙げる根拠は、自殺に関して一般性を持つ道徳的断罪を行うためには十分ではないのである。

1-3 個人倫理的論証

自殺を道徳的に許容することに反対する、最古の非形而上学的な論証の一つは、自殺は不自然だという論証である。トマス・アクィナスの『神学大全』における一連の反自殺論証は、自分自身に死をもたらすことは自然法則に反しているという理由を挙げている。そして、この論証は、数あるカントの反自殺論証の少なくとも一つの（そして多分最も有名な）論証の中に再び登場する。

しかし、しかじかの行動は不自然だと論じる論証は——ジョン・スチュアート・ミルがそのエッセイ『自然』のなかで示したように（Mill 1984, S. 9ff.〔邦訳、二頁〕を参照）——今日では、人間の行動様式を道徳的に断罪する論証としては最悪だと考えられている。というのも、「不自然」とは、自然の中では生じないとか、自然法則と両立不可能ということであり、自殺がこの意味で不自然であるとすると、自殺が生じることはありえず、したがって道徳的な評価も不要になるだろうからである。別の言い方をすると、「不自然」が、規範的で道徳的に非難すべきだという意味で用いられるとすれば、その場合、「自然」と「不自然」の基準は、（人間を含む）自然全体〔とそれ以外の領域の対比〕のうちにではなく、現に生じている事態のある特殊な側面のうちに見出されることになる。しかし、どのような側面が——たとえば自殺の場合には——そうした基準となりうるのだろう。それが人間以外の自然でないことは確かである。というのも、人間以外の自然の生き物が自殺することは知られていないという理由で、人間において自殺は道徳的に容認できないと主張したい人がいるとすれば、その人は、人間に特有な能力はすべて道徳的に容認できないと主張せざるをえなくなるからである。他方、「自然」と「不自然」の基準を、本質の定義という意味で人間の自然本性の中に見ようとしても、同じく得るものは少ないだろう。というのも、その場合には、単に根拠づけの仕事が次の問い——人間についてなしうる数ある本質定義のうち、他ならぬこの定義を道徳的基準というランクへ高めるべき理由はどこにあるのかという問い——に先延ばしされただけだからである。

「自然」と「不自然」は、空虚な決まり文句であり、恣意的な主張がこの常套句によって正当化されたり、また、非難されたりする。自然を拠り所としてドルバックは自殺を正当化し、カントは自殺を非難する。人が生を愛するのは、生が幸福であるかぎりでのことであり、意に染まぬ人生を生きることをその人に強いることはできない。ドルバックにとってこれは、この上なく自然なことである。したがって、自殺は、誕生に劣らず自然なことなのである（d'Holbach 1978, Teil I, Kap. 14〔邦訳、I、二一八頁以降〕）。（もしも「自然である」ことが「道徳的に見て問題がない」という意味ならば）自然概念に依拠する論証は、論点先取の誤謬（petitio principii）であるか、あるいは（「自然である」ことが「現実的である」ことを意味するならば）、この論証は、他殺もすべて許されるという意味を含んでいる。他殺が現実的なものであることは疑いの余地がないからである。他方、カントの考えでは、自殺において自然は自己矛盾するのだから、自殺の中には、可能なかぎり最も厳密な意味で不自然なものが見出される。「もしも、生が堪えがたいものになったと思われる場合には、自愛にもとづいて生を切り詰めること」を誰もが規則とすることは、カントにとって、ありえない事柄である。なぜなら、「感覚が決定するのは生命を刺戟して促進することなのに、その同じ感覚によって生命そのものを破壊することが法則だとしたら、そのような法則をもつ自然は自己矛盾に陥るので、自然として存続しないこととなろう」（Kant 1968a, S. 422〔邦訳、五五頁〕）からである。しかし、ここに矛盾がないことは明らかである。通常は、生の促進が自愛の役割なのだが、自殺者の置かれた状況では、まったくそうではない。そのうえ、現実的なものとは、それを考えないことが不可能でありうるようなものである。ショーペンハウアーがカントに抗して主張したように、「生命を維持するための生得の巨大な衝動が苦悩の大きさに決定的に凌駕されるやいなや、人間は実際に自殺を選ぶ」(Schopenhauer 1986a, S. 7〔邦訳、二五六頁〕)というのは、まったく確かなことである。ここに矛盾があるとすれば、その矛盾は、カントが考察の出発点とした架空の自然概念の中にあるのだ。

ショーペンハウアーは、過去の哲学者の誰よりも偏見にとらわれることが少なく、誰よりもきめの細い自殺の倫理的評価(と心理学的な説明)を行った功績者といってよい人物であり(Birnbacher 1985, S. 115を参照)、カントの反自殺論を評して「くだらない」と言い、「返答にすら値しない」(Shopenhauer 1986a, S. 5〔邦訳、二二二頁〕)と述べている。実際、カントが提示している論証は説得力が弱いので、その論証は——通常はむしろ疑わしい解釈方法に訴えることで——別の観点から動機づけられた立場を合理化しようとするものではないか、と推測する人がいてもおかしくないだろう。カントが講義の中で表明しているように、無法で制御がまったくきかない脅迫として自殺をとらえ、それに強い嫌悪を表わしているのをみると、ショーペンハウアーのような解釈が出て来るのも当然である。

> この〔自己自身を破壊するという〕ことほど恐ろしいことは考えられない。というのは、いつでも自分の生命を意のままにするほどの精神状態になっている人は、またいつでも、他人の生命をも意のままにする人であり、この人には、あらゆる背徳への扉が開かれているからである。[…] それゆえ自殺は、恐怖の戦慄を惹き起こす。人間はこの自殺によって、己を禽獣以下に引き下げるのである。われわれは、自殺者を腐肉と見なす。(Kant 1924, S. 189〔邦訳、一九三頁〕)

自然ではなく、自殺の意志そのものが矛盾しているとする、カントによる他のタイプの反論も、ほとんど説得力がない。自殺は――とカントは言う――「自己自身に対する最高の義務に反して」いる、なぜなら、自殺を意志することによって、この意志の条件を廃棄するものが意志されるからである。人は、自分の生を自分の意志によって廃棄することはできない。というのも、「自分の選択意志を破壊することの力は、自由な選択意志そのものに矛盾することになる〔からである〕。自由が生の条件ならば、自由は生の破壊には奉仕しえない。なぜなら、もしも自由が生の破壊に奉仕するならば、自由は自己自身を破壊し破棄することに〔…〕なるからである」(ebd., S. 184〔邦訳、一九三頁〕)。しかし、意志することがもはやはできなくなるという、後の時点で生じる事態を今の時点で意志する、という観念に矛盾はない。それは、自分の自由を廃棄するために自分の自由を用いるという観念に矛盾がないのと同様である。自殺ないし自由の自己廃棄が許容できないのであれば、それは論理的理由からではなく、道徳的な理由によるのである。

もう一度、カントの他の反自殺論証を見ると、そこでは、定言命法の周知のタイプ、すなわち、「自分の人格のうちにも他の誰もの人格の内にもある人間性を、自分がいつでも同時に目的として必要とし、決してただ手段としてだけ必要としないように、行為しなさい」(Kant 1968a, S. 429〔邦訳、六五頁〕)と命じるタイプの定言命法が引証されている。それによれば、自殺者は自分の人格を、自分が耐えうる状態を維持するための単なる手段として用い、これによって自身を物件に変え、「彼の人格における人間性」(ebd., S. 423〔邦訳、五六頁〕)を貶めるのである。しかしながら、人格どうしの搾取関係という概念を人格内の関係に転用するカントのこの試みは、実感として容易に同意することができない。誰かを単なる手段に格下げする、ないし、自分を単なる手段に格下げするということは、まずは、次のようなケースに対してのみ明確に規定されるからである。すなわち、搾取者と被搾取者が異なっており、被搾取者が搾取者の目的にとっての単なる手段であるようなケースである。しかし搾取者と被搾取者が同一である場合、人格が手段として用いられる目的はこの同じ人格の目的である。それゆえ、自殺者が自分を手段として用いることにより、自分を単なる手段として用いるということはありえないのである。

自殺の権利は、古代では特にストア学派の人々によって、近代ではフランス啓蒙主義の哲学者たちによって、十九世紀にはショーペンハウアーによって、個人倫理の観点から明確に是認されてきた。ディオゲネス・ラエルティオスによれば、当時よりも古い時代のストア派の人々は、熟慮の末に十分な理由をもって行われた自殺を単に許容しただけでなく、推奨すらしていた（Diogenes Laertius 1968, Buch VII, 130）。十分な理由とは、祖国や友人の救出であったり、手足の切断や治療不可能な病気による痛みが不断に続く見込みがあることであったりした。セネカにとっては、困窮や不名誉、苦悩や老人性疾患を自殺によって回避できないような人間の自由は考えられない。セネカは、エピクロスを引用して次のように言う。「不自由に生きることは悪である。しかし不自由に生きることの中には何の不自由もない」（Seneca 1974, Brief 12〔邦訳、三七頁〕）。フランスの啓蒙主義者は――ドイツ啓蒙主義の哲学者（プーフェンドルフ、トマジウス、ヴォルフは自殺について従来の評価を固持した）とは異なり――単に自殺に対する道徳的非難に反対しただけでなく、自殺を刑法で訴追することにも反対した。自殺に対する処罰は、プロイセンにおいて初めて廃止されたのだが、おそらくこれはヴォルテールがフリードリヒ大王に与えた影響に因るものである（決定が下されたのは、ヴォルテールがベルリンに滞在していた時期だった。Bernstein 1907, S. 33 を参照）。ショーペンハウアーは、個人倫理にもとづく反自殺論証に対する最も鋭い批判を行った。ショーペンハウアーの主要な論証は、次のようなものである。個人倫理的な自己保存が存在するとすれば、それは法的義務として（すなわち、誰かが権利を主張するものに対する義務として）存在するか、あるいは、愛の義務として存在するかのいずれかだろう。ところが、それは法的義務として存在することはできないだろう。なぜなら、われわれは自分の権利を故意に侵害することはできないからである。すなわち、同意あれば危害なし（volenti non fit injuria）である。しかし、それは、同じく愛の義務としても存在することはできないだろう。なぜなら、人間は生まれつき自分の生命に対して十分に愛着を持っており、そのような愛の義務は不要だからである（Schopenhauer 1986a, §5〔邦訳、二一〇頁〕）。

要約すれば、次のことが確認できる。すなわち、個人倫理的な論証もまた、自殺が道徳的に非難されることを根拠づけられないのである。最後に残されたのは、自殺は社会倫理的根拠、つまり、国家や社会および家族に対する義務という根拠にもとづいて拒否されるべきであるという論証の検証である。

1-4　社会倫理的論証

自殺は社会に対する不正行為であるという見解を主張した人として際立つのはアリストテレスである。アリストテレスによれば、自殺者は社会に対して不正を働くのであるから、国家は名誉を辱める埋葬を行って自殺者を処罰する権利を持つ（Aristoteles 1972, Buch 5, 1138a）。ただし、今日的観点からすれば、次のような疑問が生じるのは当然である。すなわち、この論証が何世紀にもわたって保持され（代表例としては、トマス・アクィナスがこの論証を取り上げている）、そのあいだ、自殺者が社会から奪うものはそもそも何であるかが真面目に問われてこなかったのはなぜなのか、という疑問である。こうした問いかけを初めて行ったのは啓蒙主義の哲学者たちだった。そして、広範な領域にわたる実例に照らしてみると、この問いは、取るに足らない問いであることが明らかにされた。ドルバックは、自分が存在することにいかなる喜びも見いだせない人に対して社会が期待できる利益に重要性があるなどとは考えなかった(d'Holbach 1978, Teil I, Kap. 14〔邦訳、I、二一八頁以降〕)。ベッカリーアは国家に計算を提示し、少なくとも国家の財の一部を持ち去る移民と比較した場合、自殺者が国家から奪うものはそれ以下であることを示して見せた(Beccaria 1988, Kap. 32)。またヒュームは、皮肉を込めた推論を行い、もしも社会倫理的論証が妥当であるならば、社会から負担を取り除いてくれる自殺者(ヒュームの見解によれば、そうした事例はまれではない)は誰でも、単に無罪であるだけでなく、称賛すべきものと見なさなければならないだろうと述べている(Hume 1984, S. 98〔邦訳、八〇頁〕)。

とはいえ、こうした抗議が古典的な社会倫理的論証の琴線に触れるのかどうかについて、私は疑っている。すでにアリストテレスからして、自殺のもたらす社会的利益や損失よりも、国家が個人を支配する権利の保全の方を問題視していた。問題の所在は、費用便益計算の違いにあるのではなく、個人の自律についての評価が対立している点なのである。集団主義者(こういう言い方をしてよければ)にとって自殺が何か不快なものであるのは、自殺者が国家から利益を奪うからではなく、国家から権力を奪うからである。自殺者が国家の支配権を侵害する程度は、犯罪者の場合よりもなお深刻である。なぜなら、自殺者は国家から報復の可能性までをも奪い去るからである。そのかぎりで、集団主義者の論証は、生命は意のままにならないとする神学的論証の世俗版に他ならない。このことは、ヘーゲルの国家論において最も明白であり、ヘーゲルは国民の生命について、トマス・アクィナスが被造物の生命について神に認めたのと同じ、独占的な権利を国家に認めている(Hegel 1969, §70,「追記」を参照)。

アリストテレス型の社会倫理的論証の中に見られるこうした集団主義的要素は、当然、〔フランス〕啓蒙主義の哲人たち(philosophes)の気づくところとなり、これらの哲人たちは、そのような集団主義的要素に対し、社会契約説的国家概念にもとづくラディカルな個人倫理的考察を加えた。モンテスキューは、人は自分が生まれる時に選択の余地のなかった社会の成員であり続ける契約を結ぶことができるだろうか、と疑念を提起している。「社会は相互利益を根拠として成立している。すると、社会が私にとって負担となるのであれば、私がそれを放棄することを、誰が妨げるだろう」(Montesquieu 1985, Brief 76)。ドルバックによれば、国家にも社会にもまた家族にも、自殺者に反対する権利はない。国家や社会および家族にそうした権利があるとすれば、それは自殺しようとする人に幸福な人生を確保できる場合にかぎられるだろう。しかし、幸福になる手段をわれわれに調達する能力のない、あるいは、そういう気のない社会は、われわれに関するあらゆる権利を失うことになろう(d'Holbach 1978, Teil I, Kap. 14〔邦訳、I、二二八頁以降〕)。これと同様の論証を、後にショーペンハウアーが行っている(Schopenhauer 1986b, Bd.5, S121f.〔邦訳、一八頁〕)。

むろんのこと、われわれはこう問わねばならない。哲人たちはここで、国家の全体主義的な差止請求権に対する正当な批判という目的を超えた主張をしているのではないか、と。なぜなら、国家や社会に国民の生に関与する権利を認めないと言ったとしても、それは、他者のために自分の生を保持する義務を国民に認めないということまで意味するわけではないからである。国家や社会には私の生の保持を私に要求する権利はないとしても、あるいは、私や私に近い人々に対して制裁(財産没収)を加えると脅すことで私の生の保持を強要する権利はないとしても、ある人の自殺が他の人を相当程度害することになると私が予期せざるをえない場合、それでも、そうした自殺を思いとどまらせる義務を私に課すことはできない、というわけではない。フランスの啓蒙主義者の中では、ただディドロだけがこの可能性を真剣に受け止めていたように思われる。ディドロは言う。人は、他者の幸福や名誉が自分の存在に依存している場合には、自分の生を故意に放棄してはならない、と（Diderot 1875, Bd. 3, S. 245, 252f.）。このような立場をとることで、ディドロは、後期ストア学派の哲学者たちに従っている。同じく、後期ストアの哲学者たちも自殺の許しは家族に対する義務によって制限されると考えていた。そのようなことを、セネカは、かつて高熱の発作をめぐる記述の中で――セネカ独特の偽善的な語り口で――伝えている。それによれば、セネカは、発作の際に自殺したいとの思いにとらわれたのだが、自分が死ぬと大きな打撃を被るであろう「高齢の、慈悲深い」父のことを思いやって、踏みとどまったという。「時としては生きることも、強く行為することです」（Seneca 1974, S. 78〔邦訳、三〇七頁〕）。

実際のところ、自殺が他者（特に、個人的に親しい人）の権利ないし正当な利益を深刻な程度まで侵害する場合、それが物質的な生活基盤の奪取であれ、罪悪感による精神的負担であれ、また社会的な汚名という形であれ、道徳的観点から自殺を非難することは正当化されるように思われる。この場合、他者のために自殺の計画を思いとどまる義務があることを自殺者に対して正当化するには、他者が受けるネガティブな衝撃の大きさはどの程度でなければならないのか、という問題は一般的に、個別事例の比較考量に関する事柄、それゆえ道徳的な判断力に関する事柄にとどまらざるをえないだろう。一般的に言えるのは、自殺者を自殺に向かわせる理由が深刻であればあるほど、そして、その自殺者の内面状況が改善される見込みが少なければ少ないほど、自殺を道徳的に憂慮すべきものと思わせるための他者の〔ネガティブな〕衝撃はいっそう大きくなくてはいけない、ということだけである。もちろん、そうした道徳的憂慮が持つ実践的な重要性は、次のような場合には割引いて考えねばならない。すなわち、近親者に負担がかかることを自殺者がまさに狙っており、自殺によって復讐し処罰しようという強い感情があって、たいていは、道徳的非難にそれほど効果がないという場合である。これに対して、自殺が特筆すべき影響を他者に与えないかぎり、自殺は、道徳的に中立無記である。つまり、自殺は道徳的に望ましいものでも、禁じられるべきものでもない。これは、現代の哲学的倫理学者の多くが共有する信念であると言ってもよいだろう。ごく最近まで、こうした見解は、公には、どちらかといえば遠慮がちに表明されてきたのだが、それは、伝統的に自殺を厳しく断罪したキリスト教倫理の影響が支配的だったからである。一九五四年でもなお、ドイツ連邦最高裁判所は次のような意見を述べている。「道徳律は自殺を――おそらく、きわめて例外的なケースは別として――厳しく否認している。誰も自分勝手に自分自身の生命を処分し、自らに死を与えてはならないからである」(Bundesgerichtshof 1954, S. 153)。

1-5 自殺という行為が持つ道徳的な性質

自殺は道徳的に中立無記であるというテーゼによって、倫理学者は自殺行為についての評価すべてを放棄したわけではない。第一に、自殺行為は、さらに個人的思慮の観点から評価される。たとえば、自殺は自殺者の最高の利益となっているか、あるいは、自殺者は分別を失っているのか、理性的ではないのかが問われる。第二に、自殺行為は、さらにその根底にある動機の道徳的な性質によって評価される。たとえば、ある人がある自殺行為の中に道徳的に非難すべきものをまったく見いだすことができないとしても、その自殺の動機まで正当だと認める必要はない。自殺者の行為について非難しないということと、自殺者の動機を道徳的な模範として評価することとは異なるのである。自殺によって責任を放棄する破産者の心情は、自殺によってベトナム戦争に抗議する仏教の僧侶と比べれば、模範的であるとはいえない。

倫理学の歴史を振り返ってみると分かるのだが、道徳的完全性についての意見の相違があるにもかかわらず、自殺の動機に関する哲学的な評価は、驚くほど一致していた。

（1）利他的動機またはそれ以外の道徳的な動機からなされる自殺には論争の余地がない。利他的自殺は、ここではもっぱら英雄的な（義務を超えた功績的行為――道徳的に模範とすべきだが、それを行うことを誰にでも要求することはできない行為――として理解されている。道徳的動機をもつ自殺の称賛という点では、セネカに優る者はいない。ストアの賢者――これはセネカが書簡のなかでつくりだした賢者像である――にとっては、徳がすべてであり、生には意味がない。セネカが自殺という逃げ道を残しておくのは、快楽主義的理由からではなく、最悪の逆境の中でも自分の尊厳を保てるという希望と自尊心のためである。「最も汚い死でも、最もきれいな屈従より増しだ」（Seneca 1974, S. 70〔邦訳、二五五頁〕）。

（2）少なくとも一定の条件の下でならば自殺は道徳的に許容できると考える哲学者のあいだでは、冷静な熟慮の上で今後の生存の可能性を比較考量してなされる自殺は高く評価され、衝動にかられた、短慮で、精神的な錯乱のうちになされる自殺は軽視されるという点で、幅広い意見の一致がみられる。こうした評価は、自殺というテーマ以外でも広く認められている人間性の理想、すなわち、自律的かつ合理的な特性を有し、現実的な将来展望の下で行為する個人という理想と合致している。つとに、プラトンは『法律』（Platon 1988a, Buch 9, 873 c–d〔邦訳、五五八頁〕）の中で――自殺者を不名誉な埋葬によって処罰させているものの――「ひじょうに苦しく逃れることのできない運命」に見舞われた人、あるいは、「救われる見込みもないし、生きてもいられないほどの辱め」を被ることになった人については処罰から除外し、それとは対照的に、「怠惰や男らしさに欠けた臆病」のために自死した人は処罰されるべきだとしている。合理主義者スピノザにとっては、自殺者は、語の定義どおり、外部の原因に雄々しく立ち向かうのではなく、もろくも打ち負かされる「無力な精神」しか持たない人間ですらある（Spinoza

1976, IV, Lersatz 18, Anm.〔邦訳、二八頁〕)。情念から自由で、能動的な、自律と自己保存を目指す人間というスピノザの理想にとって、自殺者は端的にネガティブなタイプの人間として特徴づけられる。自殺者を道徳的な罪からはっきりと免罪しているショーペンハウアーにとっても、自殺者の大多数は、彼が要請した道徳的理想に及ばないところにとどまっている。自殺者には、生の全体を否定することで人間に到達可能な、最高の俗世超克の形である苦行を達成しようという気はまったくない。自殺者は、たまたまそこにそのようにあるその人個人の生を単に否定するのである。その自殺者を駆り立てているもの――そして、特に自殺行為そのものがはらむ暴力性のうちに顕現しているとショーペンハウアーに見えるもの――は、いずれも攻撃的で、増長し、しかし何ものも満足させることのできない同一の生の衝動であって、ただ苦行のみがそれを遠ざけることができるのである。

1-6　自殺の倫理に対する自殺予防の倫理

自殺の問題を扱う哲学的論争において、ある人の自殺に他者が関与して生じる倫理的問題が重要な役割を演じることは、これまでなかった。たとえば、ある人が他の人の自殺を阻止したり幇助したりすることを許容する条件、あるいは義務づける条件は何かといった問題は、倫理学の歴史には登場していない。何人かの倫理学者（アウグスティヌスなど）が、自殺を断罪することで、自殺予防を後押しするという目的を果たそうとしてきたが、それでも、この目的そのものがことさらに議論の俎上に載ることはなかった。理論的関心は、自殺そのものが道徳的に見て正しいのか誤っているのかという問題に集中していた。とはいえ、実践的な観点からすれば、自殺予防という道徳的問題が、自殺を許容しうるかどうかの道徳的規準を問うことよりも重要であることは疑えない。切迫した危機的精神状態に見舞われた自殺者の状況に立って自殺予防の問題を考えるよりも、介入できるかもしれない人の状況に立って自殺予防の問題を考えるほうが実際の行動に影響を与えるチャンスが大きい場合が多い、ということを考えるだけでも、自殺予防の問題の重要性は明らかである。

自殺の正・不正と、自殺予防の正・不正は、まったくと言ってよいほど、相互に独立した問題である。自殺阻止または自殺幇助を道徳的に評価する観点は、自殺自体を評価する観点とは異なる。自殺が道徳的非難に値しないと見なされるケースでも、自殺者の計画を阻止する義務を他者が負うという考えは成り立つ。もしも誰かが、他者を殺害したり、傷つけたり、あるいは他の方法で深刻な被害を他者に与えようという意図を持っていたりするならば、われわれには、その人の邪魔だてをする（われわれに過度に大きな危険がふりかからない範囲で）義務がある。しかし、それだけでなく、さらにそれ以上に、誰かが深刻な、取り返しのつかないやり方で自己自身を害さないように、その人を守る義務もわれわれは負っているのである。個人が有する決定の自由にパターナリスティックな保護的介入を行うことは禁止するべきであると熱を込めて主張する人々も、若干のケースについては、みずからの原則を絶対視していない。ジョン・スチュアート・ミルは、歩行者が何も知らずに崩落しかけている橋に足を踏み入れようとしている場合、力ずくでそれを止めるのは、単に道徳的に許容されるだけでなく、道徳的に望ましいことであり、それは、ある人が自分の健康をないがしろにしている場合に、その自己破壊的な態度を改めさせるために——力による介入ではなく、適切な忠告という形でだが——やはり介入することが道徳的に望ましいのと同様であると考えた（Mill 1974, Kap. 5〔邦訳、一八九頁以降〕）。反対に——これも広く認められていることだが——ある行為が道徳的に非難されるべきものであっても、それを理由に、われわれがその行為の遂行を妨げる義務、あるいは権利だけでも持っているのだ、という結論は出てこない。

ましてや、力ずくでそれを妨げることができるなどという結論は出てこない。個人の自由に制限をかけるには、さらなる条件が必要なのである。道徳的理由から自殺を断罪しなければならないと信じている人でも、だからといって、それゆえに国家による強制措置——たとえば、自殺しかねない人を精神科の閉鎖病棟へ収用するといった措置——の違法性を阻却する根拠〔違法性阻却事由〕を手にしているわけではないのである。

2　自殺予防の倫理的側面

2-1　強いパターナリズムと弱いパターナリズム

自殺予防の道徳的基準に関する問題には単純な解答は存在しない。さまざまな事例のグループがあり、そのそれぞれが、さまざまな解答を要求しており、そのため、われわれは、差別化の作業を避けて通ることができない。

熟慮されたことが疑いえない自殺行為、すなわち、自殺者が長い時間をかけて自殺の利害得失を徹底して比較考量したことが疑いえない自殺行為がある。残された生存のチャンスの収支決算にもとづくそうした自殺は、慎重に計画されているのが通例である。また、自殺が、もともとの誘引となっている特定の出来事に依存している場合であれば、当の出来事が起こるまでには一定の時間的な隔たりが存在している。統計的に見て、そうした自殺は、むしろまれであるとしても、そのような自殺があるということは疑えない。確かに、精神療法家や精神科医のあいだでは次のようなテーゼがしばしば主張される。

「加害者として見た場合、自分自身を殺す人はみな病んでおり、そのためその行為については責任を負わせることはできない。」(Thomas 1977, S. 35)。しかし、このテーゼを主張する人たちは、彼らが臨床の場で直面した所見を、よく調べもせずに自殺者全体に敷衍しているのではないか――こんな疑問が自然にわいてくる(Pohlmeier 1983, S. 26 を参照)。熟慮の上での自殺であることが明確な事例は存在するのであって、それは、苦痛に満ちた病の最終段階を自殺によって打ち切りにしようという、終末期の患者のケースである。確かに、ここでも病は自殺を望む条件となっている。しかし、それは、患者自身の意志が病んでいるとか異常であることを意味しない。反対に、病が進行して、恐らくそのためにもはや自由意志にもとづいて活動できなくなると思われるならば、その前に意図的に生命を終焉させることは、むしろ、肉体が滅んで自然に帰してゆくプロセスを人間の合理性と自律性が超克しようとする模範的なケースなのである。これに比べると、精神的な病の場合、自殺について熟慮した程度を評価することは、より困難である。ここでは多くの場合、病気は、自殺者の意志が自律性を保ちつつそれに反応する、あらかじめ与えられた不利な条件であるだけでなく、意志そのものの内部に押し入り、意志を侵食する要因でもある。もちろん精神的な病の場合でも、われわれは個別の状況を無視した一般化をしないように気をつけるべきだろう。精神病患者は、精神病であるがゆえに熟慮した決定を行うことができないというわけではないのである。「われわれは、さらに、この精神的な病によって、当の人物が自分の計画について明晰で論理的に熟慮できなくなっているのかどうか、あるいは、計画を実行する際にその行動をコントロールすることができなくなっているのかどうかについて知らなければならないだろう」(Flew 1976, S. 100)。ジャン・アメリー[*1]の自殺が鬱(うつ)による障害の現れであり結果であるとしても、それでもやはり、それゆえにその自殺を自由のない自殺と呼ぶことは明らかに誤りだろう。

熟慮のうえでの自殺の決断は一般に尊重されなければならない。これは、自明なことだと私は考える。十分に考慮し、他の選択肢を慎重に比較考量したあとで決断に至った自殺者の邪魔をする権利は、われわれにはない。もちろん、自殺者の主観的合理性（思考能力）にまったく疑いの余地がないとしても、さまざまな根拠から、その自殺が自殺者の最上の利益に適っているとは決していえず、その意味で客観的に非合理的であるということを認めざるをえない場合には、深刻な問題が生じる。たとえば、自殺者が人生の収支決算を行うときに、迷信やその他の誤った信仰上の想定から出発し、そのため、害のない身体的症状を誤解して、非常に深刻な脅威であると見積もってしまう場合などがそうした事例であろう。こうしたケースでは、自殺者の死へいたる道筋に他者が強制的な手段を用いて介入してもよいだろうか。強いパターナリズムは、この問いに対して肯定に答え、弱いパターナリズムは否定的に答える。強いパターナリズムでは、ある人が長期的な観点から見た自分の利益に反する行為を行う場合、強制的手段を伴う介入はつねに正当化される。その際、客観的にみて非合理的である行為をしようとするその人の意図が、チャンスとリスクについての徹底的な比較考量にもとづいているかどうか、病気や精神的な苦境のせいでその人の意志がゆがめられているかどうかは重要ではない。他方、弱いパターナリズムでは、強制力を伴う介入が許されるのは、病気に陥った人の分別能力や自由が制限されていて、その人が自分の真の利益を把握することができないか、あるいは、真の利益に従って行動することができない場合にかぎられる。

強いパターナリズムは、対象となる人物の自律に深刻な制約を課すので、基本的には支持しがたい主張である。それは、取り返しのつかない決断が対象となっている場合でも、なお支持しがたい。熟慮された自殺ではあるが、客観的にみて非合理的であると想定せざるをえない自殺に対して強制的な手段によって介入することは、おそらく無理からぬことだとしても、やはりほとんど正当化できない不当な行為である。熟慮された自殺で強制的手段を用いることが正当化可能であろうと思われる状況として、私が考えつくのは、ただ一つである。それは、自殺者の決断の中に（病気の経過や治療の見込みなどについての）誤解や誤情報が入り込んでいて、それを明らかにすることは、自殺者がその意図を放棄するきっかけとなっただろうと思われる状況である。そのような事例では、われわれが必要な場合に強制力を働かせることは、たぶん正当化されるだけでなく、義務ともなるだろう。もちろん、こうしたことは、自殺者が自分の誤解を悟り、その企図を変更するだろうという条件が満たされている場合に言えることである。自殺者がなにか宗教的な信念――たとえば、死後の生への期待、涅槃に入ることへの期待など――に動かされていて、他の人はその信念をまったくの誤謬だとみなしているケースでは、他者は信念の誤謬という理由から、自殺者に対して強制力を働かせる権利を導き出すことはできない。というのも、こうした信念が誤ったものであるとしても、この種の誤謬の場合、それを修正しようと働きかけても自殺者がその企図を放棄しようとはしないからである。

私が（収支決算をした上での）自殺者にその計画を思いとどまらせようとするとすれば、私は、その行動に影響を与えるために比較的ラディカルではない手段を使うだろう。たとえば、誤解を解消するために対話したり、説得したり、よく言って聞かせたりすることを試みるだろう（これに関連して、パツィッヒは「マイルド・パターナリズム」について語っている。Patzig 1989, S. 7 を参照）。自殺への思いにとらわれた友人がいて、私が本人よりも彼の生存の可能性について明るい見通しを持っている場合、またその際に、容易に修正できるようなレベルの誤まった情報の問題がありえないような場合、私が自分の楽観的な観点から友人を説き伏せ、少なくとも彼に生きるように説得することは、しばしば私の義務ですらあるだろう。

病気が要因となっている自殺、急に生じた絶望的な精神状況から行われる自殺、その他の、熟慮されたことがよく分かる自殺という基準を満たさない自殺について言えば、そのような自殺（ないし、自殺の試みによる死への歩み）を阻止する介入は、かなり踏み込んだものであっても、また、ラジカルな手段を用いても許される。このことについて疑いの余地はない。というのも、ここでの介入は、自殺者本来のものではない衝動、あるいは、完全に当人のものとはいえない衝動から自殺者を守る保護措置という性格を持つからである。熟慮された自殺の場合には、強制力の行使は常に個人の自由に対する耐えがたい侵害となるが、いま問題にしているケースでは、同様の理由で強制力の行使を排除することはできない。

自殺予防に関する道徳的問題がその理念型を表わすのは、二種類の決断状況においてである。第一の状況は、当の行為の背景を把握したり、評価したりすることができなくても、即座に対応しなければならないケースである。こうした状況にあっては、かぎられた情報、かぎられた時間、かぎられた情報処理能力という条件のなかで、どう行動すべきかについて、できるかぎり単純で明確な指図を与える経験則が必要となる。第二の状況は、救護された自殺者に対して心理学者ないし精神医学者が詳細な観察と診察を行い、その後、診断とそれにもとづく予後が示され、次いで（再度自殺が試みられ、ひょっとして自殺が完遂されてしまうかもしれないリスクがあっても）自殺者を一人にしておくべきか、あるいは、引き続き強制的な収容が適当という指示を出すかどうかが検討されるケースである。私はまず、この第二の状況において適用される原則を取り上げることにする。

2-2 自殺予防の権利と義務

診断と予後が提示された場合、決断に至るための原則はどのような観点に準拠すべきなのか。第一の観点が次の事実にあることは疑問の余地がない。すなわち、短慮ないし急性のストレス状況から試みられた自殺は、しばしば非現実的かつ情動によってゆがめられ状況認識にもとづいている、という点である。今後の生存の可能性について自殺者が抱いているイメージは、しばしば極度に鬱の色合いを帯びている。客観的にみれば、はるかに長い将来があり、そこには幸福な人生ではないとしても、少なくとも満足できる人生を送ることができる可能性があるのに、生存可能性に関する現時点での絶望感が過大視されるのである。

こうした観点において求められる規範は、弱いパターナリズムの一形態でなければならない。当該人物が窮迫状態にあり、自分の利益を認識すること、ないし自分の利益に従って行動することができないケースでは、求められる規範は、当該人物の比較的長期にわたる利益を守るという考え方にそって、その人の自由に介入することを許容するべきだろう。そうした規範は、介入できる立場の人に、一定の範囲内で次のことを、すなわち、その人が自殺者を当面のあいだいわば保護監督下に置き、自殺者が心のうちで将来を思い描くときの――特に鬱的な障害に特徴的な――悲観的な見方に対して現実的な見方を提示し、また、自殺者が彼のなかの健全な部分に主導されてものを考えていれば、みずからそうしようと決心したであろうところへと――必要ならば強制的力を働かせてでも――導いていくことを、許容するべきだろう。

このように〔自殺しようとしている人の〕自由を制限することが正当化できるのは、どの範囲までか、という問題は、基本的には自殺者の状況認知が客観的な生存可能性と比べてどれほどゆがんでいるかという、ゆがみの程度にかかわっている。ここで見過ごされてはならないのだが、自由の制限〔の正当性〕は、この問題に答えようとする人が、介入後に自殺者をどの程度まで支援する気があるのかにとりわけ関係している。それゆえ、今後の経過見通しにかかわるこの問題の解決に際しては、小さくはあるが、しかし捨て去ることのできない要素として、個人的決断も入り込んでくる。熟慮されたかどうかがはっきりしない自殺ないし自殺未遂においては、多くの場合、介入は正当であるだけでなく、責務でもあるだろう。というのも、自殺は最後の望みが消え失せたことの表現ではなく、むしろ、誰かに聞いてもらうことを希求する助けを求める叫びである場合が多いからである。助けを求める叫びであれば、支援を行うことは道徳的権利であるだけでなく、道徳的な義務でもある――これは、医師、セラピスト、介護者など、職務として自殺者と向き合っている人たちだけでなく、家族、友人たちにも当てはまる。自殺者が置かれている世界は、絶望的に危機的な状況にあり、自殺者は、独力ではそうした状況から自分を解放することができないので、通例、そうした状況では〔関係者の〕マンパワーや忍耐力が著しく費やされざるをえないということを、われわれは理解しておかなければならない。自殺者の治療にあたる介護者の任務のなかでも重要なのは、自殺者自身が保持している力を高めて、病因となることもある社会的環境（結婚生活、家族、仕事）に耐えることができるようにさせる、あるいは、自殺者が持ちこたえられないような葛藤を回避する能力を身につけさせるという課題である（Thomas1977, S. 98 を参照）。

求められる規範のための第二の観点は、自由の制限が著しい災厄であり、多くの場合、当該人物は自由の制限をさらに何倍もの災厄として受け止める、という認識である。自由の制限は、制限を被る人の自尊心に対する攻撃であるだけでなく、医師と自殺者との間の信頼関係を破壊し、治療の成果を疑わせる誘引ともなる。その意味で、強制力は、もっとも極端な緊急措置として行使されるべきだろう。

この観点も、弱いパターナリズムを支持している。というのも、この観点が自由の制限を合法とするのは、当該人物自身の現在の選好ないし過去の選好、あるいは、当該人物が後に示すだろうと予期される選好によって、そうした制限が望まれている場合にかぎられるからである。自由を制限されることがその人の利益になると言えるのは、次のようなケースにかぎられる。すなわち、その人が自分で自由の制限を望んでいる場合（たとえば、自傷的傾向を自分の力でコントロールできないために、精神病患者が自ら施設に入るような場合）、あるいは、その人が先々のことを考えて、それを甘受する場合（たとえば、ある人が、実情を知った上で、軍事や宗教に関連した全体主義的な体制をとる機関に入るような場合）、また、先を見越し、そこから遡って、自由の制限を認める場合（子どもに対して医学的な強制処置やしかるべき教育措置をとる場合）、以上のようなケースにかぎられるのである。

パターナリズムのすべての形態には共通した特徴が見られる。すなわち、パターナリズムは利益という名目で強制的介入を正当化するが、その際、この利益は当該人物自身の利益でなければならないという特徴である。強制的介入は第三者の――たとえば社会全体の――の名の下でだけ行われてはならない。他者に深刻な損害を与え、そのため道徳的に批判されるべき自殺の場合でも、そうした損害だけを理由として自殺者を強制措置の下に置くことを是認するのは、ほぼ不可能であると思われる。ドイツ法の伝統においても、生命保持に関する法的義務は、他者にとっての有益性という観点からつねに独立していた。ただし、ナチズムの時代は例外であり、この時代では、生命保持を命ずる法的義務は、保持されるべき生命が民族共同体にとって有益である場合にのみ認められていた（Wagner 1975, S. 77 を参照）。〔さらに〕若干の州の収容法では、自殺の恐れのある人の生命を保持する義務は、自殺の恐れのある人自身にとっての長期的な観点からの利益によって根拠づけられるのではなく、自殺から生じると考えられた「公の安全と秩序にとっての危険」（§ II des PsychKG NW, Eberhardt 1980 による）によって根拠づけられている。これは、修正が必要なアナクロニズムとしてしか評価できない（Wagner 1975, S. 136 も参照せよ）。

この弱いパターナリズムには、さらに第二の側面がある。すなわち、当該人物の（今後見込まれる）利益は、他者ないし社会の側の合理性規準に照らして評価してはならず、また、そうした規準を満たさないがゆえに顧慮に値しないと見なされて無視されてはならない。ある人が——その人のこれまでの人生の歩みから分かるかぎりで——明晰な意識状態にあったとしても限定的にしか同意できないような合理的理由を名目として、その人の自由を制限することは、何人たりともしてはならないのである。私はここで、世の多数派、わけても自然科学に強く影響された医師たちが、安易に迷信として片づける宗教的信念または疑似宗教的な信念のことを特に念頭においている。熟慮されたことが明確でなく、感情によって強く規定されている自殺行為の場合でも、たとえば、仏教の苦行者が餓死するまで断食を行うこと（少なくとも、ショーペンハウアーにとって、それは意志が自己を否定する最高の表現であった）を阻止したり、伝統主義に立つ日本人が儀式として切腹することを阻止したりすることには、問題があるように思われる。

第三に、弱いパターナリズムに従う強制力の行使が正当化されるのは、当人にとって満足できる人生を送る力を回復するチャンスが実質的に存在している場合にかぎられる。強制力を行使する期間は、このチャンスの程度に応じたものとなるべきだろう。したがって、失恋による若者の自殺を未然に予防することが責務であることは明らかであり、また、終末期患者が自分の状態を責め苦として体験し、そのことに絶望して試みられる自殺を許容することも責務であることは明らかである。後者のケースでは、当該人物の意志に反してさらに生きろと強制することは、病気による屈辱になおひとつ屈辱を重ねることでしかないだろう。

かくして、求められる原則はこう要約することができるだろう。自殺したいと考える人に対してあらゆる手段を用いて、必要とあらば力ずくで、その人の計画を阻止すべきなのは、あるいは、自殺を試みた人に対して、あらゆる手段を用いてその人の人生をとりもどそうと試みるべきなのは、次の場合にかぎられる。すなわち、その自殺が明確には熟慮されたものでない場合、そして、当該人物が自殺の企図（ないしその結果）が挫折したことを後に是認し、受け入れるだろうことが期待できる場合である。こうしたケースでは、強制力を行使する期間の長さは、〔まず〕その人にとって満足できる人生を送れるチャンスがこれからどれくらいあるかを、われわれに分かるかぎりで評価し、そのうえで、この評価と適切に関係づけて決定されるべきである。その他のケースについては、すべて、自殺者ないし自殺の恐れのある人の自由裁量に任せるべきだろう。

2-3　二つの経験則

明確には熟慮されておらず、したがって長期的展望から準備されたのではない自殺行為に介入するための、弱いパターナリズムを背景とした経験則はどのように表現されるだろうか。

最初の経験則は次のようになるだろう。自殺を試みたか、まさに試みようとしている人に対しては、あらゆる手段を用いる。命の危険がない範囲で、暴力も行使する。可能であれば、心理療法上ないし精神病治療法上の監視と、必要なかぎりでの医療処置を施す。以上の経験則の有効性を示すものとして、特に二つの経験的所見を挙げることができる。第一は、死亡する前に発見された自殺行為のかなり多くのケースが、初めから救出のチャンスがあることを考えに入れたものであるという事実である。ここから推測されるのは、死の願望が確固としたものではないということである。死は甘受されているのであって、直接的に望まれているのではない。死の願望が確固たるものではないかもしれないというこの事実は、自殺者を、まずはいったん危機的状況の外に連れ出したほうがよいということの十分な根拠となる。第二は、自殺を試みたあとに救出された人の圧倒的多数が、生の側にとどまったことを喜んでいるという事実である。これは、これまで実施されたフォローアップ研究のすべてにおいて一致した結論となっている（Marten 1981, S. 73; Wilkis 1970, S. 155; Wold 1973, S. 178f. ならびに、Weilhöfer 1981, S. 23f. の概説を参照）。

予後の診断が下されるまでの強制的介入の期間は、二番目の経験則によって画定すべきだろう。私には、四週間を上限とする期間ならば是認できるように思われる。その後は、予後の診断にもとづいて新たに決定が下されねばならない。このように、経験則は、短慮からの自殺行為や治療可能な基底欠損[*2]（Grundsförung）による自殺行為を阻止するという弱いパターナリズムが目指す第一のゴールと、支援しても効果のないケースでは自殺者の自由裁量に任せるという第二のゴールとのあいだで——不確実性という制約に縛られながらも——調整を図り、実際に使える結果をもたらす。〔言い添えれば〕短慮による行為の場合、命の危機から自殺者を連れ出すには、あやういところで死を免れたのだという自覚を促す働きかけだけで十分である場合が多い。

支援者が患者を生存させるためにしばしば用いざるをえないパターナリスティックな偽装工作の場合でも、予後の診断を下すための強制措置の場合と類似した仕方で介入時間を画定するのが適切な対応であると私には思われる。偽装や欺瞞は、薬の投与に関するものであれ、現に用いている治療ないし勧めようとしている治療の成功の見込みに関するものであれ、言葉を用いた疑似的強制の一つであり、物理的暴力に劣らず道徳的に問題のある行為として理解されねばならない（Bok 1980, S. 36ff. を参照）。それゆえ、偽装工作を行う権利は、他の強制手段を使用する場合と類似した制約の下に置かれてしかるべきだろう。偽装や欺瞞は、短期間の緊急介入のためには仕方がないとしても、やはり、数週間が経過した後には、ありのままの事実を告げられる権利を患者が取りもどすようにするべきである。

2-4　生命は最高の価値なのか

これまでに提案された弱いパターナリズムの形態に対しては異議もあるだろう。私はここで、そのような異議に少しだけ触れておきたい。すなわち、人間の生命は最高の価値であって、それ以外の価値——生命〔保持〕に反する決断をする自由など——と並べて比較考量してはならないものであるのに、弱いパターナリズムは、この事実を正当に評価していないし、他者が自殺するのを阻止できる人は、どのような場合でもそうする責務があるのだという異議である。たとえば、ドイツ連邦最高裁判所の刑事事件に対して、大法廷は、先に引用した決議（一九五四年三月一日）で、次のように論じている。

> 第三者に課せられる救護義務にとって、自殺者を自殺に駆り立てた意志が病的であるか病的でないか、許されうるものか許されえないものか、また、自殺によって生じた危険な局面を自殺者はなお制御しているのか、あるいは自殺者は、そのあいだ心神喪失のような状態にあったため、もはやこの局面を制御していないのか、ということは重要ではない。(Bundesgerichtshof 1954, S. 153)

仮に、人間の生命は最高の価値であるということが事実だとすれば、自殺の倫理に関するこれまでの考察にもとづき、維持できないさまざまな帰結が導かれるだろう。すなわち、すべての自殺——熟慮を極めた自殺も含む——を強制的に阻止する責務をわれわれが負うことになるだけでなく、さらに自殺者の側に生きる義務が生じ、その義務は、どのような状況でも——自殺者の生きる状況がいかに苦痛に満ちていても——自分の自由を自分の生命に刃向かうように行使する権利より上位に位置づけられることになるだろう。因みに、次のような倫理学の枠組みの中では、上記の見解を基礎づけることはほぼ不可能だろう。その倫理学とは、すなわち、道徳規範は決して自己目的ではなく、共生の規則であって、そうした共生の規則は結局のところ人間の利益に土台を持ち、その規則の普遍性はそれによって保護される利益が誰にとっても実感として理解できるということに根差している、とする倫理学である。こうした倫理学の観点からすると、生命には、生命の質および生命の堅持に伴う主観的コストから独立した最高の価値などはない。生命を最高の価値とみなす人は、普遍的な承認を要求できる原則を主張しているのではなく、個人的な理想を述べているのである。そのような人には、この理想を、その意志に反して他者に無理強いする権限はない。

2-5 法体系のための結論

ドイツの法律では、自殺を試みることは処罰の対象ではない。しかし、医師、看護人、および近い親類が自殺行為を故意に放置しておくと、救護を怠ったためだけでなく[*3]（ドイツ刑法典三二三条c）、いわゆる保護責任者として、不作為の殺害容疑で訴追されるリスクを負うことになる（〔ドイツ〕刑法典第十三条に関連した第二一二条[*4]）。最近の裁判では自由答責的自殺を介入義務から除外する傾向——この傾向は、自殺幇助についての法律の対案（Baumann u. a. 1986, S. 24ff. を参照）でも支持されている——が見られ、そのことは歓迎すべきだが、十分に広まっているとはいえない。熟慮の上での自殺については、単に許可するだけでなく、自殺者の裁量に任せる法的義務が認められるべきだろう。当事者（本人、医師、親類）すべての立場が依然として法的に不安定である現状（ebd., S. 26 を参照）は、おそらく法の制定によってしか対処できないだろう。

引用参考文献

Aristoteles, *Nikomachische Ethik*, hg. von Günther Bien, Hamburg 1972.〔『ニコマコス倫理学』高田三郎訳、岩波文庫、一九七一／一九七三年〕

Augustinus, Aurelius, *Der Gottesstaat*, hg. von Carl J. Perl, Paderborn 1979.〔『神の国（1）』服部英次郎訳、岩波書店、一九八二年〕

Beccaria, Cesare Bonesana, *Über Verbrecher und Strafe*. Frankfurt am Main 1988.

Baumann, Jürgen u. a., *Alternativentwurf eines Gesetzes über Sterbehilfe*, Stuttgart/New York 1986.

Bernstein, Ossip, *Die Bestrafung des Suizids und ihr Ende*, Breslau 1907 (Nachdruck: Frankfurt am Main/ Tokio 1977).

Birnbacher, Dieter, »Schopenhauer und das ethische Problem des Suizids«, in: *Schopenhauer-Jahrbuch* 66, (1985), S. 115-130.

Bok, Sissela, *Lügen. Vom täglichen Zwang zur Unaufrichtigkeit*, Reinbek 1980.

Bundesgerichtshof, *Urteile in Strafsachen*, Bd.6, 1954.

Diderot, Denis, *Œuvres complètes*, Bd. 3, Paris 1875.

Diogenes Laertius, *Leben und Meinungen berühmter Philosophen*, hg. von Klaus Reich, Hamburg 1968.

Eberhard, Gunter A., »Hilfen und Schtzmaßnahmen bei psychischen Krankheiten«, in: *Handbuch PsychKG NRW*, 2. Auflage, Köln 1980.

Flew, Antony, »Selbstötung und Geisteskrankheit«, in: Eser, Albin (Hg.), *Suizid und Euthanasie als human-und sozialwissenschaftliches Problem*, Stuttgart 1976, S. 95-100.

Hammer, Felix, *Selbsttötung Philosophisch gesehen*, Düsseldorf 1975.

Hegel, Georg Wilhelm Friedrich, *Grundlinien der Philosophie des Rechts*, in: Ders, *Werke*, Bd.7, Frankfurt am Main 1969.

d'Holbach, Paul Thiry, *System der Natur oder von den Gesetzen der physischen und der moralischen Welt*, Frankfurt am Main 1978.〔『自然の体系』（Ｉ・II）高橋安光、鶴野陵訳、法政大学出版局、一九九九年／二〇〇一年〕

Hume, David, »Über Suizid«, in: Ders., *Die Naturgeschichte der Religion. Über Aberglaube und Schwärmerei. Über die Unsterblichkeit der Seele. Über Suizid*, hg. von Lothar Kreimendahl, Hamburg 1984, S. 89-99.〔「自殺論」福鎌忠恕、斎藤繁雄訳、『奇蹟論・迷信論・

自殺論』法政大学出版局、二〇一一年〕
Kant, Immanuel, *Eine Vorlesung über Ethik*, hg. von Paul Metzer, Berlin 1924.〔パウルメンツァー編『カントの倫理学講義』小西國夫、永野ミツ子訳、三修社、一九七九年〕
Ders., *Grundlegung zur Metaphysik der Sitten*, Akademie-Ausgabe, Bd. 4, Berlin 1903/11, 1968a.〔『人倫の形而上学の基礎づけ』平田俊博訳、『カント全集7』岩波書店、二〇〇〇年〕
Ders., *Metaphysik der Sitten*, Akademie-Ausgabe, Bd. 6, Berlin 1907/14, 1968b.〔『人倫の形而上学』樽井正義、池尾恭一訳、『カント全集11』、岩波書店、二〇〇二年〕
Locke, John, *Zwei Abhandlungen über die Regierung*, Frankfurt am Main/Wien 1967.〔『完訳　統治二論』加藤節訳、岩波書店、二〇一〇年〕
Marten, Robert F., »Probleme und Ergebnisse von Verlaufsuntersuchungen an Suizidanten«, in: Henseler, Heinz/Reimer, Christian (Hg.), *Suizidgefährdung. Zur Psychodynamik und Pscychotherapie*, Stuttgart 1981, S. 65-81.
Mill, John Stuart, »Natur«, in: Ders., *Drei Essays über Religion*, Stuttgart 1984, S. 9-62.〔「自然論」大久保正健訳、『宗教をめぐる三つのエッセイ』、勁草書房、二〇一一年〕
Ders., *Über die Freiheit*, Stuttgart 1974.〔「『自由論』塩尻公明、木村健康訳、岩波書店、一九七一年〕
Montaigne, Michel de, *Essais*, Frankfurt am Main 1976.
Montesquieu, Charles de Secondat, *Perserbriefe*, Frankfurt am Main 1986.〔『ペルシア人の手紙（下）』大岩誠訳、岩波書店、一九五一年〕
Patzig, Günther, »Gibt es eine Gesundheitspflicht?«, in: *Ethik in der Medizin*, (1989), S. 3-12.
Platon, » Die Gesetze«, in: Ders., *Sämtliche Dialoge*. Bd.7, hg. von Otto Apelt, Hamburg 1988a.〔「法律」森進一、長坂公一訳、『プラトン全集13』、岩波書店、一九七五／一九七六年〕
Ders., »Phaidon«, in: Ders., Sämtliche Dialoge. Bd. 2, hg. von Otto Apelt, Hamburg 1988b.〔「パイドン」松永雄二訳、『プラトン全集1』、岩波書店、一九七五年〕
Pohlmeier, Hermann, *Suizid und Suizidverhütung* 2. Auflage; München 1983.
Schopenhauer, Arthur, »Preisschrift über die Grundlage der Moral« (1840), in: Ders., *Sämtliche Werke*, Bd. 3, Frankfurt am Main 1986, S. 629-815.〔「道徳の基礎について」前田敬作、今村孝訳、『ショーペンハウアー全集9』白水社、一九七三年〕
Ders., »Parerga und Paralipomena«. in: Ders., *Sämtliche Werke* Bd, 4 und 5,Frankfurt am Main 1986b.〔『哲学小品集』秋山英夫訳、『ショーペンハウアー全集13』、白水社、一九七三年〕

Seneca, Lucius Annaeus, *Briefe an Lucilius*, hg. von Manfred Rosenbuch, Darmstadt 1974.〔『道徳書簡集（全）』茂手木元蔵訳、東海大学出版会、一九九二年〕

Spinoza, Baruch, *Die Ethik*, hg. von Carl Gebhardt, Hamburg 1976.〔『エチカ（下）』畠中尚志訳、岩波書店、一九七五年〕

Thomas von Aquin, *Summa theologica*, Bd. 18, Heidelberg 1953.

Thomas, Klaus, *Warum weiter leben? Ein Arzt und Seelsorger über Suizid und seine Verhütung*, 2. Auflage, Freiburg 1977.

Wagner, Joachim, *Suizid und Suizidverhinderung*, Karlsruhe 1975.

Wellhöfer, Peter R., *Suizid und Suizidverauch*, Stuttgart 1981.

Wilkins, James, »A Follow-Up Study of Those Who Called a Suicide Prevention Center, in: *American Journl of Psychiatry* 127 (1970), S. 155-161.

Wold, Carl., »A Two-Year Follow-Up Study of Suicide Prevention Center Patients«, in: *Life-Threatening Behavio*r (1973), S. 171-183.

訳注

＊1　ジャン・アメリー（Jean Améry 1912–1978）はオーストリア生まれの著述家。ウィーン大学で哲学と文学を学ぶ。ナチス占領下のベルギーでレジスタンス運動に参加し、投獄、拷問を受ける。アウシュヴィッツとブーヘンヴァルト強制収容所に収容されるが、戦後解放され、ベルギーに定住。一九七八年に自殺。

＊2　精神科医マイケル・バリント（M. Balint）が提唱した概念。フロイトの技法が通じる患者をエディプス水準、通じない患者はエディプス期以前のより原初的なレベルに欠損があると考え、基底欠損（basic fault）水準にあるとした。

＊3　ドイツ刑法第三二三条cは以下のようになっている。

「事故ないし日常的に遭遇する危機的状況、緊急事態があり、それに対して支援が必要であり、かつ状況に応じた支援を行うことが期待されていて、その際、特に支援者に重大な危険がなく、また、他の重要な義務を損なうこともない場合、それにもかかわらず援助を行わない者は、一年以内の〔懲役・禁固等の〕自由刑ないし罰金刑を課せられる。

＊4　ドイツ刑法第二一二条は以下のようになっている。

「（1）人を殺害したが謀殺者でない者は、故殺者として五年以上の自由刑に処する。（2）特に悪質な事案では、無期自由刑を言い渡すものとする。」

ドイツ刑法第十三条は以下のようになっている。

「(1) 刑法上の〔犯罪〕構成要件に属する結果を回避することを怠った者は、その者に結果が発生しないことについての法的責任があり、かつ、その不作為が、行為による法的構成要件の実現に相応する場合にかぎり、処罰の対象となりうる。」

第9章　動物を殺すことは許されるのか？

1　合意の範囲と未解決な問題

社会の法律は、社会の現実とともに理想を、社会のもっとも深い功名心、ならびに生がそのような功名心に強いる妥協を映し出している。このことは、特に動物保護法に当てはまる。人間は文化的生活の目的のために動物を利用しているが、そのことの社会的な評価に含まれる矛盾や両義性は、動物保護法の中に忠実な形で映し出されているのである。この法律の第一条は、現行の表現では次のようになっている。

この法律の目的は、同胞としての動物に対する人間の責任にもとづき、動物の生命と福利を守ることである。何人たりとも、合理的な理由なしには、痛みや苦しみ、あるいは傷害を動物に与えてはならない。

――これはとても強い表現である。動物の福利だけでなく、その生命も守られるべきだと言われているからだ。またこのことは、哺乳類や恒温動物、あるいは脊椎動物だけでなく、動物そのものに向けられている。とはいえ、こうした美辞麗句に満ちたお説教の詩文は、直ちに日常の散文に置き換えられてしまう。第四条から第四条bまでの条文では、まるで多かれ少なかれ自明の決まりきったことが問題であるかのように、動物の殺害の規制が、行政上の冷静な文言で記述されている。人間が贅沢な欲求を満たすために動物を殺してもよいという権利――食肉消費の現在の水準は、確かにこの贅沢な欲求を満たしている――は、第一条から期待されるような形では、いずれの箇所でも問題になっていない。むしろ、その場合でも前提にされているのは、人間による動物利用への関心が、第一条の意味での動物殺害に対する「合理的な」理由を提供しているということである。同胞であることを主張している第一条の情熱は、現実の圧力を受けて、影響力のない意図の宣言になっている。

こうした不明確さが倫理学上の体系性から見てどれほど不十分と思われるにせよ、そうした不明確さは、まさしく社会的な価値評価が一義的でないということの証明である。動物の殺害が道徳的に許されるのかどうか、また許されるとしたらどのような条件であれば許されるのか。こうした点についての合意は、一般的な道徳意識の内部でも倫理学者の側でも成立していない。その上――若い世代における倫理的な菜食主義への顕著な傾向が示すように――この分野では、多くのことが流動的である。合意の範囲は、ただ極端な立場を基準として区画されているだけである。一方の立場は、動物を恣意的に、深い考えもなく、また残虐性や破壊の衝動を満足させるために殺すことが道徳的に許されない、という点で一致している。動物は、怒りや不満や破壊の衝動のはけ口となる、ただの事物ではないのである。他方の立場は、人間を脅かす動物の殺害、つまり正当防衛としての殺害や、有害動物の排除が人間の裁量であり、また――たとえば安楽死の場合のように――殺害が動物自身のためになる場合は当然殺してもよい、という点で明白に一致している。だが、これでは実践的に重要な問題が、多かれ少なかれ未解決のままになっている。前記のような特別な理由がなくても、動物を殺すことは許されるのだろうか――また許されるとすれば、どのような理由であればいいのだろうか。意識または自己意識を持っていることが動物の生命権を根拠づける理由になるのだろうか。あるいは、とりわけ動物が動物であって決して人間ではなく、それゆえわれわれは動物に対して「種属の連帯」という義務を負っていないから、動物が同じような能力を備えた人間よりも粗雑に扱われるとしても許されるのだろうか。

倫理学者は、何が善で何が正しいのかが分かっていて、社会の論争にも決着をつけてくれると期待されることがある。〔けれども〕まさしく動物の殺害のような論争的問題の場合には、それこそ見当はずれである。このとき倫理学者は――たとえばアリストテレスが倫理学の著作で行ったように――社会的なコモン・センスのようなもの、つまりすべての人に共有された価値判断の中心にあるものを拠り所にはできないからである。それに加えて、この分野の前理論的な直観のみならず、その直観を暗に陽に正当化している原理もまた、対立の度合いが大きく、きわめて流動的で、しばしば主観的にも非常に不確かなのである。この道を前進しようと試みる動物倫理学者たちは、それぞれに自分自身の「直観的な」予見を、それが拠り所にしている共同的な直観の代わりに使用しているという非難や、ただ均一と思い込んでいるだけの「われわれ」という価値共同体の名前を借りて、きわめて独断的な解決を提案しているという非難を免れるわけにはいかなかった（たとえばTaylor 1986, S. 23を参照）。われわれは、動物に対する自分たちの責任を理解しているという前提に立つことはできない。むしろ――クルト・バイヤーツ（Bayertz 1984）が言及したように――「メタ責任」を引き受けて、さしあたり責任の原理それ自体を責任をもって確定することが課題なのである。その際、論理的な循環論法が避けられるべきならば、この課題の達成は、動物に対する責任という特定の内容を持った概念を前提しない根拠によってのみ可能なのである。

このような戦略を実行する可能性は、あらゆる倫理的な規範定立が従わなければならない普遍的かつ領域横断的な諸条件を定式化し、それによって自由に使える選択肢を限定することにかかっている。私は、以下の考察でこの道を進みたいと思っている。さしあたり、私は、道徳的な許可および禁止に関する合意が必ず従うことになる三つの条件を提示する。それから、動物殺害の許可及び禁止についてさまざまな角度から述べられている論証のうち、どれがこの三つの条件に最も適っているのかを検討する。その際に私が――「疑わしきは自由のために（in dubio pro libertate）」の原則に従って――動物の殺害に反対する論証に立証責任を負わせるとしても、そのことを不公平と受け取らないでいただきたい。

三つの最低必要条件とは次のものである。

1. 道徳的な規範は、その本性に即して、普遍妥当性の要求を掲げる。この要求を満たすために、道徳的な規範の基礎づけとして認められる根拠は、原則的に誰でも追試可能な根拠にかぎられる。そのような根拠は、どのような種類の宗教的教義や独断的な定説（それらはいつもほんの僅かな人にしか認められていない）の助けも借りてはならない。たとえば、通常は人間の方が動物に優る倫理的特権を与えられているわけだが、このような特権は、「神の似姿」に参与しているのは人間だけで動物はそうではない、というだけでは正当化されない。宗教的な概念は、個人に対して明確な動機を与える役割を引き受けることはできても、この概念に相応する判断や規範を、それを共有しない他人にまで押し付ける権利は与えないのである。

2. 道徳的な規範は、中立性の立場から定式化されていなければならない。私が要求している規範を他人が守るということを、その人に合理的な仕方で期待できるのは、この規範が私個人の主観的な好みや感受性の反映ではなく、公平に判断する者の仮説的なパースペクティブから、つまり原理的には誰に対しても開かれているパースペクティブから、定式化されている場合のみである。このことの帰結は、規範の妥当に関わるすべての人の利害関心や幸福が、定められようとしている規範の中で考慮されている必要がある、ということを意味する。動物倫理学では、動物の利用に関わる人間の利害関心や幸福と共に、当該動物の利害関心や幸福も、公平に考慮されなければならないのである。

3. あらゆる観点で等しい事例は等しく判断されなければならない（形式的同等性の条件）。もしも、動物との交流では、人間との交流とは別の道徳的な義務が妥当するのであれば、この区別を明白に基礎づけるさまざまな特徴が必ず存在するはずである。

私は、以上の条件を前提した上で、さしあたり動物の殺害に反対する直接的な論証に取り組み、それから間接的な論証に取り組むつもりである。直接的な論証は、殺害という行為それ自体に向けられ、その際に起こりうる間接的な影響を度外視する。間接的な論証は、周辺的な状況や影響をも考慮しつつ——すなわち人間や他の動物、また当該動物それ自体も考慮しつつ——、動物の殺害に反対する論証を行う。

2　包括的な生物保護の要請

自分の命や生活基盤を守るために人間以外の生物をどうしても殺す必要がある、あるいは軽減できない苦痛から殺害によって生物を解放するという場合を除いて、人間が、個人であれ人類としてであれ、人間以外の生物を各々の寿命よりも早く殺すことは道徳的に容認しがたいことであり、少なくとも憂慮すべきこととして捉えなければならない。最近は、このような倫理学的アプローチが時代の趨勢として再発見され、新たに展開されている。こうしたアプローチにおいては、動物殺害を容認しないという態度は、包括的な生物保護義務のほんの一部でしかない。このアプローチは、純然たる理念型としては、次のような考え方の中に表明されている。すなわち、たとえば生物学上の有機体の位階や意識能力、思考能力などといったメルクマールに応じた動物保護義務の違いは、どんな違いも決して考慮せず、そのかぎりで世間一般の直感からの著しい逸脱も厭わないという考え方である。生命はあらゆる生物に同じ仕方で属しており、生物そのものに対する保護義務は特別な資質に依拠することなく成立すべきものであるという理由から、前記のような考え方では、動物の生命も植物の生命も等しく保護に値する点では高低の違いは無いのだということになる。動物界の内部でも区別はまったく認められない。高等な哺乳動物の生命は、ゾウリムシの生命に比べて劣ることもなければ、それより高い価値があるわけでもないのである。

このようなアプローチの定式化として最も有名なのは、アルベルト・シュヴァイツアーによる「すべての現象形態における生命に対する畏敬の倫理学」（Scweitzer 1966 を参照）およびポール・W・テイラーによる「自然への尊敬」の倫理学である。テイラーの自然の倫理学は、シュヴァイツアーによる生命の倫理学が持つ徹底性をさらに凌駕している。シュヴァイツアーが、生物の持つ「低次」「高次」の形式に応じた道徳的義務の序列化を原則的には拒否しながら、それでも実践的には（動物の生命は植物の生命よりも優位にあり、人間の生命は動物の生命よりも優位にあるとする）通俗的な序列化を堅持せざるをえないとする一方で、テイラーは、実践的な観点でも徹底した生物種平等主義を貫いている。この点で特徴的なのは、倫理的な菜食主義をテイラーが支持する理由である。人が菜食主義者になる理由は、栄養摂取のために動物に代えて植物を食べる方が道徳的に問題がないからではなく、肉食を断念することによって、全体としては犠牲になる個々の生命の数が少なくて済むからだという。つまり、もしもホモ・サピエンスが菜食中心の種属であれば、今よりもずっと少ない農地やもっと集約度の低い農業でやっていけるだろうから、ホモ・サピエンス以外の生物種のために確保される生活空間がもっと大きくなるだろうというのである。

包括的な生物保護という要求を基礎づけるシュヴァイツァーとテイラーの論証は、相互に相当な隔たりがあり、それぞれ程度は異なるものの問題を抱えている。シュヴァイツァー倫理学の問題点は、今日の哲学や科学の視点ではほとんど受け入れがたい神秘的な生気論にある。シュヴァイツァーにとって生命とは神秘である。このような神秘にふさわしいのは、せいぜい、それに帰依する態度であり、このような神秘を目の当たりにすると、科学的な介入や技術的な操作といった試みは、すべて恥ずべき冒瀆行為と見なされざるをえないのである。だが今日の視点では、生命がもはや「神秘」と捉えられることはありえない。生命の働きだけではなく、生命の発生についても科学的説明が試みられるようになっている。何か神秘に満ちた、依然として科学的（たとえば進化論的）には説明できないものがあるとすれば、それは生命ではなく、意識の存在と発生である（Sachsse 1980, S. 98 を参照）。そのうえ、シュヴァイツァーは——あたかも物体として具体化されることのない固有の欲求と固有の「意志」を持った生命原理が存在するかのように——「生命」を疑似的主体の地位に着けることで、自分の立場を危ういものにしてしまっている。

テイラーによる自然への尊敬の倫理学は、シュヴァイツァーと比べて、はるかに異論の余地が少ない。テ、い、オ、ノ、ミ、ー的構造というメルクマールが自然に対するわれわれの義務の唯一の基礎を成しているというのが、テイラーの中心的な価値前提であり、この価値前提は、経験的に検証可能な特性と関係している。テイラーによれば、テレオノミー的構造は、あらゆる個々の生物の成長目標を説明するものであり、この成長目標という目的（Telos）によって、特別な財が、獲得されたり失われたり、促進されたり阻害されたりすることもありうるのだという（Taylor 1986, S. 60ff. を参照）。もちろん、このことによってテイラー倫理学が全体として比較的に受け入れ可能なものになっているかどうかは疑わしい。一方〔シュヴァイツァー〕の考えも他方〔テイラー〕の考えも、原則的に誰もが検証可能で理解できるという条件には、ほとんど適っていないからである。どうして生命が――その個々の特殊性とは関係なく――唯一の自律した価値であるべきなのかという理由も明らかではない。純然たる生物学的な意味に解された生命そのものにそもそも何ほどかの価値があるというのは、（ヘルムート・グロースがアルベルト・シュヴァイツァーについての記念碑的著作〔Groos 1974, S. 524ff.〕で批判しているように）証明すらされていないことなのである。生物学的な生命それ自体を一つの価値と見なすことは、間違いなく各自の自由に委ねられている。けれども、それと異なる意見の人をこの見解へと強制できるようなものは何もないのである。

3　利害関心論証

利害関心論証によると、動物の殺害が道徳的に容認しがたい理由は、殺害が動物の生、もしくは生存と相容れないからではなく、殺害が動物の生への利害関心や生存への利害関心を毀損するからである。包括的な生物保護による論証とは違って、この利害関心論証は、普遍的には受け入れられない価値を絶対視しているといった非難にさらされる度合いがかなり低い。「生命」という客観的な事柄に依拠するのではなく、「生への利害関心」という主観的な事柄を拠り所とすることによって、前記の最低必要条件を十分に満たしている。すなわち、一方で利害関心論証は、道徳的な規範がそのつどの規範に関わるすべての者の利害関心を考慮しなければならないという条件を満たしている。また、他方では、利害関心を満たすという価値よりも普遍的に受け入れられる価値は存在しない。他の条件が同じならば、人が求めているものを得ることは常に望ましいことだからである。

動物の殺害に反対する、それ自体として特に明瞭な利害関心論証は――たとえ、この論証が、その帰結に関してはほとんど支持されえないとしても――ゲッティンゲンの哲学者で教育学者でもあったレオナルド・ネルソンに由来している。動物の普遍的な生命権に関するネルソンの論証は、概ね次の四つのステップに要約される。

1. 利害関心を持つすべての存在者が、自分の利害関心に対する考慮を申し立てる。
2. 人間以外の自然存在者のうち、ただ動物だけが利害関心を持っている。
3. あらゆる動物が利害関心を持っている。
4. あらゆる動物が――利害関心の主体として――殺害されない権利を持っている。

ネルソンの示す論証を段階に即して詳しく確認していく前に、さしたあり、利害関心を持つとは何を意味するのか、と問わなければならない。たしかに利害関心は、少なくとも二つの根本的に異なる仕方で語られる。一方で、われわれは、Nがxに利害関心〔興味〕を持っている、あるいはNがxに利害関心〔興味〕を引かれている、という仕方でNについて語る。他方で、われわれは、xがNの利害関心の内にある、もしくは、xを得ることがNの利害関心の内にある、という仕方でxについて語る。こうした二通りの「利害関心」概念の使い方は、明らかに区別されている。Nがxに利害関心〔興味〕を引かれていなくても、xがNの利害関心の内にあることは可能である。ある物（もしくは、そのある物を得ること）がNの利害関心の内になくても、Nがそのある物に利害関心〔興味〕を抱くことはありうる。というのも、xがNの利害関心の内にあるというのは、Nが（現にはっきりと）xに利害関心〔興味〕を抱いているという意味ではなく、xがNの幸福に、とりわけNの将来の幸福に貢献するということを意味しているからである。

それにもかかわらず、これらの二つの利害関心概念の使い方は、相互に完全に無関係ではない。たしかに、xがNの利害関心の内にあるといっても、Nが現にはっきりとxに利害関心〔興味〕を抱いていることにはならないが、それでも、Nがの時点で――たとえ、ただNがxそれ自体、またはxの成果をポジティブに評価するという意味にすぎないとしても――xそれ自体に、あるいはxの結果（またはその結果の一部）に利害関心〔興味〕を引かれるということにはなる。特定の薬を飲むことがわが子の利害関心の内にあるとしても、それを今すぐ喜んで飲むということにはならない。だが、子どもが後になってから薬を飲むこと――もしくはその成果――をもう一方の選択（薬を飲まないこと及びその成果）よりも優遇するということにはなる。それゆえ、目下Nがある物をポジティブに評価している、もしくは将来ポジティブに評価するだろうという場合に、またそのような場合にのみ、ある物がNの「利害関心」の内にあると言うことができる。しかし、利害関心概念の二つ目の使い方も、外的及び内的状態をどれほど単純な仕方であれポジティブないしネガティブに評価できる能力を持った存在、もしくは、そのような評価のための能力が将来発達するであろう（ヒト胚や動物の胚のような）存在にしか適用されないことになるのである。

利害関心概念の内部では、この第一の区別の他にも、さらに――動物倫理学との関連ではより重要な

——別の区別が見出される。それは、ｘの思想を前提とする利害関心と、ｘの思想がなくても成立可能な利害関心との区別である。前者の場合には、利害関心は強い意味で語られうるが、後者の場合には、利害関心が弱い意味で語られうる。弱い意味での利害関心が与えられるのは、ｘが直接目に見える形で現前しており、それゆえ利害関心が直接的な今ここに向けられているときである。ｘがＮの利害関心の内にあると言われる場合、明らかにそうした（現在の、もしくは将来の）利害関心は、ただ弱い意味で前提されているにすぎない。ｘがＮの利害関心の内にあるという事態は、Ｎが現在であれ将来であれｘを（あるいはｘの成果を）顕在的に考えるということを含意しない。おそらく、Ｎにとって自分の健康など主題ではないのである。それにもかかわらず、薬を飲むことがＮの利害関心の内にあるとすれば、それは、たとえ主題にはしていなくてもＮが自分の将来の健康を何かポジティブなものとして受けとめているとわれわれが想定するからである。

ネルソンは利害関心概念の多義性を明確に認識していて、この利害関心の概念を明らかに弱い意味で理解している。利害関心を持つ存在者は、意志し欲求することができなければならない——利害関心を持つことは、価値評価なしには思考不能である。つまり「すべての利害関心は、その対象の価値評価を含んでいる」。しかし、利害関心を持つ存在者が必ずしも思考できる必要はない、すなわち、価値評価は「判断の形式を持っている」必要はない（Nelson 1972, S. 351）。そのかぎりで、ネルソンは、利害関心と自覚的な目的とを区別している（Nelson 1970, S. 168f.）。自覚的な目的は思考能力を前提しているが、利害関心はそうではない。弱い意味での利害関心を持つことは、特定の現在の状態や特定の与えられた客体を基本的な意味でポジティブないしネガティブに評価する、またそれを意志したり意志しなかったり、好んだり好まなかったりする、こうした程度のことしか意味していない。だから、たとえば苦しんでいる動物に弱い意味で苦しまないことへの利害関心があると認めることは可能である。しかし、その際に苦痛を判断の対象にしたり、概念的に把握したり、それどころか表明したりもする能力を動物に認める必要はないのである。

先に述べた二つ目の最低必要条件の中で「包括的な利害関心の考慮」が話題になっていたとき、間違いなく「利害関心」は、ネルソンによって説明された弱い意味で理解されなければならない。道徳的な規範――要求されているメタ責任の意味で――は、それを思考対象にできる人々のポジティブないしネガティブな関わりを考慮するだけではない場合にのみ、受け入れ可能なものとなる。さらに、道徳的規範が妥当するか妥当しないかという点にポジティブないしネガティブに関わることを特に思考対象にしていなくても、この関わりを主観的に感受しているのであれば、このような者は道徳的規範に関わる者と言えるだろう。そのかぎりで、ネルソンの第一テーゼは、利害関心を包括的に考慮するための条件の単なる特殊化として捉えることができる。すなわち、道徳的な規範は、それがすべての――顕在的及び潜在的な――関係者の利害関心を考慮するというように解されなければならないのだから、動物たちも、弱い意味での利害関心を持つことができるかぎりは、考慮されなければならないのだ。直接的な動物保護義務は、目的を持った動物だけではなく、最も基本的な意味での利害関心を持った動物に対しても向けられている。そしてこの動物保護義務は、問題になっているのが動物の利害関心か人間の利害関心かに関係なく、等しい利害関心は同等に考慮されるように、人間に対する義務と比較考量されなければならない。重要なことは、どのような存在者が利害関心を抱いているのかではなく、そうした利害関心のそのつどの質や強度なのである。

ここから直ちにネルソンの第二テーゼが生じる。強い意味での利害関心を持つことは、思考能力が要求されるので、（思考能力を認めるときにどのような正確な基準から始めるのかは脇に置くと）人間以外の生物の領域では、ただ高等動物にのみ認められる。そして弱い意味での利害関心を持つことは、意識能力を要求するだけではなく、その意識が「快または苦の感情を帯びて」いるということ、すなわちその意識がポジティブないしネガティブに評価される主観的状態を含んでいるということも要求する。この能力も、人間以外では、ただ動物にのみ認められる。ネルソンに従うと、人間の義務は、ただ利害関心の主体に対してのみ成立するので（Nelson 1970, S. 168）、人間以外の自然では、動物だけが「道徳行為の受け手」（レーガン）として考慮されるのである。

ネルソンの第三テーゼと第四テーゼに関しては、受け入れがきわめて難しい。生物学的な意味での動物すべてが、（弱い意味での利害関心に関わる）意識能力や（強い意味での利害関心に関わる）思考能力という条件を満たしているわけではない。意識――すなわち自分の質的な内的体験空間における心的状態の選択的表象――が、進化の厳密にどの段階で、脳神経の複雑なシステムのどの段階で発生したのか、またこうした意識は「快」や「不快」という形で快楽主義的な表現を行う傾向をどの発展段階で受け取ったのか。これらについて、われわれは何も分かっていない（もしくはまだ知られていない）。それでも、われわれは一般に、神経組織をもった動物だけが意識を自由に使いこなしており、それゆえ弱い意味での利害関心を認めるに値する存在である、という理解を前提としている。これに対して、ネルソンは、動物を人間以外の利害関心主体として定義するという戦略をとった。この戦略は、たしかに第三テーゼを実現するという長所があるが、通常の理解からは隔たっているために必然的に誤解されざるをえないという短所も持ち合わせている。

したがって（特殊な安楽死のケースは除いて）ある存在者を殺すことが必然的にこの存在の利害関心

を毀損すること——これがネルソンの示そうとしたことである——を示せたならば、殺すことが許しがたい（あるいは憂慮すべき）存在者とは、すべての動物ではなく、ただ意識能力を不可欠に持った動物だけになるだろう。しかし、ネルソンの第四テーゼは、たとえこれが適切な形で限定的に考えられたとしても、そもそも維持されるのだろうか。すべての利害関心の主体に——ただ利害関心を持っているという事実にのみもとづいて——生命権を認めなければならないのだろうか。

これについて、ネルソンは、大筋において自明のことだと見なしている。ネルソンにとって利害関心の考慮という要求は、完全な人格の地位やそれに相応する人格の尊厳と同等のものを目指している。それゆえ、ネルソンによると、利害関心能力のある動物には人間と同じ権利が与えられなければならない（Nelson 1972, S. 132）。動物の殺害は、人間であってもそれが認めざるをえないような場合にのみ、許されることになる。

しかし、ネルソンが自分でこのラディカルな立場を選択することは自由だとしても、この立場がただ利害関心のアプローチだけから、どうして成立するのかは理解できない。この利害関心のアプローチに従えば、動物の殺害が道徳的に問題となるのは、それが動物の（強い意味であれ弱い意味であれ）利害関心を毀損する場合のみである。だが、動物の殺害によって毀損される利害関心とは、どのようなものだろうか。第一に、動物は自分が生き続けることへの利害関心、つまり「生存への利害関心」を持つかもしれない。そのような利害関心は、殺害によって直接毀損されるだろう。第二に、動物は死の恐怖から逃れて生きることへの利害関心を持つかもしれない。この利害関心は、殺害によって間接的に毀損されるだろう。しかし、これらの二つの利害関心は、自分自身の（将来の）死を思考できる動物にのみ認められる。しかも特に第一の利害関心に関しては、基礎づけの必要がない。というのも、そうした動物は、将来生じる出来事である死へと方向づけられるように最初から規定されているからである。第二の利害関心について言えば、たしかに恐怖から逃れることへの利害関心は、それ自体で単独には、弱い意味での利害関心である。なぜなら、この利害関心は、恐怖について考えることを前提していないからである。恐怖とは、それが心の負担として感受されるために、それ自体として思考される必要のない心の状態である。しかし、恐怖は、それはそれで――まったく方向性を持たず「生物に本来備わっている」不安とは対照的に――その対象へと志向的に関係づけられたものとしてのみ思考可能であり、これを死のケースに当てはめれば、それは将来の思想的に現前する出来事ということになる。それゆえ、死の恐怖から逃れることに利害関心があると認められる動物は、全体としてみれば生存への利害関心があると見なすことのできる動物である。

それゆえ利害関心のアプローチでもって、動物の殺害禁止を基礎づけることは、苦痛を与えることの禁止を基礎づけるよりもはるかに困難である。殺害によって利害関心が毀損されるのは、こうした動物だけなのである。痛み、不安、ストレス、あるいはそれ以外の心の負担として感じられる状態を動物に強いることが道徳的に問題だということは、すでに次の点からも帰結される。すなわち、負担を強いられることで苦しむ可能性のあるあらゆる動物には、この負担に煩わされないままでいるという弱い意味での利害関心を認めることが可能だからである。痛みや苦しみ、その他の主観的に負担として体験される状態を回避するという利害関心は普遍的である。しかし動物殺害の道徳的な重大性は、同じやり方で示すことは難しい。この重大性は、利害関心のアプローチの場合、ただ将来や自己と関係する思考能力が認められる動物に対してしか説得力を持たないからである。

さしあたり、今述べた〔動物の殺害禁止と苦痛を与えることの禁止との〕不均衡な関係には納得が行かないかもしれない。なぜならこの関係は、通常の直感的な序列をまったく逆転させているからである。通常の直感的な序列では、苦痛を与えることや致命的ではない傷害よりも殺害の方が原則的には、より大きな問題である。だが先の不均衡な関係は、端的に言えば、人間の場合に通常のこと――すなわち将来や自己に関係にする強い意味での利害関心の能力――が動物の場合だとむしろ例外である、という点にもとづいている。ふつう人間は、自分自身や自分の将来という概念を持っているし、遠くにあって具体的に直観できない危険でも不安を感じることがありうる。しかし、動物は、そうした能力を通常は持っていないので、殺すことや苦痛を与えることを道徳的に判断する際に人間にとっては当然の序列が、動物の場合には逆になるのである。

ネルソンは、自分の主張する全面的な動物の殺害禁止をさらに別な論証で、すなわち「黄金律論証」で補完することも試みている。この論証は、疑わしい事態を他の関係者の視点から理解することを要求し、そのことによりバランスのとれた、かつあらゆる側面の考慮された判断に至ろうとする。ネルソンは、われわれが動物だとしたら、殺されることを望むだろうかと疑問を投げかけている（Nelson 1970, S. 168）。

しかしこの論証も、ネルソンの目指した結論には至らない。想像的な役割交換が倫理的に説得力を持つのは、他人の身になって考える者が、自分自身の利害関心を想像的に仮定された役割に「当てはめる」のではなく、他人の利害関心を自分のものにする場合のみである。重要なことは、他の事実上の関係者ないし潜在的な関係者の利害関心を考慮することであり、もし自分がその立場だったならば自分自身が持つであろう利害関心を考慮することではない。さもなければ、他の関係者の役割と同一化しても、もともとの判断に含まれていた先入観や党派性をかなり限定的な範囲でしか修正できないことになってしまうだろう。ジョージ・バーナード・ショーは、同じ考察を簡潔な表現で示している。「あなたが他人にしてもらいたいように他人にしてはならない。他人の好みは違うかもしれないから」。それゆえ、われわれが動物であったならばしてほしいであろうことは何かが問題になる場合、人間の特殊な能力から出発することも、動物が実際には持たない能力や利害関心を動物に押しつけることも、どちらもあってはならないのである。

4 「固有価値」と生命の主体の手段化禁止

ネルソンが利害関心のアプローチにもとづいて論証したことは、動物の普遍的な生命権だけではない。完全な人格としての地位や人格の尊厳、また（動物に適用可能な範囲で）われわれ人間に認めているのと同じ基本的権利を動物に認めることも論証している。とりわけこの基本的権利の中には、カントの定言命法の第二定式に含まれる権利――もちろんそこでは人間の人格に限定されているが――、すなわち他人の目的のための単なる手段として扱われない権利も含まれている。

現在の動物倫理学で、特にこの基礎づけアプローチを（ネルソンとは無関係に）展開しているのがトム・レーガンである。レーガンによると、他人の目的のために動物を殺すことが道徳的に許しがたい理由は、殺害としてよりも手段化の形態としてである。だからレーガンは、食肉生産ならびに動物実験と関連した哺乳類の殺害だけでなく（Regan 1986, S. 45を参照）、家畜的な扱いのあらゆる農業用の利用のいかなる形態も――たとえそれが、どれほど種にふさわしい形態であったとしても――認めていない（Regan 1983, S. 394を参照）。動物の持つ中心的な道徳的権利とは、生命権ではなく、尊重される権利、「敬意をもって取り扱われる」権利である（Regan 1983, S. 327）。こうした権利は、さらに、動物の「固有価値」(inherent value)、すなわち特殊な尊厳に基礎を置いている。それゆえ〔レーガンの場合〕動物の生命権は、ネルソンによる利害関心のアプローチとはまったく異なる基盤にもとづいている。ネルソンの場合は、利害関心を持っていることから尊厳や生命権を導いているのに対して、レーガンの場合は、疑う余地なく与えられている尊厳から生命権が導き出されている。

もちろんレーガンも「固有価値」をすべての動物に認めているのではなく、特定の種類の動物に限定している。その際、この価値カテゴリーの帰属が認められるための基準は、不完全な形でしか言及されていない。そして「生命の主体」であるいかなる動物にも「固有価値」が帰属するというレーガンの主張も、この困難を解消してはいない。なぜなら、この概念の使用基準が不明確なままだからである。明らかに「固有価値」を持つ存在として道具化から守られるためには、思考能力や未来を意識する能力が必要とされることになる。ただし、ここから哺乳類の道具化の徹底した禁止というレーガンの主張が導かれるとしても、それは、すべての哺乳類に思考能力と将来を見通す意識が例外なく備わっているという大胆な前提にもとづくものでしかない。

ところで、レーガンの考えは固有価値が帰属する基準の不明確さという点だけで批判されるわけではない。さらなる批判点は、レーガンの考えの不完全さである。というのも、目的があって哺乳類を殺害することは――道具化の形態としては――道徳的に容認しがたいとされているが、目的もなく気まぐれに哺乳類を殺害することはそうではないからである。また、さらに別の批判点は、尊厳の原理を道徳主義的に過剰に解釈していることである。資源として道具化することや利用することは、いずれもそれ自体としては尊厳を傷つけたりしない。私が経営者として従業員を、また国を司る者として公務員を、自分のために働かせるとしたら、たしかに彼らの労働力を資源として利用し、他人の目的の手段にしてはいるが、道徳的に批判される搾取を意味する単なる手段には還元していない。従業員や公務員が雇用されることで単なる手段にされているかどうかは、そうした人々がそれ以外の点でどのように扱われているのかにかかっている。たとえば、どれほど多くの決定の自由が与えられているのか、自分の労働に対して適切な報酬を得ているのかどうか、また自分の道徳イメージと相容れない仕事をしない権利を持っているのかどうか、こうした点にかかっているのである。同じように、他人の目的の手段として殺害されるいかなる動物も、そのことで単なる手段にされているのではない。むしろ、殺害以前にどのように扱われていたのかが問題となる。すなわち、動物が苦痛、不安、ストレスなどにさらされていなかったかどうか、それが属する種や個々の特性にふさわしく扱われていたのかどうか、身体的・社会的欲求を実現するための十分な自由を与えられていたのかどうか、そもそも無理強いされ粗雑に扱われていなかったかどうか、こうしたことが問題なのだ。動物殺害が行われる脈絡がこのような特徴づけの正しさを示している場合にのみ、動物の殺害を無責任な搾取と呼ぶことができる。

テイラーによる自然への尊敬の倫理学と同じく、生命の主体を尊重するレーガンの倫理学も、内在的批判は、きわめて限定された形でしか可能ではない。決定的な批判的問題点は、内的な一貫性に関する問題ではなく、普遍化可能性に関する問題であり、すなわち、この考えの前提になっている尊厳概念が誰でも理解可能なものなのかという問題である。この点について、私は大いに疑問だと思っている。「尊厳」は、それが直接的であれ間接的であれ動物の（弱い意味や強い意味での）特定の利害関心に関係していないときは、万人を拘束する原理というよりも、むしろ人格的理想といった特徴を持っている。動物の「尊厳」と両立可能であると見なされるものは、かなりの程度まで文化的な解釈の伝統に依拠しており、こうした解釈の伝統では、万人を拘束するような基礎づけなど不可能である。それゆえ、文化的生活のために動物を利用したり解体したりすることがどのような点で動物の尊厳を毀損し、「冒瀆」と見なされるところまで限界を踏み越えてしまうのかについては、きわめて異なったイメージが存在しているのである（Birnbacher 1991, S. 313f. を参照）。

レーガンは、農業および研究の場での哺乳類殺害を倫理的に批判する際に、尊厳論証と並んでさらに「境界事例の論証（argument of marginal cases）」という、もう一つの論証も拠り所としている。この論証の強みは、動物の尊厳についての内容に関する――かつ容易に反論可能な――イメージに頼るのではなく、もっぱら形式的同等性の原理に依拠している点にある。そのことが意味しているのは、われわれが一方では、意識能力や行動能力のある動物よりも少ない能力しか持っていない人間に尊厳や生命権を認めないこともありうるし、他方では、これらを高次の能力を持った動物に与えないでおくこともありうるということである。レーガンは次のような疑問を投げかけている。胎児や重度障害者ではきっぱりと拒否されるような実験を、哺乳類ではたとえ著しく高い認知能力を備えていても認めるというのは、どのように正当化されるのか。なぜ胎児を堕胎することは道徳的に問題と見なされるのに、成長した霊長類の殺害はそうではないのか。人間の「境界事例」を保護することに――レーガン自身のように――固執しながら、人間以外の哺乳類の利用をしかるべき形で道徳的に禁じることを拒む人は、レーガンによれば、自分がホモ・サピエンスという種属への単なる帰属性を道徳的に重要視していることを認め、それにより「種差別主義」という非難にさらされ、すなわち根拠なしに自分の種属を特権化しているという非難にさらされる以外に選択肢はない。

実際のところ、「種差別主義」を――われわれがどれほどそれに馴染んでいるとしても――正当化するのは困難である。リチャード・ライダー、ピーター・シンガー、トム・レーガンといった種差別主義批判者たちに、次の点では賛成しなければならない。すなわち、ただ生物学種に帰属していることが——それぞれの個体の能力や感受性とは無関係に——ある生物との関わり方にとって、なぜ決定的であるのか、よく分からないという点である。たしかに、「種差別主義者」は、自分を弁護するために次のような事態を引き合いに出すことはできる。すなわち、人間という種属は、全体としてみればあらゆる動物の種属よりも高い能力を持っているし、動物の場合には許されている道具化を人間に行うと、たいていは、より強烈に、より持続的に否定的な影響を受けてしまう、という事態である。だがこのような弁護は成功しない。なぜなら、境界事例が、全体的に見た場合の人間の類型的な能力や反応の仕方をきわめて限定的にしか共有していないことのうちにこそ、境界事例の「境界性」が存るからである。たとえば、類型的に鳥たちが飛行能力を持っているからといって、それだけでダチョウがすでに飛行能力を持つことにはならない。形而上学的な考え方では、他の生物と違ってホモ・サピエンスという種のメンバーが、特別な性質（たとえば精神）を与えられていると考えて、それをあらゆる具体的な能力や感受性とは無関係にホモ・サピエンスという種のメンバーを優れた地位へともたらす。だが、この形而上学的な考え方も〔先の弁護と〕同じく、ジレンマを解消できない。なぜなら、それは単なる思弁でしかなく、普遍妥当性へのいかなる基礎づけられた要求も掲げることができないからである。

他の種属の同胞よりもわれわれの同胞を優遇するという自然な傾向が、すでにわれわれの同胞を優遇する理由であるという論証を時折見かけることがある（たとえば Warren 1983, S. 121）。しかし、この論証は、すでにジョン・スチュアート・ミルによって、そのような自然な感情も他の場合を考慮に入れると道徳的認識の源泉にはならないと非難されている。もしも、われわれが「自然な傾向」に従うならば、多くの貧しい農夫たちの苦しみがただ一人の貴族のわずかな苦しみよりも取るに足らないものだと見なしていた中世の封建君主は、道徳的に正しかったことになってしまうだろう。ミルによれば、この自然な傾向は、道徳の源泉ではなく、ただ「身勝手な盲信」にすぎない。われわれが「自然な仕方で」他人の運命を顧慮する範囲は、ただ他人を自分自身と同じように体験する範囲にかぎられているのである (Mill 1969, S. 186)。

それにもかかわらず、実践的には「種差別主義」もある程度まで正当化されるように思われる。人間の「境界事例」を道具化することが——たとえば「使い捨て」実験、つまり〔被験者が〕死ぬことで終了するような投薬実験などのために——もたらす他の人々への間接的影響は、動物の道具化がもたらす他の動物たちへの間接的影響よりも大きいだろう (Pluhar 1987, S. 39ff. を参照)。もしかすると、自分がいつか「境界事例」になるかもしれないという心配があるかぎり、すでに他の人々も、人間の「境界事例」に生じる事柄の当事者となっている。どんな状況であっても他人の目的のために人間が道具化されてはならないことが保証されるべきであるならば、客観的で生物学的な特徴を手がかりとして可能なかぎり主観的判断の入り込む余地を排した明確な境界づけの作業が、絶対に不可欠である。これに対して動物は、生と死のイメージを持ち、自己を同じ種属の仲間として思考できる場合のみ、同胞の運命に巻き込まれている。それゆえ「境界事例」の論証は、あらゆる動物——もしくは哺乳類——に無制限の生命権を保証する論証ではない。ただ死——自分の死——を思考できる動物の生命権を保証する場合ためにだけ有効な論証なのである。だが、それゆえ境界事例の論証は、動物の利害関心による論証の帰結と同様の結論に導くのである。

5　動物殺害に反対する「比量的倫理学」の論証

ここで「比量的倫理学」の論証と言われるのは、ある特定の財が多いことは財が少ないよりも善いことであり、また明らかにわれわれが――対立する〔複数の〕義務を前にして――それぞれの財を増大させるか、または減少させないことを義務づけられているということを示そうとする論証である（Birnbacher, 1986）。生きるに値すると主観的に評価された生命が財であるならば、その財の減少――たとえば劇的な人口減少の形態での減少――を防ぐことは、少なくなる代わりに、より多く存在するのだから善いことであり、当然正しいことである。そして、主観的に生きるに値すると感じられる生命を予見可能な形で保持している生物を殺すことは、同じように二つの観点で比量的倫理学の原理に反している。第一に、将来にわたって引き続き生きる価値のあるこの生物の個体としての生が殺害によって妨げられるからである。その生物の個別的な生の時間のうちで、生を享受している時期が切り詰められるが、そのことは、この時期を生きることへの予見的な利害関心がこの生命にあると見なしうるかどうかには左右されない。第二の理由は、個体の殺害が集団の量的減少も意味しているということである。主観的に生きるに値すると感じられる生命を持った存在者の総個体数は、個体に関して〔の減少〕に即して減少していく。〔こうして〕動物個体の殺害は、享受された生命の世界をより貧しいものにしてしまうのである。

比量的倫理学の論証の中でも個体に着目した形での論証には、動物殺害に反対するジャン＝クロード・ヴォルフによる動物倫理学の核心的な論証がある。寿命を全うしない死は、生きるに値するものとして体験される生の時間を、すなわちヴォルフが提示した「特権的な生」を、動物から剝奪している。だが、このような生の時間は、特別な利害関心がそれに向かっていないときでも、財と見なされねばならない。「マウスの生は、生に対する自覚的な選好を形作る認識上の前提をマウスが持っていなかったとしても、マウスにとって財である」(Wolf 1993, S. 102)。生き続けることがマウスにとって財である理由は、マウスがそのことに利害関心を抱いていると思われるからではなく、何よりもこの生き続けることこそが、後になって利害関心を抱いたり、この利害関心を満足させたりするための前提だからである。それゆえ、生きるに値する生命の価値は――「客観的」の明確な意味で――「客観的」価値として、すなわち、どんな類いの利害関心の対象であるかに関係なく存立する対象(こうした価値を代表する価値の場合は除いて)として、把握されるのである。

ただし、ジャン゠クロード・ヴォルフによる「剝奪の論証」が該当する、比量的倫理学による論証の個体に着目した形態は、一つの決定的な点で問題を抱えている。なぜなら、それは循環論法だからである。殺害が悪だということは、殺害が生物の特定の利害関心や他人の利害関心を毀損するからでなく、殺害が自覚的体験の量を全体的に減少させるからでもないとすれば、――それは、有感動物の殺害が有感生物を殺すことだから容認できないという主張と、どこが違うのだろうか。殺害は許されないとジャン゠クロード・ヴォルフが考えるその理由が「連続する意識流の中断」であるとすれば、それは、動物の殺害が意味することの定義と何ら変わりがないように思われる。

個体的な生命の量だけでなく集団的な生命の量までも考慮する比量的倫理学の論証にも、当然異論の余地はある。この論証に対する留保は、とりわけ次の点に由来する。すなわち、この論証が、主観的に生きるに値すると感じられる生命の減少を防ぐという事実上の義務だけでなく、こうした生命の産出も明確に要求するという事実上の義務も基礎づけているように見える点である。産生の義務、もしくは、アルベルト・シュヴァイツァーが要求したような積極的な人口政策を行う道徳的義務(Schweiter 1986,

S. 60を参照）は、それほど〔容易く〕受け入れられない。動物との関係で言えば、この義務は次のような奇妙な帰結に至るだろう。すなわち、われわれは、場合によっては人間にとって重要な利用の仕方まで断念して、この地球が意識能力をのある動物で満たされるように配慮することを義務としなければならない、という帰結である。

私個人の見解で言えば、この比量的倫理学の論証は、出発点に関しては理解できる。生きるに値するものとして体験される生は財であるということ、すなわちそれは先行する利害関心がこの財に向かっているかどうかに関係なく価値のある何かだということは、私も同意する。生きるに値するものとして体験される生を享受し、その生を楽しむことができるということは、明らかに価値あることであり、この価値に関与できることは、意識能力のある生命を、意識を持たずにただ生きているだけの生命よりも高位に置く大きな特権である。そうであるならば、こうした生命が少なくなる代わりに、より多く存在する場合、それは善いことであるに違いない。他の条件が同じならば、害悪が多くなる代わりに、より少ない方が善いことであるように、他の条件が同じならば、財は少なくなる代わりに、より多く存在する方が善いことだからである。

だが、すでにこうした発言の抽象性は、殺害禁止のための比量的倫理学の論証がかぎられた重要性しか持っていないことを示している。すなわち、この論証は特定の財の「集合」には関係しているものの、この財がさまざまな個体、時期、質的変化に関してどのように配分されるのかという点には無関係だからである。生きるに値する生命がより多くなれば、少なくなるよりも善いのだとすれば、このことは、誰が、いつ、どのような仕方で〔生きるに値する生命を〕より多くまたは、より少なく有するのかに関わりなく妥当する。比量的論証の脈絡では、個体は、ただこのような量の担い手または「器」としてのみ考慮されるので、そのかぎりでは他の個体によって代替可能である（Singer 1994, S. 116ff.〔邦訳、一五二頁以下〕を参照）。それゆえ、この論証が殺害禁止を基礎づけることができるのは、自覚的かつポジティブに体験されている生の総量を個体の殺害が減少させるケースに関してのみである。

しかし、この条件は、食肉の確保や「消費的な」研究の目的で動物を殺害するケースでは満たされない。シンガーは、ヴァージニア・ウルフの父であるレズリー・スティーヴンから次の箴言を引用している。「ベーコンの需要について、他の誰にも増して強い利害関心を抱いているのは、豚である」（Singer 1994, S. 160〔邦訳、一四六―一四七頁〕）。人間が動物を徹底的に利用するようになった結果、現在生きている意識能力を持った動物たちの数は、人間が動物を利用しない場合に比べて著しく増大している。ただ動物たちの大部分が人間にとって魅力的であるという理由だけで、かつてないほど多くの哺乳類が現在の地球上で生きている。動物たちが自然な要求に応じた条件の下で扱われるかぎり、そうした動物たちも快適な生を享受している。そうした動物たちは自分たちを脅かす敵が少なく、飢えの苦しみもわずかで、エサをさがすストレスもほとんどなく、医療的にもしっかり世話をされている（VanDeVeer 1983, S. 159を参照）。そうした動物たちが自由な荒野で生きるよりも、その囚われ状態を好むというのは、何の問題もなく理解されるだろう（Arzt/Birmelin 1993, S. 325f. における事例を参照）。またそうした動物たちの屠殺場での――あるいは動物実験で麻酔を注射された上での――死は、ほとんどの場合、野生に生きる同種の動物たちの自由な荒野での死と比べれば、苦痛の少ない楽な死だろう。

ここまでの考察によって、私の見るかぎりでは、動物殺害に反対する本質的で直接的な論証が確認された。簡潔に言えば、動物殺害が普遍的かつ道徳的にも認めがたいことを、検討された論証のいずれもが基礎づけできていないことが確定できた。生命への尊敬（シュヴァイツァー、テイラー）の論証もしくは生命の主体への尊敬（レーガン）の論証は、敬服に値するが、しかし、そのような論証は、他者が固有のイメージに従って自分の生を生きる自由を制限する論証に対してわれわれが期待せざるをえない説得力を有してはいない。むしろ、これらの論証は、個人的で道徳的な理想を普遍的で道徳的な原理として基礎づけることに適している。最も納得の行く論証戦略である利害関心論証も、包括的な動物殺害の禁止を基礎づけることはできない。ただし、この論証は、人間と同様の仕方で生や死の概念を発達させ、死を恐れることのできる動物に対する（事実上の）殺害禁止は含意しているのである。

6　動物殺害に反対する間接的な論証

死の恐怖にもとづく論証は、ある意味ではすでに動物殺害に反対する間接的な論証である。死の恐怖が志向的であり動機づけの根拠となるという観点を強調し、死の恐怖を殺されないことへの利害関心と解するならば、それによって――利害関心のアプローチの範囲内では――動物が死の恐怖を感じるかぎりで、その動物の殺害に反対する直接的な論証が獲得される。他方で、ネガティブなものとして感じられる心理状態としての死の恐怖に関しては、死の恐怖が副作用となり、殺害に反対する間接的な論証が提供されるだろう。すなわち、動物殺害は、それそのものとしてではなく、この副作用から道徳的に非難されるのである。

強固な間接的な根拠が動物殺害に反対するのは、特に動物を殺害やそのための準備によって恐がらせたり、その他の仕方で動物に対して物理的および心理的に苦痛を与えたりする場合である。トイチュの言及によると（Teutsch 1983, S. 83f.）、他ならぬ西ヨーロッパでも年間二〇〇万件の屠殺のうち六〇万件が麻酔なしで実行されている。屠殺を自動で行う機械は、適切に働かないことが多い。また豚については、屠殺の直前に――生々しい血の臭い嗅ぐことで――パニックに近い死の不安に陥ることが知られている。こうした不安が利害関心論証を根拠としてすでに殺害を禁じる志向的な死の恐怖として解釈されなくても、それは〔死の恐怖と〕同じ重みがある。小さい子どもの場合と同じように、動物が自分に起こっていることを理解していないという情況が、不安や痛みの程度を増すことはありうるからである（Grzimek 1963, S. 22）。

それゆえ、意識能力のある動物たちに普遍的な生命権が認められないとしても、深刻で回避できない付随的な事態を理由にして、殺害が拒否される必要がないかどうかという問題は、各々の殺害に対して検討される必要がある。その際、第三者の影響も看過されてはならない。第三者の影響は、一方では他の動物たちにも関わっているが、しかし全体としては、関与する人々や社会をも巻き込んでいる。哺乳類は、仲間を失うと、ほとんど人間と変わらないほど大いに苦しんでいるように見える。たとえば多くの哺乳類では、その仲間や同じ種属〔の死に際して〕著しい悲しみの反応が観察されるが、とりわけそれは類人猿やイルカの場合に際立っている。この副作用は、それ自身としてみれば、無条件の殺害禁止を基礎づけることはないが、それでも、進化の上でわれわれにきわめて近い動物の殺害に反対する別の可能的根拠を支持している。同様のことは、動物殺害の実践から生じる可能性のある心の荒廃や麻痺といった結果にも妥当するだろう。

そもそも家畜の殺害は、人間に接するのと同じように家畜を世話をすることと両立するのだろうか。ウルズラ・ヴォルフは、次のように発言するとき、その両立可能性に反対しているように思われる。「同情の中に他の存在者の幸福へのポジティブな関係があるなら、他の存在者の幸福を意欲することには、その存在者の生を望むということも含まれている」(Wolf 1988, S. 245)。ただし、幸福を意欲することと殺害禁止の連関は、論理学的観点でも心理学的観点でも納得できるものではない。論理学的観点では、同情という態度が目指す幸福は、意識と無関係な財であるよりは、主観的な福利である——このことは、時折「同情」概念が次のような二次的な意味で使用される場合でも変わらない。ここで二次的な意味とは、自分が苦しんでおらず、自分の死が迫っていると実感してもいないのに、誰かの早すぎる死に「同情」できるという意味である。しかし、主観的な福利は、少なくとも自己や自分の将来という概念を持たない生物の場合には、最終的に殺されるという運命とも両立可能に思われる。また心理学的観点では、動物が生きている間はその幸福を望み思いやる態度と、それ以外の目的(少なくともこの目的が相当重要である場合に)のために最終的に殺害することとのあいだには、いかなる感情的な不一致もないように思われる。そのような不一致が存在するのは、悪意や悪ふざけや何の考えもなしに動物を殺害する場合だけである。このような殺害が道徳的に問題があることは初めから明らかだったのである。

7　どのような動物が生命権を持つのか?

ここまでの考察から、厳格な殺害禁止が基礎づけられるのは、将来の自分の状態に関係する強い意味での利害関心を持つとわれわれが認めうる動物に対してだけである。このような動物には、全体として、幼少期の人間に対して妥当するのと同じ規範が——さまざまな副作用によって条件づけられた制限を付して——適用されなければならない。道徳的な権利を単なる種の帰属性によって「種差別的に」区別することは、合理的に正当化することができない。

もちろん実践にとって決定的な問題は、われわれがこうした能力をどのような動物に認めることができるのか、もしくは認めなければならないのか、という点にある。ある哺乳動物が自分自身の将来のイメージを持っていると認めるためには、動物の行動がどれくらい複雑で、変化に富み、かつ適応能力を有していなければならないのか。われわれは、このような問題を提起すると同時に、認識論的には不確かな地盤の上を進むことになる。というのも、この問いに答えることは経験的なデータの使用可能性に依拠しているだけでなく、とりわけそのデータの適切な解釈――これはまた、一部分が経験的に検討可能なだけである――にも依拠しているからである。重要なことは、動物たちが自分自身を、また自分自身の現在の状態や可能的な将来の状態を、どの程度思考する能力を有するのかについて説明できる適切な実験規定を案出することだけではない。とりわけ大事なことは、還元主義的行動主義のスキュラも、受け入れがたいほど擬人化する解釈を行うカリュブディスも回避する仕方で、観察対象の行動を解釈することである。

私の見るかぎり、レーガンは、自己意識――すなわち他者や周囲世界とは区別されたものとして自分自身を思考する能力――がなければ動物が目標に向かって志向的に行為していると説明できないと仮定する際に、擬人化の危険に陥っている（Regan 1983, S. 75）。目標に意識的に到達しようとする活動のすべてが、自己自身に関する思想や、将来に思想の形で表象される目標に関する思想を必要とするわけではない。「我思う」は、あらゆる表象に伴いうる必要はない。行為目標の達成が欲求を満足させるということの内には、動物がこの欲求を満足させるために行為目標を意識的に目指している、もしくは動物がこの欲求を自覚している、ということも含意されていない。だが、われわれが動物に自己意識を認めることに賛成の場合でも、自己意識ということで問題になっているのがそれ自身のうちに序列を含む現象である、という点には注意すべきである。第一に、他者や周囲世界から自己を区別できるという能力によって、最も基本的な段階が獲得される。第二段階は、自分の身体や身体の状態を自分のものとして分類する能力によって到達される。最後の第三段階は、自分の内的状態や心理的作用および行動を自己に関係づける能力によって獲得される。この第三段階に至って初めて——将来意識への能力が付加されるならば——動物にも自分自身の死のイメージがあると見なすことができる。

一九七〇年代から始められたギャラップによるさまざまな種類のサルを使った鏡像実験は——原猿とは対照的に——チンパンジーや他の類人猿にも自己意識の能力があることを教えている（Griffin 1984, S. 74ff. を参照）。このことは、身振り手振りによるコミュニケーションを習得した一部のチンパンジーが、自己自身を示すために特定の初歩的言語を使用していたことによっても支持される（Griffin 1984, S. 205）。さらに言えば、少なくともチンパンジーは、将来の意識に関してかなりの能力を駆使できるように思われる。コートジボワールでは、チンパンジーが「ときには何キロにもわたって餌場を目指した行進を開始する。餌場には、とても硬い殻で覆われた美味しい木の実がある。人間であれば石を使ってその殻を砕くことができるであろうが、そのような石はどこにも見当たらない。〔だが〕この動物は、実は「ねぐら」から適当な石を、行進のときに一緒に持ってくるのである」（Bischof 1985, S. 541）。そのうえ、この能力は、際立った行動順応性や学習能力とも関連している。もちろん、霊長類——もしくは類似の能力を示す一部の海洋哺乳類——がすでに自己意識の第三段階に達していることを、このような観察が示しているのかどうかは未解決に違いない。それでも現在参照できる動物生態学の資料は、人間のそれに匹敵する生命権を類人猿やクジラおよびイルカに認めることや、今日では類人猿の場合で行われているように、実験動物として利用された後にコストもしくは適切な動物園がないという理由で、そうした動物を殺すべきでないということに、はっきりと同意を示すだろう。（代替案についてはArzt/Birmelin 1993, S. 279を参照。因みに、このような動物を実験に利用することは、すでに倫理上の問題になっている。）こうした観点からすると、捕鯨も、私には――種属の保護という観点とは関係なく――道徳的に非難の余地があるように思える。おそらく、われわれは、このような動物たちの中で起きていることについて究極の確実性を手にすることは決してないだろう。しかし、疑念が残る場合には、われわれは――T・H・ハックスレーのモットー（Huxley 1978, S. 270）にならって――、ある存在者の表現行動があまりにも異質なために、その存在者の事物に対する見方がわれわれに理解不能であるとしても、その存在者のためを思い、むしろ誤りに陥ることの方を優先するべきではないだろうか。

引用参考文献

Bayertz, Kurt, »Increasing responsibility as technological destiny? Human reproductive technology and the problem of meta-responsibility«, in: Durbin, Paul T. (Hg.), *Technology and responsibility*, Dordrecht 1984, S. 135-150.

Birnbacher, Dieter, » Prolegomena zu einer Ethik der Quantitäten«, in: *Ratio 28* (1986), S. 30-45.

Ders., »Mensch und Natur. Grundzüge der ökologischen Ethik«, in: Bayertz, Kurt (Hg.), *Praktische Philosophie. Grundorientierungen angewandter Ethik*, Reinbek 1991, S. 278-321.

Bischof, Norbert, Das *Rätzel Ödipus*, München 1985.

Frey, Raymond G., »Leonard Nelson and the moral rights of animals«, in: Schröder, Peter (Hg.), *Vernunft, Erkenntnis, Sittlichkeit*, Hamburg 1979, S. 289-297.

Frey, Raymond G., *Rights killing, and sufferin*, Oxford 1983.

Griffin, Donald R., *Animal thinking*, Cambridge, Mass. 1984.

Groos, Helmut, *Albert Schweizer. Größe und Grenzen*, München/Basel 1974.

Grzimek, Bernhard, »Darf man Tier töten?«, in: *Tier 8* (1961), S. 20-22.

Huxley, Thomas H., »Animals and human beings as conscious automata (1874)«, in: Feinberg, Joel (Hg.), *Reason and Responsibility*, 4. Aufl., Encino/Belmont, ca. 1978, S. 264-272.

Mill, John Stuart, »Whewell on Moral philosophy (1852)«, in: *Collected Works*, Bd. 10), Tronto/London 1969, S. 165-202.

Nelson, Leonard, *System der philosophischen Ethik und Pädagogik* (1932), 3. Aufl., Hamburg 1970 (Gesammelte Schriften Bd. 5).

Ders., *Kritik der praktischen Vernunft* (1917), 2. Aufl., Hamburg 1972 (Gesammelte Schriften Bd. 4).

Pluhar, Evelyn B.,»The personhood view and the argument from marginal cases«,in: *Philosophica* 39 (1987), S. 23-38.

Regan, Tom, *The cases for animal right*, London 1983.

Ders., »In Sachen Rechte der Tiere«, in: Singer, Peter (Hg.), *Verteidigt die Tiere. Überlegungen für eine neue Menschlichkeit*, Wien 1986, S. 28-47.

Ders./Singer, Peter (Hg.), *Animal rights and human obligation*, Englewood Cliffs N. J. 1976.

Sachsse, Hans, »Wie entsteht der Geist? Überlegungen zur Funktion des Bewusstseins«, in: Böhme, Wolfgang (Hg.), *Wie entsteht der Geist?*, Karlsruhe 1980 (Herrenalber Texte 23), S. 91-105.

Schweizer, Albert, *Die Lehre von der Ehrfurcht vor dem Leben. Grundtexte aus fünf Jahrzehnten*, hg. von Hans Walter Bähr, München 1966.

Ders., *Was sollen wir tun? 12 Predigten über ethische Probleme*, 2. Aufl., Heidelberg 1986.

Singer, Peter, Praktische Philosophie, Neuausgabe, Stuttgart 1994.〔『実践の倫理』山内友三郎、塚崎智監訳、昭和堂、一九九九年〕

Taylor, Paul W. *Respect for nature. A theory of environmental ethics*, Princeton, N. J. 1986.

Teutsch, Gotthard M., *Tierversuche und Tierschutz*, München 1983.

VanDeVeer, Donald, »Interspecific justice and animal slaughter«, in: Miller, Harlan B./ Williams, William H. (Hg.), *Environmental philosophy. A collection of readings*, Milton Keynes 1983, S. 109-134.

Wolf, Jean-Claude, *Tierethik. Neue Perspektiven für Menschen und Tiere*, Freiburg/Schweiz 1993.

Wolf, Ursula, »Haben wir moralische Verpflichtungen gegen Tiere?«, in: *Zeitschrift für philosophische Forschung* 42 (1988), S. 222-246.

第10章　脳死判定基準の擁護

1　序論

医療と技術は、その理念に従えば、問題を解決するためにあるのにもかかわらず、医療技術それ自身が問題を生み出していることは、いわばほとんど文化的に自明な事柄になってしまった。しかも、単に望まざる効果や副次的な作用という意味のみならず、あらたな決断や理論の問題という意味でも問題を生みだしているのだ。

一方でこれは、あらゆる医療技術の発展が支払うべき代償に他ならない。医療技術上の可能性が新たに生じるたび、行為の選択肢の幅は広がり、新たな決断に迫られる。われわれの選択の可能性が広がるたびに、自由だけでなく責任もまた増大する。他方で、現代的状況においては、こうした決断を困難にし、倫理学的・哲学的省察を特に緊急に要請する、一連のさらなる要因が生じてもいる。

1. 新たな技術は、根本的かつ明白な需要がある領域のみならず、多元主義的な社会に特徴的な価値相克の徴候が現れている領域においてもまた応用される。医療技術上の進歩がその実現に貢献しうる目標や目的はもはや、あらゆる懐疑に対して超然としてはいられなくなった。

2. イノベーションのテンポは、道徳的な価値態度と規範が新たな可能性と歩調を合わせるために必要な時間をほとんど与えてくれない。技術的発展は道徳的判断力を「追い越す」。とりわけ技術的進歩が、これまで運命として甘受さるべきと思われていた領域を、人間が決断、制御できるものとしてくれる場合がそうである。

3. 技術的イノベーションは、人間の自己理解という形而上学的で実存的な問いに、ますます接触するようになっている。たとえば、特定の目的のための遺伝子操作、あるいは脳組織移植の可能性によって、人格概念や人格の同一性という神さびた形而上学的問題が新たに劇的な仕方で投げかけられる。移植医療は、死の概念、そしてそれにより生の概念をも懐疑と不確かさの薄暗がりのなかに沈めた。慣例的に死と結び付けられていた諸々の徴候を時間的に「ばらばらにすること」が可能になったので、われわれは、生と死の境界線がどこに走っていて、なにが本来的に死の本質をなしているのかについて、突然、もう確信がもてなくなってしまった。死の判定基準がもはやあらゆる場合において時間的には一致しない以上、死の瞬間を固定するためにはむしろ、たとえば、呼吸の停止、血液循環の停止、ないし脳機能の停止のうち、どのような徴候が決定打となるのかについて、明示的あるいは非明示的な決断が必要となる。

こうした状況において哲学はどのような役割を果たしうるのか、また果たすべきなのか。私の念頭にあるのは、ある二重の役割である。第一に、革新的な医療技術と大衆に広がる懐疑とのあいだの媒介者の役割を、哲学は果たすべきである。第二に、新しい技術が引き起こす概念的・社会的に甚大な帰結をめぐる議論に、可能なかぎり合理的な構造を哲学が与えるべきである。

第一の課題が意味するのは、双方の側についての先入観を訂正するために、相手側の原理と動機を双方にとって理解可能なものにすることである。つまり、冷徹な技術官僚としての医学研究者の先入観と同様、絶望的なほど非合理的かつ時代遅れな大衆的思考法が持つ先入観をも訂正することである。第二の課題が意味しているのは、議論の合理化を目指して惑わされることなく努力すること、中心となる諸概念を明確にすること、結果を求めること、そして単なる思弁や神話形態を――大衆的な懐疑論者の側においても学者の側においても――ありのまま白日の下に曝すことである。

後者の意味において、以下でなされる問題への貢献は理解される。私にとって問題となるのは、（とりわけ法制化の前段階で）先鋭化する意見の相克をめぐる喧噪のなかに分け入ることではない。むしろ重要なのは、こうした相克の対象、基礎づけ、構造を明確にすること、感情的になった議論を合理的な軌道の上に載せること、そして一般的な仕方で広く合意をもたらしうる判定基準を提案することである。この基準に頼ることにより、場合によっては相克に、最終的なとはいかないまでも最初の決断を下すことができる。

2　脳死判定基準をめぐる議論においてはなにが問題なのか

脳死をめぐる議論においては一つではなく複数の問いが問題となっている、と述べただけでは、いくつもの点で十分正確に事態を捉えたことにはならない。

1. 脳死判定の基準にとって根拠になる死の定義は許容できるものなのか。
2. 脳死の判定基準は有効なのだろうか、すなわち、基礎となる死の定義によって要求される諸条件を満たしているのだろうか。
3. それによって脳死判定基準が満たされているかどうかが試されるテストはいかにして信頼に足る

ものになるのか。

これらの問いは論理的にさまざまなレベルに属しており、さまざまな種類の答えを要求し、諸々のはっきり区別されたメタ基準を持ち出している。

この最後の問いに取りかかるためには、次のことが必要である。テストの信頼性についての問いは明らかに経験的な問いであり、この問いは哲学者ではなく神経学者の管轄にある。もし脳死判定基準が基礎づけられているのだとすると、人の脳機能が不可逆的にかつ完全に停止していることを、特定の診察か器具によるテスト行為（あるいは二つを組み合わせたテスト行為）が信頼に足る仕方で示しているかどうかを判断することは、もっぱら神経学者の仕事であるということになる。ここでは単なる経験的な問題だけが重要であるからといって、それが実践的に意義を持たないわけではない。脳死判定基準がプラグマティックにかつ政治的に許容できるかどうかは、本質的には、この基準をどれくらい確実に適用できるか、そして先を見越しながら適用しているかにかかっている。ある判定基準が理論的に信頼に足り、実践の役に立つのは、この基準を確実に運用可能にしているテストが実行可能であるときだけである。脳死判定基準に従ってある人が死んだ場合、その脳機能が不可逆的に停止している場合、この判定基準が実践において許容可能なのは、ひとえにそれがまた十分確実に確かめられる時だけである。

テストの中身が良いものであるかどうかの問いとは反対に、脳死判定基準の妥当性についての問いは直接的に経験的な検査によっては答えられない。この問いはもっぱら、脳の機能について、そして脳機能と意識活動のあいだの関連についてのわれわれの知識に関する全体的な評価にもとづいて答えられる。それでも、第二の問いは広い意味では科学的な問いである。つまり、脳死の判定基準が、基礎となる死の定義を満たしているかどうかは、科学が人間について知っている事柄にかかっている。判定基準がよいものであるのは、それが知の現状に、つまり、知られるかぎり最良であると証明された科学的理論に一致している場合である。

死の判定基準を許容できるかどうかはしかし、もちろんそれだけに依存するわけではない。それはまた、そのつど基礎づけられた死の定義を許容できるかどうかにもかかっている。「判定基準」は関係概念である。判定基準はつねに〔なにかを判定する〕ための判定基準である。前提となる死の定義を拒否する者はふつう、そこに属す判定基準もまた拒否する。それはこの定義が科学的に十分確実でないからなのではなく、その人の見方に従えば、示すべきものとは別のものを示しているからである。ある人にとって重要なことを示していない時には、ある指標がどれだけ信頼に足るものであっても、それは使えないのだ。

死の判定基準のテストや妥当性についての問いとはまた違って、死の定義をなす徴候についての問いは、経験的な手段によっても、科学的な手段によっても答えることができない。それは哲学を手段とすることによってのみ答えられる。たしかに、この問いに深入りした哲学者は、この領域に関する経験的事象や科学的説明モデルについての事情を心得ていなければならないだろう。しかし、哲学者はこの問いに答えるにあたって、経験的な手段と広い意味での科学的手段とはそれでもまったく異なる手段を使用しなければならないだろう。というのもここで問題となっているのは、ある事象についての言明の真理ではなく、ある定義の適切性ないしは合目的性だからである。テスト行為あるいは判定基準が妥当であるかどうかは、世界の状況に依存している。ある定義が適切か目的に合致しているかどうかは、われわれが——理性的存在者として超越論的に、人間としては人間的に、あるいはある特定の文化的伝統に属するものとしては文化的に——ある定義を適当なものとしてあるいは目的に合致したものとして通用させているところの尺度に依存している。定義とはマン・メイド、すなわち人工物である。テストや判定基準、経験的な普遍化と法則の言明とは異なり、定義は、真あるいは偽なのではなく、そのつど単に有意味であるか無意味であるか、適切であるか適切でないか、目的に合致しているか、していないかのどちらかである。

そこから次のような帰結が導きだされる。つまり、科学者が、死の判定基準とそれに属するテスト行為についてのみならず、基礎づけとなる死の理解についても、特別な専門性と権威を正当に主張できるかどうかは疑わしくなる。無論、特別な権威が概念的な問いにおいても科学者に認められてしかるべき領域というものが存在する。たとえば、ある理論、ある知の領域、あるいは専門分野全体の構造を、あらたなデータやあらたな視点を鑑みて、新たに作り変えるためには概念的イノベーションが必要であると、科学者が見なしている場合がそうである。説得力、試行錯誤による発見の成果や、仮説、理論、説明モデルという理論的エコノミーの役にたつ概念の確立は、科学者の仕事であると同時に、科学理論家や哲学者の仕事でもある。科学者を、事実と理論の観点からだけでなく、理論が立ち入る概念の観点からも専門家として通用させようとするならば、それは逸脱というものであろう。

しかしすべてのこうした徴候は死の概念には当てはまらない。ここで問題となっているのは、理論を構築する者としての科学者が所轄する概念ではない。特徴的なことに、死の概念の定義については、医師のうち、研究医よりも臨床医のほうがずっと数多く関わっている（Green/Wikler 1992, S. 112を参照）。もちろん、死について哲学するかどうかは、科学者あるいは医師の自由である。しかし、もし彼が哲学するとしても、そのときの権威や義務は、科学や医学の素人が自分に認めてよい程度より大きくはないのである。

事象についての知と意味論上の確定を区別するならば、結果として、死の「本当の」性質に関しては、いかなる「より高次の」知も、それがどのような性質のものであれ、生じないことになる。いかなる正しい概念もない時には、正しい答えを持っているようないかなる高次の理性もまたありえない。「脳機能の完全なかつ不可逆的な停止によって死を定義することは「不確か」である」(Jonas 1985, S. 233) といった、ハンス・ヨナスの表現に私が困難を覚えるのは、このような理由からである。定義された死や「本来的」あるいは「客観的」な死の向こう側に、あらゆる定義上の確定の彼方に、ある死がありうるかのように、こうした表現は想定しているように見える。

3 死の三つの定義

理念型による抽象化において、そしてまた「その場しのぎの解決」によるなおざりの状況のもとでは、現在のところ、三つのあきらかに区別しうる死の定義が議論されている。

最初の――アングロサクソン系の議論では「存在論的」と呼ばれる――定義によれば、人間が死ぬのはまさに、意識能力が不可逆的に消失するときである。この定義は、一連の著名なアメリカの医療倫理学者ら (Zaner 1988 の著作集を参照) に代表されるが、その中にはワシントンのケネディ研究所のディレクター、ロバート・ヴィーチも含まれる。この定義に属する死の判定基準は部分脳死基準であり、それによれば、人間が死んだと見なされるのは、大脳が完全に不可逆的に停止したときである。ここで前提とされているのは、大脳が健全に機能している場合にのみ意識活動が可能であるということだ。意識活動は機能している大脳にのみ依存するということは前提されていない。したがって、脳活動が脳幹の特定の部分、すなわち網様体にも事実上決定的に依存しているからといって、この判定基準の利点が制限されることはない（Flohr 1992, S. 51）。判定基準が前提にしているのは単に、意識活動には大脳皮質もまた必然的に関わっているということにすぎない。

二番目の——アングロサクソン系の議論では「生物学的」と呼ばれる——定義によれば、人間が死ぬとは、意識活動の不可逆的喪失を超えて、身体機能の統合と中心的制御のための能力が不可逆的に停止したときである。この定義に属する判定基準は、脳死判定基準である。すなわち脳幹も含めた脳全体の機能が完全に不可逆的に停止することが、身体機能の統合と中心的制御のための能力が不可逆的に停止したということを示すのである。その場合、通常前提されているのは脳幹の機能能力が身体機能の中心的制御と統合にとって必要不可欠だということである。

第三の最も広範囲に支持されている定義によれば、人は、意識活動の不可逆的喪失と身体機能の統合および中心的制御のための能力の喪失の他に、中心的な身体機能自体が不可逆的に停止したとき、はじめて死ぬのである。これによって、人間が生きているということのために、身体機能の自律的統合と制御の能力は必要不可欠なものとされず、身体機能の制御が脳幹によるのか機械によるのかには関わりなく、それ自身で存立しているならば、それで十分だということになる。個別の中心的な機能が、完全に機械によって制御されているときも、その人間はまだ死んではいない。たとえば、人工呼吸器によって呼吸および血液循環機能が維持されている脳死患者は、まだ死んではいない。この死の定義に属する死の判定基準は、心臓循環の死である。人は、身体内の血液循環が不可逆的に停止状態になったときはじめて死ぬのである。この定義は私が見るかぎり、国際的にはほとんどもっぱらドイツ人の著者らによって代表されている。アングロサクソン系の生命倫理学の文献では、たいていは一度も言及されることがない。そこではむしろ第一と第二の二つの死の定義（つまり、脳死と大脳死の判定基準）のあいだでの論争が前面に出ている。

脳死をめぐる議論は第一に、これら三つの定義のうちどれが――事柄の観点からか、もしくはプラグマティックかつ政治的な観点から――許容可能なものなのかをめぐる議論である。第二に、すでに触れたように、これはまた実際の適用に際して二つの定義を信頼できるものとする判定基準が、どの程度信頼できるものなのかをめぐる議論でもある。つまり、人間の意識活動は機能している大脳を前提にしており、よって大脳の完全な停止は意識活動を停止させる、という大脳死判定基準の代表的論者によってつくられた前提は、どれだけ確実なのか。人間の身体機能の統合は脳幹の機能に依存しており、脳幹の完全な停止はそれゆえ、身体機能の統合された制御が不可能だと推論することを許す、という脳死判定基準の多くの代表的論者によって作られた前提はどれだけ確実なのか。

これらの前提は二つとも、あらゆる疑いに対して超然としていられるわけではない。これを疑う者の立場は次のように記述することができる。たしかに、それぞれの死の定義は容認できるが、これらの定義の大多数の代表的論者によって通用するものとされた死の判定基準は容認できない。それゆえ、懐疑派のなかでも、身体機能の統合と中心的制御〔の停止〕以外に意識能力が不可逆的に停止したときに人間は死ぬのだという死の定義を容認しているように見える人々もいるのだが、彼らは脳全体の完全かつ不可逆的な停止という死の判定基準が、この死の定義にとって、あまりに弱いと考えているのだ。統合的な制御機能は、彼らの――正当な――理解に従えば、脊髄、免疫システム、そしてその他の純粋な生物的なシステムによって引き継がれる（たとえば Shewmon 2003, S. 310）。

他の人々にとって、この同じ判定基準は不必要なくらい強力なものである。それゆえ、ロバート・ヴィーチ（Veatch 1988）やヨハン・フリードリッヒ・シュピットラー（Spittler 2003, S. 93）は、単なる細胞を超えたレベルの統合的な機能の停止が問題になるとき、どうして文字通り全体的な脳活動が停止しなければならないのかが分からない、と主張している。身体機能の全体的統御の不可逆的停止という死の定義によれば、より大きなまとまり全体で統御されてはいない個別の隔離された細胞がまだしばらくは活動しているときでも、人は死んでいることにならざるをえない。

4　容認可能な死の定義のための六つの条件

以下でわたしは、適切な死の定義をめぐる文字どおり哲学的な議論に考察を限定し、「要件」という形で、容認可能な死の定義のための六つの条件を定式化してみたい。この条件についてわたしは、これらの議論がなにか共通の特徴なり方向を示すポイントを示せるのではないかと考えている。これが可能になるのはもちろん、それらの要件が十分合意を得られるという私の想定が正しい場合にかぎられる。それについで、論じられた死の定義のうちのどれが、これらの要件に最も容易に適合するか、ということが検証されることになる。

第一要件。死の主体は物理的心理的統一体としての人間である。死の主体は純粋な精神でもなければ純粋な生物学的有機体でもない。

この要件が述べているのは、（Kurthen et al, 1989 によりこう呼ばれた）「属性付与問題」が次のように答えられるということである。つまりある死はある人間によって苦しまれるのであって、身体ないし有機体のみによってではなく、心ないし精神のみによってでもない。死と生は、一つの人間の身体や一つの人間の心の属性ではなく、一つの個体としての人間の属性である。身体的あるいは心的側面だけを切り取ったのではなく、全体としての人間が、生き、成長してゆき、年齢を重ね、そして死んでゆく。人間にとっての死の定義において問題となる死の概念とは、人間学的な概念であり、けっして生物学的あるいは単に精神的な概念なのではない。

それゆえ、この概念からは、意識なき生物あるいは（何らかの仕方で可能な場合は）純粋な精神的存在へと死の概念が円滑に転移されるということを、期待できない。より低次の生物の死（アメーバのような）あるいはある器官の「死」は人間の死とは別の仕方で定義されるべきである。人間の場合、死の概念は決して純粋に生物学的な概念ではない（Spittler 2003, S. 91）。同様に、人間の死は、心あるいは心の能力の「死」とは別のものである。

「属性付与問題」への回答として、人間的個体という概念の主要な競争相手、つまり人格（*Person*）という概念についてここで、一つ注釈をつけておきたい。この概念を使用する際にもまた、私の判断では、死の定義問題との関連で最大限用心しなければならない。というのも、人格概念には、他の概念にはない、一連の理論的な不十分さがあるからだ。この概念は例外的に多義的であり、例外的に多機能的であり、事実問題と価値問題を混同する傾向を促進してしまうのである。

人格概念はほとんど限界がないくらい幅広い意味で用いられる。その意味の幅の両端のうち一つには、ロックによる法哲学的人格概念がある。それは、人間は生きているあいだ、お互いにさまざまな――そのつどさまざまな行為に対して責任をもつ――人格を体現することができる、というものだ（Locke 1976; Buch 2, Kap. 27）。加えて、この概念によれば、その実存の特定の段階においてのみ人間は人格として存在している。そうすると、新生児も痴呆が進行した老人も人格ではない。両端のうちもう一つには、カトリック的道徳神学によるいくつかの人格概念がある。それによれば、受精卵はすでに一個の人格である。人格であるためには、人間に特徴的な遺伝子を所有するだけでよい。

加えて人格概念は、意味の混乱を招きかねない仕方で多機能的である。同定機能（身分（*Person*）証明書あるいは個人（*Person*）登記簿）のほかに、人格概念は分類機能（だれが人格か）、形而上学的機能（カントにおいて、人格が経験を超えた特性の担い手として把握されるように）、そして規範的機能（人格が道徳的ないし法律的権利ないし基本権の担い手として規定されるとき）を担っている。

最後の機能はなかでもあまりに支配的であるので、他の機能と切り離すのには苦労する。それゆえ普通に考えれば、人格ステータスがもつ記述的側面と規範的側面を一貫して区別することはできない。人格ステータスは、一方の側面が他方によって先取りされており、基礎づけの義務はないがしろにされる。ヒト胚に人格ステータスをすでに認めている人にとっては、そのことによってなぜ人格として特徴づけられる存在者に生きる権利がはじめから帰属するのかということを、わざわざ基礎づける必要性などそもそもないのだ。

第二要件。人間にとっては、死の概念は一つだけあればよい。第二要件が言わんとするのは、心身の統一体としての人間にとっては、一つの死だけがあるべきなのだ、ということだ。死の概念は、「この人は死んでいる」という言明が一義的であるように、したがってある人が死んでいるとされる観点に従って差異化される必要がないように規定されるべきである。われわれが人にさまざまな種類の死を帰することができるような状況は、条件を満たさず、混乱を引き起こす――たとえば、逆説的にも死後なお生き延びることになってしまう「臨床上の死」について語るときがそうである。さらに、こうした状況で倫理的ないし法学的な人間の死の規範化が問題となるとき、いったいどのような死がそこで念頭におかれているのかが、ほとんど不可避的に不確実かつ不安定になってしまう。そういうわけで、だれが死んでいて、だれが死んでいないかは、個人的あるいは地域的に偏った好みに委ねられたままではいけないのである（Shewmon 2003, S. 316 参照）。

第三の要件は、こうした熟慮に緊密に連結している。

第三要件。人間の死は〈記述的に〉定義されなければならない。

人間が死んでいるという言明は、それ以外のいかなる追加の前提もなしに、死んでいる人でもって（ないし生きている人でもって）為すべきこと、あるいは為してもよいこと、ならびに為してはならないことが導き出せるような仕方で理解されてはならない。死の概念はそれ自体ではいかなる義務ないし許可の要素も含んではいない。死者から移植可能な臓器を摘出したり、あるいは死者を用いて、ないし死者に関して科学的な実験を行ってもよいとする許可が、死の概念それ自体にすでに含まれるような意味で、死の概念を理解してはとりわけならない。

死の概念が価値づけから独立しているということは、とりわけ人間の死体との関わり方の規範が文化によって非常に異なることを考慮すれば、必然的であるように私には思われる。死の概念を純粋に記述するという要求は、生の概念を純粋に記述することに比べると、満たすのが容易であるように思われる。実際、たとえば生の始まりについての問いをめぐる多くの議論において、生はそれ自体として保護する価値あるものであるということが前提となっている。さもないと出生前の生命発達のどの時点で生命の保護が始まるべきかという問いに対して、多くの人がよりによって科学から一つの答えを期待しているという意外な事態を説明することができない。しかし、もちろん、生命概念の、したがってまた生命の始まりの意味論上の確定はそれ自体としては道徳的に中立である。たとえばハンス゠マーティン・ザースとともに、生命の始まりを脳死判定基準との類比によって胚段階の脳機能の形成の始まりに認めるとしても、だからといって胚が保護に値することに関しては、何か言ったことにはならない。生命の始まりのこのような確定は容認できるが、それでもしかし、〔脳機能がまだ形成されていない〕初期段階の胚もまた保護に値するということを、潜在性を持ち出すことによって要求することもできる。結局われわれは、脳死患者についてもこれをまったく保護されない存在とは捉えていない。脳死患者は、死体としてもまた、崇敬の念を払う義務および死後も残る人格としての権利に由来する義務の対象でありつづける。別の観点からは――私の見解では、これが最良のオプションなのだが――人間の生命の始まりを精子と卵細胞の融合の時点に置きつつも、すでに生まれた人間〔としての〕の保護価値を初期状態の胚に認めないこともできる。その他の点では、現行の法もまた同じ態度をとっている。なぜなら、正常に発達している胚は、十四日目までは〔刑法〕第二一八条の中絶の禁止の例外となっているからだ。

第四要件。人間の死は可能なかぎり客観的に（間主観的という意味で）定義されるべきである。

人間が死んでいるかどうかの判断は、個人的な解釈からは独立して確定しなければならない。死んでいるかどうかの確定的な判断は、個人の解釈によって不確かなものになるので、それをプラグマティックにどう考慮するかは別の問題として、実存的にこれほど重要な概念にとっては、客観的な基礎づけというものが事柄の上からも適切であるように私には思われる。生と死は、一価的で非関係的概念である。だれかが死んでいるかどうかは、その人がある人には死んでいるものとして見えたり、ある人には死んでいるものとして説明されたりすることによって決まるのではない。

第五要件。死の定義は最大限可能なかぎり、伝承と文化によって影響を受けた死の概念に合致しなければならない。

受け継がれた概念を不必要に修正したりしないのであれば、死の定義は保守的であることになるだろう。死の概念のように、文化的にあまりに重要であり、実存的に根本的である概念においては、概念的なイノベーションが一般的に受け入れられることは、ほとんど期待できない。

第六要件。死の条件は、プラグマティックな事情の斟酌からは独立に、つまり、事柄の観点のみにもとづいて受け入れられなければならない。

第六要件は、プラグマティックな観点から好都合な死の概念ではなく、事柄に即して適切な死の概念が重要であるという課題設定を繰り返している。この二つの問いを厳密に区別しておかなければならない。特定の条件下では好都合さについての省察が事柄の問題を決めるべきだとする、いわゆるプラグマティックな真理論は、すでにその端緒からして問題を孕んでいる。二つの理論的な仮説が「同様の仕方でわれわれが知っているあらゆる真理と両立可能」(James 1977, S. 46) であるケースのためにウィリアム・ジェイムズが主張したような、プラグマティックな省察のキャスティング・ボート機能もまた、私には受け入れられるとはほとんど思えない。ある仮説が信頼できるかどうかは、その仮説を想定することによる利益には依存しえないのである。それとは反対に、二つの同様に十分立証された仮説AとBのうちどちらが将来の研究の基礎となるべきなのかというプラグマティックな問いにとっては、利益の考慮はたしかにある役割を果たす。この場合、最も良く立証された仮説に基づいて選択が初めから確定されているわけではない。研究の戦略的観点からいえば、場合によってはAでもBでもなく、〔AとBに比べて〕よりよく立証されてはいないものの、他の観点からは興味深い仮説Cから出発することが推奨されることもありうる。

もちろん、第六要件が満たされるのは、従来の死の指標の〔うちどれが最も有力なのかについて意見が〕

「分裂」〔している〕にも関わらず、死の概念の中核的な内容のような何かがまだ存在している場合にかぎられる。もしそうでなければ、事柄に即すという要求はむなしいものになろう。以下の省察は、そのような事柄に関わる核心部分を実際に示しうることを前提にしている。

5　死の定義のうちどれが五つの要件にもっとも適しているか

三つの死の定義を、右に提示された要件とつき合わせてみると、死を意識機能の不可逆的な停止と結び付けるいわゆる死の「存在論的」定義が、明らかに最も不適切であることを認めざるをえない。この定義は死の概念の保守性の要件（第五要件）とはまったく両立可能ではなく、死の概念の統一性の要件と（第二要件）とはなかなか両立し難い。

意識機能が不可逆的に停止することによって誰もがすでに死んでいるのだとすることは、伝承され影響力をもった死の概念とは両立しない。さらに、ごく最近の週刊新聞のアンケートでは特筆すべき高い割合の人々が、死と昏睡を次のように理解している。すなわち、もし仮に意識経験の能力や意志による行為の制御を回復不可能なまでに失っていたとしても、不可逆的昏睡にある人は死んではいない、というのである。死の伝統的な概念は心理的な要素とならんで身体的な要素も含んでいる。両方の要素が満たされて初めて人間は死ぬ。身体的要素それ自体のみでは〔死の概念としては〕十分ではない。身体機能が不可逆的に停止しているにもかかわらず奇跡的に（*ex impossibile*）意識能力を保っている人間は、死んでいることにはならない。心理的要素もまたそれ自体では〔死の概念としては〕十分ではない。不可逆的な仕方で意識を失っているが自立的に呼吸できる人間は死んではいない（この人にどんなことがあっても更なる治療を施すべきかどうかはまた別の問題である)。

大脳はないものの、脳幹の残りの部分は備えている無頭症の新生児もまた、従来の死の定義では死んでいるとはいえない。この新生児は、人間に(すなわち脊椎動物全体に)特徴的な、意識のある生を展開する能力を欠いているとはいえ、生きている人間なのである。しかし、死を不可逆的な意識の喪失と定義し、大脳死の判定基準を基礎づけるとなると、その結果として無頭症の人間もまた死んでいると言わざるをえなくなる。

第一の死の定義は統一性の要件にもほとんど適合しない。この定義は——明示的にせよ非明示的にせよ——意識能力の不可逆的な喪失によって生じる「人格上の死」と「生体の死」とを区別することによって、死の概念の統一性を疑問に付し、人間の個人という概念をともに構成している〔二つの〕ものを引き裂いてしまうからだ。人間の死の代わりに、この定義はたえず、一方では人格の死についてしか、他方でその生体の死についてしか語ることができないのである。これら〔二つ〕の死はしかし——有名な〔カレン・〕アン・クインランの事例[*1]のように——場合によっては、時間的により多くの年月のあいだ、分離したままに留まることもある。(身体と魂のスピリチュアルな分割に対して同じようなことが言えるだろう、すなわち魂は身体の死を生き延び、身体から端的に「分離」する、というものである〔たとえば Seifert1990 を参照〕。)

死は概念的には統一体としての身体機能の統合の不可逆的な停止に結び付いているとする、第二の死の定義はどうだろうか。

この定義およびこれに属する脳死判定基準に対する異論として、ハンス・ヨナスらによって持ち出された議論によれば、これは従来の死の定義を単にプラグマティックに転倒したものであり、ごまかしの要素を含んでおりそのかぎりで信頼するに足らない。こうした非難には、二つの憶測が潜んでいる。一つは、脳死判定基準は単にプラグマティックでありとりわけ移植可能な臓器の摘出や治療中断の正当化への関心にもとづいている、というものだ。二つめの憶測は、それが、死の伝統的概念を骨抜きにするような仕方で改変する概念的な革新を含んでいる、というものだ。こうした非難が正しいとすると、第五要件が損なわれることになろう。

一九六八年に脳死判定基準を明確に定めたボストナー委員会が、これを定める際に、特に、脳死患者からの臓器摘出も、脳死になった後の治療の中断もできるようにしたいという動機に導かれていたことは議論の余地がない。しかし、これは何を意味しているのだろうか。それは、この判定基準がプラグマティックに動機づけられていたということにすぎない。それは、この判定基準がプラグマティックに——あるいはもっぱらプラグマティックにのみ——基礎づけられていたということではない。科学においてもまた発見連関と説明連関を区別しなければならないというのと同じである。ある言明が適切に表現される際のその動機は、この言明が真理として何を含有しているのかについては、なに一つ語らない。数多くの科学的理論が(古代エジプト人における幾何学も含めて)根源的にはプラグマティックかつ技術的に動機づけられていたという事実も、これら理論がいったん打ち立てられ検証された後には特定の技術的ないし医学的機能を請け負っているという事実もまた、これら理論の正しさを減ずることはない。脳死判定基準が、移植という目的に妥協しており、また多くの医師や医療倫理学者によってまずは移植との関連において議論の主題とされているという事実は、脳死判定基準が実践的な目的や関心からはなるほど独立してもいないのだ、ということを示すわけではない。最初に見た批難はそれゆえ、虚心坦懐に見れば保持できない。

因みに、もしも事情が変わって、脳死判定基準がもっぱらプラグマティックに基礎づけられるとしたならば、なぜこうした状況がはじめから脳死判定基準に反することになるのか、という問いが生じる。

第二の死の定義は――死の定義に関するハンス・ヨナスの有名な論文の副題が主張するように――死をプラグマティックに定義し直したものである、という第二の非難についてはどうだろうか。

伝統的には、呼吸と心臓循環活動の停止が確実な死の徴候として通用していた。しかしこれら徴候が、死の定義のための指標として理解されていたのか、あるいはほどなく死に至る大脳の機能停止を告げる、死の判定基準として理解されていたのかは、はっきりしていない。心臓循環〔停止〕の死と脳死とを人為的な介入によってまだ切り離すことができなかったときには、定義と判定基準を正確に区別する必要はなかった。したがって、従来の死の徴候は、脳死の判定基準という意味でも、心臓循環の判定基準という意味でも解釈できる。両方の解釈が同程度に可能であるように思われる。それだけに、どちらの判定基準が従来の死の概念により良く一致するのかを言うことは、難しいということになる。脳死判定基準の支持者は、集中治療室以外のあらゆる条件下で身体機能の統合の喪失を信頼に足るものとして示す判定基準として、心臓循環の死を解釈しようとするが、他方で心臓循環を判定基準とする支持者にとっては、呼吸および血液循環機能の不可逆的停止は死と同じことである。

第二の定義およびそれに属する脳死判定基準もまた残りの要件を満たすのだから、それは、事柄に即した観点からすると第一の定義よりも優先されるべきである。

脳死判定基準に対するもっとも烈しい反対意見は、第三の死の定義の支持者と、その定義に属する死の判定基準、すなわち、呼吸や血液循環といったあらゆる――ないし少なくとも中心的な――身体的機能の完全かつ不可逆的な停止という判定基準から発している。この立場もまた要請される要件の全体と両立可能であり、それゆえそこからは二つの定義アプローチのうちどちらか一方が優先されることはない。

反対に、心臓血液循環判定基準の支持者によって与えられた基礎づけのうちの一つは、すでに挙げた要件と両立可能ではないように私には思われる。つまり、血液循環が機械的に維持されている脳死患者が外的には本質的に、生きている重篤の患者と区別がつかないこと、そして予断を持たない観察者には脳死患者が実際に死んでいるとはほとんど信じがたいことである。息のある脳死患者は死んでいるという「印象を与え」ず、むしろ生きている人間と似たような仕方で接触や損傷に対して反応する。（移植する臓器を摘出する前に脳死患者にわざわざ鎮痛剤まで処方するのは、もちろん痛みの予防や緩和のためではなく、場合によっては脊髄においてスイッチが入ってしまい邪魔になる反射作用を排除するためである。）目に見えることを通じて論じられる基礎づけは、あまりに主観主義的で、第四要件を満たすことはできないように私には思われる。印象と自発的な反応は、人が死んでいるか生きているかを判断するのに適した根拠ではない。純粋に現象的な判断基準は、生死の判断基準としてはあまりに相対的であり、そしてそのせいで潜在的には利害関心に依存することになる。ある人が生きているか死んでいるかは、他者がその人を死んでいると知覚するか生きていると知覚するかまたはそうした印象をもつかどうかということには依存しえない。

こうした留保は——すでに言われたように——もっぱら、心臓循環判定基準のための諸々の基礎づけのうちの一つに反するにすぎず、この判定基準そのものあるいは第三の定義そのものに反するわけではない。心臓循環判定基準が事柄に即して不適切であるように私に思える理由は、これとは別である。つまりその停止がこの判定基準によれば死を意味する身体機能が、自発的に（死につつある人自身の生体機能によって）あるいは人工的に維持されるかどうかを、この基準が見逃しているという事実である。身体機能の人為的な維持が、第五要件の意味で生死の従来の概念と両立しないとは、ここでもまた言えない。人工呼吸は伝統的な概念では単にまだ考慮に入れられていなかった。それでもなお、身体機能の統御がそのつど生体機能そのものによってなされているのか、それとも生体機能とは別のなにかによってなされているのかという問いには無関心であるという点において、心臓循環判定基準の根幹には納得するに足らない点が存在しているように私には思われる。ある人が生きていると言えるかどうかは、意識能力の停止の後にさらに存続する身体機能がもっぱら、そして自己自身による制御が再開するチャンスなしに機械あるいは生体機能以外の他の作用因によって統御されているかどうかに、決定的にかかっているように私には思われる。

注意しておきたいのは、この条件が当てはまるのは、意識能力と同様、脳幹の統合機能もまた不可逆的に停止した場合のみであるということだ。意識能力があるかぎり、ある人は生きているのであり、それは人工の「脳幹補装具」を使っていてもそうなのである。機能しうる脳幹を持っているかぎり、人は生きているのであり、それはさしあたりこの機能が機械によって引き受けられているとしてもそうなのである。そのかぎりで、ホフによって、そしてシュミッテン（Semitten 1994, S. 194）においておそらく〔上記議論に対する〕反証として引用された透析患者ないし糖尿病患者の事例は、当てはまらない。たしかに二つのケースはその生命維持を外部の補助装置に依存してはいる。しかし外部の補助装置は、生命維持のためのある特定の停止した前提条件だけの代わりになっているのであり、生命維持の根本的な条件になっているわけではない。

自己制御と他者による制御のあいだの対照性をいっそうはっきりと際立たせるために、次のような想像をしてみよう。大脳全体の不可逆的な機能停止後に脳幹の統御機能に成り代わり、まるで生きている人間のように身体を動かすことのできるコンピューターが——不気味な予測だが——いつか完成するとしよう。このような人間について、生きていると言えるだろうか。私は「否」と言いたい。もちろんこのようなケースでは、脳死概念にとって中心的な条件である身体機能の統一的統合が満たされてはいよう。しかし、このケースではこの統合するというはたらきはもはや人間あるいはその生体機能そのものによっては果たされていない。それゆえに、脳機能全体の停止ののちに、その生体機能の部分的機能だけが人工的に維持されている人間については、なおいっそう、生きている、とは言えない。部分的機能が自分とは別の作用因に依存しているかぎり、この人間は死んでいる。

ここで当然つぎのように問うこともできるだろう。すなわち、自己統御と他者による統御の区別が、大脳が関与しているかいないかの区別と一致するということを端的に前提としていることによって、この議論は論点先取の誤謬（*petitio principii*）を犯してはいないだろうか。明らかにこうした見方に従えば、他の作用因が脳を経由して身体機能を統御するのであれば、いかなることがあっても他者による完全な統御は決して存在しない。たとえば、さきほど空想したコンピューターが脳幹のスイッチを入れることによって、脳幹の機能を代替するのではなく、むしろ完全に決定している場合である。ある人が生きているのか、あるいは他なる作用因の手に委ねられた単なるマリオネットであるのかは、この解釈に従えば、身体機能の保持が人工的であるかどうかではなく、人工的な統御が脳を迂回するかどうかにかかっている。そうするとさらに前提となっているのは、脳がそれだけでも、もっともシステム的性格をもつ身体機能（血液循環呼吸システムのような）として、ある特定の仕方で人間の生にとって決定的あるいは決定打となるものであることだ。

つまり、実際のところ、外的なプログラミングが脳に対するものなのか、あるいは脳を迂回するものなのかどうかという問いが、決定打となる。統御器官それ自体が統御されているからといって、その統御機能が損傷されているということにはすこしもならない。統御器官がそれでも機能を発揮するようになったがしかしそれは機械によって代理されているとすれば、それは、ある人間個人がさらに生き延びるということにはなりえない。脳が中心的である、なぜか。

中心的な統御器官——脳——に人間の生死にとってこれほどまでに本質的な役割が帰されていることのより深い理由は、私見によれば、人間の個人的同一性がその脳の同一性に結び付いているからだ。ある人の脳を他の人に移植することはできない、ひょっとしたらこの人に新しい身体を入手させることはできるかもしれない〔としても〕。脳を移植することはかならず人間の同一性を移植することになる。

脳が関与することなくもっぱら機械によって統御されている人間の身体は、そのかぎりでは、かつての人間に対していかなる同一性の関係ももたないことになる。ある匿名の身体が引き受けるのは——機械である、しかもそれは機械の機能が脳幹の機能と区別できないようなときにもそうなのである。

そこから得られる帰結は、人間が自分の心臓の「死」（機能能力という意味での）を生き延びることはできるが自分の脳の「死」を生き延びることはできない、ということだ。ある人は他者の心臓によって生き続けることができるが、他者の脳によって生き続けることはできない。ある人の脳が少なくとも部分的に機能し続けられるかぎり、その人は個人であり続ける、たとえ外的な四肢を失ったり、あるいは——四肢麻痺によって——自分の意志で統御する可能性を損失したとしてしても、そのことに変わりはない。

脳以外の身体全体の交換は、同一性の喪失なしに考えることができる。しかし、Aの脳がBの身体に移植されるならば、AはBの身体において生き延びるのである。脳の全体が移植されるということは人格の同一性も持ち込まれることだと言えよう。そうであるかぎり、臓器移植とのアナロジーによる「脳移植」というものが厳密な意味では存在せず、存在するのはむしろ脳以外の身体全体の「移植」であり、身体交換なのである。

それでもここで、人間の本質はその脳に尽きるものではなく、その身体的存在の全体を包括するのだ、と異論を唱えることもできよう。しかし、このことは脳死の定義によっても否認されない。同一性による判定基準がそもそも適切な本質規定であるわけでは必ずしもない。ある事柄にとって何が本質的なのかということと、その〔事柄の〕時間的な同一性がいったいどのような指標に依存するのかということは、二つの異なった事柄である。だから、たとえば空間・時間上の連続性もまた、日常的な物体的対象の時間的同一性がそれに依存しているとしても、決して物体的対象の「本質」の適切な定義ではないのである。

6 プラグマティックな観点からどの死の判定基準が優先に値するか

すでに示されたように、真理と有用性のあいだにはいかなる予定調和も存在しない。ある複雑な問題を事柄に即して適切に解決することは、いかなる場合においても実践的に正しい解決であるとはかぎらない、逆もまたしかりである。しかし、死の判定基準の問いにおいては正反対のことが生じる。脳死判定基準は、理論的な観点からのみでなく実践的な観点からも、全体としてもっとも容認可能なものであるべきだと私には思われる。

ある定義あるいは判定基準の事柄上の適切さではなく、そうした定義や基準を貫徹することの実践的な適切さが問題である場合には、純粋に理論的な問題設定では考慮されないかもしれないことが熟慮される。つまり、

――判定基準の妥当性はどのように実践に影響するのか。
――どれほどの信頼度によって判定基準は応用可能になるのか。
――判定基準が誤解ないし誤用されるリスクの高さはどれくらいか。
――望まない展開に通ずる「堤防の決壊」の危険はあるか。
――判定基準を貫徹することはできるか。

こうした判定基準に従っても、大脳死判定基準の成果は比較的好ましくない。この判定基準が直感に反するためにほとんど一貫して用いることができないということは度外視しても、大脳死判定基準は他の実践的観点からも憂慮すべきであるように思われる。すなわち、大脳死判定基準は、脳死判定基準よりも深刻な不確実性を抱えている。無頭症の新生児の臓器提供の自由化は、臓器移植の現実を促進するどころか、これに対する不信感をさらに強化するだろう。そして大脳死判定基準は、最重度障害者の道具化への危険な滑り坂（*slippery slope*）の始まりとなるだろう。大脳死判定基準が理論的には優遇に価するものであるという反事実的条件を仮定してさえも、この基準は実践にはほとんど適さないだろう。

しかし、似たようなことが心臓循環判定基準にも当てはまるように思われる。この判定基準が支配的な法となるならば、「死者からの」（その場合もはやこのようには呼びえないのだが）臓器移植は著しく困難になるだろう。腎臓のように対になっている臓器の移植の負担は、ほとんど完全に生体提供によって（生体からの臓器提供は独自の倫理的問題を投げかけている）、もしくは、心臓循環死の開始後に初

めて取りかかることが可能な体外培養によって担われなくてはならなくなるだろう。この判定基準にしたがえば、「生きているように新鮮な」移植体からの摘出は、これは今日死者からの摘出と見なされているが、生きている人からの摘出と見なさなければならなくなるのだから、摘出の正当化はもっぱら、問題となっている亡くなった人（あるいは亡くなりつつある人）の明示的な同意によってのみ、納得ゆく仕方でなされることになるだろう。臓器摘出（少なくとも対になっていない臓器について）は、承諾の上での致死であることになり、承諾なき殺害としてではなくもっぱらそのようなものとしてのみ倫理的に容認可能である。

このことが意味すると思われるのはしかし、さしあたり——心臓循環死が始まった後に臓器を体外培養するというやり方がありうべき仕方で発展するまでは——現在の状況下で摘出された移植体のうち一部分だけしか利用できないということである。臓器提供者として考慮される人々の中で臓器提供証明書の保持者の割合は、あらゆる情報提供活動や広告活動にもかかわらず、臓器提供に関するアンケートのなかで意志表示をしている人の人数を大きく下回る少なさである（Schöne-Seifert 1995を参照）。事実としては、臓器摘出の承諾は実際のところもっぱら家族によってなされている。家族による同意は、生きている人からの臓器摘出の場合はしかし十分であるとはほとんど言えない。

もちろん、プラグマティックな観点では、脳死の定義そのものに伴う、しかしなによりもこの定義によって支えられた移植の実践に必然的に伴う、幾重にも重なる負荷が考慮されないわけではない。もっとも重要であるのは、脳死判定基準の法律上の確定的記述が経験上はぬぐい去ってくれる不安、とりわけ、すでに脳死が始まった後もまだ「完全には死んで」いないのではないかという不安——似たような不安は誤解を招き易い言い方で「臨床上の死」と言われているものにもある——、さらには特定の内的な体験をまだ持っているのではないかという不安である。感覚や感情といった意識の機能は脳全体の死が始まった後は不可能であるということについては科学的なコンセンサスが存在しているにもかかわらず、それでも臓器の外的培養のための介入が何らかの仕方で主観的に意識機能に降り掛かるのではないかという懸念を抱く人もいる。

まさに脳死定義がこの種の懸念が生じるきっかけを与えてしまうのに対して、たとえば心臓循環定義の場合そうではないのはなぜなのかを理解するのは難しい。意識が不可逆的に停止したということの一つの証拠を、考えうるかぎりでのいかなる死の判定基準も提供することはできない。というのは、いずれの判定基準も必然的にもっぱら意識の外的な表出を手懸かりにしているからだ（それゆえに、たとえば脳死診断に際しては、患者が、通常生きている人間にとっては激しい痛みと感じる刺戟に対して反応するかどうかが検証されるのである）。今後実現が見込まれる臓器の体外摘出にまたなんらかの仕方で「巻き込まれる」リスクはしかし、まさに脳死定義ではなく、心臓循環定義にもとづく方式において最大となる。というのも、たとえばいわゆる「心臓の鼓動なきドナー」から臓器を摘出するというやり方においては、脳死診断の結果が出るのを待つ代わりに、（これは少なくとも十二時間かかるのだが）血液循環の停止状態（Kreislaufstillstand）の後ただちに体外摘出が実施されるからである（Younger/Arnold 1993を参照）。

こうした懸念に配慮する適切な方法は、私見ではしかしながら脳死判定基準から離れることの中にはなく、むしろ、たとえば、臓器提供の意志の有無について、否定的に答えるドナーカードや意志の有無に関する定型の質問といったかたちで、死後の臓器摘出に対して異議申し立てを行う十分な機会を提供することの中にある。

また別の実践的問題は、死の定義が直感的に理解できないことに起因する――たとえば息をしている脳死患者は死んでおらず、生きているような「印象を与える」という事実に起因する。生と死というあまりに重大な問いに際して、見えるものではなく、知っていることを頼りにしなければならないとしても、とりわけ脳死患者（死んでいると同時に否定しえない生の徴候を示している）と交流する介護者が背負う感情的な逆説をそれでも過小評価してはならない。この感情的逆説が無理に要求することを除去してくれるものは、さしあたり見当たらない。これが、全体として明らかに多くの人々の利益となる移植の実践のために払われなければならない代償なのである。

引用参考文献

Birnbacher, Dieter u. a. »Der vollständige und endgültige Ausfall der Hirntätigkeit als Todeszeichen des Menschen – Anthropologischer Hintergrund«, in: *Deutsches Ärzteblatt 90* (1993), S. 2926-2929.

Flor, Hans, »Die physiologischen Bedingungen des phänomenalen Bewusstseins«, in: *Forum für interdisziplinäre Forschung 1* (1992), S. 49-55.

Green, Michael B./Wikler, Daniel, »Brain death and personal identity«, in: *Philosophy and Public Affaires 9* (1979), S. 105-133.

Hoff, Johannes/in der Schmitten, Jürgen, »Kritik der ›Hirntod‹-Konception «, in :Dies., (Hg.), Wann ist der Mensche tot? *Organverpflanzung und »Hirntod«-Kriterium*, Reinbek 1994, S. 153-252.

James, William, »Der Wahrheitsbegriff des Pragmatismus«, in: Skirbekk, Gunnar (Hg.), *Wahrheitstheorien*, Frankfurt am Main 1977, S. 35-58.

Jonas, Hans, »Gehirntod und menschliche Organbank. Zur pragmatischen Umdefinierung des Todes«, in :Ders., *Technik, Medizin und Ethik. Zur Praxis des Prinzips Verantwortung*, Frankfurt am Main 1985, S. 219-241.

Kurthen, Martin/Linke, Detlef Bernhard/Moskopp, Dag, »Großhirntod und Ethik«, in: *Ethik in der Medizin 1* (1989), S. 134-142.

Locke, John, *An essay concerning human understanding* (1690), Oxford 1975.〔『人間知性論』大槻春彦訳、岩波文庫、一九七二年〕

Schöne-Seifert, Bettina, »Ethische Probleme der Transplantationsmedizin«, in : Kahlke, Winfried/Reiter-Theil, Stella (Hg.), *Ethik in der Medizin – Lehren und Lernen*, Stuttgart 1995, S. 97-110.

Seifert, Josef, »Ist ›Hirntod‹ wirklich der Tod? Diskussionsforum Medizinische Ethik«, in: *Wiener Medizinische Wochenschrift 4* (1990), D2.

Shewmon, Alan, » ›Hirnstammtod‹, ›Hirntod‹ und Tod. Eine kritische Re-Evaluierung behaupteter Äquivalenz«, in :Schweidler, Walter/Neumann, Herbert A./Brysch, Eugen (Hg.), *Menschenleben – Menschenwürde. Interdisziplinäres Symposium zur Bioethik*, Münster 2003, S. 293-316.

Spittler, Johann Friedrich, *Gehirn Tod und Menschenbild. Neuropsychiatrie, Neurophilosophie, Ethik und Metaphysik*, Stuttgart 2003.

Veatch, Robert M., »Whole-brain: neocortical, and higher brain related concepts«, in :*Zaner* 1988, S. 171-186.

Youngner, Stuart J./Arnold, Robert M., »Ethical, psychosocial, and public policy implications of procuring organs from non-heart-beating cadaver donors«, in: *Journal of the American Medical Association 269* (1993), S. 2769-2774.

Zaner, Richard M. (Hg.), *Death, beyond whole-brain criteria*, Dordrecht 1988.

訳注

＊1　脳に損傷を受け呼吸不全になったカレン・アン・クインランは、両親によって人工呼吸器を外された後、自力で呼吸しながらも意識がもどらないまま九年間生きながらえた。

第Ⅳ部　医療倫理学論争

第11章　脳組織移植とニューロバイオニクス手術——人間学的および倫理的問題

1　序論

急成長中の補綴(ほてつ)医療において特に議論を呼び起こしている新分野が二つあるが、それは、胎児の脳組織を末期パーキンソン病患者へ移植する方法と、喪失機能の代用や不全機能の制御のために工学装置（「チップ」）を脳やその他の神経系の部位に（たとえば横断麻痺の治療のために脊髄に）埋め込むニューロバイオニクス手術とである。これらの技術によって投げかけられた倫理的・人間学的問題の多くは、もちろん固有の仕方ではないにしても、他の医療技術の利用方法との関わりにおいてすでに十分議論されてきた。その例としては、脳組織移植のような現在まだ臨床試験段階にある治療方法を、重度アルツハイマー型認知症を患っていて当該治療への有効な同意がもはやできないような患者に対しても行ってよいのかどうか、といった問題などがある。たとえば臨床試験的な治療に欠かせないインフォームド・コンセント（*informed consent*）は、あらかじめ、つまり同意能力を失う前にできはしないだろうか。こうした問題は詳細に論じるに値するが、しかしそれは言うまでもなくこの治療に固有のことではなく、他のタイプの認知症の臨床試験治療の場合でも同じである。また、パーキンソン病に対して脳組織を移植したり重度難聴に対して聴神経をニューロバイオニクス技術で代行させたりするとき、他の治療方法と比較してチャンスとリスクを評価するわけであるが、この評価に伴う不確実性をどう扱うか、という問題についても類似したことが当てはまる。

目下の関心は、人間の脳に脳組織移植とニューロバイオニクス手術を行うときの固有の倫理的および人間学的問題にある。その理由は特に、この問題が他の医用工学手術から生じる問題と比べて特殊な広がりと深さを持っているからでもある。このことは、脳が諸器官のうちの一つにすぎないのではなく、むしろすべての器官の上位にある器官だということ、つまり、生体と諸器官全体に制御指令の大部分を与えているコントロールセンターであることに関係している。そしてまた、脳が個人の意識やパーソナリティや同一性に密接に結び付いた器官であることにもよる。

脳への移植や工学手術によって生じる問題のうち、最も目を惹くものに、「同一性障害」と一括される問題がある。それは、脳組織を移植した患者や、脳に神経チップや人工的な「神経プロテーゼ」をインプラントした患者に生じる、実際のリスクや推定上のリスクのことであり、つまりは、患者の同一性に支障が生じたり、極端な場合だと、術後の患者がもはや術前と同じでなくなったりするリスクのことである。このリスクをめぐる議論に重要な刺激を与えたのは、ボンの神経外科医のデトレフ・リンケであった。リンケは『脳移植』という本の著者であるが、この本は通俗科学書であるものの、哲学的には緻密に論じられており、「現世初の不死」という、俗受けしそうなサブタイトルが付されている（Linke 1993）。哲学的な観点から特に注目を惹くのは、この本が現在の技術水準にとどまることなく、空想をたくましくし、人間の脳への移植や「新奇な」代用部品の埋め込みをさらに段階的にエスカレートさせ、いずれわれわれが直面しそうな問題を論じていることである。

2　二種類の同一性障害

リンケがサイエンス・フィクションの筋書きで扱っている「同一性障害」は、全体で二つの異なるタイプに分類できる。一人の人の数的同一性の崩壊という意味での同一性障害と、心理的同一性の障害や崩壊という意味での同一性障害とである。どちらの場合も手術を受ける人の同一性が危機にさらされているのだが、「同一性」の意味は事態として異なっており、倫理的に別の意味を持っている。脳組織移植やニューロバイオニクス手術が患者の数的同一性を変化させるリスクとは、手術後の患者が手術前の人格（Person）とは文字通り別人になってしまうほど、手術が患者を根底から「すっかり変えさせ」たり、それ以上のことが起こることである。手術は、一人の人を死なせ、それに代わって別の人――後に続く人――を誕生させるようなものである。

脳組織移植やニューロバイオニクス手術が患者の心理的同一性を変化させるリスク、つまり、患者のパーソナリティ（*Persönlichkeit*）を変化させるリスクは、これに比べるとさほど劇的なものではない。この場合にも患者が術後にもはや「同一」ではないと言いたくなるかもしれないが、しかしそれはもっと弱い意味においてであって、われわれが、洗脳された人や長期の懲役刑を受けた人や、心身の重い疾病を患った人についてもときどき語る意味においてである。この場合、その人のその人らしさという意味での同一性は質的に変化したであろうが、しかし数的にはその人はもとの人格のままと言える。

それゆえ、一九九五年二月にミュンヘンで開かれた「マインド革命――脳とコンピューターの接点」という学術会議では、「大脳のどの部位が人間の同一性に本質的と考えられるか」（Maar/Pöppel/Christaller 1996, S. 380）という問いが立てられたが、このときの問いはまったく一義的ではなかったのであり、少なくとも二つの意味で理解すべきものであった。すなわち、一人の人の数的同一性に関する神経生理学的基礎に向けられた問いとして、そしてまた、その人の心理的同一性に関する神経生理学的基礎に向けられた問いとしてである。こうした「同一性」の二つの意味が、どれほど根本的に異なるものであるかは、言葉の基本的な使われ方を見ても明らかである。ある人のパーソナリティの変化は、段階づけができる。心理的同一性の変化、つまりある人のパーソナリティについては、大部分であるか一部分であるかはともかく、時間が経過しても全体として同一のままだと言うことができるのであり、このことは、ある対象の色がさまざまな光の当て方によって確かに変化しうるとしても、全体として同一のままと言えるのと同じことである。この場合、色調は変化したが、色が変化したわけではない、と言われる。これに対して、ある人が過去または未来の人格と数的に同一かという問いには、つねにイエスかノーの答えしかありえない。現在のAは過去のBと同一であるか否か、どちらかである。問われているのは一人についてなのか、二人についてなのか、そのどちらかである(数的同一性は、該当者の人数に関するものである)。パーソナリティの同一性には程度の多少があるが、人格の同一性の場合は、あるかないかのどちらかだけである。

言い換えれば、パーソナリティの同一性に障害がある場合は、人格同一性の障害においては当てはまりえないような、ただの変化の場合と転換の場合とを区別することができる。われわれのパーソナリティが時と共に――自然に、あるいはまた外からの影響によって――さまざまな変化を受けて、それによってパーソナリティが完全に転換してしまうようなことは、ふつうはない。そもそもパーソナリティの転換を語れるのは、つまり一つのパーソナリティが他のパーソナリティによって完全に交代したと語れるのは、その変化が広範囲に及び、不連続な仕方で突如生じ、以前と以後の間に共通要素が皆無か、ほぼないような場合だけである。パーソナリティのこのような徹底した転換は、多重人格の症例によって知られているものである。この症例では、相互に明確に区別される二つ以上のパーソナリティが同一個人のうちで入れ替わり、一つのパーソナリティが他のパーソナリティの体験や行為について部分的に記憶を喪失することも伴う。しかし「多重人格」という特徴づけからしてすでに分かるように、この症例に特有な、広範囲にわたる非連続的な、突如生じたパーソナリティの変化、すなわちパーソナリティの転換というものが起こった場合であっても、それでも数的な意味での人格の同一性は、依然として存続している。パーソナリティの転換は、必ずしも人格の転換や交替を含意するわけではない。

とはいえ、パーソナリティの転換と人格の転換が、それでも何かしら関係し合っているのではないかという疑問は、もっともかもしれない。ある人の心理的同一性の障害が進み、ついには数的同一性の存続ももはや意味をなさなくなると、そのときその人は文字通り別の人になったと考えられないだろうか。哲学的なSF作家のスタニスワフ・レムの作品に、「寄せ集め[*1]（Schichttorte）」（Lem 1981）という怪しげな題名のフィクションがある。この話のおもしろいところは、あるラリー競技のドライバーの体に、まずはナビゲーターとして同乗していて一緒に事故に遭った兄の臓器と手足が移植され、そしてその次にまた大事故に遭ったときにも、別の事故犠牲者（女性たちと犬も含まれる）の臓器や（ご推察のとおり）脳の一部が移植されるというところにある。さらに最後の三回目の事故の後には、（その当の、あるいは見かけ上の）ドライバーは、自分がドライバーではなく、その新しいパートナーであったナビゲーターであり、昔のドライバーの外見をしているだけであることを知ってもらおうとする。――おそらくそれは、そのドライバーの脳が彼の新しいナビゲーターの脳と交換されてしまったので、他の人はみなドライバーが生き残ったのだと見なしていても、彼自身はナビゲーターだと「感じている」からであろう。

それよりも前に、ドライバーが心理検査の際に（女性の脳の一部が移植されたため）女性特有の連想を示すことが明らかになった時点で、当人の同一性はすでに曖昧になり始めている。たとえ最後の段階では、昔のドライバーの外見をしたナビゲーターが、ナビゲーターであってドライバーでないことは明らかなのだとしても、しかし正確にどの時点で個人Aから個人Bへの転換が起こっているのかは、ぼんやりしたままである。

このような設定が提起してくる哲学的問いは、人格の同一性の規準に関する次のような問いである。すなわち、今生きている人格Aがかつて生きていた人格Bと数的に同一であるのは何によるのか。どういう規準に照らしてわれわれはそのことを見出すのか。そしてそれらの規準には、どれだけパーソナリティの要素や記憶の要素や、それ以外の、純粋な物理的要素と異なる心理的要素が、関わっているのだろうか。

3　人格の同一性の規準

多重人格（パーソナリティ）現象からも分かることだが、人格の同一性という問題においては、同一性の意識はなんら決定的な意味を持たない。昔の人格と同一だという意識も、記憶内容の一致も、またそのパーソナリティに特有の思考パターンや感情パターンの同一性も、ある人格が過去の特定の人格と同一であることを示すものではない。もっと正確に言えば、Aが有する、Bと同一だという意識や感情は、AとBが同一であるための必要条件でもなければ十分条件でもない。必要条件ではない理由は、Aが完全に記憶喪失をこうむった場合、それによって、Aは、事故が起こる前の人格Bと同一であることを知らないこともあり得るからである。十分条件ではない理由は、輪廻転生を信じている人が二〇〇〇年前に生きていたある人と同一だと強く感じていても、このことは、その人が実際にそのある人だということを示すわけではないからである。純粋に心理的な他の要素も、数的同一性の必要条件でもなければ十分条件でもないと思われる。多重人格（パーソナリティ）障害の例から見たとおり、ジキル博士とハイド氏は、たとえそれぞれの性格的特徴や記憶内容が大きく異なるにしても、やはり同一でありうる。他方で、性格的特徴や記憶内容においてすべてが一致している二人の人間が、それでも別人である、という可能性は排除できない。人格の同一性には、物理的な係留点が必要であり、つまりは、その人格の身体的な実在の在り方に繋ぎ止められることが必要なのである。

とはいえ、同一性を物体的なものに繋ぎ止める必要があるとしても、同一性の意識やパーソナリティは、人格の同一性という問題において全く無視してよいわけではないと思われる。人間の時間的な同一性を支える物体的要素は、物質的な物体や植物や意識のない動物の時間的同一性を支えている物体的要素と単純に同じではない。人間の同一性を問題にするときは、われわれは単に物体的な同一性だけを問題にしているのではなく、心と体の全体である一個人の同一性を問題にしている。つまり感覚、感情、思考といった、意識的な諸性質を担うものとしての、身体や生体の同一性を問題にしているのである。

よく言われるように、人間の時間的同一性にとって決定的なのは、物理的な身体のうち、人間の意識内容が最も直接的かつ一貫して依拠している部分の同一性であり、それは脳の同一性である。脳は、人間の意識状態とパーソナリティの特徴を担うかぎりで、人間の同一性の担い手である。もし身体機構の別の部分が意識的な諸性質の原因を担うものであったとすれば、人間の同一性は、その別の部分の同一性に依拠していたであろう。

意識の身体的条件に関する問題は、まだまだ十分には解明が尽くされていない。しかし、人間の意識活動が脳の機能に因果的に直接依存していることは、十分に根拠のある仮説であり、現在議論が交わされている（「身心問題」の続きである）脳－意識問題のどの答えにおいても共有されている。このような依存関係をそれぞれどう解釈するかで身体－意識関係の種々の理論が衝突しているが、それでもこの基本的な共有がなされていることを、見落としてはならない（Birnbacher 1990 を参照）。二元論者にとっては、意識の出来事と脳における出来事は、数的に異なった出来事である。同一論者にとっては、これらの出来事は一致している。相互作用論者にとっては意識の出来事は、別の意識の出来事や物理的な脳に、作用し返すことができる。随伴現象論者にとっては意識の出来事は、因果的な行き止まりであり因果連関はそこで終わる。

しかしなぜ脳が問題であって、身体全体が問題ではないのだろうか。それは、脳はある意味、代用不可能だからである。人間は心臓の（機能停止という意味で）「死」の後も生き伸びることはできるが、脳の「死」の後はできない。人間は他人の心臓を用いて生き続けることはできるが、しかし他人の脳を用いて生き続けることはできない。脳の最低限の部分が機能し続けているかぎり、その人は個人として維持されているのであって、たとえその人が四肢を失っていたり、――たとえば四肢麻痺患者のように――四肢を意志で制御する能力を失っていたりしても、そうである。それどころか、同一性を喪失させることなく、脳以外の身体全体を交換することさえ考えられるかもしれない。つまり、Aの脳がBの身体に移植された場合、AはBの身体において生き続けるのである。頭部全体の移植は、――これはすでに一九七〇年代にサルに対して行われ、成功している（White 1971 を参照。引用は Northoff 1995 に基づく）――人格の同一性も転移させることになるだろう。そのかぎり、厳密にとらえるならば、他の臓器移植と同類の「脳移植」というものはなく、ありうるのは、脳以外の身体全体の「移植」であり、身体交換であろう。

ここで反論として、人間の本質はその人の脳に尽きるわけではなく、その人の身体の存在全体を包摂する、と言われるかもしれない。しかしこのことは、脳を規準にすることで否認されるわけではない。同一性の規準は、必ずしもそれだけですでに十全また完全な本質規定をなすわけではない。ある事物が本質的に何であるかということと、その事物の時間的同一性がどういう指標にもとづいているかということは、二つの異なった事柄である。同様に、一般の物体的対象の時間的同一性を支えている時間空間上の連続性も、物体的対象の本質を十全に定義するものではない。

4 脳に関する同一性規準

したがって、人格の数的同一性の問いに答えることができるためには、脳の数的同一性の問いに答えることが必要である。詳しく言えば、ある脳が同じ脳であり続けるためには、そのうちのどれだけが保持されなければならないのか、ということである。

この「どれだけ」という問いを、単に量的に理解したくなるかもしれない。だがそのように理解してしまうと問題が進まなくなるのは明らかである。ひとかたまりの脳のうちどれだけの部分が置き換えられるかということは、脳の同一性にとって重要であるはずはない。それぞれの部分は異なる機能を引き受けているわけであるから、最低でも、どの部分が置き換えられるのか、ということが重要である。脳は、その組織の諸部分を新しい組織（自分の組織や他人の組織、また何か処理した組織や未処理の組織）や人工部品で個々に置き換えただけでは、同一性を失ったりはしない。――その「代用部品」が代用された部分と同じ構造を示し、同じ機能を引き受け、したがって脳のはたらきが変わることなく存続するのであれば、なおさらそうである。

したがって問いはむしろ次のようになるはずである。すなわち、人間の同一性を損なわないとしたとき、どれだけ多くの脳の諸機能が、組織の除去や挿入や交換手術によって変化してもよいのか、ということである。とはいえこれでもまだ問いが量的に表現されすぎていることは明らかである。重要なのは、どれだけ多くの機能が変わったかではなく、変化した脳の機能がその個人にとってどれだけ核心的か、どれだけ「本質的」か、ということであろう。消失した脳機能や変化した脳機能の数は重要ではなく、その機能の意味が重要である。

これより、人格の同一性にパーソナリティの同一性が間接的に関わっていることが、またもや明らかとなる。つまり、ある人格の脳組織が交換された結果、そのパーソナリティばかりかその同一性の意識や記憶までも徹底的かつ広範囲に変化した場合、その人格がまだ同一人格だと見なされることは、まずありえない。パーソナリティと記憶を支えている脳の部分を、したがって中核的な、パーソナリティにとって重要な意義を有する部分を交換することは、脳全体を交換して同じ結果になる場合と、ほぼ変わらないと判断されることだろう。そのような事例では、交換前の人の存在は紛れもなく打ち切られたのであり、それに代わって新しい人が生み出されたのである。この事例では、脳組織移植に同意することは、自分の死に同意することかもしれない――その一方で、新しい個人を生み出すことへの同意でもあるかもしれない。

ここから生じる倫理的な問題はわきに置くとしても、この結果は、理論的な見地においても逆説的なところが全くないわけではない。というのも、同じような根本的な変化が、パーソナリティや同一性意識や記憶内容において、外科手術と関係なく自然に、たとえば脳腫瘍ができたために生じたのであれば、われわれは人格の同一性がなくなったとは、おそらく考えもしないだろうからである。

確かなことは、脳組織の交換や移植によって、あるいは神経チップの移植によってパーソナリティや同一性意識や記憶内容が完全かつ根本的に変化する事例は、極端な事例だということであり、まさにそれゆえに比較的容易に概念処理できるということである。扱いづらいのはむしろ、想定可能な事例が多様に組み合わさっている場合であり、脳の全機能ではなく、個性に重要な少数の機能だけが変化している場合や（Parfit 1984, Kap. 11を参照）、――スタニスワフ・レムの「寄せ集め」と似た仕方で――それぞれ特定の記憶やパーソナリティ上の特徴をコード化している神経回路網や脳部位を、複数の異なる脳から持ってきて、一人の合成人物へと作り上げた場合である。

ここで忘れてはならない重要なことは、人格の同一性の概念や規準は、文化的背景と無関係に成立する事実などではなく、規則性のある現象を順序づけ、説明し、解釈するための概念道具だということである。この道具があらゆる任意の「異質」なケースにも申し分なく使えるということは、期待すべきではない。もとは「異質」であったケースが技術の進歩によってノーマルになればなるほど、それに応じて念頭に置かなければならないのは、われわれの概念道具も能力超過を示し始めるということである。つまり、その概念道具は原理的に適用できなくなるか、もしくは不十分にしか判別できないことが明らかになるか、どちらかとなる。従来の同一性規準が適用できなくなる事例は、たとえばAの右脳と左脳のうち一方をBの頭部に、他方をCの頭部に移植し、それぞれの反対側の脳の機能を停止させるというものである。このような事例においては、ブッダやショーペンハウアーが推測だけで考えたことが生じる。つまり、個体化の原理の廃棄であり、個体の同一性が個体を超えた混合体に溶け込むことである。

しかし、脳組織移植の——まだ遠くにある——延長上でもっと頻発する概念超過の現象とは、従来の同一性規準による判別が不明瞭になることである。この不明瞭さに対しては、新しい規準確定が必要であり、それはもしかすると、脳死判定規準や臓器移植との関係から死の概念が不明瞭になった現代において、議論による規準確定が必要であるのと、同じことかもしれない。

5　脳の生体的要素を非生体的要素で代用した際に生じる同一性の問題

脳組織移植を仮想的に拡大していけば処理しにくい同一性問題が生じてくるように、次のように想像した場合も、同様の問題が生じてくる。すなわち、人間の生体脳が徐々に非生体的なプロテーゼで代用され、この部品が——理想的な技術水準で——脳の働きを完全に担うほど細部にいたるまでぴったりと柔軟に適合すると想像してみることである。そしてこのような交換のプロセスを続けて、最終的に純粋に人工的な脳が、つまり、人間の生体脳と同じく他の全機構（これについては、引き続き生体的であるとしておく）を制御統制できるきわめて高い能力を持ったミニ・コンピューターが成立すると想像してみよう。この人工部品と有機体の要素からなる奇怪な形成物がもはや人間でないことは、疑いえない。それは、たとえ種類が普通とは異なるとはいえ、ロボット——純粋な電子制御体であるが、物質代謝や神経系や運動機構などを含めた有機質の本体部分も備えているロボット——である。また、このロボットが、脳を人工部品で取り換えたもとの人格と同一ではないことも、やはり疑いえないだろう。人間としての一人格がロボットと同一ということが、どうしてあり得るだろうか。たとえロボットを「覆っている胴体」は同じままだとしても、機械によって制御されているこの人体は、もはや当の人間の身体だとは言えないだろう。

ここでも、どこが転換点かという問いが出てくる。同一人格を扱い続けているということ、それどころかそもそも一人の人格を扱い続けている、ということが言えるためには、いったいもとの脳のうち、どれだけが保持されなければならないのだろうか。今の場合、脳のさまざまな機能と要素がさまざまな度合で人間の同一性を特徴づけ、意味を与えている、と指摘したところで、問題の答えにはならない。なぜなら、脳の機能が全体として維持されていることが、ここでの問題設定の一部だったからである。

この段階ですでに反論が出てくるだろう。おそらく、人工脳が生体脳の機能を文字通り引き継ぐことができる、と前提することがそもそも不適切だ、と反論する人もいることだろう。つまり、ロボットはたしかに人体機能の制御を引き継ぐことはできるかもしれないが、しかし生体脳の心理的な機能、とくに感覚や気分や感情といった、意識状態として特徴づけられる心理機能を引き継ぐことはできないであろう。少なくとも、もし生体脳が完全に人工部品によって交換されたならば、交換の結果生じる存在者は、もはや明暗や快苦や喜怒哀楽を感覚することはできないだろうし、ましてや思考したり企てたりすることはできないだろう。そのかぎりで、ニューロバイオニクス・ロボットの脳が交換前の生体脳の機能を引き継ぐことなどそもそも問題になりえない。たとえ感覚や感情、思考、行為が脳の機能に属すとしても、人工脳が再現できるのは、つねに生体脳の働きのうちの特定のかぎられた部分のみ、つまり意識なしに働く部分のみではなかろうか。どれほど脳に代わる機械装置が精密になって、意識を備えた人間の生に特有の現象や意図の状態に関しても脳に代われそうだとしても、それでも、脳の人工プロテーゼによる「新たなる不死」という夢は限界に突き当たるだろう。たとえ「マイクロチップは死なない」(Bothe/Engel 1993, S. 212) というのはその通りだとしても、しかし少なくとも、意識を備えた生が無限に続くと考えることはできないと思われる、というようにである。

私は、このような議論はあまりうまくいかないと思う。いまなお多くの哲学者がポール・ジフが一九五九年に述べていた「生きた被造物だけが本当に感情を持つことができる」(Ziff 1959, S. 64) というテーゼに同調しているとしても、しかし私は、有機体の代わりにシリコンを基礎として意識を持つ生物が法則的に無理だという想定、つまり、世界で実際に成り立っている法則性からすると不可能だという想定には根拠がないと見ている。第一に、意識と物理的世界を相互に結び付けている法則について、われわれは現在のところ不完全にしか知らないからである。第二に、現在すでに分かっているわれわれの世界における意識の法則的基礎をよく熟考してみれば、もしかすると、非生体的機構を備えた意識的生物も可能と見なせる根拠がすでに十分あるかもしれないからである。

われわれは、人間の場合には、脳が働いていることが意識状態や意識作用の必要条件であることを知っている。脳に損傷を持つ患者の診察から得られた経験や、脳の特定部位を選択的に刺激した実験から明らかになっているように、意識は、大脳皮質と脳幹(特に網様体)の一部に所在する一連の脳機能の複合的な協働に依拠している。現在議論されている仮説によれば、意識現象が生じるのは、つねに、特定の神経細胞の接合箇所で決まった活性化レベルが越えられたときだけである。

人間においては脳が機能していることが意識の必要条件というわけであるが、これはまた十分条件でもあるのだろうか。この問いは次のようにも言い換えられる。すなわち、物理的にはすべての側面に関して意識や自己意識を備えた人間と一致していても、しかし意識状態や意識作用を示さない存在者はありうるだろうか、という問いである。たしかに、そのような意識を欠いたゾンビの世界というものを考えることはできる。すべてはこの現実のとおりであっても、そこにおける存在者が誰も何も意識していない、というようにである。外見上は人間世界のようであるが、それは、程度の違いはあれ、知能を持った生物学的ロボットの世界であって、このロボットたちは、――「知っている」ということを正確にどう定義するかによるが――世界や互いについても、非直観的にではあるが、知っていることもある、というようにである。

これについては、次のように言えるだろう。すなわち、そのような存在者はたしかに論理的には可能だが、しかし法則的には、つまり世界で成立している自然法則にもとづくならば不可能であり、人間と同じように意識を支えている身体能力を持つ存在者であれば、それに応じた意識の能力も持つ、というようにである。人間の意識状態を支える身体的条件は、単に法則的に見て必要であるだけでなく、法則的に見て十分条件でもあり、身体的条件は必ず意識現象を生じさせるのである。それというのも、物理的世界と意識の関係についての理論のうち、現在議論に値するものはすべて、(高等動物の脳のような)いくつかの物理構造とプロセスが意識現象にとって法則的に見て十分であることを認めているし、しかもこの関係を二元論か同一論か、また相互作用論か随伴現象論かといった解釈立場の違いにかかわらず認めていることを指摘できるからである。現在議論されている心身問題の諸学説には、対立が目立つというよりは、むしろ、共通点のほうが大きい。対立しているのは、意識の出来事が担う因果的な役割についてであって、神経上の出来事が担う因果的役割についてではない。相互作用論と随伴現象論との違いは、意識状態や意識作用を、物理的な基盤に作用し返す能力として想定するかどうかという点にしかない。相互作用論のモデルでさえも、少なくともいくつかの物理的条件がいくつかの意識状態に対して法則的に十分な条件となっていることを、最初から認めている。デカルトのような古典的な相互作用論においても、またポパーのような現在主張されている相互作用論的モデルのほとんどにおいても、意識の出来事の大半が――すべてではないにせよ――物理的出来事によって条件づけられていることが前提されているのであって、しかも後者が前者に対して因果的な十分条件となり、そのため他の――たとえば精神的な――要因を必要としないことが前提されている。

もちろんこれだけでは、意識を備えた生命の可能性を人工物の上に基礎づけるのにまだ十分ではない。この可能性が成り立つかどうかは、意識の出来事を支えている構造的および機能的性質が、物理的世界のどのレベルに――原子のレベルなのか、それとももっと「高次」の分子や細胞組織のレベルなのか――属しているかにも依拠する。もし意識のプロセスが、神経回路網の原子レベルの構造にではなく、むしろその回路網のシステムや機能の諸性質に依拠しているとすれば、生体脳内の接続状態を作り出している材料元素と意識の発生とが結び付くことは、まさしく自然界の偶然ということになろう。意識の発生は基質や物質合成に実際に依拠するものだろうか。むしろ神経細胞の諸機能や情報処理能力に依拠するのではなかろうか。意識現象の発生を決定しているのが最下層の最も基礎的なレベルの物質構造であって高次の接続関係や回路網レベルの構造ではない、と想定することは、まったく説得力がないように思われる。

これに対し、意識にとっては特定の機能のみが重要で、特定の材料基質は重要ではないとすると、人工脳が原理的に有機質の生体脳と同じ能力を示さないはずはないと思われる。ただし、意識がシリコンを基礎として可能であり、しかしまた、脳を徐々にチップで交換した人間が、この交換段階を経てできあがったロボットと同一ではありえないとすると、われわれは再び次のような逆説的な状況に直面することになる。すなわち、もしもとの生体脳の機能が完全にロボットの脳に引き継がれるならば、できあがったロボットは、もとの人間と数的に同一ではまったくありえないにもかかわらず、その人間と同じ心理的同一性を持ち、同じ同一性意識を持つこともできるであろう。そのロボットは、もとの人間の行為や体験を自分自身のものとして記憶しているであろうし、なぜそのことをわれわれが否定しようと考えているのかが、まったく理解できないだろう。

6 同一性障害——倫理的側面

これまでにすでに言及してきたが、脳の手術によって仮想的に引き起こされた数的同一性の転換は、脳の手術によって引き起こされた心理的同一性の転換や変化よりも、はるかに深刻な倫理的問題を提起する。このことは、数的同一性の転換の場合には、一つの生命を終わらせ、したがって殺すということが関わってくるという事実からしても明らかである——たとえそれと同時に別の生体的な生命を新しく創出するのだとしても（脳が生体的に存在し続け、機能し続ける場合）、あるいは、意識を持つ非生体的な（ロボットのような）存在形式を創出するのだとしても、やはりそうである。これらの可能性はあまりにも現実離れしているため、たとえ文学作品の中では、意識を持っていそうな機械にどういう保護権を認めるべきかと問われることはあったとしても（Simons 1983, S. 158ff. を参照）、倫理学者の関心を引くことは、今までのところなかった。

これまでに施術が試みられた脳組織移植や人工「神経プロテーゼ」埋め込みの方法は、手術患者の数的同一性やパーソナリティの完全な転換の問題を投げかけるほどではない。移植される脳組織は、現在や近い将来の段階では、まだパーソナリティの全特徴をコード化するほどのものではない。移植されているのは機能的に同種の細胞の入った懸濁液だけであって、細胞結合全体ではない。機能的に同種の細胞は、個々のパーソナリティの特性表現に必要な構造的複合体をなすわけではない。これと同様のことは、中期的に可能とされているニューロバイオニクス手術にも当てはまる。とはいえ、新しい手法でもってパーソナリティの特徴をすべて移植したとしても、数的同一性の転換や、全く新しいパーソナリティが古いパーソナリティに置き換わるパーソナリティ転換のような、劇的な結果が生じるにはまだまだである。

むしろ実用的に重要なのは、パーソナリティの完全な転換よりも低い段階にある、脳組織移植やニューロバイオニクス手術によって生じるパーソナリティの諸変化について、倫理的規準を問うことである。ともかくも脳組織移植によるパーソナリティの変化は、単にリスクとして受け取られるだけでなく、しばしばまさにそのことが目指されもする——これ以外としては、精神療法や心理療法の多くの場合が同様である。長期にわたる鬱病や依存症の治療において実際重要とされているのは、パーソナリティの特定の特性を強化し、別の特性を弱め、それによってパーソナリティの特徴全体の配置を望ましい方向へと変えることである。

治療の目的やリスクがパーソナリティの変化にある場合、その倫理的基本原理は、もちろん、目的やリスクが身体上の重要な変化に関わる治療に対しても当てはまる原理でなければならない。すなわち、自律尊重の原理（患者の自己決定権の尊重）とケアの原理（患者自身にとって最善の利益になる治療）がそうしたものであり、また衝動的行動や暴力行為に走る人の治療という特殊な場合に対しては、危害防止の原理（反社会的なパーソナリティ要素を持つ人から一般市民を守ること）が加わる。このうち、自律尊重の原理が、明らかに優先される。というのも、パーソナリティの変化が性質上重大なことであり、不可逆的かもしれないことを考えるならば、心身の治療でなんらかの程度のパーソナリティの変化を覚悟しなければならないときにはつねに、次のことが何よりも重要だからである。すなわち、患者自身が——選択肢の情報提供を包括的に受け、十分に考えたあとで——その変化を治療の主作用として望むかどうか、あるいは副作用として受け入れるかどうか、ということである。それゆえ、心理療法や向精神薬治療の過程でパーソナリティに変化が生じうることを知らせることは、不可欠な条件である。もちろんインフォームド・コンセントは、単に必要条件である。治療は、その上、（臨床試験の場合は別として）患者自身の利益になるものでなければならない。つまり治療は、患者の容体を改善したり、もしくは悪化する危険を防いだりやわらげたりする見通しを開くものでなければならない。そしてこの「改善」や「悪化」は、何か客観的な規準に照らして測られるのではなく、患者自身の価値観や選好に即して測られなければならない。医療で「ＱＯＬ」と呼ばれるものについては、しばしば個人化が不十分な客観的規準で測られたりするが、しかしこれについて判定を下す権限を持つのは、本来患者自身だけである。こうしたことは、患者が同意能力を持たない場合や、部分的に欠如している場合であっても成り立つし、またケアの原理にもとづいてのみ正しいとされうる治療の場合であっても成り立つ。

胎児の脳組織をパーキンソン病患者へ移植するという現在の試みは、まさに心理学で一般に言われている、パーソナリティの変化というものを——発病によって失われてしまった身体表現の能力の回復を——目指すものである。もちろん、デトレフ・リンケが邪推しているように、パーキンソン病患者が手術後に得た「新しい」ほほえみ（Linke 1993, S. 14）は「正しくない」ほほえみかもしれず、かつてのほほえみを全部再現できているわけではないかもしれないが、しかしそれでも患者は（そしてまた周りの人も）、ふつうそうしたほほえみが戻ってくることを喜ぶものである——それは、義歯によって昔の顔の表情が戻ってくることを患者は喜び、たとえ部分的には欠けるところがあるとしても、少なくとも義歯がないときの顔よりもよいと思うのと、まったく同じことである。

7　移植体入手に関する倫理的問題

脳組織移植に関する本来の倫理的問題は、手術患者に同一性障害が起こるかもしれないといったよく議論される問題にはあまりなく、むしろ移植体入手というもっと身近な状況のうちにあると思われる。では、それはどういう問題であろうか。

他の医療技術に関する論争においてもそうであるが、まず区別すべきは、評価を受けた手続きに含まれている倫理的な全体リスクと、法的規制や関連ガイドラインや行動規準を遵守した場合でも残る倫理的な残余リスクの区別である。私見では、現行の国際的ガイドラインや国内のガイドラインは、胚や胎児から脳組織移植体を入手する際に伴う本質的な倫理リスクへの対応としては、まったく適切である。このリスクに含まれることとしては、胚組織を取引目的に利用すること、胚を臓器・組織のストックとして将来使用するために長期冷凍保存すること、また、胚から移植用脳組織を得る目的で授精や妊娠をすることがある。現行のガイドラインでは、女性に対して中絶後の胚や胎児の脳組織摘出について同意を問いうるのは、いずれも、その女性が中絶を行うとすでに決心している場合にかぎるとしている。

とはいえ倫理的な「残余リスク」が二つある。一つは、組織摘出が中絶と関係するときにどうしても生じる複雑さであり、もう一つは、場合によって問題となってくる、中絶手続きの変更である。

まず複雑さに関する問題についてである。脳組織移植用の胚や胎児組織は、一般的に、妊娠初期に医学上の理由以外で中絶された胚や胎児から摘出される。妊娠初期に医学上の理由以外でなされる中絶に対しては、倫理的に反論する必要は何もないが――神学者たち（Bockamp 1991を参照）と違い、私は哲学者の側から、少なくとも有効な反論はないと見ている（Birnbacher 1995を参照）——、しかしそれでも次の事実は倫理的にまったく無視するわけにはいかない。すなわち、妊娠初期における医学的に必要でない中絶は、たしかに脳組織移植が試みられている国の多くで合法的ではあるが、しかしすべての国で合法的なわけではないという事実である。少なくともドイツの法律に従えば、妊娠初期における医学上の理由以外の中絶は、たとえそれに対する処罰は免れるものの、現在のところ違法とされている。したがって、中絶された胚や胎児の脳組織を利用することは、事実上の違法行為と絡み合った、倫理的に由々しき行為なのであって、しかもこのことは、妊娠初期の中絶を違法とする連邦憲法裁判所の見解を共有するか否かとは、まったく関係ないのである。

これに対しては、次のように反論されるかもしれない。殺人被害者の臓器を移植目的に利用するとしても、それは殺人の共犯者になるわけではない（Vawter et al. 1991, S. 493）、というようにである。つまり、一方では殺人を断罪し、他方でその結果生じるものを自分たちの利益のために利用するとしても——少なくとも、それによって将来の殺人者を殺人行為へと向かわせるような危険はないのであれば——、とやかく言うことはできない、というわけである。こうした反応は理解できる。この反応の決め手は、本質的に、殺人者と臓器を利用するわれわれのあいだには同一性もなければ、何の協力関係もない、というところにある。死んだ人の臓器を利用する行為の側からすれば、殺した人がいることは別のことであり、偶然的なことである。すなわち臓器を摘出するとき、その脳死患者が自然死によって亡くなったのか、それとも別の原因によってなのかは、何ら関係ない、というわけである。もしかすると、中国の死刑囚から臓器を摘出する場合を考えるならば、事情は異なってくるかもしれない。この場合、臓器を摘出することは、死刑制度や、少なくとも中国固有の死刑執行に対するある種の共謀——同意表明——になるかもしれない。

とはいえどちらの類例も、ここでわれわれが関心を持っている事例に完全に当てはまるわけではないことは、明らかである。現行法で違法とされている中絶から胚や胎児の組織を摘出することは、殺人被害者から臓器を摘出することと比較できないし、中国の死刑被執行者から臓器を摘出することとも比較できない――それは、組織を摘出する医師が中絶に否定的な見解を持っていると想定したとしても、それを殺人や中国の死刑執行を非難するのと同じ仕方で非難していると想定できないことからしても、そうである。しかも、摘出医にとっては中絶を担当する人は、殺人者よりも、また政治犯に死刑判決を下す中国の裁判官よりも、はるかに身近な人である。中絶を行う産婦人科医と中絶後のものを利用する脳外科医は、一般的には同一人物ではないが、しかし両者は同じ職業集団に属しており、たいていは同じ病院に所属している。どちらの医師も殺人行為や中国の刑罰体系から距離をとることはできても、それと同じ仕方で中絶行為から距離を取ることはできない。妊娠初期の中絶は道徳的に由々しき行為ではないと前提するとしても、中絶された胎児から脳組織を摘出することは、現行法上の違反行為を利用しているのであり、道徳的な――とりわけ深刻なわけではないにせよ――問題が残る。

第二の倫理的な「残余リスク」は、次の点に存する。すなわち、中絶をしてもらおうとしている女性が、場合によっては担当医師の側から組織提供者の候補として最初から見なされ、中絶の時期や方法が組織摘出の場合を顧慮したうえでその女性に提案され、もともとその女性自身が望んでいたのとは違って、移植目的のために必要な時期や方法に合わせられる、ということである。移植可能な組織を十分に得るためには、より多くの中絶を「同時調整」することが必要なので、もしかするとそのために、かなり待たされるということもあるかもしれない。そのうえ女性には、（弱い吸引力で）長時間にわたる処置が求められ、局所麻酔の代わりに全身麻酔が適用されることにより（Gustavii 1989 を参照）、高い麻酔リスクが求められる。この点については、関連するアメリカの倫理委員会のメンバーであるスーザン・ジョンソンが、女性に中絶の時期延長を要求できるのは二週間までであり、かつ妊娠初期の期間内に収まるべきだという見解を主張している（Johnson 1994, S. 237）。それゆえジョンソンは、脳組織の摘出ができるようにするために、女性にいくらかの負担の増加（中絶延期の不快さ）を求めるつもりでいる。この判断には私も同調してよい。もちろん私にとっては、中絶手続きの変更に際して女性が自由にもとづいて同意していることが、重要な条件である。とはいえまさにここに――自由意志という条件に――倫理的なリスクが潜んでいる。というのも、各医療機関が脳組織摘出の技術を意欲的に進めれば進めるほど、微妙な圧力が加えられ、患者の意志が（こうした状況ではおそらく特に影響を受けやすいものだが）操作される恐れが強まるからである。

引用参考文献

Birnbacher, Dieter, »Das ontologische Leib-Seele-Problem und seine epiphänomenalistische Lösung«, in: Bühler, Karl-Ernst (Hg.), *Aspekte des Leib-Seele-Problems. Philosophie, Medizin: Künstliche Intelligenz*, Würzburg 1990, S. 59-79.

Ders., »Gibt es rationale Argumente für ein Abtreibungsverbot?«, in: *Revue Internationale de Philosophie 49* (1995), S. 357-374.

Bockamp, Christoph, *Transplantationen von Embryonalgewebe*, Frankfurt am Main 1991.

Bothe, Hans-Werner/Engel, Michael, *Die Evolution entläßt den Geist des Menschen. Neurobionik – Eine medizinische Disziplin im Werden*, Frankfurt am Main 1993.

Gustavii, B., »Fetal brain transplant for Parkinson's disease, technique for obtaining donor tissue«, in: *Lancet* vom II. 3. 1989, S. 565.

Johnson, Susan R., »Fetal tissue transplantation. An Institutional Review Board perspective«, in: Beller, Fritz K./Weir, Robert F. (Hg.), *The*

beginning of human life, Dordrecht 1994, S. 233-240.
Lem, Stanisław, »Schichttorte«, in: Ders., *Mehr phantastische Erzählungen*, Frankfurt am Main 1981, S. 39-57.
Linke, Detlef B., *Hirnverpflanzung. Die erste Unsterblichkeit auf Erden*, Reinbek 1993.
Maar, Christa/Pöppel, Ernst/Christaller, Thomas (Hg.), *Die Technik auf dem Weg zur Seele. Forschungen an der Schnittstelle Gehirn/Computer*, Reinbek 1996.
Northoff, Georg, »Ethische Probleme bei Hirngewebstransplantationen. Eine aktuelle Übersicht«, in: *Ethik in der Medizin 7* (1995), S. 87-98.
Parfit, Derek, *Reasons and Persons*, Oxford 1984.〔『理由と人格』森村進訳、勁草書房、一九九八年〕
Simons, Geoff, *Are computers alive? Evolution and new life forms*, Brighton 1983.
Vawter, Dorothy E./Gervais, Karen G./Kearney, Warren/Caplan, Arthur L., »Fetal tissue transplantation and the problem of elective abortion«, in: Land, Walter/Dossetor, John (Hg.), *Organ replacement therapy, Ethics, justice and commerce*, Berlin 1991, S. 491-498.
Ziff, Paul, »The feelings of robots«, in: *Analysis 19* (1959), S. 64-68.

訳注

＊1　Schichttorte はレムが脚本を手がけた一九六八年のアンジェイ・ワイダ監督の短編映画の原作のドイツ語訳と推測される。この映画は、日本でも二〇一七年に「ポーランド映画祭」で公開されている。本文での訳題も日本での公開題にあわせた。映画祭での作品紹介は以下のURLを参照（http://www.polandfilmfes.com. 二〇一八年五月十五日最終アクセス）。

第12章　クローンに関する展望

1　ドリー――生殖医療の新たな加速段階？

　生殖医療は、ヒッチコック映画のように、息をもつかせぬほど発展している。あらかじめ二、三分ごとに新たなショックを受けると覚悟していなければならないと分かっていても、われわれはショックを受けるたびに、それがあたかも初めてであるかのような衝撃を受ける。もちろんそうしたショックの半減期は、どんどん短くなってゆく。一九九七年の春に誕生した羊のドリーに対する興奮によって、すでに一九九三年に哺乳類だけではなく、（たとえ初歩的な性質しか持たないものであっても）ヒトクローンが生み出されていたことは、たしかにそこまでセンセーショナルなものではなかったが、ほとんど忘れ去られてしまった。ワシントンにあるジョージ・ワシントン大学のジェリー・ホールやその他の生殖医療関係に従事する医師たちは、一卵性双生児の形成過程を（生存の可能性のない）ヒト胚で人工的に引き起こすことに成功した。詳しく言えば、それが成功したのは卵細胞と精子が結合してほどなくして、である。こうして得られた卵割球は、人工的な保護膜の役割を果たし、（体外受精でも利用されるのと同じ）培養液の中でさらに分割した。明らかであったのは、胚の生存能力が改善されるほどに、胚がより早い段階で得られるということであり、もっとも長く生存した胚は、二細胞期での胚分割に由来するものであった。

当時を振り返ってみると、とりわけ注目を集めたのは――実験を「自然に反している」と判断したバチカンがもっとも声高であったが、――こうした実験への反対の波が荒れ狂うといった出来事よりも、そうした波があまりにも早く収束したということであった。いずれにせよ、一九九七年のはじめにわれわれに与えられた印象は、成長した動物の体細胞を用いて高等哺乳類をクローニングすることで、クローン人間を生み出すという技術的可能性が明らかに到達可能な近さにまで接近しているかのように見える、ということだけではない。それだけではなく、生殖技術によって自然現象を意のままにするというドリーのケースで到達された段階において、まったく新しい倫理的問題が突き付けられたという印象も生じたのである。はたして、こうした印象は正しかったであろうか。新たな技術を意のままにできるようになったことで、人工的な胚分割によるクローニングや核を除去した卵細胞と（まだ分裂していない）胚細胞を融合させることによるクローニングといった、すでにその時点で意のままにできていた技術では立てられなかった倫理問題は生じるのだろうか。

実際、そこには重大な区別が見出されるが、それは――無意識的な社会的知覚にとっては決定的であるような――象徴的水準においてである。たとえドリーの場合に問題となっていたのが羊であって人間ではないとしても、それでも数多くのサイエンス・フィクション作品で一般的に知られるお馴染みのクローニングに対するイメージと一致することが、まさにドリーによって技術的に実現したのである。すなわち、成人した――それゆえ表現型がすでに知られている――個人の体細胞から、その個人と遺伝的に同一（あるいはほとんど同一）の替え玉を生み出すというイメージである。したがって、事実としての区別が象徴として表われる区別と一致するのかどうか、そしてこうした区別が倫理的判断にとっていかなる意味で重要であるのかといった問題は残る。少なくとも、すでに完全に成長しきった他の哺乳類の個体と同じゲノムを用いて哺乳類の個体を生産するということは、めったに満たされることではないが、以下に示す二つの条件のどちらか一方が満たされさえすれば、これまでも可能であった。つまりその条件の一つとは、初期胚の段階で哺乳類の個体から分割された、溶解することも、移植することも、そして新たな個体へと成長することもできる卵割球を手にしていることである。もう一つの条件とは、胞胚期にある胚細胞を取り出し、その核と核を除去した卵細胞を融合させ、そうして生まれた胚を溶解することも、移植することも、そして同じように新たな個体へと成長させることもできるという条件である。

したがって倫理的局面に関して言えば、ドリーによってクローニングと結び付いた問題がとりわけ切迫したあるいは緊迫したものとなったということは決して導出されない。それどころかむしろ、ドリーに応用された手法ではほとんど胚への操作がなされなかったという事実によって、そうした問題はある意味、弱められたのである。胚の分割や核を除去した卵細胞と胚細胞を融合させるといった、すでにドリー以前に意のままにできていた手法の場合、胚にはかなりの程度で操作が加えられる。たとえ最初期の段階であろうとも、核を除去した卵細胞へと二倍体核を挿入することで作り出された「人工的な」接合子が一つの「胚」であり、接合子の分割が電気ショックという胚への操作によって引き起こされることは否定できない。こうした「初期刺激」の中で、胚への操作は大規模に実施されるであろう。このように、すでに意のままにできる二つの手法では、細胞核を獲得ないし卵割球を分割するためには胚への操作がかなり必要となるのに対し、ドリーに応用された方法だと、二つの手法と同程度の操作をせずとも体細胞を獲得することが可能である。仮にドリー方式が人間に応用された場合を考えると、ヒト胚の操作は接合子がさらに分裂する最初の段階においてのみなされるだけであり、それは体外受精よりもわずかなものである。体外受精の場合、分割作用を引き起こす刺激を追加的に与えないでも、個々の配偶子は人工的に結合させることが可能である。ドリー方式では、もっとも大規模かつ不可欠な操作は二つの部位に対してなされるのだが、その二つが融合することで胚は生み出される。すなわちその二つとは、核を除去した卵細胞へと挿入される体細胞核と核を除去した卵細胞そのものである。ヒト胚の保護に一定の重要性を認める倫理学の観点からすると、体細胞からのクローニングは、他の事情が同じであるかぎり、すでに意のままにできる方法を用いたクローニングよりも厳しく批判される謂われはないように思われる。もちろんこの判断は、こうした方法の使用に対してのみ当てはまるのであって、体細胞を用いたクローニングによって生み出されたヒト胚の成長に対してではない。いつの日か、こうした方法が人間に転用される日がくるのであれば、それは、体細胞からのクローニングがまだ研究段階と臨床試験の段階にあったとしても、ある程度の胚を「消費する」研究がなければ実現しないであろう。とりわけ、人間に対してきわめて高い安全性基準が求められることを鑑みれば、そうである。(二七六回の実験の末に誕生した)ドリーのケース同様に、最終的に子どもとして誕生するよりもはるかに多くの胚がクローニングされなければならない。こうした点でドリーのようなクローニングは、原理的にはすでに意のままにできる技術と大差ないであろう。結局、体外受精の発展もまた、初期段階での胚を「消費する」研究がなければありえないのである。

2　人間のクローニングに対する反対理由とは何か

体外受精とクローニングを比較することは原理としては正当であるが、決定的な点において欠陥がある。体外受精が望んでいるのに子どものできない状態に対する生殖医療の補償としてあるのに対し、クローニングの技術的可能性には、それに匹敵する類似の必要性がない。ある夫婦に子どものできないことがもっぱら負担として、そして現代生殖医療を意のままにできることが主に有益なものとされる一方で、少なくとも今日的観点からすると以下のことが不明瞭である。すなわち、クローニング技術の発展が人間にも影響を及ぼさずにはいられないような道徳的犠牲と道徳的ではないが少なくとも何らかの犠牲とを強いるものであるならば、そうした犠牲が正当化されるのはいったいどういった類の苦悩であればよいのだろうかという点である。胚研究が一方で倫理的に問題含みでありながら、他方ではこうした技術発展のためには不可欠なものである場合、この技術が用いられるべき目的は相当に重要なものでなければならない。というのも、そうでなければ問題のある手段は正当化されるべきではないからである。しかしながらこれまでのところ、人間のクローニングにはそうした重大な目的が存在しない。

こうした考察が前提としているのは、生殖医療研究における手段と目的との原理的な比較考量である。ただし、それはほとんどの人々に共有されず、しかも現行の胚保護法からしても容認されない。したがって、この考察には基礎づけが必要である。実際のところ私は、胚保護法が胚研究に課している絶対的で無条件的な法的判断に対応するような相当に厳格な倫理的判断はないという立場にたつ。倫理的観点からすれば、胚研究が正当化されるだろう状況は間違いなく存在する。そうした状況とは、多少の問題はあるが治療の可能性が他に残されていない場合、たとえば癌のような多くの人々が発症し、しかも根治の難しい病気の治療法を開発するため、あるいは多くの人々が感情的に強く要請することが想定される体外受精のような技術をテストするため、といった状況である。胚保護のこうした比較的弱い程度で規範性を持つことの重要性が何に依拠しているのかというと、それは、胚に与えられる損害を胚そのものが経験することにではなく、こうした損害を観察する人ないしそれに関与する人が主体的に経験することに依拠している。――少なくともこのことは、もっともよく知られていることではあるが、脳の機能が欠如しているために、胚に意識も主体性も何らかの主体的な損害も帰属させられないような発達段階の中で操作がなされるかぎり、妥当する。こうした操作が胚の成長の初期段階で行われるかぎり、この操作によって胚の何らかの欲求が妨害されているとか、胚に何らかの不快な状態が引き起こされていると言うことはできない。しばしばわれわれには初期胚に対する義務があるかもしれないと言われるが、その表現は誤解を招くように思われる。純粋に論理的根拠からすれば、われわれが義務を持ちうるのは、少なくとも最小限の主体性を有する存在に対してのみである。「対して」が、「関して」あるいは――カントの表現だと――「顧慮して」と見なされるのであれば別であるが。それゆえにカントは、動物や植物といった理性を持たない存在に対する道徳的義務を退けたのだが、破壊行為や動物虐待を差し控える義務といった、理性を持たない存在を顧慮した道徳的義務は要求したのであった。

当然ここでは、なぜ主体的な損害だけが胚にとって道徳的に重要であり、客観的な損害はそうではないのかと問うことができよう。ヒト胚自体が傷つけられるないし破棄されることを主体的に捉えないとしても、傷害あるいは破棄そのものが問題であることにはまったく変わりはない。なぜ、客観的な傷害には道徳的重要性がないとされているのであろうか。

もちろん、客観的な損害を道徳的に重要であると見なすか否かは、人それぞれである。問題は、いかにその人が道徳的規範として特徴づけられる仕方で、こうした評価を間主観的に正当化しようとするのか――したがって、その人がこの規範を考慮すべきものであることを、いかに他者に納得させようとするのか、だけである。客観的事態の重要性についてのコンセンサスを得ることに比べれば、生物の持つ欲求と感受性が道徳的に考慮に値するものであるということは、まったく問題なくコンセンサスが得られる。イギリスの政治理論家であるブライアン・バリー（Barry 1965, S. 37ff.）による区別を取り上げれば、欲求に定位した価値は、理想に定位した価値よりもかなりの程度で一般化可能なのである。理想に定位した価値とは、その都度規定される客観的質（「完璧性」）、構造（「平等」）ならびに能力（「業績」）が、それ自身永続的価値として、すなわちそれらの価値が肯定的な主体的体験の中で影響力を持つものであるのか否か、またその影響力がどの程度であるのかということに左右されない価値として把握される価値のことである。理想に定位した価値観が歴史的・文化的差異というすでに前提された価値に強く規定されるのに対し、意識を持つ存在の欲求と体験に依拠する価値観は直接的であり、何らかの前提を設けなくても追体験可能である。

それは、ヒト胚との関わり方に関する道徳的境界は決して引かれえないとか、そもそも境界を引くこと自体が恣意的であらざるをえないと言っているのではない。右の言明から導出されるのは、そうした道徳的境界があるときに、それがつねに間接的にしか基礎づけられないということだけである。なぜならこうした境界は、胚そのものに対する義務ではなく、ヒト胚を顧慮した義務を基礎に置いているからである。そうした義務は、――たとえばある行為が道徳的、美的あるいは他の理由から長期間にわたって他者に強く不快な影響を与えるがゆえに、他者がその行為を決して容認する気にはならないだろうということが想定される場合に、そうした行為を差し控えるといったものであるが――他の人間に対する義務をその根拠としている。大なり小なり、ヒト胚実験やヒト胚を用いた実験が多くの人間に不快な影響を与えるということは事実である。ただ、成長した哺乳類に相応の実験が行われるよりも、ヒト胚実験の方が多少なりとも受け入れられるであろう。その際、そうした反応に含意される論理は、古典的な潜在性原理よりも、表現型の類似性原理によって再構成されうるように思われる。潜在性原理に従えば、潜在的な生物は、実際に生存している生物と同様の方法で保護されねばならない。それゆえに、生存の可能性のある生物との関わり方は、実際に生存している生物と同様に、限定されたものでなければならない。ところがこの原理は、大半の人間が成長した動物に相応の実験をするよりも、動物の胚実験の方を受け入れるように見えるといった事実をうまく説明できない。いずれにせよ、これまでのところ、動物の胚に対する保護規則は、それが成長し苦痛を感じる能力のある動物に対してあるような在り方では存在していない。嫌悪感をともなう反応をより適切に説明するには、感情的同一性が多少なりとも認められるか推測されるような、胚と成長した個体とのあいだの表現型の類似性を用いるのが適しているように思われる。仮に三カ月目までのヒト胚がわれわれと形態的類似性の何もないただの丸い細胞の塊であったならば、おそらく胚保護に対する考慮もわずかなものとなるだろう。

欲求に定位した倫理的論拠の説得力が、その都度の心理学的想定やその他の経験的想定の持つもっともらしさに依拠しているため、ほとんどの場合、そうした論拠から絶対的で無条件的な禁止や規則あるいは許可というものは導出できない。私が提案したいことだが、欲求に定位した論拠が優先され、(理想に定位した論拠がつねに下位に置かれる)ならば、胚研究——したがって胚研究を要する生殖医療のあらゆる発展——の絶対的禁止は基礎づけられえないであろう。仮に胚研究の禁止が基礎づけられるにしても、それは胚研究によって引き起こされる苛立ちや嫌悪感ならびに不安感への感情的反応の強度や持続性が求める程度の厳格さしか持ち合わせないであろう。したがって人間の死体に対する尊重義務と同じように、こうした義務はつねに弱いないし一応の義務でしかありえないだろう。すなわち、いくつかの義務や法が競合する際には義務同士や法同士を比較考量することが認められ、場合によっては一方の義務ないし法が他方の義務ないし法よりも優先されねばならないことが義務となる、ということである。――たとえば法令にもとづいた司法解剖のケースにおいて、死体を崇敬するという義務が法の安定を維持するという義務と競合した場合、前者は後者よりも下位に置かれねばならないといったことである。それに加えて、こうした義務は時代および文化に規定されている。ドイツでは胚研究に対する態度がアメリカのそれよりも明らかに拒絶されているという推測が正しいとしても、ドイツにあって当然である胚研究の制限がアメリカでも道徳的義務を負っていると前提することはできないのである。

3　クローンに関する展望

したがって、言うまでもなく、道徳的論拠と道徳的反応との基礎づけ関係は、まさにあべこべであるように思われる。つまり、道徳的論拠が道徳的反応を基礎づけし正当化するのではなく、いまや道徳的反応の方が特定の実践を容認するかしないかに対する道徳的判断を基礎づけているのである。私見によれば、胚保護を考察する場合、基礎づけ関係のこうした逆転は避けられない。しかもそれは、胚保護を基礎づけるための、きわめて重要かつ十分に一般化可能であるような論拠が他に見当たらないからではない。潜在性原理も、生物学的意味でのあらゆる人間が絶対的に保護に値するということで理解される人間の尊厳原理も、道徳原理が求める普遍的妥当性要求を満たすための原理としては不十分である。もちろん、人間に限定されないすべての生命を包括する普遍的な生命保護原理でも、そうである。もっともこうした点を鑑みると、胚保護は、妊娠状態を中断することや胚研究の規則に関する国際的な了解を得ることがなぜここまで困難であるのか、ということを説明する一つの特殊事例であろう。胚保護がむしろ副次的側面となるクローニングに対しては、一般的にほぼ全員一致で拒否するという事実に加えて、さらに重大な、とりわけ直接的な欲求に定位したクローニングに対する留保が示されうる。こうした留保は、クローン化された個体の具体的な将来の人生への展望と、とりわけ存命中あるいは死亡した人(「オリジナル」)のコピーであることを望まれたクローンに向けられる期待という名のプレッシャーに適用される。クローンが欲しいという願望がとりわけ二つの動機によって供給されているだろうことを描くためには、ほんのわずかな想像力だけで事足りる。すなわち、一方は喪失(とくに予期せぬ喪失)を穴埋めするため、したがってたとえば事故で死んでしまった子どもを代用するために、といった動機である。他方は、両親のどちらか一方に非常に似ていて、しかも両親をとても信頼するような子どもが欲しいといった動機である。両親のどちらか一方と遺伝的関係にある子どもをもうけるために、(たとえば非配偶者間人工授精や精子あるいは卵子提供による体外受精などの)他の方法が何もない夫婦の場合、二つの動機はクローン化した子どもが欲しいという願望につながりうるだろう。

私が描いた二つの状況というのは、子どものパーソナリティの発達に有用な自主性と独立性をその子に保証するのにあまり適切なものではない。一度生まれてしまえば、他の人のコピーとして望まれた子どもが実際に(多かれ少なかれ)コピーと見なされ、扱われる(あるいはコピーとしてしか存在できない)とはかぎらないとしても、少なくともそこには一つの重大なリスクがある。すなわち、子どもがその子自身であるというよりも、むしろそうあるべきものと見なされ扱われることで、その子独自の同一性形成が困難になるというリスクである。ここでの問題は、クローンそのものというよりも、クローンがどう見られるのかという点にある。すべての一卵性双生児が代取替え不可能な個体であるのと同様にクローンも代取替え不可能な個体であったとしても、クローンには個体としてというよりも、模範あるいはコピーとして見なされるという危険がある。しかもまさにクローンに対する他者の振る舞いと態度こそ、クローンのパーソナリティの発達にとってもっとも重要なものなのである。もしクローンが愛されているならば、その理由はクローン自身にあるのではなく、クローンが特定のメルクマールを持つがゆえになのかもしれない。言い換えれば、クローンは愛されているのではなく、評価されているだけなのかもしれない。なぜなら、愛されるというのは個人そのものに向けられるが、評価されるというのは、特定の性質を持つがゆえに、なされるものだからである。愛は個別的な関係性であり、価値評価は普遍化原理よりも下位にある一つの評価なのである。Aを愛する者は、BがAと共通する本質的な性質のすべてを持つからといって、Bを愛するとはかぎらない。それに対してAを高く評価する者は、Aにおいて高く評価された性質のすべてをBが同じように持つならば、必ずBも高く評価しなければならないのである。

　私が描いた二つ目の状況において、遺伝的な同一性関係にある両親の一方にあまりにも近いことからクローンに生じる心理学的危機も、由々しき問題を孕んでいる。離れ離れになった人が自己自身の分身に再会することで生じる多幸感は、よく知られているところで言えば、別々に成長した一卵性双生児を引き会わすことで感じられるものだが、それはロマンチックな恋愛に特徴的な「かぎりない」近しさという体験と本質的に類似した感情である。しかし、自分の子どもと象徴的な意味で一心同体であるという親密性感情によって容易に引き起こされるにちがいないのは、こうした感情を子どもが持つことによって、子どもの後々の人生にとって（たとえば自分自身のパートナー探しにとって）もっとも不利なかたちで、みずからと遺伝的同一性関係にある両親の一方に束縛されてしまうということである。

　それに加えてクローンの将来の人生への展望は、心理学的リスクだけでなく、身体的リスクによっても脅威にさらされるだろう。そのリスクは、クローンの持つ体細胞の遺伝子変化から生じるかもしれない。高齢の人間の体細胞の遺伝的統合性は、胚細胞の遺伝的統合性と同じレベルで安全ではありえない。少なくとも、ドリー方式で生み出された羊の約三分の一は変形したかたちで誕生したと言われている。こうしたリスクを回避するためには、胞胚期でなされる方法が参考になるだろう。つまりその方法とは、子どもをつくる場合にあらかじめ卵割球ないし胚細胞を分割することで、後々にクローンを作成する可能性を残しておくと決めておくのである。そうすることで、意のままにできる方法に制限をかけるというものである。

クローンに起こりうる将来の人生への展望に関連づけられる論拠に対しては時折反論が見られるため、ここでそうした反論の中で、二つの原理的異論に簡単に言及しておくことが適切であるように思われる。第一の異論は、クローンの生産方法からクローン人間に生じるリスクを指摘することが、多くの人間がヒトクローニングに感じるいわゆる本能的拒絶を合理的に擁護する上で、まったく十分ではありえないだろうという異論である。加えてリスク論は、議論の余地を多分に含んだ将来に関する不確かな想定にかなりの程度依存しているだろう。しかも、一般的に言えばリスクにはチャンスも含まれるだろうから、将来性論拠に影響を受けて、熟慮を経ずに直ちにクローニングを拒否しないように注意しなければならない。

実際、将来性論拠は不意の出来事に対する適応力がなく、さらにリスクにはたいていチャンスも含まれていることは明白である。たとえばハンス・ヨナスは、クローニングに反対したみずからの論拠の中で、クローンがその権利においてみずからの遺伝子構造に関しては知らないでいるように強制的に制限されているが、それというのも、クローンに対応する「オリジナル」の持つ人生の定めによって、クローンの人格上の遺伝学的危機が――クローンと他者に対して――確実に生じるからだと指摘している（Jonas, 1985, S. 189ff.）。この際に明らかなのは、クローンがみずからの遺伝子構造を知ることが不利益となるだけでなく、場合によっては利益にもなりうるということである。なぜなら、そのことでまさにクローンは遺伝的に条件づけられたあるいは遺伝的制約をともなう素質から、みずからに生じうる個人的なリスクを早い時期に知るチャンスを得るからである。そうしたリスクを早い時期に知ることができれば、個人的な生活スタイルを送る中でリスクに対応することが可能となる。こうしたチャンスは、個別事例で考えれば生死に関する決断を下す際の決め手になりうる。

リスク論は原理的に不確かな論拠であり、ハンス・レンクがこうした理由でもってクローニングに対するヨナスの論拠を「現実的な説得力のないもの」と見なすとき、レンクの言っていることはもっともである（Lenk, 1989, S. 43）。しかしながらそのことでもって問題となっている第一の異論が受け入れられることには決してならない。この異論はあまりにも明らかに論点先取という誤りを犯しており、真剣に受け取ることができない。なぜならこの異論は、――クローニングが拒否されるべきであるという――これから示されるべきであろうことを前提としているからである。しかし人間のクローニングが拒否されるべきであるということは、単純に前提できるものではない。クローニングが拒否されるべきであることを言うためには、強い本能的嫌悪感だけでは不十分なのである。

第二の論拠は第一の論拠よりも真剣に受け取るべきであり、それは第一の論拠とは異なり、クローニングを容認するための態度決定のうちにもっとも多く見出されるものである（たとえば Robertson, 1994 に示されている）。この論拠に従えば、クローン化された個体の誕生状況からその個体に生じるかもしれない損害はそもそも重要なものとは見なされない。なぜなら、そうした個体はその損害をみずからが存在するために甘受するからである。「損害」があまりにも甚大であり、そのことでクローン化された子どもが自分の人生を生きるに値しないものと見なし、死を選好するときにかぎり、クローン固有の「傷害」について論じられうるのだろうが、これはきわめて例外的なケースでしかないだろう。なぜなら、普通であればクローンは自己自身の存在を肯定するだろうからである。クローンは存在しないことよりも、みずからの誕生した特殊な状況によって引き起こされる「損害」も含めて、存在することを選択するだろう。もしクローニングにともなう損害が回避され、クローン化された子どもが普通の方法で生み出されるならば、そこにはクローン化された子どもではなく、それ以外の誰かが存在しているということになるだろう。

こうした第二の論拠は確かなものであろうか。そもそも誰も存在していなければ、誰も傷つけられえないということは、まったくその通りである。その反対が想定されるならば、それは「傷害」という概念の論理とはまったく両立不可能なものであろう。すでに存在している者だけが傷つけられうるのである。しかしだからといって存在しているか否かだけが問題であり、人間の単なる存在あるいは生産に結び付けられる疑似 - 損害（つまり、実際の傷害を被らない損害）が道徳的に重要ではない、ということではない。それどころか、われわれは以下の二つの事例に道徳的に重要な区別があるのかどうかと問うことができよう。すなわち、（事例1）私がAを生み出し、その後に私がAを傷つけるのかどうかということ、あるいは（事例2）Aが事例1で被るだろう被害と同程度の、自分の作成と存在に結び付いた疑似 - 損害を被るようにするという条件下で、私がAを生み出すのかどうかということである。その特殊な作成方法のために、Aが深刻な疑似 - 損害を被るだろうことを知っていながら私がAをクローニングする場合、私がAを傷つけていると言えるのかどうかは道徳的にはむしろ本質的ではないように思われる。道徳的に第一に憂慮されるべきは傷害ではなく、ほとんどのケースで疑似－損害のリスクを背負うAを生み出すこと自体である。

したがって、たとえ自分が生み出された後で、みずからの誕生と結び付けられる疑似－損害を先天的に持っていないことをAが望んでいないとしても、Aを生み出すことは、Aが生み出される前に批判に値しうるように思われる。しかもその批判は、深刻な負担のより少ないBを生み出す結果になるような、あるいは遺伝的同一性関係にあるみずからの子どもを断念するという結果になるような、Aを生み出す以外の代替え案があったにもかかわらずAを生み出した場合と同程度に、批判に値しうるように思われる。Aは、その個人的観点から見れば生まれないことを願っているにちがいないからAを生み出すことがそうした観点からみればA自身を批判することにはならないとしても、それでもAを生み出すことは批判に値しうる。クローンはみずから受け入れ可能な代替案を持たないが、クローンの産みの親は一つの代替案を持っていたかもしれない。クローン自身は負担を背負いながら存在することを、自分が存在しなかった場合と有意味に比較することはできないが、クローンの産みの親は、負担を背負って生存するクローンを、クローンと同じ立場で存在するだろう負担を背負わない他の存在者と比較することができる。Aを生み出すことにともなうAの「負担」は、Aを作り出すことを道徳的批判に値するものとするために、Aを生み出すことにともなうAの「負担」がどの程度のものでなければならないのかということを一概には確定することはできない。しかしそうは言っても、Aが自身の人生を生きるに値しないものではないと感じるためには、そうした負担が極度に深刻なものであってはならないことは明らかである。

4　人間のクローンに反対する論拠はどの程度強力なのか

多くの人は、これまで示された人間のクローニングに反対する論拠が比較的弱い論拠であると見なしがちである。では、それよりも強い論拠はあるのだろうか。

たいていの人は、人間がクローニングによって人間の尊厳と両立不可能な方法で道具化されているという意味で、クローニングを人間の尊厳の毀損であると見なしている。この論拠を援用する大方の人々は、主張される道具化の正確な対象を示さない。つまりクローニングによって、――（クローニングの結果として生まれた人間個体という意味での）クローン、（みずからと遺伝的同一の「コピー」をクローンで手に入れ、それによってみずからの取替え不可能性の一部を失うかもしれない）「オリジナル」、細胞核と核を除去した卵細胞を組み合わせることで生じるヒト胚、あるいは人類そのもの――のうちの、まさに誰の尊厳が毀損されているのかを言わないのである。屈辱的なものとして評価される道具化の対象がどこに見出されるかに応じて、異なった――規範としてさまざまなかたちで重視される――人間の尊厳概念が意味される（Birnbacher, 1995 を参照）。意識を持つ人間個体の尊厳が毀損されているならば、毀損されているのはその個体が持つ基礎的な権利である。人間の死体の持つ尊厳が毀損されているならば、毀損されているのは崇敬の念という規範だけである。――おそらく意味論的理由からすると、死体は道徳的権利の担い手として考慮の対象にはならない。人類そのものの尊厳が毀損されているならば、毀損されているのは、人間がみずからの類について形成する特定の記述的ないし規範的なイメージに他ならない。第一の意味で尊厳が毀損されている場合にかぎり、人間は尊厳の毀損によって傷つけられている。第二、第三の意味では、せいぜいのところ象徴的傷害ついて語られうる程度である。すなわち、この種の尊厳の毀損は、主に第三者の感情に対してなされているのである。こうした尊厳の毀損は、尊重感情や不可侵性に関する感情ならびに類としての人間との適切な関わり方についてのイメージを毀損しているのである（したがって、広く共有されてはいるが根本的には矛盾している傾向、すなわち人間についての特定の記述的事実と理論——自由意志論の否定といった——を人間の尊厳と両立しないものと見なす傾向を説明しうるだけである）。その際に第二と第三の意味で人間の尊厳を尊重するということは、特定の不完全義務に従うことを意味する。不完全義務とは、それにその都度の他者の適切な権利が対応しない義務のことである。それに対して、人間の尊厳を第一の意味で尊重することは他者の権利がそれに対応する特定の完全義務に従うことを意味する。第一と第二の意味での尊厳の毀損は具体的対象を持つが、第三の尊厳が毀損している対象は抽象的——人間性である。こうした抽象性は、すでにカントの中に特徴的に見出すことができる。カントは定言命法のいわゆる第二定式において、単なる手段として決して用いてはならないのは人間ではなく、（「人間である」という意味での）「人間性」であることを述べている（Kant, 1968, S. 429〔邦訳、六五頁〕）。ただし道具化の対象がこうした抽象性であるならば、「道具化」とはそもそも何を意味しうるのかということが不明瞭となる。「人間性」というような抽象概念は、いかに道具化されうるのだろうか。人間を単なる手段とするならば、人間性の理念は軽視されうる。しかし手段としての人間は、つねに具体的人間でしかありえないのである。

私は、尊厳の毀損という概念がその三つの主要な用法の中で、さまざまな意味論的意義だけではなく、さまざまな規範的重要性によっても特徴づけられることを論じた。その際に決定的であるのは、第二、第三の意味での人間の尊厳の毀損に比べれば、第一の意味での人間の尊厳の毀損が容認できないということはより強く基礎づけることができるという見解である。その都度の当該個体の関心や欲求に依拠すれば、第一の意味での人間の尊厳の毀損が容認不可能であることを強く基礎づけることは可能である。その一方で、人間の尊厳原理の第二、第三の用法にあってこうした原理を基礎づけるためには、第三者の感受性や態度を指摘するといったような弱い基礎づけ手段しかない。「具体的な」人間の尊厳原理を基礎づけるために、道徳規則に関するバーナード・ガートの最小限の道徳理論より広範囲な論証手段はまったく必要ではない（Gert, 1983）。つまり、実際に人間が生命維持・肉体の統合性・自由や自己尊重、ならびに少なくともこれらの善が最小限に保障されている社会に生きることにも強い関心を持っている、といった決まり文句を引き合いに出せば十分である。人間の尊厳の第二、第三の意味にあっては、その原理の内容を普遍的に基礎づけることは第一の場合に比べるとあまりにも困難である。「具体的な」人間の尊厳原理は、人間の根本的欲求が比較的に安定して存在することを指摘すれば正当化されうるのに対して、「抽象的」原理は、価値・尊厳・所与の秩序に関して強く文化的に規定されたイメージを示すことで正当化されるのである。

そうすると、誰がクローニングによって道具化されるのであろうか。詳しく見てみれば、クローニングによって道具化されるのは、「オリジナル」でも、クローンでも、人間性でもなく、細胞と胚だけである。仮に父親ないし母親がオリジナルの同意を得ずにクローンを作成したならば、「オリジナル」は道具化されたということになるかもしれない。しかしその場合、道具化の原因は同意を得ないことにあるのであって、クローニングそのものにあるのではないだろう。

たびたび論じられるように、クローニングによる尊厳の毀損は、生殖がはじめから「オリジナル」の遺伝子コピーを目的としていることによって、生殖が目的志向的にならざるをえない点にその理由があるのだろうか。しかしここでは生殖が目的のために利用されることで何の尊厳が毀損されているのか、と問うことができる。手段として用いられているのは、人間あるいはその他の搾取可能な存在者ではなく、行為や事象としての生殖である。目的のための手段として用いられるのは、人間ではなく、人間の産生である。しかしながら、たとえばすでに存在している子どもに兄弟姉妹を与えるため、みずからの老後に配慮するため、家業を継がせるため、社会的期待を満たすため、二人だけでいることの寂しさを解消するためといった特定の目的のために子どもを産むということが、なぜ道徳的に憂慮されるべきであるのかは明らかではない。計画を立てること、および目的と手段との合理性が人間の尊厳に反するかもしれないということは、他方でそれら二つが人間に特有の完全性の証明と見なされているだけに、いっそう理解できない。生殖を自然に委ねることによってわれわれは、神とではなく、むしろ動物と結び付くのである。

道徳的に憂慮されうるのは、目的合法性そのものではなく、おそらく他者にとって有害な具体的目的あるいは他者にとって有害な具体的手段である。たとえば、クローニングの目的が「大量生産品としての人格」の生産であるとか、クローン化がもっぱらクローン自身にとって不利な方法で他者の利益を最大限にするためになされるといった場合である。しかしそうだからといって、特定の目的のために生殖を道具化することが、こうした方法で生み出された人自身を批判に値する道具化ないしその他の傷害の対象とすることと必ずしも結び付くわけではない。いずれの場合においても道徳的に問題であるのは、クローンそのものの傷害ないし疑似‐傷害であり、クローンの産生が目的となっているという事実ではない。人間の尊厳概念という「重火器」を出動させなくても、こうした類の傷害を倫理的に考慮することは可能である。

したがってわれわれは、道具化論拠によってこれまでの叙述に付加されることは何もないと結論づけねばならない。それはクローンの見通しから導出されるクローニングに反対する根拠を弱めもしないが、強めることもできないのである。

また、ここでは一つの重大な制限が付け加えられなければならない。つまり、人々が「クローニングへの反対根拠」を論じるとき、それは明らかに誇張されたものであるということである。なぜなら、これまで示されてきたクローニングに対する反対根拠はきわめて狭く限定されたものであったからである。こうした根拠は、1. 人間のクローニングに反対するだけであり、動物のクローニングには反対しない。2.「オリジナル」とは時間上遅れて生きる人間のクローニングには反対するが、同じ時間を生きる人間のクローニングには反対しない。3. 個体そのもののクローニングには反対するが、組織、器官、体の一部のクローニングには反対しない。

明らかなのは、クローニングに反対するために引き合いに出されたこうした根拠が、人間に対してのみ妥当するものであるということである。このような根拠のすべては、動物には適用されえない社会心理学的要因を指示している。また、動物のクローニングに反対するための論拠が考えられたとしても、それはまったくのところ、動物のクローニングだけに該当する論拠ではないだろうということは容易に見てとれる。そうした論拠は、まさに動物のクローニングにだけではなく、他の生殖医療技術の多くが動物に使用される際にも妥当するであろう。このことが意味するのは、こうした論拠が誤りだろうということではない。しかしながら、われわれはまさにこういった点で家畜の育種生産という道具化をやめるべきだということを基礎づけうるような論拠は、決して見出されないであろう。動物の再生産を人間が道具化する中で、他ならぬクローニングこそが一線を超える手段となってしまう理由を根本的に説明するのはきわめて困難なのである。もし——トム・レーガンの言う原理的な動物倫理という意味で

（Regan, 1983）——哺乳類の利用が原則的に拒否されるならば、たとえば動物の生産性を最大限にするための技術的援助を受けている人工授精や体外受精、胚の選別といった生殖方法も拒否されねばならない。

同様に私は、〔クローンの展望に依拠した反対根拠には〕二つ目の制限がただちに帰結するように思われる。人間のクローニングに対する本質的な反論の核心が社会心理学的観点におけるクローンの展望のうちにあるならば、通常の双子のように同時に生まれるように人工的につくられた一卵性双生児に対しては、時間的に遅れて生まれてくるクローンに匹敵するような強い倫理的懸念はないということになる。胚分割によって双子を生み出すことへの反対意見は、こうした技術が胚への操作を必要とし、そのために胚保護に対する多くの人々に共有されている関心が侵害されていると言っているだけである。技術的介入によって双子を安全に産むか、少なくともその蓋然性を高めるという両親の持ちうる関心——とりわけ子どものいない夫婦の場合、双子が欲しいという願望は珍しいことではない——は、明らかに胚保護に対する関心と釣り合うほど保護に値する関心ではない。もしも、配偶子（卵細胞と精子細胞）に影響を及ぼして、これらが結合した際に双子ができるようにして、しかも生まれてくる子どもには追加的リスクを負わせなくてすむような介入が可能であるならば——これは理想論だろうが——、そのときに初めて、こうした憂慮は取り除かれるだろう。

第三に、クローンの展望にもとづいたクローニング批判から根本的に帰結するのは、以下のことである。すなわち、当該の異論は、はじめから遺伝的に（十分な）同一性関係にある個体の生産を目的としたクローニングには反対するが、すでに生存する個体のために、遺伝的に（十分な）同一性関係にある生物学上の「補充部分」の生産を目的としたクローニングには反対しないということである。私はこうした見通しの中に、ドリーによって人間に開かれた将来に対する肯定的展望を見ている。成長した哺乳類の体細胞から哺乳類の「コピー」をクローニングすることが技術的に可能である場合、遺伝子工学を使用することで、成長した体細胞から組織、臓器、体の一部の「コピー」をクローニングするまでにそれほどの時間はかからないであろう。そうした技術が人間に転用されれば、果てしない利益が——少なくとも、凍結された人工的な双子の胚から交換用の臓器を生み出すという、いくつかの生殖医療によって描かれた展望に対してもたらされるだろう。胚分割によって体外受精を進める中で、必要のある場合に備えて胎児の「臓器提供者」に成長しうる遺伝上の替え玉をあらかじめ生み出しておく代わりに、体細胞からのクローニングというすでに意のままにできる技術によって、生物学上の「補充部分」は、その都度の必要に応じて適切に生み出されうる。欠損・負傷・罹病した臓器に対する生殖医療の適用が増加すれば、その恩恵にあずかる者の範囲は、現代生殖医療によって生存が可能となっているような少数者に限定されないだろう。

いかに臓器や組織の適切なクローニングをイメージしうるのかということは、すでに今日にあっては明らかである。遺伝子発現の適切な抑制によって、つまり、そのときどきの体細胞の遺伝子機能の大部分を「不能にすることで」、通常の有機体の持つ特定の部分だけを出現させるのである。介入の結果は、個体全体にではなく、部分システムの程度の差こそあれ、大規模で統合的な集合に現れるだろう——そこでは、どの程度の完全性であれば、臓器や身体の一部についてだけでなく、——たとえ異形であったとしても——特定の臓器と身体の一部を持った個体について論じていることになるのかという問いがすでに、胞胚期における困難な限界事例問題を投げかけうるだろう。完全なカエルではなく、（英国の科学者によって短期間で生み出されたような）頭部のないカエルだけを成長させるような部分としての胚とは、そもそも依然として一つの胚と言えるのだろうか。われわれは、後に完全な個体に成長する存在者に対するイメージを「胚」の概念に結び付けているのではないか。こうした問いは重箱の隅をつつくような問いにすぎないのではなく、直接的に倫理的重要性を持つ。というのも、――現実的にあるいは原理的に――完全な人間個体にまで成長しうるヒト胚だけを規範的に重要な意味での胚であると見なすことができるならば、胚や組織や部分システムは、移植目的でクローン化された臓器の使用を妨げるものはもはや何もないという帰結とともに、胚保護の範囲から除外されるだろうからである。それらが規範的に重要な意味を持つ胚であると見なされないならば、論じられるのは細胞培養や組織培養についてだけとなろう。もっともその際、これらの培養によって、とりわけヒト生殖細胞（核を除去した卵細胞）が培養中に死滅するという特殊な論点が指摘されるのだが。いずれにせよ、そうした培養によって、たとえばまだ融合していない細胞に必要な操作を加えることで、ひょっとすると胚への操作をまったくせずに遺伝的同一性関係にある組織や臓器を生産するという目的を達成するという方途が発見されるかもしれないのである。

5　法倫理学的な問い――クローニングは罰せられるべきか

人間個体のクローニングに反対する弱い論拠は、これまでの叙述に従えば、子孫のクローニングの倫理的禁止を基礎づける上で十分に強力である。では、こうした論拠は、そうしたクローニングの刑法上の禁止を基礎づけるに足るものであろうか。たとえば、「他の胚や胎児、人間あるいは故人と同一の遺伝子情報を持つヒト胚を人工的に発生させる」者を五年間の禁固刑や罰金によって威嚇するという仕方で、ドイツ胚保護法第六条にあるような刑法上の禁止のことである。

特定の行為に対して刑法上の処罰を科す権利を付与するためには、その行為に対する道徳上の否定的判断だけでは不十分である。刑罰を科すことを正当化するためには、それに加えて、その行為が深刻な程度で社会的悪影響を与えるものでなければならない。しかも処罰でもって特定の行為を牽制することによって、個人的行為の自由が不当に制限されるようなことになってはならない。はたして、刑法上の強化によって禁止を正当化するほど、クローニングは社会に対して悪影響を持つのであろうか。むしろそのことで、個々人の自由が不当に制限されるのではないだろうか。私見によれば、クローニングを刑法によって禁止することはとりわけ、みずからの子孫の人数や出産時期ならびに健康上のリスクを自由に決定できる権利と対立してしまう（Kliemt, 1979, S. 168 を参照）。その際にとりわけ重要なのは、「リスク」という要因である。故意であろうが不注意であろうが、重大な疑似‐傷害を背負うリスクが著しく高まる状況下で子どもを産むケースに対して、そうした事態にならないように刑法上の処罰でもって両親を脅し威嚇しようなどということは誰も考えていない。場合によってはたとえ両親が道徳的非難を免れないとしても、それでもある程度自由の保障された国家においては、――はっきりと家族に遺伝的負荷があるにもかかわらず――そうした負荷の個人的なリスクについて調査せずそのリスクに対する適切な態度をとらずに両親が故意ないし不用意に重い病気を持った子どもを産んだとしても、両親を刑法上の処罰でもって訴えることは想定していない。まさにそうした罰則実践は、市民のもっとも内面的で個人的な人生決定を国家の管理下に従属させる全体主義システムの特徴といえるであろう。ところがこのことによって、説明せねばならない非対称性が明らかとなる。すなわち、現代遺伝学の可能性をあえて要求しないことで重い病気を持った子どもが生まれたとしよう。その場合にそれを処罰しないならば、特徴的だが相対的に負荷の――もっぱら心理的に――少ない子どもを産むという結果をもたらす現代生殖医療の積極的利用は、いかにして処罰に値するといえるのか、という非対称性である。クローンの生産方法によって限定的にクローンの将来の人生への展望が暗くなるからといって、そのことでもってクローニングを刑法上で禁止することは、いかなる場合であっても正当化できないように思われる。

クローニングがそのものとしてあるいは各個別事例においてヒト胚への操作ないし研究を前提し、内包しているという事態も、こうした非対称性を説明することはできない。私が他のところで論証したように（Birnbacher, 1996, S. 247ff. を参照）、胚研究の処罰可能性は、その不透明な社会的悪影響のゆえに、脆弱な論拠の上に成り立っている。傷害が胚研究から生じるならば、さしあたりそれは象徴的な在り方での傷害にすぎない。しかしながら、とりわけ自由主義的社会で制定される刑法は、道徳的に憂慮すべき行為は、それが不道徳的であるという理由からだけでは処罰の対象とはならないが、おそらくその行為が他者を直接的に傷つけない場合であっても、他者の感情を強く害する場合には処罰の対象となるということによって明瞭に規定されている。まったく疑いの余地がないのは、不快にさせる言動が正当な処罰根拠だということである。――そこで問われるべきは、ある行為の単なるイメージだけで不快になるからといって、それだけで刑罰に値すると言うに十分であるのか、あるいはその行為を不快に思う人が、不本意ではあろうが、不快な行為の直接の目撃者になる必要がないのかどうかということである（Feinberg, 1985 を参照）。他の人を傷つけはしないが不道徳なことや、間違いなく公衆に不快な思いを生じさせるようなことを他者が秘密裏に行うことを単に知っているということだけでは、その行為が刑罰に値するということを担保する上では不十分である。というのも、もしそれで十分であるならば、これは不道徳なことと自体が刑罰に値するという法道徳上の立場とさほど変わらないだろうからである。道徳的規範よりも刑法上の処罰の方が自由をより直接的により感情的に制限することになるため、刑法上の処罰の対象となる行為の社会的悪影響には倫理的判断の場合よりも高い要求が課せられねばならない。したがって、他者を傷つけないが不快なものと感じられる行為を知っていることだけでその行為が処罰に値しうるのは、それを知っていることでその行為を不快なものと見なす大多数の人々に精神的に深い傷を残し、混乱させ、その結果そうした人々の生命観や自己尊重に後々にまでわたって悪影響が残る場合である。私からすると不確かなのは、胚研究（あるいはクローニングそのもの）がこうした幅広い条件を満たしているのかどうかである。

重度の疑似‐傷害を被る子どもを生み出すことが罰せられないのに、軽度の疑似‐傷害ですむ子どもをクローニングすることが罰せられるという差異が胚保護法固有の刑法上の意味によって基礎づけられえないのであるとすれば、それはいかにして基礎づけられうるのだろうか。

引用参考文献

Barry, Brian, *Political argument*, London 1965.

Birnbacher, Dieter, »Mehrdeutigkeiten im Begriff der Menschenwürde«, in: *Aufklärung und Kritik*, Sonderheft I (1995), S. 4-13.

Ders., »Ethische Probleme der Embryonenforschung«, in: Beckmann, Jan P. (Hg.), *Fragen und Probleme einer medizinischen Ethik*, Berlin/New York 1996, S. 228-253.

Feinberg, Joel, *Offense to others*, New York 1985 (The moral limits of the criminal law, 2).

Gert, Bernard, *Die moralischen Regeln*, Frankfurt am Main 1983.

Jonas, Hans, »Laßt uns einen Menschen klonieren. Von der Eugenik zur Gentechnologie«, in: Ders., *Technik, Medizin und Ethik*, Frankfurt am Main 1985, S. 162-203.

Kant, Immanuel, *Grundlegung zur Metaphysik der Sitten* (1785), Akademie-Ausgabe, Bd. 4, Berlin 1903/1911, 1968, S. 383-464.〔『人倫の形而上学の基礎づけ』平田俊博訳、『カント全集7』、岩波書店、二〇〇〇年〕

Kliemt, Hartmut, »Normative Probleme der künstlichen Geschlechtsbestimmung und des ›Klonens‹«, in: *Zeitschrift für Rechtspolitik 7* (1979), S. 165-169.

Lenk, Hans, »Zur Frage einer genetischen Manipulation des Menschen. Überlegungen zu einer Gen-Ethik«, in: *Forum für interdisziplinäre Forschung I* (1989), S. 40-45.

Regan, Tom, *The case for animal rights*, London 1983.

Robertson, John A., »The question of human cloning«, in: *Hastings Center Report 2* (1994), S. 6-14.

Warnock, Mary, »Haben menschliche Zellen Rechte?«, in: Leist, Anton (Hg.), *Um Leben und Tod*, Frankfurt am Main 1990, S. 215-234.

第13章　子孫の選択

1　選択に対する諸々の留保条件

「選択」という言葉は、とても刺激的な言葉である。臨床上の試験や治療を行う可能性がかぎられているとき患者を選ぶに際して用いられる「患者の選択」が、医療現場で広く一般に価値中立的に用いられているのに対して、人間生命の始まりに関わる「選択」は、一義的にネガティヴな意味をもつ。したがってまたこの「選択」について語るひとは、概ね批判的な意図で語っている。(1) この言葉は、これまでさまざまになされてきた人間の生物学的な「改良」や、優生学・「民族衛生学」・人類種の改良などを想起させる。それ以外にもまた「選択」という表現は、ドイツの強制収用所で特殊な用いられ方をしたので、特別の意味合いが担わされてもいる。そこでは、犠牲として「選択」されることがただちに死を意味していた。

多くの人にとって「選択」という言葉が否定的な意味合いをもつのは、このような負の連想に関わるからだけでなく、そもそも事柄そのものが由々しき問題を含んでいるからである。また、それがどのように語られるかは重要ではない。「選択」は、徹底して不平等な行為であり、治療の平等性という根本原則に反しているので、極端な欠乏状態の下でのみ正当化されるだろう。つまり平等性原則に即して治療が行われたとき、誰も助からなくなるか、またはそれ以外のやり方に比べて助かる患者数が著しく減少するような場合である。それは例えば、大災害に際しての負傷者の治療優先順位や、成功する見込みという観点からなされる不足する臓器の移植についてのレシピエントの選択などの場合である。これらの場合、非常にわずかの患者しか生き延びることができず、あらかじめ企図されていた選択はすべて断念されるだろうし、不足する医療資源のレシピエントは、籤かまたは何かある別の機会均等な偶然にもとづいて決定されることになるだろう。しかしこの種の不足条件は、命の始まりにおける選択決定には一般に該当しない。

選択の手続きに関わる複数の見解の対立は、選択的な医療行為が、同時に生存と成長についての選択的認可となるとき、すなわち新生児クリニックで重篤な新生児の治療に際して行われるとき、最も顕著になる。重篤な新生児の治療に関してこれまでにドイツで行われた最初の研究成果の一つは、実際に行われる選択的な医療行為と、このような医療行為を行う医師の見解とのあいだに齟齬のあることが明らかになったことである (Zimmermann et al 1997)。実際に行われた選択が拒否されることはないが、しかしこの医療行為は、多数派から問題をはらんでいると見なされている。「反論なしに選択の実施を受け容れているのは、新生児専門の小児科医のうちたった十六パーセントだけである。これに対して倫理的(七四パーセント)、宗教的(二五パーセント)、または社会的(十三パーセント)理由から、小児科医たちは選択に対して反対の意見をもっている」(ebd, S. 72.)。

(1) たとえば、着床前診断にもとづく選択に反対する組織の刊行物については以下を参照。c/o Bundesverband für Körper- und Mehrfachbehinderte, Brehmstr. 5-7, 40239, Düsseldorf.

2　三つの条件

では、どのような場合に「子孫の選択」が行われていると言えるのだろうか。この「選択」は、複数の子どももまたはその前段階にある存在者のうち、誰が生きるべきであり、成長すべきであるのかについて、ある特定の質的な基準にもとづいて自覚的に決定を下すことを意味する。これによれば、この選択は三つの本質的な規定要素をもつ。すなわち

1. 操作された生殖という形式をもち、
2. 質的基準に従い、
3. （実在するかまたは想像された）複数の選択肢間の選択を含む。

第一の特徴は、実際のところ特徴というほどのものではない。先進工業国ではすでに一般化している第一子出産に関して目安とされる時期の選択や、子どもの数や後続する出産との間隔の選択などは、操作された生殖であるだろう。しかし、これらはふつう〔子孫の〕選択とは見なされない。そこには、現実のないし想像された選択肢の全体への関わりもまた質的観点への関わりも欠けている。[2] 同様のことがジャマイカから報告されている産児調整の選択的応用による性別選択にも当てはまる。[3] それは、〔選択に際して女児を優先することで〕質的な基準に従うという条件は満たしているが、しかし選択肢の複数性〔選択肢間の選択〕への関わりという条件は満たしていない。

これに対していわゆる「試し妊娠」は一義的にこの選択を意味する。というのもこれは、特定の意図のもとに、つまり、場合によっては胎児を（もし胎児が〔母親の〕望まない特徴を示すならば）中絶し、その後もう一度妊娠を試みるという意図で行われるからである。ここには質的なメルクマールを基準に

するという特徴だけでなく、選択肢の全体への関わりも認められる。その際、選択肢の全体が同時に与えられているのか（それはちょうど精子選択や着床前診断にもとづく胚の廃棄の場合のように）、それとも通時的に与えられ、全体は選択の時点ではただ想像されただけの全体であるのか、ということはまったくどちらでもかまわない。決定的に重要なのは心構えであり、実際の、ないしはありうる結果ではない。したがって「試し妊娠」による中絶は、それがなるほど自分が望まない子どもを、自分が望む子どもによって補充可能であると見なす観点のもとで行われたが、しかし実際には補充されなかったという場合にもまた選択行為となる。

3　子孫の選択で何が道徳的に問題となるのか

子孫の選択に反対する論拠を一瞥するとき、それがこの選択のもつさまざまな観点に対して反論していることが分かる。すなわち、

1. 生殖における目的の操作という観点、
2. 選択の目的、

（2）両親の年齢、または子ども相互の年齢差は、子どもたちの成長可能性に影響を及ぼすので、間接的には質的な特徴と見なしうるだろう。

（3）中国やインドとは異なり、ここでは――家族の安定を保証するものとして――女児が優先される。二人の男児を持つ女性は、二人の女児を持つ女性よりも五〇％程度より頻繁に三度目の妊娠を行っている。

3. この目的のために用いられた手段、
4. 選択から生じる個人的ならびに社会的な影響、

に対する反論である。子孫の選択は生殖操作の一つの形式だとする論証は、選択に反対する論証のうちにあって、さまざまな理由から説得力の最も弱い反論の類に属している。第一にそれは自然を何か神聖なものと見なしているが、その論拠は曖昧である。人類学的な根本規定からみて、人間は「神の役割を演じる」ことや、自然——したがってまた自らの生殖——を合理的操作のもとに従わせる能力を持っている。なるほど人間が計画的に、また目的－手段－合理性によって生殖の領域へと無制限に介入することに対して疑義をもつことには、十分な理由が認められる——確かに生殖の領域は徹底して合理化された世界の内部にあって、自発性と直接性が未だ失われずに残されている僅かな領域の一部である。しかしこの疑義は、自らの意志にもとづいてこの自発性を断念する人々に反対するための、いかなる道徳的な条件も根拠づけることができない。

生殖というとても自然で、被造物に特有の領域へと目的－手段－合理性が介入することを支援し、そして性に関わることを目的の観点に従わせるのは、人間の尊厳に抵触すると言われることがある。しかしもし人間に特殊な尊厳が与えられるとするならば、それは、とりわけ人間が自らの理性にもとづくことに対してであって、すべてを自然から与えられるのではないという意味での尊厳である。自然に服従するのではなく、それがどれほど狭い範囲に制限されているにせよ、自らに固有の尺度を自然の尺度に置き換えるという人間の能力こそが、人間の強さや誇りを構成する。カール・マルクスが必読書でなくなった時代にも、プロメテウスは暦に出てくる最初の聖者だ。第二に、操作された生殖は不自然だと見なす論拠は、選択に向けられると、あまり説得力を持たない。それはまた、広範に問題がないと認められている産児調整の方法を、法王庁が許容しうると見なすクナウス－荻野による避妊方法をも含めて、拒絶することにつながるだろう。

第二の種類の反論は、目的が生殖行為一般へ介入することには関わらず、この目的そのものに関わる。この反論もまた、選択の手段と帰結に関わる反論に比べて、特に強力ではないように思われる。複数の可能な子孫について、現在有力であり今後も同様に有力であり続けると思われる選択の目的そのものが、道徳的に批判されるべきであるかどうかについては、疑問の余地がある。たいていの場合この目的は道徳的に中立であるし、またそれどころか（〔以下にみる三種のうち〕第二の場合には）道徳的賞賛に値するだろう。

1. 両親の個人的な好みを実現すること、
2. 選択から生まれる子どもの幸せ、
3. 健康と正常であることについての価値論的規準を満たすこと。

個人的選好は、普遍妥当性を要求することがない。人はあるものを別のものに対して優先するが、だからといって他の人々にも同じものを優先するよう求めたりはしない。このことはしかし、このような好みが原理や基準や理想によって基礎づけられうるということを排除するわけではない。本質的なのはただ、このような諸原理が義務づけを求めることなしに生じることである。個人的な選好によって選択的な決定をする人は、特定の望ましくない特徴Mのない子どもを、特徴Mのある子どもよりも優先的に選ぶだろう。なぜならその人は、Mという特徴のある子ども、および／またはその子どもの出生から生じる帰結を、何らかの選好にもとづいて欲しないからである――たとえば、この子どもに対する懸念は〔親である〕その人自身に、その人の夫婦生活に、ないし既存の家族または未来の家族に、かなりの負担をかけることになる、と彼が考えるからである。このような選好は明確な根拠づけを必要としない。また、たとえ両親がMという特性に対して非－Mを優先することをうまく理由づけられないとしても、その選好は尊重すべきであるだろう。

二番目の種類の目的は、利他主義的な含意を持つ。それは他者の幸せを目指している。ただし「幸せ」は、決してよく定義された概念などではない。それは主観的には健康・満足・選好の充足状態であり、同様にまた――強い意味で「客観主義的」には――客観的な財・才能・職務・能力が自らの裁量権の下にあることである。フィリップ・キッチャーの理解とは異なり（Kitcher 1998, Kap. 12）、「幸せ」や「生の質」は、まったく主観的な意味で理解されるべきであり、何よりもまず、自らの内的体験を振り返り自己査定することで測るべきであるように思われる（Birnbacher 1998 を参照）。これによれば、人間の幸せは本来、その人がどの程度自ら幸せを感じているのか、つまり彼が自らの個人的体験をどのように評価するのか、ということにかかっている。そして、どのような客観的な財・才能ないし能力をその人が持っているのか、また自分の内的な体験がどの程度〔客観化できるような〕特別な快適感や幸福感を明示できるのか、といったことに依存するのではない。

価値論的な評価は普遍妥当性を求める評価であり、人間の客観的な「規定」またはすでにある正常ならびに完全性という基準から出発する体系的思考のうちにありつつ、独自の主張を行う。価値論的主観主義とは異なり、価値論的な評価は病気と障害を評価することによって客観的で機能的な構成要素を重視する。特定の障害を持つ胎児だけを選択的中絶によって選択することが許されるのか、という目下の議論で（これはちょうどアメリカの〈国立聾協会〉の代表が聾唖の子孫について要請しているとおりである。Tucker 1998 を参照）、価値論的な評価は、子どもの幸せを考えることとはまったく無関係に、拒絶的な解答をする傾向がある。

実際、〔両親の個人的な好みを実現するという〕第一の種類の目的は、自らの子孫の選択決定に際してきわめて重要な役割を担っているように思われる（Hennen et al 1996, S. 117 を参照）。生殖医療においてこの目的は、概して出産に至る最短の道を提供している。質的な選択は非－質的目的のために行われる、つまり精子と人工授精した卵細胞は、子どもの生まれる公算を最大限に高めるために選択されるのである。本来の意味での子孫の「選択」ないし「選抜」は、目的それ自体が質的に規定されている場合にだけ生じる。したがって単に子どもを産むときにこの「選択」が生じるのではなく、望まない特定の特徴なしに、または望まれた特定の特徴とともに、子どもを産むに際して、生じるのである。ヨーロッパと北米で出世前診断は、女性がダウン症児を産む確率が急上昇する年齢になると型どおりに勧められるという仕方で利用されている。アジアやアフリカの幾つかの国では、女児を産まないために出世前診断を行う夫婦がいる。

これらの目的は道徳的にどう評価すべきなのだろうか。健康な子どもを望むことがモラルに反するなどと考える人はいないだろう。しかしまた（たとえばインドでのように）強力な社会的・宗教的伝統という条件下で女児の出生を回避したいとか、経済的負担そのものや、また持参金目当ての求婚者から自分の家族を守りたいという願いは、必ずしも女性蔑視という考え方から生じるわけではなく、道徳的に非とする必要はない。嫁入り持参金を求めることも、男児を産むよう仕向ける社会的圧力も、もちろん是認すべきではない（インド政府は、持参金の支払いならびに出生前診断での性別告示をかなり以前から禁止している）。しかしこのことは、このような圧力に従うことそれ自身が批判の対象となるということを意味するものでもない。

子孫の質的な選択という目的を誤りだと見なす論拠として、この種の選択決定にさまざまな誤解の入り込んでいることが指摘されている。よく知られているのは、十九世紀末の優生学運動から生まれた、選択的生殖によって全国民の遺伝的な「改良」が可能であるという誤解である。遺伝的な疾病を「除去」するというさまざまな目的設定は、それが新たな突然変異の可能性を考慮していないことから、誤りであることがすでに明らかになっている。しかしまたさまざまな個人レベルの誤解にもとづく目的の設定も見られる。たとえば、希望どおりでなかった子どもとでもうまく折り合いをつけていく可能性のあることを理解していなかったり、子どもの求めに応じて自分の生活スタイルを変更するといった、自らの能力や心構えについて十分理解していない、といったことである。また、慢性病の子どもや障害児が持っている、自分のさまざまな制約とうまく折り合いをつけて生きてゆく能力は、しばしば過小評価されている。

経験的な統計上の平均値という仕方にせよ、客観的な目的論における形而上学的‐人間学的という意味にせよ、正常という観念が何らかの仕方であらかじめ客観的な基準として設定されていると考えると、他でもなくまさにこの正常という観念こそが、評価についての体系的な誤謬の基礎にあるように思われる。正常ということの基準が、客観的に、つまり個人的ないし社会的な価値づけから独立に基礎づけられるのかどうか、原理的に疑わしい。ふつう正常の観念は、明らかに記述的な観念と、同じく明確に規範的な観念との中間に位置する。客観的な機能障害に関わり、時代を超え文化圏を越えてある程度まで一致する要素だけでなく、かなりの程度、歴史的ならびに文化的に可変的な社会的規範が、この正常という観念のうちに入り込んでいる。それどころかしばしば、客観的な機能障害とみなされる当該機能の選択が、文化的に形成されている。それはたとえば業績主義社会に見られる仕事をこなす、という能力であり、これによって「〔仕事への〕意欲が弱い人」は障害者と見なされる傾向がある。またたとえ障害、疾病、〔意欲や知力の〕欠乏〔といった概念〕が決してただ単に社会的に形成されたものではないとしても、有能な働き手という社会的規範は、これらの概念を定義する際に確実に影響している。

ただしいわゆる認識の不足ということから、ただちに〔選択に対する〕道徳的な留保が生じるということはない。子孫の選択を行うという目的設定は浅薄であり、誤解にもとづき、本来の道から逸れているかもしれないが、しかしそのことはこの目的設定が道徳的にいかがわしいことを示すものではない。またこの目的設定が多くの場合、社会的規範にしたがう単なる大勢順応主義から生じるという事実は、この目的設定をそれだけで道徳的に批判すべきものにするのでもない。たしかに、多くの両親が「正常な」子どもの出生と結び付けるこの目的設定は、しばしば大勢順応主義的であり、啓蒙されておらず、誤解にもとづいているのではあるが。

選択の目的に対する別の批判は、この目的の持つ通俗性に向けられる。生殖医療を批判する人々が論拠にする『すばらしい新世界』[*1]の示すネガティブなユートピア像には、「赤ちゃん養殖場」というイメージが張り付いており、そこでは選択によってきわめて特異な体質についての願望——たとえば青い目や筋肉たくましい身体など——が実現されていた。しかしこの種の反論は、選択行為がそれとは別の理由で道徳的にいかがわしい場合にだけ批判力をもつ。そのような前提の下でのみ目的設定の通俗性がまた問われる。というのも、そのとき選択行為に対する疑念に十分匹敵するのは、通俗的な目的ではなく、実存的に重大な目的だからである。

選択の目的設定は多くの場合ただ単に道徳的に問題がないだけでなく、〔選択から生まれる子どもの幸せという〕第二のカテゴリーでの他者の幸せを目指す目的設定のように、道徳的に賞賛されることもあるだろう。医学上の動機による選択の目的設定はここで、その大部分が予防措置や治療上の処置と同様の目的を持つ。つまり、主体の持つ生命の質を確立し保護すること、そして機能的な障害の除去と阻止である。初期の段階において（可能ならば母胎内で）未来の子どもの疾病に対してなされる予防的措置ないしは治療行為が、直観的には道徳的に賞賛に値すると判定されるが、しかし（障害を持たない未来の子どもの出生という見込みにもとづいて）障害を持つ子どもの出生を阻止することは道徳的に非難すべきであると判定されるとき、その理由は目的設定の区別にあるのではない。二つのやり方は本来ただそのの方法のうちでのみ区別される。一方の場合〔未来の子どもの疾病に対してなされる予防的措置ないしは治療行為の場合〕には、すでに実在している個体が予防的ないしは治療的に処置され、そのことでZという病気ないしは障害のある状態が、ある特定の確かさで取り除かれるか、または阻止される。そして他の場合〔障害を持たない未来の子どもの出生という見込みにもとづいて、障害を持つ子どもの出生を阻止する場合〕には、ある特定の確かさで病気または障害の状態Zを有さない個体が、実在へともたらされる、ないしは選ばれる。

4　選択時期の段階的拡張

子孫の選択についての直観的な価値判断は、明らかにその大部分が、この選択がどのような仕方で実際に行われるのかということにかかっている。その際われわれの意識は自ずとある特定の境界へと、すなわち「問題なし」から「まったく許容できない」にまでわたる価値づけの等級のうちにあって、「分岐点」を際立たせる境界へと向かうだろう。

最も重要な境界は、一人または複数の人間の個体もしくはその前段階の存在者の処分ないし破壊を行うことと、これらの処分ないし破壊を行わないことの分岐するところにある。境界のこちら側での手続きには、パートナーを検査することによる意図的なパートナー選び（たとえば地中海地方の幾つかの国に見られる、サラセミア[*2]の人の持つ遺伝子の異型接合体の検査）や、子どもが病気を持つ危険率に即した出産時期の選択（たとえば母親が風疹であるときなど）、ないしは受精前になされる配偶子の選択などがある。

第一の手続き、つまりパートナー選びは、ショーペンハウアーが二十世紀の社会学を予見させるエッセー、『性愛の形而上学』で多少とも思弁的にパートナー選びの際に一般に前提していること、すなわち無意識のうちに誰もがパートナーと共につくる子どもの「質」にまでこだわっているということを、意識的に合理的なレベルで模倣している（Schopenhauer 1988, 2.Band, Kap. 44. を参照）。現在、遺伝子の異型接合を受け継ぐ疾病は、例えばイスラエルでテイザックス病[*3]が、そしてギリシャとキプロスでサラセミアが、診療対象になっている。卵細胞の選択は今ではいわゆる極体診断によって可能であり、卵細胞の「極体」の一倍体の染色体一組（なかんずく21－トリソミー）が検査されうるが、しかし検査された卵細胞が壊死するというかなりの危険を伴っている。また男女の選択は先行的に精子分離によって可能である。あるアメリカの研究機関はインターネット上で、いわゆる流動的方法[*4]により、女児を成功率九五・一パーセントで、男児を同じく七三・三パーセントで産むことができると宣伝している。

これらの手続きはすべて、この境界の向こう側で行われることに比して「より罪がない」ように思われる。もし子孫の選択がただ境界のこちら側での手続きによってのみ行われるとするならば、現在選択に付与されているのと同様のネガティブな意味を持つとは考えられない。決定的に重要なのは、この場合選択はそのつど、想像された個体ないしは可能的な個体どうしのあいだで行われるのであり、決して実在する個体どうしのあいだで行われるのではない、ということである。もしこの手続きが問題を持つとしても、せいぜいのところ特定の結果に対する観点のせいである。つまり、予防的観点からなされるパートナーの選択によって（たとえば従来からある近親婚の禁止のように）情緒的な関係が損なわれることや、それに反対してこの技術による選択が行われるような特徴の保有者に悪いイメージを付与するといったことである。

人間個体の生命を意図的に終わらせ、そしてこの消滅させられた生命に代わるある別の生命を育てるというやり方に対して、人々は内面的理由からより強く反発するように思われる。その際、直観によれば、このやり方の持つ道徳的問題は、他の事情が同じならば、ある段階から別の段階への拡張に即して強まる。

1. 着床前診断の後、振り分けられた胚の選択、
2. 出生前診断による胎児の選択的中絶、
3. 出生前診断による（子宮外での生存が可能な）胎児の遅い時期での選択的中絶、
4. 新生児の選択的安楽死。

これらの境界はすべて、広く一般に普及している直観的な判断にも、法的な規制にも適合している――たとえ個別の判定が互いに著しく相違するとしても。直観的な判断と同様に法体系もまた、成長する胚ないし胎児に、その発展段階が進むのに即して次第に高い生命権を付与している[4]。着床前診断にしたがった八細胞期の胚の廃棄は、たいていの場合、決して特別に深刻な問題として扱われない――これに対して選択目的でなされた中絶・後期の中絶・新生児の安楽死は、深刻な問題となる。またここで認められた胎児や子どもに対する保護が、漸次成人の保護に近づく。同様の等級づけは、法的ないし倫理の専

門家による規定のうちにも見られる[5]。

しかしこのことで直観的になされる区別が十分に把握されたわけではないだろう。少なくとも医師にとって選択方法についての判定は、その方法がどこまで「積極的」な処分として、またどの程度まで「消極的」に消滅することとして解釈できるか、ということにかかっている。着床前診断にもとづく胚の廃棄が決して積極的な破壊を内容として含まず、またドイツで新生児安楽死が通例（医師による処置をやめることによって）受動的に生じるのに対して、中絶は積極的で意図的な介入を必要とする。またその積極的な手続きが、「適切性」の程度に応じてもう一度区別される。一人の胎児かまたは（多胎児の場合）複数の胎児のうちの一人が、その心臓への注射によって殺される選択的胎児殺しは、吸引とい

（4） 連邦医師会の最新の説明では、出生前診断による後期の中絶については以下の点が確認されている。「医師の視点から〔…〕未だ生まれていない子どもの保護要請は、子宮外での生存能力があるならば、生まれた子どもの保護要請と区別されない」。これに対して先に言及したツィマーマン他によるアンケート調査によれば、小児科医の三分の二は、この区別があると答えている（Zimmermann et al 1997, *S.* 65.）。

（5） 着床までの胚の処分は、刑法二一八条により法的に中絶とはみなされず、したがって、より後期の中絶に適用される違法という判定は、あたらない。着床から生存能力を獲得するまでのあいだ、中絶は一部では（最初の三月の終わりまで）違法ではあるが、しかしわずかの条件の下で無罪となり、一部では（最初の三月のあと）刑罰の威嚇の下で禁止されているが、しかし医学的・心理学的な見地から寛大な事由が提示されると、逆に法的に正当化される。生存能力獲得後の発達段階にある胎児については、一九九八年に定められた職業倫理勧告にもとづき、医師はこの時期（非常に重い障害があり、出生後いかなる医療処置も行うことができないような胎児を除き）決して中絶を行うことができない。また、たとえ個々の場合に（遅い時期の超音波診断でようやく見つかった障害のために）母親が中絶を求めたとしても、同様である。新生児安楽死は結局のところ、刑法の条文のとおりに殺人、もしくは不作為による殺人とみなされる。医療の場においてはしかし、「アインベック勧告」という、より柔軟な指針が、新生児安楽死に対して採られている（*Ethik in der Medizin* 4 [1992] S. 103f. を参照）。

う方法や、または〔子宮の筋収縮により流産を誘発する〕プロスタグランジン[*5]を用いた方法より以上に、「狙いが定められている」ように思われる。そのためこの方法が用いられることはあるが（少なくともドイツでは）まれにしか用いられない。――いずれにしても「遅く中絶された」胎児の三分の一は〔子宮外で〕生き延びる、という憂慮すべき重大な結果をもたらしている。

段階づけられた保護の妥当性や、まだ生まれていない子どもの成熟とともに全体として次第に強度を増す保護の妥当性――これは直観的にそして道徳的に理解できるという特徴を持っている――とは異なり、哲学的で倫理学的な議論においては、生命権を等級づけることがほぼ拒絶されている。倫理学は境界をただ一つだけ定義し、それによって完全な生命権を指定しようとする傾向持つので、結果として、各々が互いに異なった境界設定を提案していて、直観的な評価とはほんの稀にしか一致することのないさまざまな境界設定が並存している。人間の胚ないし胎児の生命権についての倫理的に標準的な三つの論証、すなわちいわゆる潜在能力による論証、アイデンティティ論証、種への帰属による論証は、そのどれもが直観的判断とは異なり、発展段階に即した保護の妥当性の等級づけを認めない。

私見によれば、内在的（つまり結果を重視するのではない）論証は、中絶が道徳的に許容できないことを根拠づけるには十分でない（Birnbacher 1995を参照）。中絶の道徳的禁止は、それが可能だとしても、ただ間接的に、子どもの生命を確かに保護するという態度について社会が持つ関心を経由してはじめて根拠づけられる。そのためには、妊娠の終了という母親のきわめて強い関心に比して、それより以上に強い生命権がいつから子どもに帰属するのかを、可能なかぎりはっきりと確定するような境界の設定がどうしても必要である。この境界がどこにあるのかは、周知のように定かでない。私には――ノルベルト・ヘルスター（Hoerster 1991, S. 132ff.）と同じく――最も遅い時点（すなわち出生時）が最適の選択肢であるように思われる。この境界を支持するのは、その一義性と問題のない確定性に加えて、出生前の子どもはまだ自己意識を持たず、また生と死についての自覚がなく、それゆえ選択の過程で自分に負わされる死を恐れることすらできないからである。この境界はまた、現在有効な刑法二一八条a第二項[*6]の、時期に関する限定のない医学的-心理学的な指示にも適合する。何よりも結果を重視する論証を支持する人は、これより早い時期の境界設定に賛成し、たとえば第三半期の胎児は、出生するまで乳児と本来同じ性質を示すということに自らの根拠を置いている(例えば Bernat 1999, S. 15)。

5 表現論証

選択に反対する留保条件は、その選択に用いられた手段についての倫理的な分析によっては決して論じつくすことができない。多くの人が子孫の選択でほんとうに問題にするのは、用いられた手段そのものではなく、それがまさに選択であることにある。

生命保護の論証と異なり、(アメリカでの議論でそう名づけられている)表現論証はもっぱら選択という観点に反対する。この論証は第一に、人間の生命に関わるどのような選択も、選び出された子どもの生命価値について、その子に生命権を認めないという判断を暗黙のうちに含んでいると主張する。第二に、そのことでまた当該の特徴を持つ他のすべての保有者についても同様に生命権が拒否されると見なす。拒絶される子どもは、ある特定の望まれない特徴を持つ者として——特定の性や血筋や、ありうる障害や疾病を持つ者、またはその素質の保有者として——受け容れを拒まれる。表現論証によれば選択は、第一にそれが生成しつつある人間生命の廃棄を伴うという理由からではなく、本来決して選択の

対象ではない存在者についてもまた、その生命権がまさにこの選択によって間接的に威嚇されていると
いう理由で、憂慮すべき問題となる。最初の印象とは異なり、表現論証は内在的であり、決して結果を
重視する論証ではない。この論証は、それを対象として選択が行われる当の性質の保有者が、選択の実
行により自分の生命権が場合によっては侵害されると感じるということに関わるのではない。表現論証
はその存在者の生命権が——その存在者自身がどのようにそれを感じているのかということとは無関係
に——選択の実行によって実際に傷つけられるか、または損なわれるかすることに関わる。それゆえこ
の論証は経験的な視点からではなく、解釈学的で意味論的な視点から議論されるべきである。

自らの子どものもつMという特徴に反対して行う選択によって、特徴Mのすべての保有者の生命権が
傷つけられるのだろうか？　それは選択の手続きの実質がどのように再現されるかにかかっている。そ
の際またこの再現の適切性は、選択行為に従事する人々がこの行為をどのように理解しているのか、と
いうことに再びかかっている。

選択は選択的中絶によって行われ、そして選択に携わる人々はこの選択を道徳的に正当化できると見
なす、と仮定してみよう。そのことから、この人々は特徴Mを持つとして中絶された胎児Fに生命権を
付与するつもりのないこと、少なくとも別のあらゆる権利より優位にある生命権の付与を行う用意のな
いことが帰結する。胎児Fに生命権を認めないどのような根拠を、彼らは持っているのだろうか。ここ
ではその本質において三つの可能性が問題となる。

1. Fのもとでは、胎児が問題であるから、
2. Fのもとでは、Mという特徴をもつ胎児が問題であるから、
3. Fのもとでは、Mという特徴の保有者が問題であるから。

明らかに、選択的中絶をこの第三の解釈の意味に沿って理解する人だけが、特徴Mの成人保有者からも保護権を奪うことになる。また最初の二つのうちのどちらかを支持する人は、この二つの解釈の持つ広範な含意にもとづいて、自分が行いまた主張したことについてだけ支持するに止まらないと見なされるだろう。そしてその人には次のような嫌疑がかけられる、すなわち彼はMという特徴を持つ胎児の中絶とともに、それ以外のすべてのM保有者についてもその生命権に異議を唱え、当然のこととしてその生命権を否定し、またその胎児の持つ特殊な性質を吟味するよう指示するが、その性質は――成人のもとでとは異なり――胎児のもとでは殺害の禁止を相対化することになる、という嫌疑である。

そもそも第一ないし第二の解釈を採る人もまた、Mという特徴をもつ人たちを、この特徴を持たない人たちよりも低く評価することで、少なくとも第三の解釈に近づくことになるのではないだろうか。また、たとえその人にとってMという特徴の保有者であることそれ自体が生命権の否認に相当するほど強力な価値の引き下げの理由ではないとしても、特徴Mの保有者よりもこれを保有しない人を優遇する差別的な評価に結び付き、この評価の下でMの保有者が非保有者に対して不等に区別されることは否定できない。

事実ここで前提されている質的な種類の選択は必然的に次のような価値判断を、つまり特徴Mを持つ人が生きているよりも、これを持たない人が生きているほうが好ましいという判断を、含んでいる。ただこの価値判断は一般に、ある者が特徴Mを持つという理由で、特徴Mを持たない人に認められている何らかの権利を剝奪される、という結果には至らない。またこの価値判断のうちに特徴Mを持つこのまたはすべての保有者に対する低い評価が示されているとしても、この低い評価は一般に決して権利の剝奪を意味するわけではない。もし私が赤毛の人に対して含むところがあるとして、赤毛でない人を自分の個人的な交際において優先するとしても、そのことで私が赤毛の人のもつ何らかの権利に異議を唱えるということを意味するわけではない。

疑わしいのはまた、特徴Mを持たない人を優先することを前提とする価値判断一般が、既にこのまたはすべての特徴M保有者に対する低い評価を表現しているのかどうか、である。ここで表現されているのは、まずはMでないという性質に対してMであるという性質に低い評価が与えられるということだけである。この低い評価はすでに「疾病」・「障害」・「負担」といった概念に含意されているように思われる。つまり他の事情が同じならば、疾病や障害ないし負担を持たないほうがつねによい、という評価である。しかしこれはまた少し先走りであるだろう。というのも、特定の性別ないしは特定の障害のゆえにその子どもを選択的に中絶することは、両親がすでに〔その子どもと〕性の異なる四人の子どもを持っているとか、同じ障害を持つ子どもを持っているとかいうことが動機であるかもしれない。その場合、両親の選択決定はMという性質についてのいかなる一般的な判断も含まず、いまここでのM、そしてまさにこの状況でのMについてのまったく個別的な判断であることになる。

ある選択のうちに含まれる価値判断が性質Mの保有者ないし保有者たちに対する低い価値づけ一般を表現しているのかどうか、また表現しているとした場合、どの程度これを表現しているのかという問いは、そのつどの評価の基礎にある動機から独立には判断できない。もし両親がMに反対する選択によってなかんずく自身が背負うことになる負担から逃れようと思っているとか、またMの将来の負担や第三者の負担を避けようと意図しているのであれば、そこでなされた価値判断によって必ずしもMについての内在的価値づけが表現されているわけではない。また、負担を避けるという理由での、したがって選択的決定ではない子どもの中絶もまた、この子どもないし子ども一般についての価値判断を表現するものではない。今－ここで、またはそもそも子どもを欲しない人は、そのことで「子どもに敵対的」であることにはならない。また同様に、障害を持つ子どもを今－または－ここで、もしくはそもそも欲しない人は、だからといって「障害者に敵対的」であることにはならない。これと異なり、一般に両親が個人的にMでない人を優先するならば、もしくは両親が正常ということについてのある特定の観念にもとづいて、Mたちを正常でないとみなすならば、これは敵対的であるといえるだろう。この場合、選択的決定は、実際にMという性質についてのある原理的な低い価値評価を表現している。しかしこのような選好上ないし価値論上の低い評価がそれゆえすでにまた道徳的に憂慮すべきであるかどうかは、別の問題である。もしそれが道徳的に問題だとすると、それは内在的理由よりもむしろ結果を重視する理由にもとづくからである――すなわち交際するに相応しい性質を持つ人々との個人的また社会的交際を求めるという結果のためであるように思われる。そのかぎり表現論証は、それ自身すでに結果を重視した論証にもとづいて生命の始まりにおける選択に反対している。この点についてさらに考察したい。

6　侮辱論証

ある意味で侮辱論証は、経験的－結果重視の観点から表現論証を補完する。この論証は、ある特定の特徴Mに反対する選択はMの保有者だけでなく、その近親者たちの心情をも傷つけるはずだと主張する。特徴Mを持って生きる人々は、自分の両親が当該技術を用いていたならば、この特徴のゆえに自分は生まれてこなかったかもしれない、と述べるはずである。その人々は、自分たちが負の烙印を押されたもののの、辛うじてその生命の処分を免れたのだと感じざるをえないのではないだろうか。

侮辱論証ではもっぱら当事者の持つ実際の感情が問題となり、その感情が正当であるか不当であるかは、問わない。それゆえ選択のもつ潜在的な侮辱可能性は、個々の場合に両親がどのような意味を選択という行為に読み込んでいるのか、ということとは無関係に評価されねばならない。

いずれにしてもこの評価は決してたやすいことではない。試みに選択の実行によって生じる侮辱の範囲が定まる幾つかの要因を提示してみよう。これらの一部は、われわれがすでにその道徳的重要性を吟味した要因に重なる。

選択目的に関しては、個人的選好や利他的動機にもとづく選択よりも、価値論上の動機による選択の方が、より侮辱的であると感じられる傾向があるようだ。また価値論上の基準を満たさないとは、一般に通用する規範を満たさず、したがって「正常でない」ということである。いずれにしてもそれを主張する人が正常という規範に認める認知的身分は、その時々の正常規範や願望規範がどれほど広く流布しているかという実情に比べて、それほど重要ではないように思われる。正常という価値論上の観念がほんの一部の少数派によってのみ支持されているだけならば、その観念が侮辱的に作用するとはとても思えない。これに対して社会的に形成された優先規範は、もしそれが人々の個人的な選好にもとづくものであれば、侮辱的に作用する（Rippe 1997, S. 27 を参照）。女性であることは、もちろん「正常でない」ことなどでは決してない。しかしこの自明な事実は、多数のインド人女性がインドで実施されている女児に対する選択的中絶によって差別を感じているという現実を、変えることができない。

選択の時期が遅ければ遅いほど、したがってナチスの選択的「安楽死」の過程にその外観が似れば似るほど、潜在的な侮辱の可能性が高まるという推定は、選択の手段に関しては正しいように思われる。このような観点から、特に〔子宮外で〕生存可能な胎児が殺されることになる後期の中絶は、早い時期の（選択的）中絶に比してより以上に侮辱的だと見なされる。遅い後期の中絶にかかる重い負担を母親が甘受するという事実は、同時にまた子どもに対する彼女のはっきりした拒否を示すものに他ならない。

より重大な問題は、そのために選択が生じるMという特徴の保有者が、またそれ以外のことでも非難されたり差別されたりする可能性を持つことにある。特徴Mの保有者が他のさまざまな社会集団のうちにあって、周囲の人々から価値が低いと見なされることで（また場合によってはそれゆえにまた自分自身を価値が低いと見なすことで）苦しめば苦しむほど、それだけいっそう強く彼らは出生前の生命の選択を、生殖医療ならびに婦人科学にもとづく選択による〔自分たちに対する〕一般的な排除傾向のしるしとして身をもって知ることになり、またこの傾向は、当事者となる両親の私的な選択願望のうちに反復される。

等閑視できないのはまた、国家ないし社会的機関は選択を可能にし、またこれを促進することにどの程度まで関与すべきなのか、という問題である。たとえば、遺伝子審議機関の設置、選択プログラムの要請、選択を促す保険法的規定、また選択を用いることが社会保険料に対して持つ財政上の軽減効果を示すことによってなされる関与などが考えられるだろう。このような観点から見るならば、現在の規制は危うい綱渡りの試みであるように思われる。法システムは一方で、当該の損害補償義務によって、現存するリスクについて説明することや、ある特定の年齢以上の人々に出生前診断を提案することを義務づけているが、しかし他方では出生前診断の求めるあらゆる評価を、また場合によってはそこから生じる選択的中絶を抑制している。

侮辱論証は子孫の選択に対する最も強力な反論であるように思われる。しかし個々の場合にそれがどの程度強力であるのかは、ただ経験的な手だてによってのみ示されうるだろう。

7　社会的リスク

遺伝子テストが利用しやすくなり、出生前診断の使用者が増えることで選択的中絶が増加する恐れや、現在考えられている着床前診断の導入による無言の圧力といった社会的リスクについてもまた、経験的な仕方によってのみ査定することができる。たとえば、遺伝病の恐れがあるならば可能な診断と選択を行うよう両親に促すという社会的圧力の増大することが、このリスクに数えられる。さらには両親が自分の子どもに次第により高い「質」を求めるという危険もありうるだろう。自らの希望するイメージと異なる子どもを受け容れる覚悟は、さらに低下するかもしれず、また妊娠はただ「試し」にすぎないという理解のもとで、情緒的に子どもに向きあうという妊娠中の女性の心の準備は、さらに後退するかもしれない。今日すでに、着床前診断を行うことに決めた女性たちについて——もっともなことではあるが——自分がその子どもを臨月まで懐胎できることが確実である場合にだけ、生まれつつある子どもに情緒的に向きあう心の準備を持つということが報告されている。

これらひとつひとつのリスクが、道徳的に重い意味を持っている。そうではあるが、これらのリスクだけで倫理的価値づけについて決定しうるわけではない。そのためにはまた、これらのリスクと表裏一体である積極的な面を、つまりまずは両親のもつ生殖についての可能な選択肢の拡大という自由について、理解することが必要である。この自由は、それが大きな負担になるとしても、たいへん貴重なものである。この貴重なものをその正反対のものへと変化させないために、この自由を社会的な強制へと転換させないために、可能な診断方法を用いない両親を社会的な差別から保護すること、また寛大な援助によってほんとうに自由な意志で決めることができるための諸条件を確立することが、どうしても必要である。またヨーロッパでの最近の傾向は、私の見るところでは、可能となった出生前診断が選択的中絶により遺伝性の病人と障害者を除け者扱いする、ということを示してはいない。ギリシャとキプロスでは、特に社会福祉予算ならびに医療施設の負担軽減が行われた後から、サラセミア保有者に対する選択を行うことが（ギリシャ正教会の協力のもとで）サラセミア病患者の保護に取り組む人々の増加をもたらした。もちろん、遺伝的な慢性病者や障害者の数が増加することで、そういった人々に対する社会的な受容意識もまた高まると考えるのは、誤った推理だと思われる。また（現在胎児保護法によって禁止されている）性別選択の法的解除がドイツやそれ以外のヨーロッパの国々で、性別配分の不均衡をもたらすことや、特筆すべき要求の生じることは、ありえないだろう。というのもこの地域では、性別の一方が決して優先されてはおらず、また生殖を苦痛のない制御された状態のもとで行いたいという強い欲求も見られないからである。[6]

予測的遺伝子テストの実用化が進み、着床前診断が導入されれば、ほんの数年のうちにも子孫の選択はより容易になり、次第に一般化することが予想できる。この進展が全体として、心情を傷つけ苦痛を生み出すより以上に、苦痛を緩和するものであるのか、また新たに生じる社会的圧力が自由を制限する以上に、生活スタイルをより自由に選べるようにするのか、といったことについては、今のところ未だ

（6） 性別選択を目的にロンドンやニューヨークの〈ジェンダー・クリニック〉を訪れる（比較的少数の）ヨーロッパと北アメリカのカップルについていえば、彼らが特定の性の子どもを求める理由は、ほとんど例外なく彼らが既にもっている子どもの性別にもとづいている。つまり、「家族のバランス」のためにこの性別選択を行うのである（Dahl 1998, S. 84f.）。

よく分からない。全体としてみれば、私には益することのほうが多いように思われる。特定の範囲内で自らの子どもの質的状態を決めるという自由は、現在すでに私たちがもつ自由、つまり自分の子どもの数、そしてその互いの年齢差について決定するという自由の自然な拡張であると見なしうるだろう。この点については——何よりもまず当該する女性たちにとって——比較可能で開放を促進するような成果が期待できる。子どもの質的特徴についての決定可能性は、同時に自らの人生の重要な部分についての決定可能性でもある。もしそうであるならば、——この点は議論していただきたいのだが——「望まれる子どもたち」という願望——つまり一般には、希望した特定の特徴を持つ子どもが欲しいというのではなく、負担になると思われる特定の特徴を持たない子どもが欲しいという——両親の願望は、それが現在ある道徳的な節度を超える望みである、というネガティブな観念から解放されるはずである。そして、現在すでに可能な手段を、そして未来において可能となる手段を用いる両親は、ネガティブな含意を持つ「下からの優生学」のような言葉から導き出される罪の意識から解放されるだろう。

引用参考文献

Bernat, Erwin, »Der menschliche Keim als Objekt des Forschers, Rechtsethische und rechtsvergleichende Überlegungen«, in: *Journal für Fertilität und Reproduktion 9* (1999), S. 7-21.

Birnbacher, Dieter, »Gibt es rationale Argumente für ein Abtreibungsverbot?« in: *Revue Internationale de Philosophie 49* (1995), S. 357-374.

Ders., »Der Streit um die Lebensqualität«, in: Schummer, Joachim (Hg.), *Glück und Ethik*, Würzburg 1998, S. 125-145.

Bundesärztekammer, »Erklärung zum Schwangerschaftsabbruch nach Pränataldiagnostik« in: *Deutsches Ärzteblatt 95* (1998), S. A 3013-3016.

Dahl, Edgar, » Junge oder Mädchen: Sollten sich Eltern das Geschlecht ihrer Kinder aussuchen dürfen?«, *Aufklärung und Kritik 2* (1998) S. 81-87.
Hennen, Leonhard/Petermann, Thomas/Schmitt, Joachim J., *Genetische Diagnostik – Chancen und Risiken*, Berlin 1996.
Hoerster, Norbert, *Abtreibung im säkularen Staat. Argumente gegen den § 218*, Frankfurt am Main 1991.
Kitcher, Philip, *Genetik und Ethik. Die Revolution der Humangenetik und ihre Folgen*, München 1998.
Rippe, Klaus Peter, *Pränatale Diagnostik und ›selektive Abtreibung‹*, Lausanne 1997 (Folia Bioethica 19).
Schopenhauer, Arthur, *Die Welt als Wille und Vorstellung*, in: Ders., *Sämtliche Werke*, Band 2, hg. von Arthur Hübscher, 4. Aufl., Mannheim 1988.〔『意志と表象としての世界』西尾幹二訳、中央公論社、二〇〇四年〕
Tucker, Bonnie P., »Deaf culture, cochlear implants, and elective disability«, in: *Hastings Center Report 28*, Nr. 4 (1998), S. 6-14.
Zimmermann, Mirjam/Zimmermann, Ruben/von Loewenich, Volker, »Die Behandlungspraxis bei schwerstgeschädigten Neugeborenen und Frühgeborenen in deutschen Kliniken. Konzeption, Ergebnisse und ethische Implikationen einer empirischen Untersuchung«, in *Ethik in der Medizin 9* (1997), S. 56-77.

訳注

＊1　『すばらしい新世界』(*Brave New World*) は、英国の小説家・批評家ハクスリー (Aldous Leonard Huxley. 1894-1963) が一九三二年に発表した小説。文明の発達によって科学がすべてを支配するようになった世界を描く逆ユートピア小説。祖父は動物学者トーマス・ハクスリー (Thomas H. Huxley. 1825-1895)。

＊2　サラセミア (thalassemia) は、ヘモグロビンを構成するグロビン類の産出の不均衡により生ずる小球性低色素性貧血、無効造血および溶血性貧血を主徴とした諸症状を呈する症候群。

＊3　テイザックス病 (Tay-Sachs disease) は、新生児に発症する先天性脂質代謝異常症の一つ。生後六ヶ月頃より中枢神経系の機能障害が出現し、進行性に悪化して多くは四～五歳までに死にいたる。現在のところ有効な治療法はないとされる。

＊4　流動的方法 (flow-Methode) は、XまたはY染色体を含む染色体による精子選択の方法。Y染色体はより軽量で遠心力によって分離する。

＊5　プロスタグランジン (prostaglandin) は、アラキドン酸などの不飽和脂肪酸から合成される一群の生理活性物質。血管の拡張・血圧の上昇（降下）・血小板の凝固（抑制）・子宮の筋収縮による流産（出産）の誘因などの作用を示す。

＊6　当該箇所には、医師の見解として、妊婦の生命に危険のあるとき、ないし健康上重篤な危険のあるとき、妊娠中絶が必要であると述べられている。また妊娠中絶は、妊娠中だけでなく出産に際してや出産後に妊婦に同じような危険があるとみなされる場合も、同様に必要であるとされている。

第14章　医療保険制度における医療資源の配分と配給——功利主義的観点から

1　功利主義的な医療資源の配分

功利主義倫理は、希少資源をいくつかの利用選択肢に分配すべき状況において、分配効率という、非常に簡潔かつ問題なく扱える基準を提示しているように思われる。つまり希少資源は、効用増加の最大化を目指して分配されるべきだということである。たとえば、ある希少資源の利用可能性が三つあり、それぞれが資源単位あたりにもたらす効用単位が、第一の場合は1、第二の場合は2、第三の場合は3であるとすれば、功利主義的な考えでは、第三の利用だけに資源を当てることが正しいことになる——これは、たとえ効用産出が最大となる利用を一方的に優先することによって「不公平」が生じるとしても、そうである。資源不足の際に、つまり資源の需要が完全には満たされていないときに、功利主義の見地から「最も割の合う」利用以外の仕方で希少資源を配分することは、すべて非合理であるのみならず、道徳的に無責任でもある。功利主義から見て割の合わない利用はすべて、現存する資源の浪費をもたらすのである。

現実の分配問題は、一般にかなりの複雑さを示すので、公式どおりの簡単な計算というわけにはいかない。というのも、そのような公式どおりの絵に描いたような事例は、さまざまな点から見て、いくつかの要素を取り落としているからである。以下の諸要素は、現実の条件下では、考慮から外してはならないものである。

1. 受給者の選別。まず、どの利用選択肢が効用計算に付されるべきなのかは、最初から明らかなわけではない。分配すべき資源ということで、例えば健康医療保障という課題のために社会から集めた資金が問題であるとすれば、この資金の受給対象となる人を確定しておかなければならない。その資金に出資した社会の成員だけが受給者に含まれるのか、それとも、他の社会の成員もまた含まれるのか、ということである。言うまでもなく、受給者の確定がすでに、価値判断の対立を含んでいる。功利主義的立場に立つ倫理学者の多くは、最貧国の逼迫した医療需要が満たされていないかぎり、世界基準から見て十分に優れた保障の行き届いているわれわれの社会で健康医療費を増やしたり、また現在のレベルを維持したりすることは、基本的に由々しきことだと考えている[1]。

2. 効用の定義。効用概念を運用するための候補としては、医療心理学においてすでに長らく議論されてきたQOLという概念が、真っ先に挙げられる。功利主義的な意味での効用の尺度として使えるためには、この概念は、もちろん徹底して主観主義的に定義されなければならない。つまり、QOLの指標は、患者の客観的で医学的な状態の質を表すものであってはならず、心理状態の質を表すべきである[2]。そうは言うものの、この心理状態の質は、客観的な指標に則って判定された健康状態と間接的かつ複雑に関係している。AがBよりも病気が重い（またはBよりも重度の障害を持つ）という事実からは、必ずしもAの方が具合も悪く感じていると推測することはできない。なぜなら主観的状態は、要求水準やコーピング〔ストレス状況への対処〕能力や一般的生活態度などといった、たいてい高度に個人化されている他の諸要素に依拠しているからである。また、医療処置を決定する際には、将来のQOLについての患者の価値判断が幾重にも入り込むものであり、しかもその価値判断は、病状の経過で患者自身の選好がどう進展するかを、程度の差はあれ、想定しつつなされている。例えば、発病のために制限を受けた——とはいえ必ずしもいつまでも低い価値のままではないが——生活能力に応じて、期待範囲が順応してゆくことは、よく見られることである。

ＱＯＬという指標が医療資源の配分決定の根拠とされる前に、確定しておくべきことが他にもある。つまり、ＱＯＬのうち狭義の健康にかかわる側面だけが考慮されるべきなのか、それとも、健康状態とそれ以外の要素が相互作用して生じる生活全体のＱＯＬが考慮されるべきなのか、ということである。かなり以前に、私は同僚の法学者から、腎臓病で人工透析が必要であった囚人について聞いたことがある。その囚人のＱＯＬは臓器提供によって著しく悪化する恐れがあったのである。というのも、透析患者のときは、その囚人は保釈を得られたが、移植後は保釈を得られなかったからである。この事例から明らかになるのは、ＱＯＬを医学的な意味に特化して解釈するのは間違いだということである。ＱＯＬはただ一つであり、この特殊な事例においては、それは改善しておらず、むしろ悪化しているであろう。そのＱＯＬには、健康・不健康、機能の健全・不全、痛みの有無といった、医学的な影響を強く受ける重要項目が関わってくるが、しかしこれらはつねに一部の要素にすぎず、それらが持つ重要性そのものは、個々の患者による個々の重視の仕方を反映するものでなければならない。健康は一般に中心的要素

（1）ある開発途上国出身の主任医師は先日私に次のように語った。「私たちがここで消費しているものは、私の母国の一地域全体にワクチンを供給できる量です。」

（2）詳しく言えば、患者によって反省的に評価されている心理状態の質である（Haslett 1990 および Birnbacher 1998, S. 134ff. を参照）。

であるが、しかし各個人がそれを重視する程度においてのみ重要である。

3. 時間の要素。また問題となるのは、ある患者が医療処置によって一定のＱＯＬを得られる期間を算入する際のことである。質を調整した生存年（QALY〔Quality adjusted life years〕）を用いて費用便益分析をするとき、余命年数が割引かれ、価値を引き下げられることが多く、イギリスでは長期的な公共投資に適用されている比較的高い割引率が一部採用されている（Gudex 1990, S. 229 を参照）。しかし将来効用の価値引き下げは、功利主義的見地からのみならず、どの倫理学的見地からも正当化することはできないのであり、たとえ価値引き下げが当の患者自身の心理的な将来割引と合致している場合でもそうである。ある行為の結果の質を評価する際に重要なことは、言うまでもなく、行為に関わる人たちが行為の時点で結果をどの程度と評価しているかではなく、結果が出た時点でその結果をどの程度と評価するかである。それゆえ、もしある手術によって、三十歳の患者は五十年の健康な生存年数延長を得る結果となり（手術しなければ患者は死んでいた）、七十歳の患者は同じＱＯＬを保ちつつ十年の健康な生存年数延長を得る結果となり、手術しなければ患者は死んでいたとすれば、この手術によって生み出された効用は、三十歳の人のほうが七十歳の人よりも五倍大きい。このことは、たとえ三十歳の人が手術の時点で自分の将来の効用を割引いて、合計として七十歳の人より低く評価していたとしても、やはり同じように成り立つ。倫理的に考量する際には、その三十歳の人に心理的視野が狭くなる傾向があったとしても、それはまったく重要ではない。

4. リスクに対する態度。一般的に行為や不作為の結果は、確実に予測することができず、その確率だけから評価を行うことができる。したがって一般的に、医療保険給付を配分する際に比較しなければならないのは、確実に予測できる結果と確実に予測できる他の結果の比較ではなく、チャンスとリスクの相互比較である。しかも、それらの発生率の比較評価そのものが、さまざまな不確実性を伴っている。それゆえ功利主義的な配分結果は、チャンスとリスクの「差引計算」がどういうリスク態度に基づくかに、特に依拠する。リスク志向的な態度の場合だと、発生率の小さい損失結果は、他の事情が一定であれば(*ceteris paribus*)、リスク回避的な態度の場合よりも受け入れられやすい。功利主義倫理学は、リスク態度についてはっきりと確定してこなかった。たしかに多くの論者は、(期待効用の最大化原理に即して)中立的なリスク態度をとることが総じて最も適切だという前提に立っているが、それは、決断が何度も繰り返されれば、長期的に全体効用を最大化するという利点があるからである。しかしこの態度が個々の当事者のリスク態度に合致することはごく稀なケースにすぎず、当事者個人は、一般的に――そして特に医療に関わる領域では――むしろリスク回避的に決断するものである。いずれにしても、優先されるべきは、当事者個人の態度である。効用概念がもとより主観主義的に――自分に帰せられた主観的なQOLとして――解釈されるべきだとすれば、不確実な中で決断するときの合理性の基準も、当事者個人のリスク態度に合わせるほうが説得力を持つと思われる。

2　実施規範としての医療資源の配分規則

以上に示した諸原則に従って医療資源を配分することは、――功利主義の基準に照らせば――確かに完璧なのだが、しかし同時に、非現実的な完璧主義でもある。配分規則が規定どおり適用されるべきであるならば、もとより、厳密に効用を最大化する配分の情報収集や計算に経費を費やすようなことがあってはならない。したがって実際に使うためには、功利主義的な理想規範は、そこから想定される結果を現実の諸条件のもとで近似し、手頃な実施規範へと「翻訳」する必要がある。実施規範とは特に制度化を行ったり、管轄領域や責任範囲の境界をはっきり定めて社会的役割を定義したりして、理想規範を運用できるようにする。また、実施規範は、内容の具体化によって方向性を確定し、ガイドラインや法律を定めて期待を保証する。

規定どおりに適用可能な配分規則に求められるのは、まずは、実施条件下での、その実用性である。これは、規範の適用が広範囲にわたって図式どおりに可能だということであり、複雑で経費のかかる情報処理作業をあまり必要としないことを一般に意味している。たしかに、ヨハン・アハが提案したような仕方で（Ach 1998, S. 123）こうした図式化を進めて、医療資源の配分に関して当事者である患者個人の主観的なＱＯＬをまったく無視し、当該の状況下で平均的な患者が持つ選好だけを（したがって、主観的な基準（*subjective standard*）の代わりに、合理的な人格という基準（*reasonable person standard*）を）考慮するところまで進めてよいものかどうかについては、私は疑念を呈したい。しかしそれでも、単純化が必要であることは、全くもって確かなことである――それは単に結果評価にかかる経費を抑えるためだけではなく、関係者に配分基準を見通せるようにし、期待を保証するためでもある。どの配分システムでも、どの患者の選び方でも、適用外になる人は出てくる。しかしそうした人たちは、他の人が選別された理由について事情を知る権利を持っている。また付け加えておくと、効用最大化の原理を直接適用してしまうと、その適用の結果は状況的要素に依拠しすぎるため、期待保証をほんのわずかしか与えられず、結果として信頼に足る方向づけができなくなるだろう。

同様の理由から、そしてまた別の理由からも、実施する上で一般的に許されないことは、ある患者の療法を、健康回復後に期待される効用生産性によって区別することである。一つに、そのような判断評価はあまりにも不確かであるし、意見が一致することもほとんどないので、期待の保証ができなくなる。そしてまた多くの経験的調査が裏づけているように、この種の評価は、判断を担う医師の価値観に依拠するところがきわめて大きく、帰属している階層のバイアス（*class bias*）がかかっているのである。

したがって実用性という理由からも言えるように、功利主義で擁護可能なものは、間接的な功利主義しかない。つまり功利主義的な価値判定を受けるのはもっぱら実施規範であって、それを順守する個々の行為ではない。そのうえ功利主義的な結果の価値判定は、規範の順守（その完全さの程度や確実さの程度）だけではなく、妥当性という倫理的に重要な次元までも含む。妥当な実施規範は、言うまでもなく、行為に影響を及ぼすだけではなく、それを承認している人たちの考え方や態度や動機にも影響を及ぼすのであり、社会の道徳的雰囲気を作り出している。それゆえ、（それだけで切り離して見たときは）順守すると功利主義的に最善だと思われる実施規範であっても、全体としては次善にすぎないこともありうる。それは、その規範が、功利主義的に見て由々しき行動様式を助長するような考え方や動機のあり方を後押しするようなときである（Haslett 1994, S. 22 を参照）。

一例となるのは、医師が配分について直接的また間接的な仕方でいや応なしに（*nolens volens*）決定を下さざるをえない場面で（たとえば費用計画といった場面で）、医師が考慮を許されている範囲についてである。すなわち、どこまで単に患者のＱＯＬのみならず、その家族や世話をしている人など、他の関係者のＱＯＬも考慮してよいのか、ということである。功利主義的な理解に従えば、理想的には（*idealiter*）、どういう医療処置においても、（それぞれの関係者集団の）全体効用の増大が重要であり、したがって間接的な関係者への効果も重要である。それゆえ希少な療法を配分する場合には、他の資格権利が同じであれば、扶養の必要な幼い子どもを持つ母親のほうが、独り身で扶養すべき身内のいない人よりも、一般的には優先されるかもしれない。セラピーを決定する場合も、そのセラピーがどういう負担をかけるかを、患者自身について判断するだけではなく、世話をしている親族も含めて判断する必要があるかもしれない（Parker 1990 を参照）。しかしながら、そのような規則が功利主義的に最善に見えるのは最初だけであり、そこでは医師と患者のあいだの特殊な信頼関係の価値を見落としてしまっている。医師が自分の患者の幸せに責任を持つことを優先しないとしたら、患者は、医師がまずは自分のために存在していて、セラピー決定の際に自分の幸せを目指していることを確信できなくなるだろう。それが保証されていることはきわめて大切なことなのである。同様の理由から重要と思われるのが、費用節約という優先的な理由のもとで医師が給付制限を実施しなければならない場合に、医師が自由を持ち続けることである。すなわち、できるだけ自分の患者のために尽くし、場合によっては、特定の医療処置を拒む行政機関や特定の医療処置の費用負担を拒む保険機関に対して、患者のために、そして患者と共に対処する自由を持ち続けることである。医師が第一の任務としなければならないのは、患者の幸せと意志を擁護する者であることにある。これにどうしても制限がかかる場合でも、できるだけ外部から——他の所轄官庁から——かけられるべきだろう（Wiesing 1995, S. 154 を参照）。

他に、完遂と安定性を求める際に生じてくる諸制約もある。どの規範倫理学であれ、［その理論を］実現に移すことをねらいとしており、それを自分で完遂する義務を潜在的に持っている。特定の道徳原理を主張する人は、それによってすでに、その原理を現実に妥当させる道徳的義務にも服しているのである。したがってその人はユートピア社会の思考ゲームに満足してはならず、事実として存在する社会的諸条件に適応しなければならない。とはいえ、そうした諸条件は、通例、「完璧な」解決策を可能にするものではない。むしろそれらは、あらゆる面から、当の道徳原理自身とは異なる別の道徳原理にそのつど譲歩するよう求めてくる。実際われわれの社会の多様な価値観を見れば分かるように、ある特定の内容を持った規範的な方向性が全市民に共有されることはもちろん、多数の市民による共有さえも、期待はできない（この点に関しては、討議倫理学のような形式的な方向づけであれば簡単であろうが、しかしこれは普通、具体的な成果には至らない）。また、それらの対立見解のうちの一つが、討議や教化によって他の信念の持ち主からうまく受け入れられるようになるということも、期待はできない。教化はふつう見込めないし、そもそもたいていの倫理学説にとってそれは受け入れがたいので、それゆえ残るのは討議だけである。とはいえ討議は、いままでの経験からして、倫理的見解に包括的な合意をもたらすというよりはむしろ、見解の相違という結果に終わるのである。

安定性という観点からは、妥協の必要性はいっそう顕著である。功利主義者にとっては、配分システムに変更や修正の余地を残さなければならないとしても、長期的な見通しを開き、持続の見込める配分システムを作り上げることが大切である。しかしこうした見込みが成り立つのは、システムからの帰結が、その影響を被る人の大多数から受容される場合だけである。受容されることは、たとえ十分条件ではないにしても、安定性のための必要条件であり、またそれにより、間接的には、受容拡大の必要条件でもある。

配分システムの安定という観点からは、功利主義者は（他の立場の論者でも同じことだが）、正しい分配に関し、功利主義的に根拠づけはできないとしても、広く受け入れられている見解に、ある程度合わせようとするはずである。もっともそれは、功利主義者が求める配分システムの内にある、功利主義的核心部分が持続的に力を発揮し、それが妨げられないようにするためである。では、どういう非功利主義的な見解が、それに当たるのだろうか。

1. 機会の平等。功利主義的配分における優先権の決め方は、比較の結果最小経費で最大限の苦痛軽減が達成される患者や患者グループを優遇するというものである。この方法の場合、傾向として、高齢患者よりも若年患者の方が優遇される。それは、一般に若年患者のほうが、苦痛の持続的な軽減にかかる経費とその見込みの比率が効率的になるからである。また症例の多い疾病の患者と症例の少ない疾病の患者とでは、傾向として、前者のほうが優遇される。なぜなら、症例の多い疾病の患者の診療にかかる経費は、数量効果によって小さくなるからである。これらの優遇措置は、どちらも機会の平等という原理と両立することができない。機会の平等の原理が求めるのは(少なくともその純粋な形態では)、希少な療法に対しては誰もが同じ機会を持つべきだということであり、自分で自由に決められない諸要素から独立に、したがって経費や成果予想や費用便益比にも左右されることなく、同じ機会を持つべきだということである。

2. 矯正的正義。医療保険の領域においては矯正的正義の諸原理は、所得や刑罰の分配といった他の社会的分配の領域に見られるようなはっきりとした役割を果たしていない。とはいえ、功績や過去の行動に応じて優先順位をつけることに、多くの人が頭から拒絶するわけではない事例もある。手近な例は、腎臓の一つを生体臓器提供した人が、残りの腎臓に機能不全が生じたときに優遇されるかどうかについてである。大多数の人は、直感的に、この事例の生体臓器提供者に優遇措置を与えることについて、要請まではしないとしても、しかし快く許容することだろう。しかしながら功利主義の場合、この直感は、他の潜在的な生体臓器提供者に向けての刺激効果が見込まれるという回り道をしてようやく立証されうる。しかしそのような効果の存在は、臓器代替療法が原理的に可能になっていることを顧慮するならば、疑わしいと思われる。(ドイツのように)人工透析が広く受けられるところでは、万一残りの腎臓が機能不全に陥った場合に優先的に臓器移植が得られる見通しがあるとしても、それは臓器提供を決断させる何ら特別な誘因にはならないであろう。

3. 最も不遇な立場の人の優遇。同じく功利主義的な分配原理と両立できない原理として、多くの支持を集めている（ロールズの「格差原理」を想起させる）「同情の原理」がある。この原理によれば、比較の上で最も不遇な立場にある人は、どんな場合であっても優遇されるべきであり、たとえ別の人が同じ資源でもっと大きく境遇を改善できるとしても、それでも優遇されるべきである。「同情の原理」は、功利主義の計算合理性とは異なって、他者の苦しみに対して自然に生じてくる同情の念に、より強く即応するものである。この同情の念は、介入による苦境改善の機会に対してよりも、苦境の深刻さに対してより強く生じると考えることができる。功利主義の観点からすると、同情の倫理は、確かに一般的には功利主義的に正しい資源分配を導くものの、しかし一貫して導くわけではない。通常、最も深刻な苦しみを抱えている人に対して優先的な支援給付を行えば援助を最大化できるが、しかしこのことがすべての事例に対して当てはまるわけではない。たとえば、移植できる肝臓がかぎられているとき、緊急性の度合いからのみ分配を決めて、次のような患者を優先するのは、功利主義的には支持しえない。つまり、移植をしなかったときの余命予測は最も低いものの、多くは移植をしてもほんのわずかしか余命予測を改善できない患者たちを優先することである。このようなやり方は、長期的には、次のような逆説的な結果をもたらすだろう。すなわち、移植成果を大きく見込めた患者が、状態がかなり悪化するまで、つまり移植の必要な緊急段階に達するまで移植を待たなければならないということ、しかしその段階に至ったときには、もはや移植によってほんのわずかしか効果を得られない、という逆説である。

妥協案というものは、完全に満足させられる人が誰もいないという、困った性質がある。功利主義的配分を完遂や安定性を熟慮して柔軟化したとしても、他の倫理原理の論者にとっては、依然気に食わないままであろう。少なくともこのことは、本質的に対極的な二つの立場を主張する論者に当てはまると言ってよいだろう。一つは自由主義者であり、もう一つは平等主義者であり、功利主義の社会倫理学者は、理論においても実践においてもこれらの立場と対立している。

3　外在的価値としての自由と平等

自由主義者が功利主義的配分に対して特に不満を抱くのは、それが「支給」と「納付」を完全に切り離していることである。〔功利主義的配分の場合〕医療給付の分配は、その必要度と苦痛軽減の機会のみに拠るべきであって、必要支援に対する先行投資に左右されるべきではないのであり、たとえそれが（市場システムにまかせて）所得からなされていようと、（民間医療保険のシステムのように）保険料納付という仕方でなされていようと、同じことである。逆に、そのような形態は、平等主義者の考えには合うだろう。平等主義者にとって受け入れがたいのはこれとは反対に、成果予測に特化して分配を差異化してしまうと、もともと他の点で優位にある人（若い人、能力の高い人、高学歴の人、裕福な人、社会性の高い人）を優遇する結果になることが多く、それによって医療保険システムの補償機能——「自然のめぐり合わせ」（ロールズ）から拡大した不平等の補正——が損なわれる点である。

功利主義者にとっては、自由主義者の考えも平等主義者の考えも、「そのままの形式」だと、どちらも同じように容認しがたい。希少財の分配問題に関する自由主義者の解決策だと、裕福な人は高額な医療処置を、必要度合と無関係に「医療保険市場」で手に入れることを許されるのであり、これに対して貧しい人がたとえ最も必要としていても、その処置自体どころか、場合によってはそれに必要な民間保険の加入さえできなくてもよいのである。このような解決策は功利主義者の社会的正義の考えと、真っ向から対立する。たしかに医療保険市場は、支払いの自発性というかたちで、医療保険給付に対する欲求の強さを測る明確な指標を可能にするものであり、——現在のシステムでは——一見「無料」に見える医療保険給付の利用を指標にするよりは明確だという利点を持つかもしれない。しかし市場のみによる解決は、医療保障を患者や被保険者の支払い能力に左右させることになるので、これによってまさに、必要に応じた治療という原理を弱めてしまうことになる。それどころか、それは安心感を、つまり、支払い不能に慢性的にまたは急に陥った場合でも、どうしても必要ならば医療上必要なものを得られる、という安心感を掘り崩すことになるだろう。この安心感は、実際、ほとんどの人にとって生きる上で重要な意味を持つのである。

他のどの価値よりも平等を優先する「完全な」平等主義も、功利主義者にとっては少ししか得るところがない。平等を至上とする方針は、間違いなく、全員に行き渡らない療法は誰にも与えない、という方針で成り立っている。(くじ引きや他のランダムな分配は問題解決の手がかりであるが、しかし結果の完全な平等を目指していない。) この方針は、それぞれ分配を計画する機関にとっては容認できるだろうが、[3] しかし希少な療法を待っている患者にとっても容認できるだろうか。

とはいえ功利主義者にとっても、これらの対極的立場が強調している価値観は、決して軽視できるも

(3) 人工透析がまだ希少であった六〇年代のアメリカでは、実際にいくつかの病院がこの方法に従っていた (Kilner 1990, S. 15 を参照)。

のではない。功利主義者にとっては、――その反対論者も同じだが――医療システムにおける医療保険給付だけが重要なのではなく、このシステムが社会に供与する（理念的なものや象徴的なものも含んだ）給付全体が重要である。したがって功利主義者は単に戦略的な理由からだけではなく、実質的かつシステム上の理由からも、自由や平等といった価値を認めるであろうし、「完全な」対極モデルほどの規模や排他的な仕方ではないにしても、それを自分たちの配分規則の定式のうちに取り込むだろう。功利主義が大半の他の倫理学モデルと異なるのは、競争しているモデルとは別の価値を認めているからというよりは、主観的なＱＯＬ以外の価値をすべて外在的な価値として捉え、内在的な価値としては捉えない傾向を持つからである。自由や平等という価値は、功利主義にとっては、副次的な価値のレベルに位置づけられるのであって、基礎的な価値のレベルにではない。しかもこれらの価値は、いわば流動化される。すなわちそれらの価値の位置づけは、その価値が主観的な健康に対して現実にどんな意義を持っているか、また将来どんな意義が予想されるかに依拠するのであって、文化的・経済的・技術的なプロセスによって変動するのである。

これまでの議論から帰結として言えることは、功利主義者が自由――個人医療保険の契約や、医者の選択、治療方法や治療様式の選択、また個人の生活様式に関しての自由――の価値に与える位置づけは、次の事実と無関係ではないということである。つまり、物質的豊かさが増大するに伴い、安心への――たとえば、罹患時の負担に対する備えへの――欲求が高まるだけでなく、同時に自由裁量の余地もますます求められるようになる、という事実である。医師が患者の非合理性を嘆くのはよく聞くことであり、患者は不健康な生活習慣をやめないのに、それでいて医療によってできるかぎり健康と元気を完全に取り戻すことを期待したりする。実際ここでは、合理的には承服しがたい、幼稚でわがままな態度が絡んであり、一番良いことをなによりも欲していながら、それでいて、相容れない生活目的が衝突しているのを見ようとしていない。しかし他方でこうした嘆きが示しているのは、結果を考えることなく好きなように自分の生き方に明け暮れるという自由が、どの人にとっても高い位置づけを持っている、ということでもある。

自由や自発性のこうした価値は——たとえつねに外在的価値にすぎないとはいえ——、功利主義の帰結計算のうえで無視できない重要性をなす。それゆえ、同じ疾病について予防医学のシナリオと治療医学のシナリオが相互に比較され、予防シナリオの医療保険基金上の費用便益の計算結果が示される場合は、慎重さが必要である。そのような計算結果が見落としやすいのは、予防システムへと徹底して切り替えるときに伴う教育コストである。したがって、予防に徹した医療が社会の健康レベルを引き上げ、必要経費を減らす（つまり、機会費用を小さくする）としても、それは必ずしも「より良い」わけではない。それがより良いかどうかは、社会を規制する規模や選択肢を限定する規模に依拠するのであり、プラス効果はそれと引き換えに得られる。

われわれの医療保障システムに組み入れられている種々の自由裁量の余地は、功利主義的な見地から見ても重要なプラス費目である。この自由には患者が医師から提案された療法を受け入れたり拒否したりできる自由や、医師を選択したり治療方法・場所・期間を選択したりする自由も属す。医師の側の自由裁量として重要なのは療法の自由であり、これは患者の特殊性や個別事例の特殊なパターンに適合した治療をするためにも必要である。被保険者が種々の保険商品から選択を行う自由も、軽視できない自由の取得であり、これは、国民皆保障のために安定資金確保を要請することによって弱まってしまうものの、やはりそうである。やっかいなことになると思われるのは、比較的「軽いリスク」を理由に、その何倍も高くつく連帯保険を脱退することを許し、民間保険で自分個人のリスクに合った保険をかけるのを無制限に許してしまうことである。なぜならこれは、比較的「効率の悪いリスク」の保障を引き受けなければならない公的金庫を資金難に追い込むだろうからである。したがって、公的医療保険の枠内で特定の給付分野を「選択から外すこと」ができるようにしたり、それどころか、最低保障の分野で市場構造を導入したりすることは、功利主義の見地からは、限定された範囲でしか賛成できない。

平等もまた、功利主義の見地からは、内在的な価値ではないにせよ、外在的な高い価値があり、また特に弱者や障害者や要支援者の自尊心にかかわる。経済や職業の世界などのように不平等の組み込まれた社会生活の領域で低所得者や要支援者に属する人たちも、医療保険システムがあることによって、自分たちの生活や健康が、他の人たちの生活や健康と優劣なく社会にとって重要だと感じることができる。医療保障の平等主義がなければ社会経済的な階層秩序が支配的となるところを、この平等主義は、言わばそれとは「対極の世界」を与えているのであり、ピーター・シンガーが表現したように（Singer 1976, S. 191f.）、業績と競争システムによって打ちのめされた傷を癒す役割を果たしているのである。

医療保障における不平等は、もともと他の点で不利な立場にある集団に当てはまるときには、とりわけ自尊心が傷つけられたと感じ取られやすい。例えば宗教や民族上の少数者や、求職者や要支援者に当てはまる場合がそうである。医療保障を所得や社会的地位や効用生産性に応じて差異化すると、どうしても、これらの集団に属している人たちに、集団ごと差別したように感じさせてしまう。そうしたこととはまったく無関係に定義されている特定集団であっても、その内部に不利な立場の人が重なると、単に該当する個々人の自尊心だけでなく、多かれ少なかれ当該集団全員の自尊心が傷つけられる危険が生じる。

同様の考察によって、予想される成果に即して医療処置を配分するという、功利主義特有の方針も弱められる。成果の予測は年齢、健康状態、教育レベル、社会的統合性に大きく依拠するので、成果の確からしさを基準としてしまうと（例えば、高いＱＯＬを維持した余命年数の確からしさから判定すると）、高齢者や罹病しやすい人や教育の低い人や社会的統合性の欠如した人よりは、若い人や健康な人や教育のある人や社会的統合性の高い人のほうが、「優れた療法」を受ける機会をたくさん持つことになる。しかしながら、これによって含意されている段階づけは、社会的経済水準の段階づけとほぼ同じである。したがって、たとえ功利主義的な配分がもとより能力による区別をするわけでもなければ、社会ダーウィニズムの発想を持つわけではないにしても、その配分は、比較上不利益を被る人からすると、そのように解釈されやすい。つまりそれは、もともと不利な人をもう一度不利にする傾向があるだけに、公平でないと感じ取られるのである。こうした意味で、移植臓器の配分に際してアメリカで行われている実践は理解できる。すなわち、黒人の方が成功率が平均的に著しく低いにもかかわらず（かつ、――ただし功利主義的な観点からはあまり重要ではないが――黒人の方が臓器提供が著しく少ないにもかかわらず）、黒人が白人よりも不利になることを防ぐように行われている。果たしてこの優先理由は、ベルリンの外科医ペーター・ノイハウス（Neuhaus 2000, S. 810）が言うように、「イデオロギー的」なのであろうか。この実践がまずもって医療上の成功率にもとづいて定められたわけではないことは、疑いない。「人為的に」少数者を優遇することは、結果的にそのようにしない場合よりも、全体として医療保障を受けられる患者が少なくなる（もしくは、手厚い保障を受けられる患者が少なくなる）ことを意味している。狭い意味での医療上の全体の成果は少なくなる。しかし果たしてこれによって全体効用も減るのかどうかは、これだけではまだ決まらず、それは関係する社会心理的な要素にかかってくる。

4　配給制

すべての医療資源配分や患者の選別が配給にあたるわけではない。そうでなければ配給は普通のこととなってしまい、医療保険制度上の遺憾な例外措置ではなくなるだろう。配分というものは、たとえ物資はそうでない場合でも、人的・時間的資源に関して、マクロ・レベル、メゾ・レベル、ミクロ・レベルの各レベルでつねに行われている。これに対して「配給」は、危機的状況が先鋭化していることを知らせており、劇的な響きを伴う。このことは、不十分ながらも、ごく最近に連邦医師会の中央倫理委員会によって提示された定義から窺える。すなわち、「配給制は、医療上の見地において必要または合目的的な医療処置が、資金上の理由から公的または非公開で差し控えられる場合に行われてきた」(Zentrale Kommission 2000, S. 1017)。美容整形や健康促進のための心理療法や再生医療もまた「合目的」であるかもしれないが、しかしそれらは社会で連帯して費用負担されることはないし、あるとしてもごくかぎられた範囲内であるから、それらはもとより「配給」されることはない。贅沢品は、たとえ希少な場合であろうと、「配給」制にされることはありえない。バター類や砂糖は配給制にされるが、中級車や豪華旅行は配給制にはならない。特定の処置を、社会の配分システム上、無料で「配給」すると宣言できるためには、その処置が合目的であるだけではなく、それを合目的的にしている目的そのものが、特に緊急で「必要〔必然〕」ということでなければならない――それは、カントが「義務」を「行為の実践的で無条件的な必然性」と語った意味で必然ということである。つまり、手術すればなくしたり鎮めたりできるはずの苦しみについて言えば、その手術をせずには耐えることも耐えるよう強いることもできない、という意味である。(配給制を行う条件は他にもあるが、その一つは——ただしここで扱う問題ではないが——、医療保険市場にまかせて価格提供されている医療処置が、患者の支払い意欲や能力に対応しない価格であるために、施されずにいる場合である)。だが先の中央委員会の定義は、単に広すぎるだけではなく、狭すぎもする。というのも、費用の考量だけが配給制を必要と考えさせるものではなく、たとえば臓器の流通不足といった、利用可能性に関する別種の制約もあるからである。

「合目的性」と「医療上の必要性」という概念は、価値評価の余地や解釈の余地を残している。そのために、配給制の概念について基本的に意見が一致していても、はたしてある配分システムが「配給」を行っていることとなのかどうかについて、意見が対立し続けることにもなる。第一に、どれほどの需要状況であれば、社会で連帯して出資しなければならないほど医療支援の必要が切迫していることになるのか、意見が割れる。第二、ある医療処置が「合目的的」と見なされうるためには、どれくらい効果がなければならないのか(すなわちその効果が科学的にどれくらい十分に確証されなければならないのか)、意見が割れる。第三に、ある処置の目的が「必要」と位置づけられるためには、その処置はどれくらい効果がなければならないのか、意見が割れる。〔たとえば〕四十歳以上の女性の体外受精を(イギリスのように)無料にすることは配給制になるのだろうか。これは、第一に、子どもを授かれないということが、連帯支援を必要とするほど十分に深刻な苦しみと見なせるかどうか——それを「病気と評価」するかどうか、そしてどの程度そう評価するか——による。そして第二に、(当該の年齢層において)その処置の成功率が小さい場合に、はたして十分に効果があると見なせるかどうかによる。そして第三に、治療効果と必要性の比が適切と見なせるかどうか、すなわち、治療の必要状況が十分深刻と判断され、低い成功率でも資金を投入することが正しいと判断されるかどうかによる。これらの諸点のうち一つでも意見が割れているかぎり、公的医療保険の給付一覧からある給付項目を別扱いすることが、配給化を意味するのかどうかについても、意見が割れるであろう。

この点に関しては、功利主義的な見解もまた判断にかなりの裁量の余地を残している。とはいえ功利主義者は、推測するに、上記の三点すべてに関して、現今の医療保険システムで——とりわけ民事裁判所や社会裁判所の判決を踏まえて——なされているよりも、はるかに厳しい基準を当てはめている。その理由は、功利主義者は経済学者と同じように、別の利用の仕方について考えるので、公的医療保険の給付一覧の何項目かについて形式的に次のように自ずと問うことになるからである。すなわち、当該項目に費やす資金は、他の社会的任務に（それも特に失業や社会的孤立といった、典型的に疾病を誘発している社会的状況をなくすために）つぎ込む方が有意義なのではないか、ということである。例えば「貧乳」（女性で乳房が小さすぎることであるが、ドイツの判決ではこれは「疾病」とされた）の治療は連帯して費用支援すべきだろうか。医師から処方され、保険業界で広く支払われている医薬品の大部分が、その効率に関して全く検査されてこなかったが、このことは弁護できるようなことだろうか。功利主義者の多くは、ある程度型どおりに「必要」と見なされている処置の多くについても、その効率に疑いを抱くであろう。ある脳腫瘍手術は、その成功事例が五パーセント未満で、また寿命を数日から数週間しか伸ばせないとき、はたして「医療上必要」だろうか。着床前診断のような注目を惹く方法を発展させることは、もしそれが遺伝的ハンディキャップを持った数組の夫婦に利益をもたらすだけであり、それに対してアルツハイマー病やパーキンソン病の領域での研究努力の強化がはるかに多くの患者に有益であるとすれば、はたして「医療上必要」だろうか。

現代の医療システムにおける資源配分の合理性に関するこうした考量は、ある程度一般になされていることであって、功利主義に特有の効率の考えというわけではない。たとえば一九九二年時点でオランダの医師のおよそ三分の二は、あまりに多くの人的・物的資源が、医療上の成果がほんのわずかであったり疑わしかったりする「治癒の見込みの低い医療」に用いられているという見解を持っていた(Choices in Health Care 1992, S. 45)。このことから、問われるのは次の点であろう。すなわち配給制に関して、功利主義の観点が優れていると言えるような特性は、そもそも何かあるだろうか。

功利主義的な観点の特性の第一のものは、すでに示唆したように、医療処置の緊急性や「必要性」に関して、客観的な医学的重要項目ではなく主観的な精神状態に即して評価する点である。功利主義的な視点からは、医療行為の最終目的は苦痛の減少であって、生理学的に定義される健康パラメータにもとづいた治療・回復・維持にあるわけではないので、最初は医学生物学的に把握され認知される典型的症例として現れている症状であっても、治療の必要性はさまざまである。疾病そのものは確かに連帯支援を必要とする第一候補として位置づけられるが、しかし連帯支援が必要な状態は、単に疾病状態やその予防にとどまらず、もっと遠くまで及ぶ。疾病と医療処置の必要性とのあいだには、一対一の関係が成り立っていない。すなわち、すべての疾病が治療を必要とするわけではないし(例えば鼻風邪や頭痛といったいわゆる軽い疾患のように)、また治療を必要とし、連帯支援の求められる障害がすべて疾病――少なくとも普通の意味では――というわけではない。後者に属するものとしては、特に、基本的欲求の充足能力やその他の基本的機能の重大な障害があるし、また生物学的因子によっては説明できない重度の苦痛状態やQOLの低下がある。伝統的に医学は生物学との結び付きが強く、また身体症状のほうがたいていの場合は治療しやすい(また恥の感情と結び付く度合いが低い)ということもあって、今挙げた障害には、それに相応しい顧慮が、いろいろな意味で払われていない。医療保険政策もこの点において一面的な傾向があることは、現在でも心理療法への支援額が低いことに示されている。しかし心理療法の方が身体に対して行う治療よりもしばしば主観的なＱＯＬをはるかに持続的に改善できるものであることは、明らかである。

功利主義の第二の特性は、確認できている関係者と未確認の関係者のバランスを取ろうとする点にある。配給制に関する文献によく見られる論点としては、現時点で病気の患者に対して治療の選択を与えずにおくことは是認できないが、しかし将来同じ疾病を持つ患者、つまり現在のところ未確定の患者の場合はそうではない、という議論がある。しかし問わなければならないことは、なぜ人命の救済やＱＯＬの向上が、現時点で未知の人に対しては低く評価されるべきなのか、ということである。治療の機会を奪われることによって患者が最終的に損益を被ることは、どちらの場合でも同じである。もちろん次のような、倫理的に重要な一連の違いもありうる。つまり、現在病気の患者はおそらく治療可能性の利用を当てにしており、それが取り上げられると希望や期待保証が奪われることになるが、これに対して将来の患者はもともとこうした期待を抱いていない。また他にも、象徴的な作用にも違いがあるかもしれない。つまり、切迫して援助を必要としている人を助けずにおくことは、冷酷で人を軽んじていると感じ取られるのが普通だが、これに対し、現段階ではまだ知られていない犠牲者の、予測されてはいるがまだ切迫していない必要事への配慮を怠ることについては、より寛容な評価が下されるのが一般的だということである。しかし、これらの要素が将来の窮状を「割引く」ことを正当化できるほど十分に倫理的に重要かどうかは、疑わしい。

第三に、功利主義的立場を主張する人の多くは、特に自由主義者が行うような、治療の必要性を自己に起因する場合と自己に起因しない場合とに区別して結論を引き出すことに対しては保留の態度をとり、また自己に起因する傷病治療費を連帯社会の負担からすべて外すことは望まないだろう。功利主義者が医療保険政策における「原因者負担の原則」を有効と認めるのは、健康障害が自己に起因するとしても、それが自由な決断にもとづくものであって、それ自体何かやむをえない要素にもとづくわけではない場合のみである。しかし、自由意志の正確な範囲を個々の事例において確定することは難しい。このことは飲酒と喫煙と肥満の三つについて特に言える。これらに自己責任を帰するかについては非常に頻繁に議論されるが、その理由は特に、生活様式に関するコストがこれらの場合には膨大にかかるからである。しかしこれに加えて看過してはならないのは、これらの事例では、単に認知するだけではどうにもならない中毒の要素が関係しうるので、これには行動の自由をきわめて限定的にしか想定できないということである。そしてまた遺伝的素質も考慮されなければならない。さらに、「原因者負担の原則」を政策に移すことは、場合によってはその業務コストが限界に達するであろうし、また私的領域への干渉や、多様な危険行動の不平等な扱いや、不当な責任転嫁といった、道徳的リスクも負うことになる。

とはいえ、たとえば交通手段を選択したり、休暇を過ごしたり、旅行やスポーツをしたりした際の事後負担を公平かつ実用的に帰属させる手掛かりも、確実にある。たとえば、リスクを伴うこれらの行動を控えている人が、自覚的に避けている当のリスクのための基金に、なぜ連帯加入を強制されなければならないのか。自動車を運転しない人が、自動車を運転する人の事故の治療コストを、なぜ負担協力すべきなのか。これらの領域全般にわたって考えられる解決策としては、当該の商品や関連商品の購入や利用の際に、事故保険の契約をセットにし、それによって公的医療保険の負担を減らす方法がある。

第四に、特に功利主義ならではの特性は、長期的な（in the long run）帰結計算という功利主義特有の原理を命じることで、事実を隠蔽するようなやり方に警告を与えるところにあるかもしれない。そうした隠蔽するやり方は特に政治の世界では好まれており、実際に行われている配給規模を隠すことにつながっている。より受け入れられやすそうな理由を出すことによって配給が隠され、ありのままを公開せずに正当化されることは、少なくない。たとえば、社会的に危険な要素が少ないだとか、差別的と感じ取られがちな公然たる入手制限よりは社会にとって処理しやすいといった理由である。非公開で行われる配給は、あるグレーゾーン内で流動化できるであろうから、不利益を被る人に対して、その保障制限の理由を、政治的社会的要素にではなく、やむをえない自然的要素に帰することがやりやすくなる。これは短期的には十分当てはまるかもしれない。しかし長期的には、（これは現在ではイギリスで明らかになっていることだが）非公開の配給制は、民主主義社会では維持するのは難しい。しかもそれは民主主義の基本理念と相容れない。民主主義が要求するのは、社会における分配決定が、不利益を被る人も含めて、原則的にすべての関係者によってなされることである。しかしそのためには、この決定が公開性を持ち、透明性があり、事後チェックできることが必要なのである。

引用参考文献

Ach, Johann S., »Objektiv, transparent, gerecht? – Kriterien der Allokation von Spenderorganen«, in: Höglinger, Günter U./Kleinert, Stefan (Hg.), *Hirntod und Organtransplantation*, Berlin 1998, S. 113-127.
Birnbacher, Dieter, »Der Streit um die Lebensqualität«, in: Schummer, Joachim (Hg.), *Glück und Ethik*, Würzburg 1998, S. 125-145.
Choices in health care. A report by the Government Committee on Choices in Health Care, Rijswijk 1992.
Gudex, C., »The QALY. How can it be used?«, in: Baldwin, Sally/Godfrey, Christine/Propper, Carol (Hg.), *Quality of life. Perspectives and policies*, London 1990, S. 218-230.

Haslett, David Warner, »What is utility?«, in: *Economics and Philosophy 6* (1990), S. 65-94.

Ders., *Capitalism with morality*, Oxford 1994.

Kilner, John F., *Who lives? Who dies? Ethical criteria in patient selection*, New Haven 1990.

Neuhaus, Peter, »Allokationsproblematik in der Transplantationsmedizin«, in: *Zeitschrift für ärztliche Fortbildung und Qualitätssicherung 94* (2000), S. 806-811.

Parker, G., »Spouse carers, whose quality of life?«, in: Baldwin, Sally/Godfrey, Christine/Propper, Carol (Hg.), *Quality of life. Perspectives and policies*, London 1990, S. 120-130.

Singer, Peter, »Freedoms and utilities in the distribution of health care«, in: Veatch, Robert M./Branson, Roy (Hg.), *Ethics and health policy*, Cambridge, Mass. 1976, S. 175-193.

Wiesing, Urban, *Zur Verantwortung des Arztes*, Stuttgart/Bad Cannstatt 1995.

Zentrale Kommission zur Wahrung ethischer Grundsätze in der Medizin und ihren Grenzgebieten (Zentrale Ethikkommission), »Prioritäten in der medizinischen Versorgung im System der Gesetzlichen Krankenversicherung (GKV). Müssen und können wir uns entscheiden?«, in: *Deutsches Ärzteblatt 97* (2000), A 1017-1023.

第15章　ES細胞研究——〈共犯〉の役割

1　道徳的問題

ES細胞研究の場合、どこに——本当のあるいは推定上の——道徳的問題はあるのだろうか。問題がES細胞研究そのものにあるのではなく、ES細胞の由来とその細胞の取得方法にあるのは周知のことである。こうした取得方法のすべてが、ES細胞研究の持つ固有の道徳的問題を投げかけている。

研究方法	幹細胞の取得	道徳的に憂慮すべきとされる処置方法
1・胚性生殖細胞研究	堕胎された胎児から	非医学的理由による中絶
2・ES細胞研究	体外受精による「余剰」胚から	「余剰」胚からの幹細胞の取得
3・ES細胞研究	核移植によってつくられた胚から	核移植による胚の生産、クローニングされた胚からの幹細胞の取得

1.　胚性生殖細胞からES細胞を取得する際の慎重な配慮を要する点は、一般的に取得より先に非医学的理由による中絶が行われる点にある。たとえ妊娠初期の非医学的理由による中絶がドイツでは現実的には処罰の対象とならないとしても、それは現行法に照らせば違法なのである。さらに、全人口のうちの実質的には少数派ではあるが、こうした中絶をまったく道徳的に容認できないと拒絶している人々がいる。

一定の条件が守られるのであれば、胎児の組織そのものの取得と利用には議論の余地があまりない。とりわけその条件は以下のものである。

――胎児はすでに死亡しており、それゆえそれ以上成長することができない。

――両親が胎児の利用に同意している。

――中絶が、胎児の組織を研究あるいは治療のために提供するという意図を前提せずに実施された。

これらの条件は、たとえば進行期のパーキンソン病の治療で使用するために胎児の脳組織を取得するといった、国内および国際的なガイドラインで定められた諸条件と一致する。[1] 研究・教育・移植そして法医学のために人間の死体を部分的に利用する場合と同じように、死亡した胎児の利用に際しては、一般に人間の尊厳の尊重原理と両立するとされ、それゆえ容認された道具化と見なされる。

2.　体外受精の際に余った胚から培養したES細胞を使用する場合、道徳的に議論の余地のある措置は、初期胚の内部細胞組塊から幹細胞を取得するためには、胚を殺処分し操作する必要があるという点

（1）　一九九一年ドイツ連邦医師会中央委員会を参照。

にある。第一に、人工的に生み出された胚は殺処分される。第二に、そうした胚は、胚の生命維持、成長あるいは健康とは関係のない目的のために利用される。

それに対して、こうした胚の利用が直接意図されたものではなかったかぎり、胚の生産に際してあらかじめこのような利用が起こりうるものとして考慮されていたのか否かは、道徳的にあまり重要ではない。

3. 最初からヒト胚がＥＳ細胞に利用されるために生み出されるといった、いわゆる治療目的でのクローニングという第三の方法は道徳的により大きな異論がある。初期のヒト胚に道徳的地位を認める人々の大部分にとって、研究のために胚をつくることは最初から他の目的（たとえば生殖）のために生み出された胚を利用することよりも、生命の保護原理および人間の尊厳の尊重原理に対する重大な侵害を意味する。(2) したがってこうした方法の場合、二つの措置が問題となる。第一に、ヒト胚は（無条件であろうが条件つきであろうが）、胚の生存や成長とは違う目的で利用するという明確な意図を持って生産される。第二に、胚利用には、その殺処分と操作が伴う。

ヒト胚が個々の場面で以下の図表のどれに該当するかに応じて、幹細胞研究者は道徳的に問題ありとされる実践にさまざまな仕方で関与する。

研究方法	道徳的に憂慮すべき方法と研究者との関わり
研究目的のために胚からの幹細胞の取得	――人間生命の殺害 ――目的のための手段としての人間生命の利用

研究目的のために胚からの幹細胞の取得	――目的のための手段としての人間生命の生産 ――人間生命の殺害 ――目的のための手段としての人間生命の利用
胚性生殖細胞研究	共犯（*complicity*）
「余剰」胚から培養されたES細胞研究	共犯（*complicity*）

ここでとりわけ倫理学的観点から興味深いのは、研究者への波及性という最後の二つの形式である。つまり、研究者自身がヒト胚の操作あるいは生産に関与していないとしても、おそらく研究者には、道徳的に憂慮すべき行動との「共犯」関係があるということである。道徳上憂慮すべき活動に直接かつ積極的に関与していなくても、研究者がその結果を利用するかぎり、研究者はある意味その活動と「関わって」いるのである。

2　共犯（*complicity*）とは何か

日常語における共犯とは、何人かの他の人間たちと違法なあるいは道徳的に容認されない行動に参加

（2）　これは、たとえば一九九六年のヨーロッパ会議の生命倫理に関する人権協定第十八条を反映したものである。すなわち、研究目的でのヒト胚の生産は禁じるが、他の理由で生産された胚の研究は禁じられない。

する（「関与する」）ことを意味する。ただ、生命倫理学で一般的に使われる共犯概念は、それよりも狭い意味で定義される（Singer, 1994 および Friele, 2000 を参照）。生命倫理学における共犯とは、道徳的にきわめて憂慮すべきか、少なくとも道徳的にきわめて憂慮すべきと見なされるような直接的かつ積極的な協力よりも弱い程度で、他者の道徳的に容認されない行動に関与するという弱い形式のことである。一般に「共犯者」の行動が道徳的に憂慮すべき行動に直接的に参加するのと同じ厳しさでは非難されないとしても、「共犯者」の行動は主犯者の容認されない行動と結び付くため、ある程度「不名誉なもの」と見なされる。したがって、「共犯者」には主犯者と同程度の責任はないが、まったく責任がないというわけでもない。

共犯にはいくつかの形式が想定されうるが、そのもっとも重要なものは以下のとおりである。

構成的行動（k）という共犯	道徳的に容認されない行為（h）との関係
1. 故意にkが積極的に関わることによって、道徳的に容認されない行為hが、その（望ましくない）目的を達成する。	意図された行為の結果に対する直接的な因果性
2. kによって、参加者もしくは他の人がhをするきっかけがつくられたか、あるいは動機づけられた。	間接的因果性
3. kによって、第三者はhに対して寛容な評価を下すよう促される。	評価的因果性
4. kがhに対する道徳的非難と一致しない。	強い不一致

「共犯者」が主犯者の行為の成果に対して積極的に貢献する第一のタイプに関しては、たとえば共犯者が故買人として泥棒との取引を泥棒の望んだように取り決めるといった場合、われわれは共犯がhへの積極的協力と同じではないのかと疑うだろう。

しかしhが窃盗であるならば、故買人の行動そのものは窃盗の実行に寄与しない。窃盗はすでにそれだけで道徳的に容認されないのであり、道徳的に容認されるかどうかは盗品を最終的に故買人に売るかどうかとは無関係なのである。ところが少し考えてみれば分かることだが、故買人は単にみずからの目的を実現しているだけのように見えるが、窃盗は通常、故買人の持つ目的（すなわち、盗品であることを知りつつ買うこと）がなければ実行されないのである。

同じ意味で、たとえ信念を持った菜食主義者であっても、（自らの視点にもとづいて）その人がスーパーマーケットで肉を買うことがあれば、その人は畜殺される動物を畜殺するという行為の共犯者となるであろう。食肉の元である動物の畜殺というhは、過去に行われたことであり、菜食主義者が肉を購入するという行動によってなかったことにすることはもはやできない。菜食主義者は動物が畜殺された後に肉を購入するという目的を実現するのだろうが、そもそもhは肉が購入されるために実行されたため、菜食主義者は「共犯者」となる。

さらにスーパーマーケットで肉を買う菜食主義者は、ひょっとすると第二のタイプの意味でも共犯者として行為していることになるかもしれない。そうした菜食主義者は、みずからの行動によって他の人が自分の真似をするように動機づけているかもしれず、それによってhが間接的に促進されるかもしれない。これと同じようなことは、児童ポルノの購入者にも当てはまる。児童ポルノの購入者は、共犯の第一のタイプの意味で、それに関わった子どもたちに対する一義的な意味での虐待の共犯者になるだろうが、しかし第二のタイプであっても間接的には共犯者となるであろう。なぜならそうした人がいることで、児童ポルノの製作者は製品の販売機会を増やしているからである。

共犯の第二のタイプでは、それに続くhという行為が動機づけられるわけだが、それにはきわめて多くの形式を想定することができる。そうした動機づけは、直接的にhという行為を動機づけることだけに限定されない。たとえば、ドイツの胚保護法に従えば容認されないドイツ国外でのES細胞の取得を動機づける、といったことがあげられる。すでに公式に許可されているES細胞研究に参加することですら、悪意ある人々によって、さらなる幹細胞の取得という間接的な要求だと解釈されうる。なぜなら外国で幹細胞を取得する研究者は、いまでは潜在的な「顧客」という拡大された範囲に数え入れられうるからである。

kが模倣者を見出さない、あるいはk以外の仕方で生じた付随現象がhの影響を受けていないと想定される場合、共犯の第三のタイプも存在しうる。kがさらにhを生じさせる蓋然性を高めないとしても、それでもkはひょっとするとhの回想的評価に影響を与える、もしくは与えそうであるということ自体が、道徳的に問題あるものと判断されうる。とりわけこのことは、k自体が道徳的に肯定的に評価され、そのことでhに対する道徳的に否定されるべき評価が変化するか、あるいはまったく正反対の評価になるというケースに当てはまる。つまり、道徳的に憂慮されないあるいは賞賛されるkにとってhが必要条件である場合、hに対する道徳的に憂慮すべきものは、最初に想定されたものよりもわずかなものとなるように思われる。

一つの有名な例は、中絶した胎児の細胞と組織を、たとえばパーキンソン病を治療するといった目的で利用することである。治療のために胎児組織を利用する可能性が中絶件数に影響を及ぼすといったことは、いくつかの理由から有りそうにない。(それは中絶方法に影響を及ぼしうるが、これは別のテーマである)。胎児組織の移植のためのガイドラインが一貫して要求するのは、中絶に対する女性の決定が取り出された組織を研究あるいは治療目的で使用することを容認する決定から独立していることである[(3)]。しかしたとえ二つの決定を切り離すことが可能ではなかった場合でも、中絶に対する女性の決定が胎児組織の利用可能性という視点によって影響を受けるかもしれないということ自体は、ほとんど想定されないだろう。なぜなら中絶の場合、産婦人科医の役割が中絶という行為の結果を治療目的に利用するという観点によって変化し、そうした変化にともなって産婦人科医が女性の望んだ中絶により肯定的な態度をとるといったことは、ほとんど考えられないからである。したがって、おそらくkとhとの間接的な因果関係といったものはまずありえない。

それにもかかわらず、kによってhに対する道徳的批判は弱められるかもしれず、それとともにhおよびhに類似した行動様式が持つ心理学的閾値は下げられるかもしれない。そしてこのケースで共犯のケースについて論じることは、納得できることのように思われる。なぜならもしhが道徳的に容認されないならば、hがきわめて多くの人々によって、そしてほとんど例外なく非難されることは望ましいはずだからである。さらにhの結果の利用に対して肯定的に評価される実践が、行為hを実際のところよりも受け入れやすくさせているように見える場合には注意が必要である。ドイツ連邦医師会が一九九八年七月の勧告の中で、末期のパーキンソン病患者の場合であっても、脳移植のために胎児の脳組織を取得することは認めないとしたときに、共犯の第三のこうした在り方は、連邦医師会の倫理委員会の中心

(3) こうした条件に対する批判については、Singer, 1994, S. 217ff.〔邦訳、二〇二頁以下〕を参照。

にあったもののように思われる。――それは、国際的な条件下であればそうした取得を容認するという一九九一年に定められ、その後も妥当しているガイドラインとは対照的なものであった。委員会がそのような取得の不許可を基礎づけるための根拠としたものの一つは、こうした実践が非医学的理由によってなされる中絶に対する道徳的拒否感を弱めかねないといったものである。[4] したがって委員会がこうした拒否感の低下がもたらす結果を考慮に入れずに、低下そのものを否定的に評価していると解釈するならば、委員会はまさに共犯概念の第三のタイプを用いているのである。

第四のタイプでは、共犯はまったく違った性質を持つ。ここには、kとhとのあいだに、あるいはkとhに対する評価とのあいだにいかなる間接的な因果関係も見当たらない。むしろ共犯は、単なる象徴的水準でしかない。kは以下の事態をもたらさない。すなわち、kの実行に関与する者の場合、hに対する心理学的受容値が下げられているがゆえに、kの実行者の下すhに対する評価が、hをしなかった場合よりも寛容な評価になるといった事態である。むしろkを実行することでkとhが結び付けられるのであり、つまりその結び付きは、kの実行者がhを拒否するか是認するかとは無関係である。それに加えて、もしkがhを拒否するならば、「強い意味での不一致」が生じる。kの実行に関与する者はhを道徳的に非難する一方で、hの結果をみずからの利益のために利用する。このことによって外部の人間に対して示されるのは、その人がこうした非難をまったく真剣に考えていないこと――少なくともその人がhからの直接的あるいは間接的な利益を引き出すことを放棄しようとは真面目に考えていない、ということである。このようにして不一致は生じる。

強い不一致があるのかどうか、そしてどの程度あるのかということは、さまざまな要因が複雑に絡み合うことで規定される、社会における議論の在り方と期待にかなりの程度左右される。もっとも重要な要因は、kに関与する者がhの関係者に協力するあるいは協力した程度であるように思われる。「主犯者」と「共犯者」の協力が緊密であればあるほど、共犯者が主犯者の行動とは道徳的な隔たりがあるという共犯者の主張は信じるに値しなくなる。このことは、実際に共犯者がどれほどhを道徳的に非難していようがまったく関係ない。たとえhという事態が共犯者の主観的な確信とはまったく相容れないものであったとしても、共犯者は純粋に象徴的水準においてhとの「関わり」を持っている。

具体的に説明するために、ドイツ人の医師が中国で死刑に処せられた囚人から摘出した臓器をさまざまな臓器移植に利用するという場面を思い浮かべてみよう。これらの臓器は、死刑執行を管轄する官庁と臓器移植を行う医師とのあいだに、少なくとも間接的な協力がなければ調達することはほとんどできないであろう。一般にそうした――それがどれほど間接的であっても――協力関係によって、社会的知覚は規定されるのであろう。たとえ関与する医師が臓器をもたらす死刑執行を強く非難していたとしても、医師の行動は、この非難の信憑性を疑わせるほどの不一致と見なされる。それは、内的な隔たりと外的な隔たりとの連関が「自然」に現われなかったのだろう。つまり殺人犯に協力する者は、どうやら――それがどれほど善い目的のためであったとしても――、殺人犯の残忍な行為とみずからとのあいだに内面的な関わりがまったくないと表明することができないように思われるのである。hの拒否とhの結果を利用することの拒否が二つの異なった、観念的にも完全に互いに分離した事柄であったとしても、象徴的水準では両者を完全に引き離すことはできない。道徳的に非難されるhという実践結果を利用する際に知覚される「強い不一致」が生じるさらなる要因として考えられるのは、hが道徳的に非難され

(4) 一九九八年のドイツ連邦医師会中央倫理委員会を参照。

る程度とkが道徳的に容認ないし要請されたものとして評価される程度との比率である。こうした比率が不均衡であり、kという目的の肯定的な道徳的性質が、hの否定的な道徳的性質よりも明らかに著しく少ないときにのみ、一般に「強い不一致」は感じられる。たとえばベルギーやオーストリアにおける脳死者からの臓器摘出の在り方をドイツにも導入するということは幾度となく見送られているのだが、こうした保留によって、一方でこれらの国々で有効な「非同意原則」を拒否するが、他方でこれらの国々からの臓器をドイツ人の患者に移植することにまったく疑念を抱かない医師の信憑性が弱められる、といったほどの影響力はない。なぜなら、臓器移植による患者の生命維持あるいは（透析患者の場合のような）患者のQOLの根本的な増大は明確な高い目標であるため、それは公衆の知覚からすれば、移植される臓器を部分的に得る際の道徳的な「不備」を穴埋めする以上のものだからである。

もっともこのケースの場合、共犯は第四のタイプとしてだけでなく、第一のタイプとしても現われる。つまり移植（k）は実施されたわけだが、そのためにベルギーやオーストリアの脳死者は、事前同意ないし親密な人による代理人同意を得ずに、移植用の臓器を摘出された（h）のである。

それに対して、第二次世界大戦中のドイツと日本の強制収容所での恐ろしい実験結果を利用することが道徳的に許されるのかという、とりわけアメリカの生命倫理学でなされる議論では、程度の差こそあれ、強い不一致の「純粋な」形式が問題となる（Caplan, 1992を参照）。この議論の中では、こうした結果を利用することによって、それ以外のこれらに類似した実験に刺激を与えるかもしれないこと（共犯のタイプ2）、あるいはこれらの結果ないし他の結果が役立つものであった場合にはこうした実験に対する道徳的非難が相対化されるかもしれない（共犯のタイプ3）ことは主要な問題ではない。ここでは純粋な象徴的関係が第一の問題となる、——もっともこの関係の場合にしばしば生じる異論は、実験結果を道徳的に賞賛あるいは憂慮する必要のない目的のために利用することが可能であっても、そうした結果を得る際の道徳的批判によって、その利用がつねに閉ざされなければならないのか、ということである。すでにこうした問いは、ニュルンベルク医師裁判の際に議論されたが意見の一致を見なかったのだった。

とりわけ共犯の第四タイプの場合、多くの現代の生物医学な処置を道徳的に評価する際に意見の相違が現れる。たとえば体外受精のケースでは、こうした方法が成功した際にその方法の道徳的価値が（胚を消費する研究と大規模に結び付いた）研究ならびに臨床試験の道徳的に問題ある事態をどの程度穴埋めするものなのか、ということについての意見は一致しないだろう。この方法を支持すると同時にその開発方法を道徳的に容認しないで生殖医療に従事する医師がみずからの信憑性を保ち続けられるか否かは、この信憑性を判断する人がどの価値を支持するかにかかっている。この点において、胚を消費する研究をきっぱりと容認しないだけでなく、体外受精に対しても慎重な態度をとるバチカンのカトリック教徒は、穏健な立場の支持者とは異なった判断を下す。もちろん穏健な立場の支持者も胚研究を容認しないのだが、しかし他方でそうした人々は、現代生殖医療によってもたらされる少なからぬ有益な成果と対立関係にはないのである。

幹細胞の取得という道徳的に問題ある実践に積極的に参加はしないが、――たとえば外国における――他者の先行投資から利益を得るES細胞研究の共犯性は、いかにしてより詳細に特徴づけられうるのだろうか。

明らかなのは、その解答が他の条件によって変化するということである。とりわけES細胞に需要があることで、それがない場合に行われたであろう操作よりも、いっそう多くのあるいは広範囲の操作が他の場所でヒト胚に行われることになるのかどうか、そしてそうした操作が共犯の第二タイプの意味で

kとhとの間接的因果関係になるのかどうか、という条件次第である。ドイツ国内の幹細胞株だけに適用されうる、ドイツ連邦議会で可決されたいわゆる期日規則は、まさに共犯をこうした形式で生じさせないために施行されたと言われている。これは、以前にブッシュ大統領が、国家的に要請されたプロジェクトに対してのみ適用されるものとして公布したアメリカ合衆国規則と同様のものである。

もちろん第二タイプの意味の共犯の条件が満たされていないとしても、そのことでもって共犯の第三タイプまでもが完全に避けられるというわけではない。きわめて多くの人々に発症が見られ、かつ他の方法では治療が困難な病気に対する新しい治療アプローチが進展する中で、幹細胞研究が成果を出せば出すほど、こうした研究に対する先行投資は、この研究の失敗した場合に先行投資に向けられるだろう非難よりも寛容なものになることがますます予想される。

さらに、第四のタイプ、すなわち象徴的在り方の共犯があるのだろうか。少なくともhを容認しない人の観点からすれば、それは疑いなくある。kの実行者とhの実行者との協力条件が、幹細胞研究に関して上述した三つのすべてのタイプにとって満たされていることは明らかである。一方で、研究者と中絶を行った医師との協力、あるいは研究者と胎児から幹細胞を取り出した医師ないし生物学者との協力が、少なくとも間接的形式で存在していなければ、胚性生殖幹細胞研究も、「余剰」胚あるいは治療目的のクローニングによる幹細胞研究も想像し難い。他方で「強い不一致」が生じるのは、こうした研究に参加する科学者あるいはこうした研究を容認する科学政策専門の政治家が、非医学的理由によって中絶ないし幹細胞研究を断固として拒否することで、その拒否が幹細胞研究の積極的成果の見込みによっては穴埋めできないほどになる場合である。こうした条件下でのみ、研究者もしくは研究畑の政治家は、自身の研究実践あるいはみずからの責任で進める研究政策によって、自己の信憑性を公衆の面前で危険にさらしうる。ところが最初から胚研究を道徳的に容認可能と見なす人は、他者が実施したこうした研究結果から利益を得ても、みずからの評判を落とすことはありえない。

したがって、少なくとも実際に関与している科学者に関して「強い不一致」に言及されることはほとんどない。強い一致に必要とされる胚研究を無条件に拒否しつつも、幹細胞研究に関心を持っている科学者は少数だけならいてもよい。「強い不一致」に陥るリスクにきわめて高い程度でさらされているのは、限定的にES細胞研究を容認しつつ、(現在の胚保護法が含意するような)胚研究の無条件禁止をも維持しようとする研究畑の政治家である。象徴的水準では解決不可能なこうしたジレンマは、コンフリクトにある二つの前提のひとつを放棄することによってのみ回避することができる。

3　胚研究——無条件に容認不可能?

そもそもわれわれが幹細胞研究の脈略の中で共犯について言及できるということは、ここで用いられる共犯が以下の前提と本質的に結び付いているからである。その前提とは、ヒト胚の破棄、操作および条件つきでの生産が無条件に容認されないということ、つまりこうした行為の在り方の道徳的無価値さが、財の比較考量の片側にある財ならびに価値によって埋め合わされないという前提である。しかしこうした前提にこそ、まさに議論の余地がある。たしかにいくつかの国では、生殖細胞研究ならびに幹細胞研究と結び付いた(妊娠中絶、胚を消費する研究、核移植によるクローニングといった)三つの実践のすべてが法的に禁止されている(ドイツはこうした国に数え入れられる)。したがって、ここではまだ倫理的判断について何も言及されていない。法と倫理は相互に関連しあっているが、それでも異なった事柄なのである。

法的な考察方法と倫理的な考察方法とを区別することが重要であるのは、現行の法的立場が、ここで議論となっている初期段階にあるヒト胚が法体系で認められている意味で保護に値するのかどうか（もしくはヒト胚が内在的にそうした保護に値するのかどうか）、という倫理的な問いにまったく言及していないと解釈できるという理由による。法的立場が第一義的に保護しているものは、胚ではなく、人間の生命がもっとも初期の段階を含めたあらゆる時期において神聖なものであり、人間の自由になるものではないという感情と感覚であると解釈できる。宗教的感情そのものの志向的対象ではなく、信者の宗教的感情を保護する「神への冒瀆条項」（刑法第一六六条）との類比において、胚研究（あるいは中絶）の禁止の第一義的な目的は胚そのものの保護ではなく、人間の生命は初めから不可侵であるという感情の保護であることになるだろう。

初期段階にあるまだ生まれていない人間生命が保護に値するものである、というこれほどまでに「感情に訴えた」基礎づけは、連邦憲法裁判所が生命保護に対して表明している「公式の」基礎づけとは正反対である。問題は、公式に表明された基礎づけが倫理的に維持され難くなってきていることである。いずれにせよ私には、胚研究、胚の廃棄ならびに医学のための胚のクローニングに対する倫理的な容認不可能性を、純粋に「事柄」だけで、多くの人々に共有されてはいるが、つねに合理的に基礎づけ可能なわけではない立場や感情的態度を引き合いに出さずに正当化することは、徐々に望めなくなってきているように思われる。

道徳的規範は、理性や感情といった能力に訴えることで拘束力を備えるのである。そうした能力は知性あるすべてのものが意のままにでき、特定の権威を承認することや特殊な宗教に忠誠を誓うことから独立しているのと同様に、特定の伝統に属していることからも独立している。しかし、初期胚の研究に対する道徳的な容認不可能性が、どのようにしてこうした根拠だけで正当化されるのかということを見出すのは困難である。発生当初のヒト胚には意識や主体的関心あるいは欲求が欠けているのだから、胚研究に対する道徳的論拠を、胚そのものが関心を持ちうることないし欲求に関連づけて説明することはできないのである。

実際に無条件な胚保護のためにもっとも頻繁に持ち出される論拠は、他の基礎づけ戦略を取っている。それらの論拠が依拠するのは、——頻度の高い順に——人間の尊厳の尊重原理、潜在性原理、初期胚と後の成人との同一性論拠、そして唯一性論拠である。しかし四つの基礎づけアプローチのすべてに言えることだが、それらは発生して最初の二週間という当該の時期にあるヒト胚が無条件に保護に値するものであるということを根拠づけるのには適していない。問題は、四つのアプローチが強すぎることにある。すなわち、それらのアプローチに依拠して胚研究を無条件に禁止することで、容易には受け入れがたい多くの結果が同時に引き起こされかねないということである。

人間の尊厳の保護は、現在主流の憲法解釈に従えば、他の法益との比較考量を許さないような高い価値を持つ。実際に、発生のもっとも初期段階にある胚にも人間の尊厳がすでに認められるのであれば、胚保護法があらかじめ処罰の対象として念頭においているような胚の道具化は、胚保護法のような穏健な刑罰によって脅かされるだけではすまないだろう。そうした範囲にまで人間の尊厳が拡張されれば、少なくとも、現在行われている体外受精という実践も問題を孕んだものとなるだろう。なぜなら、ここでは胚が着床し、ひとりの子どもに成長する機会を最大限に高めるために、通常、三つの胚が同時に生み出され、子宮に移植されるからである。しかし胚が十全な意味で人間の尊厳の担い手であるならば、こうした方法は、たった一つの生命を成長させるために多くの生命が使用されるという、容認不可能なロシアンルーレットとなろう。

感覚能力のない初期のヒト胚に尊厳が帰属するとしても、それはせいぜいわれわれが人間の死体に尊厳を認めるような弱い意味であろう。(5) こうした意味での尊厳は、(たとえば治安のための検死のケースといった) 他の重要な利益との比較考量を不可能にしない。

いわゆる潜在性論拠の弱点は、次の点にある。すなわち、われわれが人間以外のあらゆる事例において、通常ならばあるいは最良の条件の下でxにまで成長する潜在的xに対して、それと成長後のxとが同等の権利ならびに地位を持つことを拒絶することにある。ところがもし潜在性原理が普遍的に妥当するのであれば、それは(「積極的」潜在性という意味で) あらゆる潜在的xに等しく当てはまる。蝶の卵が蝶に成長する潜在性を持つからといって、それに成虫の蝶と同じ道徳的地位は帰属しない。それはブナの実あるいはブナの新芽に、立派に成長したブナと同等の地位が帰属しないのと同じである。潜在性から完全な顕在性に至る成長過程において、生物には性質的にさまざまに区別される段階があるが、そこには一つの連続性があり、その連続性は変転する規範的メルクマールと結び付いている。周知のことであろうが、ブナの場合で言うと、ブナにはいくつかの性質があるが、その中でもたとえば遺伝子情報といった特定の核はつねに不変なのである。しかし潜在性という観点では、こうした遺伝子情報はまったく重要な問題とならない。遺伝子情報や種の属性が生物の成長過程で自然な仕方で変化するならば、潜在性論拠の論理に従えば、(種に応じて異なった) 存在yにまで成長することが期待される存在xに、yの持つ権利を渡さない理由は決してないことになるだろう。潜在性論拠にとって、個別的にその論拠が使用される際に重要となるのは、種の属性ではなく、それが普通ならばあるいは最良の条件ならば何に成長するのかだけなのである。

同様に同一性論拠も受け入れがたい結果となる。子どもは、ときを経る中で成人となるのであるが、だからといって成人と同じ権利と義務を持つわけではない。その代わりに子どもの権利と義務は、子どもが担う立場や役割と同様に、その発達段階に応じて変化する。保護に値することといったような規範的性質は、——たいていの評価的性質と同じように——記述的性質に依存する中で変化する付随現象なのである。成人に帰属する記述的性質のいくつかはヒト胚にも帰属するが、そうだからと言って、成人と同じ規範的性質がヒト胚に帰属するというわけでは必ずしもない。

唯一性あるいは個別性という論拠もまた、それほど説得力を持たない。もしこの論拠が正しいのであれば、この世界のすべての事柄は、木の一枚一枚の葉も含めて個別的であり、唯一のものということになる（このことでライプニッツは個別性というみずからの原理を示したのである）。したがって、ある存在者が唯一のものであるという事実は、その存在者が保護に値することの説得力ある論拠とはなりえない。さもなければわれわれは、一枚の葉でさえそれ自身の生存や健康とは違う目的で使用してはならないことになってしまうだろう。

しかし、これら四つの論拠が胚保護に対する義務が、道徳的規範にとって特徴的な普遍的同意という要求のように、説得力を持ちすべての者が理解できる方法で基礎づけられないならば——そのときは何がそれを基礎づけるのであろうか。

私は初期胚が（制限つきで）保護に値するということを基礎づけるためには、絶対的権利や絶対的価

(5)　ヒト胚と人間の死体の地位の類似性は、Johnes, 2000, S. 242 以下および Gerhardt, 2001, S. 43 を参照。

値あるいは胚の比較考量を容認しない不可侵性といった想定とは根本的に異なったアプローチが選択される必要があると考えている。すでに簡単に示しておいたように、われわれが認めるべきは、胚に地位があるのは何らかの内在的性質にその根拠があるのではなく、他者を胚と結び付け、他者自身の感情的態度ならびに投影的占有と緊密な関係にある社会的意味内容にその根拠があるということである。人間の死体の取り扱いと同じように、初期のヒト胚との関わり方も、権利や尊厳原理によってではなく、むしろ崇敬の念という原理によって把握されるべきであろう。

とりわけ二つの理由から、崇敬の念という原理は、先に叙述された伝統的論拠よりも胚保護の適切な根拠となろう。

第一に崇敬の念という原理は、理性や共感といった普遍的な妥当性要求をともなう原理よりも、胚保護の文化依存性をより適切に評価する。初期胚を保護するということは、すべての人々を拘束する当為を表現したものというよりも、むしろ文化的影響を受けた態度および思考方法の表現なのである。倫理学用語で言えば、われわれは胚保護を原理としてというよりも、むしろ理想として理解すべきであろう。

第二に崇敬の念という原理は、胚保護の象徴的価値をより適切に評価する。死体が生前の人格の象徴であるように、初期胚は生命がそのうちに含んでいる潜在性の象徴である。一般的に言って、象徴とは象徴している当のものと同じような仕方では保護に値しないものであるから、崇敬の念という原理は、胚のために導出された地位を厳格な不可侵原理よりも適切に評価するのである。

そうした議論に従うならば、胚保護の価値は、その序列に関しては、いかなる場合であっても自己決定やケアといった他の価値の序列よりも上位にはもはや置かれない。たとえ治療に適用するための幹細胞研究の潜在性の大きさが利害関係にある研究者によって主張される半分程度でしかないとしても、こうした潜在性は事情によっては崇敬の念という原理を侵害してでも優先されうる。そうした場合、こうした侵害が能動的かつ意識的に行われたのか、あるいは共犯というやり方で行われたのかということは問われない。

しかし明らかなのは、崇敬の念という原理には〔胚への侵害を〕制限する側面もあるということである。こうした側面から、胚保護の侵害を最小限に制限するという積極的義務が導出される。たとえば、来年の幹細胞研究に素材を供給するために「余剰」胚から作成されたES細胞のストックがすでに十分にあるならば、「余剰」胚から幹細胞をさらに取得することは正当化されるべきではない。ES細胞（あるいはそれどころか成人もしくは周産期の幹細胞）から培養された細胞や組織でも他人の組織を移植される人の拒絶反応を避けるないし最小限にすることが可能であるならば、治療目的のクローニングという方法に乗り出し、移植者の組織とはじめから遺伝的に同一な組織を培養するきっかけは存在しない。

いずれにせよ広く定着した感情や感覚との葛藤を最小限にするという戦略は、道徳的に要請されている。そうした戦略は、対立戦略よりもうまくここで提案された崇敬の念という原理とも一致する。「研究の自由」こそが第一義的に重要であるという教条主義が、生命の神聖性という独断論より善いということはありえないのである。

引用参考文献

Caplan, Arthur L. (Hg.), *When medicine went mad. Bioethics and the Holocaust*, Totowa, N. J. 1992.

Friele, Minou Bernadette, »Moralische Komplizität in der medizinischen Forschung und Praxis«, in: Wiesing, Urban/Simon, Alfred/von Engelhardt, Dietrich (Hg.), *Ethik in der medizinischen Forschung*, Stuttgart 2000, S. 126-136.

Gerhardt, Volker, *Der Mensch wird geboren. Kleine Apologie der Humanität*, München 2001.
Singer, Peter, *Praktische Ethik*, Neuausgabe, Stuttgart 1994.〔『実践の倫理〔新版〕』山内友三郎，塚崎智監訳，昭和堂，一九九九年〕
Zentrale Ethikkommission bei der Bundesärztekammer, »Übertragung von Neverzellen in das Gehirn von Menschen«, in: *Deutsches Ärzteblatt 95* (1998), S. C 1389-1391.
Zentrale Kommission der Bundesärztekammer zur Wahrung ethischer Grundsätze in der Reproduktionsmedizin, »Forschung an menschlichen Embryonen und Gentherapie. Richtlinien zur Verwendung fetaler Zellen und fetaler Gewebe«, in: *Deutsches Ärztebatt 88* (1991), S. A 4296-4301.

第16章　幹細胞法――ダブルスタンダードの一例か？

1　ドイツにおける生命政策

ドイツにおける生命政策は、他の大多数のヨーロッパ諸国のそれとは多くの点で異なっている。この違いが最も際立っているのは、人間の生命が始まる領域である。着床前診断（PGD, *pre-implantation genetic diagnosis*）や着床前診断スクリーニング（PGS, *pre-implantation genetic screening*）のような新しい技術に対して、ドイツの生命政策はこれまで、他の国々に比べてきわめて慎重な態度をとってきた。これらの技術はドイツでは自由に利用することはできない、もしくは、まだできない。そのため、技術利用を望むカップルは、国外での利用を余儀なくさせられていると感じている。[*1]

ドイツの生命政策に見られる保守的傾向を、多分もっともよく表しているのは、ドイツが「欧州連合理事会による生物医学に関する人権協約」（「生命倫理協約」）に今日まで署名していないという事実である。こうした事態の根底には、協約が生物医学的研究の要求に対抗するために個人に与えている保護は不十分だという、ドイツの政治家の多数が抱いている信念がある。特に二つの条文が問題ありと見なされている。一つは、同意能力のない人（例えば、幼児、認知症患者、昏睡状態の患者）の保護に関する第十七条第二項、もう一つは、ヒト胚の保護に関する第十八条第一項である。どちらのケースでも、協約が考えている保護レベルは、ドイツの法律の保護レベルを下回っている。一九九一年に胚保護法[*2]が発効して以来、ドイツでは試験管内（in vitro）での胚実験は明確に禁止されている。他方、協約の第十八条第一項は、ヒト胚に「適切な保護」が与えられる——この表現は漠然としており、程度の差はあれ、恣意的な方向での解釈が可能である——という条件の下で、ヒト胚を使用する実験を認めている。

ドイツの生命政策の第二の特徴は、生命政策の論争の内部において、人間の尊厳という原則に重要な役割が与えられている点にある。多くの政治家にとって、ドイツ基本法の第一条に置かれている人間の尊厳保護という原則は、目的のための手段として人間生命を利用することとは両立しない。さらに言えば、それは、考えうるどのような利用法とも両立しないし、また対象となる人間生命の発達段階が何であれ、両立しないのである。カトリック教会は、一八七〇年代以来、卵細胞と精子細胞の融合を起点とする人間生命（それ以前は、遅延入魂説[*3]が認められていた）を無条件に保護する立場をとってきたが、主流となっている解釈に従えば、憲法にもとづく人間の尊厳の保護は、それと類比的に、やはり受精卵とともに始まるとされる。他方、生命政策の論争で取りあげられ、争点となっている技術にはすべて、なんらかの形で初期の人間生命の道具化が含まれている。例えば、ＰＧＤとＰＧＳには望まれない胚盤胞の受け入れを選択的に拒否することが、また、ＥＳ細胞の採取には胚盤胞の破壊が含まれ、さらに、治療目的のクローン[*4]にはより発達した段階で破壊することを明確に意図したヒト胚の作成が含まれている。それゆえこうした操作をたとえば、操作された存在のその後の幸福、あるいは、少なくともそうした存在者の保持を目指す善意のパターナリズムの諸形態として捉えることはできない。それどころか、こうした操作のすべてにおいて、初期の人間生命は、不幸に見舞われた胚それぞれの生存や発達、また幸福の促進といった目的とは異なる目的のための手段と化している。さらにいえば、こうした新手法への参入は、潜在的には胚研究への第一歩として捉えられる。これは、決して非現実的な見通しではない。生殖医療に携わる医師、例えば、大学病院の枠の中でPGDを行っている医師たちが、この行為を同時に研究対象、とりわけ、PGD成功率改善のための研究対象とすることを今後はやめよう、と考えることはまずないという事実がその証左である。

ドイツの生命政策の中に広まったこうした見解は、主に二つの倫理的前提に基づいている。その第一は、〈人間の尊厳という概念は誕生した人間生命に適用可能であるが、それと同じ意味で、誕生前の人間生命にも適用できる〉という前提（同義前提）であり、第二は、〈人間の尊厳についての保護原則は、誕生した人間生命に対するのと同様の厳格さで、誕生前の人間生命に適用される。すなわち、尊厳原則が誕生した人間に適用される場合、他の権利や義務、財に照らしてその適用が比較考量されるということはないのだが、誕生前の人間生命に適用される場合でも同様である〉という前提である（同格前提）。

生命倫理学の国際的な議論において、二つの前提を共有する陣営は少数派にすぎない。しかし、それらの前提はドイツの憲法裁判においては比較的安定した基盤を持っている。一九七五年の連邦憲法裁判所の妊娠中絶判決は第一の前提を決定的に支持した。その判決理由のよく知られた引用箇所の一つはこう述べている。「人間生命が存在するところ、その生命には人間の尊厳が属する」。人間の尊厳という名の下で保護されるべきなのは、人間の人格（その意味するものが何であれ）ではなく、人間生命だと言うのである。人間の生命はしかし、有力な見解によれば、受精とともに始まる。第二の前提は、ドイツ憲法ではまず異論の余地のない原則である。人間の尊厳において守られるべき権利は、ドイツ基本法に挙げられている他の——生命権を含む——基本権と異なり、絶対的であって、比較考量の対象とはならない。ただし、他の基本権とあちこちで衝突してしまうという事態を避けるために、憲法解釈の実践においては、この権利はミニマルに理解されねばならない。

この二つの前提が組み合わされると、他の選択肢の余地はあまりないように見える。研究目的であれ、生殖に関わらない他の目的であれ、ヒト胚の道具化を厳格に禁止している胚保護法は、多かれ少なかれ、法の出発点からの論理的な帰結であるといってもよいように見える。

二〇〇二年に公布されたES細胞研究に関する法律（幹細胞法）もこの見解が有効であることを認めている。この法律において定められている、いわゆる期日規制[*5]（Stichtagsregelung）が示すところでは、ES細胞を研究および生殖に関わらない他の目的のために利用することは、倫理的に慎重な配慮を要すると見なされている。〔この規制では〕いかなるドイツ人研究者も、外国におけるヒト胚の破壊に直接または間接的に関わる者であってはならないとされ、その国でその行為が合法とされている場合も例外ではない。また、利用できるとされるのは、立法の時点ですでに存在していた幹細胞のみである。研究者の大方の見方からすれば、これは深刻な制約である。なぜなら、研究者だけでなく、この立法に関与した政治家たちもこの研究の将来に強い期待を持っていたのだが、期日までに樹立されたわずかな数の幹細胞株がそうした期待をかなえるのに十分かどうかは明らかではないからである。

2　人間の尊厳という厳格な原則をヒト胚へ関連させることについての疑い

ドイツでは、どのような発達段階のヒト胚にも厳格な人間の尊厳原則を適用する憲法裁判所の立場に対し、それに従おうとは考えていない生命倫理学者のグループが基本的に二種類存在している。ごく少数派ではあるが、生命倫理学者の中には、人間の尊厳という概念を誕生前の人間生命に適用することは意味論的に不可能ではないかと疑っている人々がいる。この見解によれば、「人間の尊厳」は第一義的には、政治社会的な概念、すなわち、拷問、奴隷制、死刑、また人種的・民族的・宗教的マイノリティの迫害に抗するための「闘争概念」であって、その歴史的ルーツは、本来、啓蒙主義の解放運動および十九世紀の労働運動にあり、その意味の核心には、個人の自由と社会権を保障するという目的が存している。したがって、尊厳にもとづいて尊重されるということは、第一義的に、自由と社会権を認めてもらうこと、そして、自尊心を形作る中心的要素——迫害されない権利や辱められない権利——が保護されるということを意味する。したがって、この概念は、胚研究や胚選別のような実践に関する評価にとっては、まったく不適切である。こうした実践が関わっている人間生命は、感覚能力も、目的——政治的あるいは社会的圧力によって挫折させられる可能性のある目的——を追求する能力も持たない発達段階にあるからである。

生命倫理学者のもう一つの（比較的大きな）グループは次のような見解を持っている。すなわち、人間の尊厳という原則は、たしかに（初期ヒト胚を含む）誕生前の人間生命に適用することができるが、しかしこのコンテクストにおいては、誕生した人間生命に適用されるべき概念と同様の意義や規範としての力をこの原則に認めることはできない、というのである。この見解によれば、人間の尊厳という概念を一つの意味しか持たない概念として扱っている点で憲法裁判所は決定的に誤っている。一つの概念があるのではなく、相互に関係し合う多様な概念の家族があるのであって、これらの概念のそれぞれは固有の適用領域を持ち、それぞれ固有の特殊な規範的力を持っているのである。区別すべきなのは、まず第一に、強い概念である。これは、誕生したヒトすべてに該当する概念であり、場合によっては、比較考量不可能なものと見なさなければならない概念である。強い概念は、自由・自尊心・基本的な社会的請求権といった一連の基本権をその中に含んでいる。この概念は、現代民主主義を特徴づけるものであり、間違いなく、本来、啓蒙主義によって促進された近代の解放プロセスの成果である。ただし、この強い概念はヒト胚にはふさわしくない。少なくとも、争点となっている実践と方法において問題となっている発達段階の胚についてはふさわしくない。

この見解によると、人間の尊厳については、強い概念と並んで、他に派生的かつ弱い概念が二つある。その一つは、二次的な概念である。これは、胚の発達および衰退段階のいかんにかかわらず、生物学的な意味でのヒトすべてに適用可能な概念である。もう一つは、種に関する概念である。これは人類そのものに適用され、ヒト－動物－ハイブリッドの作成あるいは生殖的クローニングのような操作が人間の尊厳を引き合いに出して忌避される場合、通常、いつも持ち出されるものである。両概念は、単に、強い概念に比べて規範としての力が弱いだけでなく、意味論的ならびに統語論的にも強い概念から区別される。人間の尊厳は、その第一の意味においては担い手として個々の主体を必要とするが、二つの派生的な概念においてはそうした必要性はない。後者においては、人間の尊厳を担う実在的な主体は必要ではないのである。このことは類概念の場合には明白だが、受精卵と初期胚にこの概念を適用する場合にも当てはまる。これらの存在を「実在する主体」としてとらえることは難しいからである。第一の意味での人間の尊厳の場合、尊重と保護の対象は具体的な人間存在だが、派生的な意味での人間の尊厳の場合、それは抽象的な存在、すなわち、人間としての存在、人間生命、あるいは、その特別な潜在能力によって他の種から際立つ人類のアイデンティティと尊厳といったものなのである。

こうした見解によれば、人間の尊厳という概念は初期胚に適用されうる。しかし、その場合、この概念には第一の概念が有する絶対的な規範力はないという限定がつく。すなわち、誕生前の人間生命は尊重に値するが、しかし、それは成長した人間に認められる絶対的な尊重ではないのである。前者が尊重されるのは、それが特別な人間生命の一形態を示しているからであり、その際、それが持続的な生存能力を有しているかどうか、（体外受精の「余剰」胚の多くがそうであるように）「廃棄」される予定にあるかどうか、あるいは、一人の完全な人間に発達するチャンスがあるかどうかは関係がない。重要なのは、こうした尊重は弱い形の尊重であり、ある目的がそれ自体として十分に重要なものと考えられるならば、その目的のための手段として胚を扱うことはこの尊重と相容れないものではない、ということである。この弱い尊重の根底には、「種の連帯」あるいは、もう少し仰々しくない表現を用いれば、種差別のようなものがある。それは、その哲学的根拠づけがどのようなものであれ――「深い」形而上学的理論であれ、日常的、自然主義的な生物学的同種性という根拠であれ――、私たちがすべての人間と一体であるという感情を表現する形式の一つなのである。この概念の特徴の一つは、問題となる人間らしさが、生きていようと死んでいようと適用可能であるという点である。人の遺体はヒト胚と同様に弱い尊重を受ける対象としてふさわしい存在である。この弱い概念としての人間の尊厳は、「生命の神聖性」の原則と直接的な意味論的関係を持たない。この派生的な意味での人間の尊厳概念に対する尊重が意味するものは、生存権への尊重とは根本的に異なる何かである。たとえ後者が人間の尊厳への尊重を表現することのできる形式の一つであることが明らかだとしても、そうなのである。

3　法的状態

上述した提言が行き着く先は、人間存在に対する義務としての尊重の差別化である。それは、強い形の尊重——（少なくとも）誕生した人間すべてに与えられるべき尊重——と、弱い形の尊重——誕生前の生命が受けるべき、また死後の人間存在も受けるべき尊重——とを区別する。このような差別化は、事実的な法的状態を反映しているという点で、特に魅力的である。少なくともそれは、「公式的」憲法原則と比べると、事実上行使されている法規範にはるかによく呼応している。たとえば、刑法では、誕生前の人間生命を絶つことと、生まれつつある、あるいは生まれた後の人間生命を絶つことを区別している。妊娠中絶に対する刑法上の処罰は、謀殺や故殺に対するそれと比べると、かなり穏健である。それどころか、ドイツの刑法典の妊娠中絶の条文は、妊娠初期の二カ月を制裁対象から完全にはずしているし、広く流布している避妊薬の用法——着床をさまたげ、その際、何度も、すでに形成された胚を消滅の危機にさらす——には触れていない。パラドクシカルなことに、ドイツの中絶法は世界の中で最もリベラルな中絶法の一つである。ドイツの中絶法では、妊娠の比較的遅い時期に行われる出生前診断によって胎児に異常が認められる場合の中絶の多くは処罰の対象とはならない（それどころか、違法性の対象にもならない）し、胎児がすでに母体外で生存可能な段階においてもなお妊娠中絶が認められているのである。[*6] その他の点では厳格な胚保護法ですら、体外受精の結果作られたものの、母親の子宮に移植することができない胚の扱いについては規制をかけることを断念し、ただ、研究目的のための胚保存を退けているだけである。

生命政策はこうした事実を簡単に排除することはできない。生命政策は、ヒト胚に与えられている実際の保護は完全というにはほど遠い、ということを留意しておかなければならないのである。それにもかかわらず、政治のこうした事実が率直に認知されるのはごくまれである。それどころか、強い保護原則は道徳的完全性の見かけを有するものとして保持され、言葉と行い、原則と実践のあいだの齟齬はレトリックによって故意に小さく見積もられている。現行中絶法が持つ表向きの一貫性を正当化するためになされる議論で最も好まれているものの一つに、胎児を「母親〔の利益〕に反して保護することはできない」という議論があるのだが、この「できない（Nicht-Können）」によって語り手が表現しようとしている事柄は、意図的に任意の解釈にゆだねられている。しかし、この「できない」を記述的に解釈するならば、それは明らかに誤っている。第二～三半期および第三～三半期での正当化可能な妊娠中絶を、特別深刻なケースに限定する——たとえば、母親の生命が妊娠の継続によって脅かされるというケースに限定する——ことは完全に可能だっただろう。あるいは、正当化できる後期の中絶を、出産後の時期に起こるのではないかと母親の懸念する心理的葛藤が医師の見立てでもやはり生じる可能性があると認められるケースにかぎることは可能だったろう。しかるに、現在の規定によれば、後になって生じる重い心理的負担を妊婦が訴えれば、それだけで〔中絶の理由としては〕十分なのである。他方、「できない」を記述的ではなく、規範的な意味で解釈するならば、それは生命保護のために求められる高次の規範的水準と矛盾することになる。

4　社会的アンビバレンスの行動化としての生命政策

生命政策は、基本的な点において生命倫理学から区別される。生命政策は生命倫理学の判断とは異なる基準、またダイナミックな基準に準拠せざるをえない。生命倫理学的問題の解決の特徴は、倫理的かつ合理的に許容できるという点に求められるが、その際その解決が政治的にも許容できるかどうかは求められない。政治的な決定は、たとえば、広く受け入れられた民主的なやり方にもとづいて成されなければならないが、このようにして達成された解決が、生命倫理学の専門家に義務づけられているのと同じ知的な厳密性、一貫性および妥当性の要求を満たしているかどうかは保証のかぎりではない。政治的解決は、社会的和合の保持、先行する政治的決定の継続性といった一連の政治的‐実用主義的な要素を顧慮しなければならないが、そのいずれもが倫理的妥当性という基準と衝突する可能性を持っている。生命政策は、例えば、一般の人々において優勢になっている見解に対して、生命倫理学と同じ仕方で異議を唱えることはできない。そのようなことをすれば、生命政策は人々のかなりの部分の賛同を失い、民主的な機関であるという世評を弱める危険を犯すことになる。生命倫理学的問題は深い部分で倫理的宗教的な信念に触れることがしばしばあるので、こうした危険は見過ごされることはありえない。それゆえ一般的に言って、政治的決定は、それが多数の人々の考えや関心を裏切る場合でも、人々の忠誠心を危険にさらすほど根本的に許容できないものにならないような妥協点に向かう傾向がある。多元的な社会にとってこれは次のことを意味する。すなわち、政治的決定は、それが人々の深層にある信念に関わるものであるときは、ふつう、該当する人々の誰も完全に満足することはできないが誰も完全に満足できないということはないはずだ、というところに落ち着くのである。政治的決定は、いわば、不満足の総計を最小化しようとするのである。

ドイツの生命政策のここ三十年の経験が示していることだが、事実上優先されているのは、レーニンの格言に従い、原則に忠実であることと柔軟さとを結び付けるという戦略だった――ただし、そのせいで二重道徳だという非難を浴びた政治家も若干いたのだが。特に生命の始まりの決定の領域において、ドイツの生命政策は、「プロ・ライフ」の支持者を満足させるために比較的強い原則に依拠した戦略をとり続けると同時に、「プロ・チョイス」の代表者たちの関心に対応する例外を設けるための余地を設けておいたのである。

こうした戦略はときに逆説的な現象をもたらした。すなわち、一つの同じ法律が、これまで行われてきた操作に対して以前よりも道徳的に厳しい判決を下しつつ、それにもかかわらず同時に、この操作を保持ないし拡張するための余地を認めてきたのだ。その一例がドイツの中絶法であり、また幹細胞法である。

改正された〔刑法〕第二一八条は、第一〜三半期の妊娠中絶という最も多い中絶の形態を違法であるとして説明し（この形態は、以前はいわゆる緊急性適応の下に包摂され、したがって違法ではなく、正当化されたものとして評価されていた）[*7]、これによって第二一八条は「プロ・ライフ」派支持者の道徳についての考え方に応じたのである。しかし同時に、この時期〔の中絶〕を処罰の対象からはずすこととし、これによって、さほど深刻でない理由からなされる妊娠中絶でも処罰されないことになった[*8]。

幹細胞法においてもこれと類似の戦略がとられた。この法律は、ドイツにおけるES細胞の採取を制限しただけでなく（それは現在も違法である）、他国で合法的に採取され輸入されたES細胞の利用も制限することで、胚保護法の諸規定をいっそう厳格化するという側面を持っていたが、しかし同時に、輸入されたES細胞を使ったドイツ国内の研究を認めるだけでなく、こうした研究がそれ以上の倫理的な懸念によって妨げられないようにすることも認めた。たしかに、この法律は輸入されたES細胞を用いる研究を規制するための特別な倫理委員会の設置を組み込んでおり、これによって、政治的な意志――幹細胞研究が倫理的に非難の余地のない仕方で進められることに留意するという意志――を表明している。しかし他面では、倫理委員会は単に象徴的な仕事を割り当てられたにすぎない。この委員会が、学術的な観点からみて許容できる研究計画を純粋に倫理的な基準にもとづいて却下できるかといえば、そうした可能性はまったくないのである。総じて、ドイツにおける幹細胞研究を促進するという政治的意志が現れている。しかし同時に、この意志を表明する際、審議会は、研究領域に対する法的規制は緩和されたのではなく厳格化されたのだと「プロ・ライフ」派の支持者に信じ込ませるようなやり方をとっている。

私は以下において、このことを法律のテキストにもとづいてより厳密に跡づけたいと思う。

5　生命政策的妥協としての幹細胞法

幹細胞法は特殊な性格を持っている。それは、特定の研究を許容できるか否かは倫理的な評価、したがって、法的ではないが法領域に隣接する基準に沿った評価に依拠して判定される、ということがはっきりと表明されている点である。このように――アングロサクソン流の慣習法（*common law*）からすればむしろ周知の――法と倫理の混合が見られるのは、ドイツの法律においてはむしろまれである。倫理的評価に依拠する事例でこれと比較できるものは――私が知るかぎりでは――今のところ動物保護法だけである。動物保護法の第七条第三項は、動物実験を行う場合、実験によって引き起こされる実験動物の苦痛・苦悩・障害が、実験目的の重要性に照らして倫理的に正当化できるかどうかについて評価することを求めている。またそれにより、負担を与える動物実験が許容できるかどうかということと、実験が目指す研究目的のランク〔高度性〕と意義という点から見た負担の適切性の倫理的評価とを関係づけている。

動物保護法と同様、幹細胞法の場合でも「倫理的」比較考量に依拠すること、ないし「倫理的」正当化の判定に依拠することが意味するのは、倫理的判定はもっぱら倫理委員会ないしその委員会に参加している倫理学の専門家によって行われるべきだ、ということではない。それどころか、どちらの法律においても必要とされる倫理的判定を行うように求められるのは第一に認可官庁なのである。もちろん、どちらの法律においても、この判定に際して認可官庁は委員会によって支持されていること、また委員会側は、計画されている実験の倫理的な正当性を判定しなければならないことが定められている。官庁は、法律上は委員会の判断にしばられないとしても、実際上は官庁が委員会の判断に従うことがふつうであると期待されている。しかし、その時々の委員会の中においても、倫理的判定は委員会に参加している倫理学者の排他的な特権ではない。どちらの場合も、この審議会にはそれぞれ関係する学問分野の専門家たち、すなわち動物保護法第十五条に従う委員会では、獣医学、医学そして他の関連する自然科学の代表者、そして幹細胞法第八条にしたがう幹細胞研究のための中央倫理委員会では、生物学と医学の代表者も所属している。また幹細胞法の第六条が認可官庁に義務づけるところでは、輸入されたヒトES細胞を用いた研究計画の申請が許可されるのは、つねに、〔第五条に示された〕次の三つの前提が満たされている場合である。

1. 幹細胞法第四条第二項で述べられているES細胞輸入の条件が満たされており、それゆえ、ES細胞がこの法律の規定に従って入手されたものであること。

2. 以下の点について、科学的根拠が示されていること。
——研究の目的が基礎研究あるいは医学研究において高いランクにある。

——研究の提起している問題が、前もって可能なかぎり動物実験で解明されている。ならびに、

——求めているデータを得るために、他の方法を利用することができない。

3. 幹細胞研究のために設置された中央倫理委員会が研究計画に対して意見を表明していること。ここでの委員会の仕事は、第九条にしたがう「審査」と「評価」、つまり、2.の諸前提が満たされ、研究計画が——先の第六条第四項で用いられた表現を使えば——「この意味で倫理的に正当化できる」かどうかを「審査」し「評価」することにある。

このように記載された委員会の仕事と、動物実験の適切性に関する倫理的判定に動物保護法が求めているものとを比較するとき目にとまるのは、少なくとも文面上は、倫理的正当化の評価はランクの高さ、前もっての解明、代替手段がないことの審査によって完全に確定されるという点である。研究目的の審査において独自の倫理的な決定を下す余地は、第五条の規定を超えては存在しない。さらに、この法律では、申請者の側は研究目的のランクの高さをただ説明するだけで、証明する必要はないので、求められる「審査」はこの説明が信頼できるかどうかの審査ということになる可能性がある。したがって、委員会の仕事は粗雑で説得力に欠ける説明を却下するだけのものになるだろう。計画者が目指す研究目的のランクの高さを申請者によって提示される科学的説明を超えて独自に判断する権限は、委員会にはないだろう。さらに、法律の中で挙げられた基準を超える倫理的基準にもとづいて計画の正当性を判断する権限も委員会にはないだろう。

こうした結果は、一見しただけでも、かなりパラドクシカルである。しかも二重に逆説的である。第一に、こうした〔条文の〕読み方に従うと、幹細胞法の適用領域内にある研究計画を評価するために、そもそもなぜ倫理委員会が必要なのかが分からない。申請を行う研究者によって「説明」された研究目的のランクの高さが信頼できるものかどうかを審査する仕事であれば、専門的な知的能力と責任能力において劣るところのない認可官庁が行うことができるだろう。ランクの高さは、科学内在的にのみ、つまり、ときどきの科学コミュニティーにおいて確立した基準にしたがってのみ評価されるべきものである以上、そして、この基準を満足する計画はいずれも、それ自体のために（*eo ipso*）認可されねばならない以上、計画に対して純粋に倫理的な、つまり科学外在的な判定、たとえば当該研究の社会的意義に照らした判定を行うための余地はまったく残されていないのである。

第二に、原文に忠実に解釈する場合、そもそもなぜ幹細胞法は、研究計画の認可に際して、倫理的なそれゆえ法と異なる判定に依拠するのだろうか、という疑問が生じる。第六条と第九条の「この意味で」を、第五条（ならびに、ES細胞の利用についての規定第四条）に由来する要求を満たした計画はすべて、そのことだけで倫理的に正当化可能なものとして認められ（委員会による追加的な評価は不要とされ）ると解釈するならば、それはまさに、こうした〔要求を満たした〕計画は立法者の目から見て倫理的なので正当化可能であり、それゆえに、認可可能であるべきだ、ということを意味することになる。しかし、このようなしかたで実施される立法者の倫理的評価は、委員会の倫理的評価からきちんと区別しておかねばならない。立法者が倫理的評価を行うのであれば、研究計画の倫理的正当化については別の委員会が決定を下し、これによって、この委員会が立法者の評価とライバル関係に立つ、といったことは不要となり、むしろそうした事態は排除される。もし立法者が――自分の側で行った倫理的比較考量をよりどころに――科学内在的な基準に従って高いランクにあるものと判定した計画が認可されるよう望むなら、立法者はさらなる倫理専門の評価に依拠することなくこれを確定することもできるだろう。立法プロセスにおいて導きの糸となった倫理的な熟慮をさらに法律の条文の内容にまで組み込む理由は、立法者にはまったくないだろう。法律は、種々の目的、わけても倫理的な目的を達成する手段なのであり、一般的に言ってその法律自身がこうした目的を掲げることはない。法律の本質的な機能は、反対に、法律導入の際の底流にあった倫理的な熟慮を法適用の実践においては余剰とみなし、法律によってつくり出された法的安定性を新たな倫理的説明が掘り崩さないようにすることにあるのである。

ここでもまた、動物保護法との比較が有益である。動物実験の場合、立法者は動物実験を法的に許容するための基準を厳密に定めることをあきらめ、必要とされる比較考量を認可官庁にゆだねるが、その認可官庁は動物保護法第十五条によって設置される動物保護委員会の意見表明に依拠することができるようになっている。実験において動物にかかる負担そのものは無価値なのだが、その無価値な負担の重みと科学的および医学的価値の重みとを比較考量する仕事は委員会にゆだねられているのである。こうしたアウトソーシングの意味は、動物実験に対する社会の見方が分裂し、かなり二極化してきた状況の中に見いだされる。社会的な見解の不一致が固定化し、社会集団すべての道徳観に均等に対応する法的解決が不可能となっている状況を前に、立法者は必要とされる比較考量を委員会に任せ、しかも、委員会において関連する専門分野の代表者とともに動物保護団体の代表者にも発言権を与えるという、ただそのためだけに、対応する枠組み規定を設けているのである。こうした手続きは、決定能力の弱さを表すものとして解釈できるが、しかし同時に、賢明さのしるしとして理解することもできる。立法者が――「手続を通しての正当化」という意味で――個々の具体事例について協議し妥協を図る作業を対抗している当事者自身にゆだねることで、立法者の側で明確な態度決定をする必要性はなくなる。社会の中で行われている激しい論争そのものに決着をつけることを放棄することで、立法者は「厳しい批判から」身をかわし、他方、社会の和合を保ち、法の権威を確保するのである。

幹細胞法の場合も立法者は同じように激しい社会的論争に直面している。すなわち、誕生前の人間生命について、発達段階にかかわらず生命と尊厳の強い保護を主張する立場の代表者と、段階的な、特に初期のヒト胚のケースにおいて弱い保護を主張する立場の代表者との論争に直面している。しかしながら面白いことに、このテーマにおいて立法者は動物実験というテーマの場合とは明らかに異なる態度をとっている。たしかに、ここにおいても具体的な研究計画の判定のための特別な委員会が組み込まれており、この委員会の中で社会的な論戦のさまざまな面が代表されることになる。（さもなければ、第八条第一項に従うこの委員会に神学者一名が所属しているということが説明できないよう思われる。神学者に期待されているのは明らかに次のこと、すなわち、国家による研究管理の問題について自然科学者がそうするように、胚利用の問題については神学者が厳しい反応を示すだろう、という期待である。）しかし、動物保護法とは異なり、立法者が委員会を利用するのは、すでに法律に従って行われた比較考量を倫理的に正当化可能なものとして確認してもらうためにすぎないのである。

倫理委員会の役割は純然たる象徴的な機能に尽きるといっても、それゆえ委員会がまったく機能していないというわけでもない。社会学的な観点からすると、委員会は重要な社会的機能を果たしている。特に、互いに離ればなれになる傾向のある科学と社会の意見の流れを仲介し、伝達するという役割を果たしている。この機能はまさに近年その重要さを増してきている（Wölk 2002, S. 252）。倫理委員会は、議論されている研究計画が倫理的に憂慮するに及ばないというシグナルを社会に対して送ることで、多数の社会集団が抱いている科学と医学の道徳的完全性に対する信頼、すなわち、いつも繰り返し新たな危機にさらされている信頼を保証し、社会が分極化する危険性を縮小させることに寄与している。特に（連邦議会調査研究委員会[*9]の多数派によって代表される）ヒト胚の科学的かつ医学的利用をきっぱりと拒否する社会的マイノリティは、倫理委員会において倫理学者と神学者が貢献することで、ヒト胚由来の試料の利用は厳格な基準に照らして検査を受けており、その利用方法は、場合によっては彼らにも受け入れられるものであることを、それとなく伝えられることになるのである。

結果的にみれば、こうした成果は十分に評価できるのだが、しかし当然、それには高い代償が支払われている。一つは、倫理学と倫理委員会の政治的道具化およびそれによる倫理学及び倫理委員会の価値の引き下げ、また一つには、公衆をミスリードする傾向、言い換えれば、倫理審議会が許認可手続きの中に導入されることで純粋に監査する部署が設置され、その部署が提出された申請書から価値あるものとそうでないものを選別し、研究目的が単に科学的な観点だけでなく、倫理的観点からも高いランクにあるという決定を下すのだ、という印象を公衆が持つ状況が作られてしまう傾向がそれである。

けれども、単に象徴的なだけでなく、実質的でもある委員会の貢献は、たとえそれが立法者によって望まれていない――ように見える――としても、どのようなものなのだろう。

中央委員会の実質的な貢献は、動物保護法第十五条に従う動物保護審議会のそれと類比的に考えることができる。第十五条にならえば、委員会に与えられる課題は、対立する社会的財について純粋に倫理的な比較考量を行うことであるだろう。――そうした対立の一方は、基礎的、医学的な研究の促進であり、他方は、研究、特に公共的に大学で営まれている研究が、胚保護法の禁ずる、研究目的のためのヒト胚の道具化に加担することの阻止である。この場合、科学的基準から見た研究のランクの高さは許認可の必要条件ではあるが、それだけでは十分な条件とは言えないだろう。こうした研究が倫理的‐社会的な観点から見ても十分に高いランクにあり、ヒト胚を破壊する操作に加担するという倫理的悪の側面および胚破壊がマイノリティの実質を占める人々の感情を毀損するというマイナス面を埋め合わせることができるかどうかは、理論的には認可官庁の判断に、実際上は委員会の判断にゆだねられることになるだろう。委員会は、企図された研究の目的が倫理的に見て十分に意義深いものであって、マイノリティの実質を占める人々の道徳的見解に背馳するという倫理的悪を埋め合わせることができるかどうかを、財の比較考量という意味での法的熟慮を越えたところで決定しなければならないだろう。

以上のような場合、倫理学と倫理委員会をES細胞研究の法的判定に組み入れることには十分な理由があるだろう。他面、それとともに、ドイツ基本法で無制限に認められている研究の自由とのあいだに生じている衝突が、つねにもまして激しくなるだろう。この法律の中にある期日規制に従えば、〔外国からの輸入胚を用いる〕立案された計画もその許認可も、外国でのヒト胚の殺害や道具化に対してはいかなる種類の〔法的〕因果関係も持たないとされるのだから、胚保護法が研究の自由に歯止めをかけるものだとしても、そのための法的根拠、すなわち、胚保護法によって前もって設定された法的根拠は骨抜きになる。死後の人間性の保護あるいは尊厳の保護という論理構成は、たとえ遺体を対象とした研究にはふさわしくても、初期胚に関してはほとんど説得力を持たない。良識的にみて、死後の保護の対象となりうるであろう「パーソナリティ」をヒト初期胚について論じることはできないのだから、パーソナリティの保護という概念をES細胞に適用することには多少無理がある。また、死後の尊厳の保護という論理構成は、外国で得られたES細胞の利用に対する特殊な懸念への対応としてはふさわしくない。なぜなら、この場合、躓きの石は、使用される細胞がヒト細胞だという点にあるのではなく、この細胞が当地では処罰の対象となる方法で得られたものだという点にあるからである。そのかぎりで、輸入されたES細胞の利用と類似した事例は、一般に問題ないものとみなされている事例、すなわち、外国で得られ、ユーロトランスプラント[*10]に仲介された移植臓器の事例ではなく、むしろ、一般に問題ありとされている臓器利用の事例、つまり、中国における死刑執行による臓器入手のように、当地なら違法とされる状況において得られた臓器利用の事例である。〔しかし輸入胚には法的因果関係は認められないので〕それゆえ、倫理学を組み込むことは倫理学の問題としてただ倫理的にのみ根拠づけられるべきであって、法的に根拠づけられるべきではないということになろう。倫理的保護が向かうのは、第一に、純粋に象徴的な意味での、そして、直接的であれ間接的であれ、因果的協力関係の範疇に入らないレベルでの共犯関係を避けること、すなわち、他者と一回かぎりの、あるいは恒常的な協同作業を行うという状況の中で、倫理的に非難すべきものと判定された、その他者による行為の成果を利用することを避けることだろう。

ところで、「ランクの高さ」という概念が用いられてきた歴史をみると、この概念を倫理的な比較考量のカテゴリーとして解釈することは、科学内在的な概念、言い換えれば、幹細胞法の根底にある科学内在的な概念として解釈することよりも、歴史の流れに沿った理解であるように思われる。ドイツにおける論争においてランクの高さという概念が用いられた最も重要な場所は、一九八五年に公開された、生殖医療と遺伝子技術に関するいわゆるベンダ委員会の報告書である。[*11] この報告書では、胚研究の倫理的正当化が、この研究によって目指されているであろう科学的認識のランクの高さという条件と明らかに関係づけられている。「ヒト胚を用いた研究が正当化できるのは[…]、それが、明確に規定された、高いランクにある医学的認識の獲得にとって有用である場合にかぎられる」(Bundesminister für Forschung und Technologie 1985, S. 28; この点については Buchborn 1990 を参照)。この文言とともに明らかなことは、ランクの高さという概念はここでは純粋に倫理的な判定に関連するということ、また、単に科学的な判定のみ関係するのではないということである。さもなければ、こうした条件が医学の基礎研究にのみ認められ、医学外の基礎研究(例えば、進化生物学)に認められないのはなぜかという点が説明できないだろう。類似の表現は、同年の、ドイツ連邦医師会初期ヒト胚研究指針にも見られる。ここにおいても、胚研究は

「予防、診断、治療の進歩という意味で、直接的であれ間接的であれ臨床上の利益を目的とする」(Bundesärztekammer,1985, S. 758, Satz 3.1.2) 研究に制限されている。ここでも、研究は「科学的にまた方法的に高い基準に対応して」いなければならない (Satz 3.1.3) というランクの高さの要求に対応する条件は、単なる必要条件であって、十分条件として理解されていたのではなかった。

こうした考え方に沿って比較考量すると、どのような結論が期待できるだろうか。ありうる一つの結論は、許認可の対象範囲を、重篤な疾病ないしＱＯＬの深刻な低下に対してせめて間接的にでも医学上の応用が効くことを期待させてくれる研究計画に制限するということになるだろう。ここから導かれうる帰結は、研究計画は、それが科学内在的基準に照らして高いランクにあると認められるはずのものであっても却下されることがありうる、ということである。そうしたことが起こるのは、まさに、研究の目的が十分な倫理的重要性を持たず、特定の人々、つまり、ヒト胚の操作を断固として拒み、他者が行うそうした操作の片棒を共犯者としてかつぐつもりなどない人々の感情を毀損しても、それを埋め合わせることができない場合であろう。

引用参考文献

Buchborn, Eberhard, »Hochrangige Forschung – Wann kann am Embryo gefoscht werden, wann nicht?«, in:Fuchs,Christoph (Hg.), *Möglichkeiten und Grenzen der Forschung an Embryonen*, Stutgart/New York 1990, S. 127-138.

Bundesärztekammer, »Richtlinien zur Forschung an frühen menschlichen Embryonen«, in: *Deutsches Ärzteblatt* 82 (1985),S. 3757-3764.

Bundesminister für Forschung und Technologie, *In-vitro-Fertilisation, Genomanalyse und Gentherapie.Bericht der gemeinsamen Arbeitgruppe des Bundesministers für Froschung und Technologie und des Bundesministers der Justiz*, München 1985.

Wölk, Florian, »Zwischen ethischer Beratung und rechtlicher Kontrelle – Aufgaben- und Funktionswandel der Ethikkommissionen in der medizinischen Forschung am Menschen«, in: *Ethik in der Medizin 14* (2002), S. 252-269.

訳注

＊1　二〇一〇年にドイツ連邦通常裁判所が条件付きで着床前診断を容認する判決を下し、二〇一一年に胚保護法が改正されて、着床前診断が可能となった。（渡辺富久子「ドイツにおける着床前診断の法的規制」（http://dl.ndl.go.jp/view/download/digidepo_8220778_po_02560004.pdf?contentNo=1）

＊2　制定時の胚保護法の邦訳は以下に所収。生命倫理と法編集委員会編『資料集　生命倫理と法』、太陽出版、二〇〇三年、三三〇頁。改正後の胚保護法については、訳注1の渡辺論文を参照。

＊3　遅延入魂説（theory of delayed animation）。受精という概念のなかった当時の知識に基づいてトマス・アクィナスが立てた人間の誕生時期に関する説。精子が子宮に入ったあと、幾日かの猶予期間をへて人は誕生するとする。近年中絶合法化や胚利用を正当化する文脈でこの説をとりあげる倫理学者もいる。

＊4　治療的クローンとは、移植を目的として作成される、拒絶反応のない患者専用の免疫適合性細胞（特に幹細胞）のことをいう。

＊5　ある特定の期日と連動した規制。二〇〇二年の幹細胞法では、二〇〇二年一月一日より前に採取されたＥＳ細胞の輸入が認められた。幹細胞法は二〇〇八年に改正され、期日規制は二〇〇二年一月一日から二〇〇七年五月一日に変更された。参考：ヘニング・ロゼナウ「胚の地位と幹細胞研究」甲斐克則、三重野雄太郎、福山好典訳、早稲田大学グローバルＣＯＥ《企業法制と法創造》総合研究所、『企業と法創造』、第六巻第二号、二〇〇九年十二月、二九一―三〇七頁（http://www.win-clS. sakura.ne.jp/pdf/19/24.pdf）。

＊6　日本と同様にドイツでも「堕胎」は犯罪である。しかし、一九九五年に改正された刑法第二一九条（旧第二一八条の第一～三項）では、次の三つの場合は例外的なケースとして中絶は免罪されている。なお、母体外で生存可能な時期とは、早産でも医療のサポートを受ければ生育可能（viability）となる時期（日本では二二週以降）のことをいう。

1. 法律に定められたカウンセリングを受けたとき（カウンセリング規則（Beratungsregelung））。妊娠後十二週まで中絶可
2. 強姦などの違法行為によって妊娠したとき（犯罪適応（Kriminologische Indikation））。妊娠後十二週まで中絶可
3. 医師による診断があるとき（医学的適応（medizinische Indikation））。カウンセリング不要、無期限で中絶可

3の「医学的適応」とは、子宮外妊娠など、医学的見地から妊婦に命の危険がある場合などを指し、出生前診断などによって胎児に著しい異常が確認された場合にも適用されている。参考：玉井真理子、足立智孝、足立朋子「出生前診断と胎児条項――ドイツの胎児条項廃止とドイツ人類遺伝学会」、『信州大学医療技術短期大学研究紀要』、二四巻、四九―六〇頁。

＊7　ドイツ刑法旧第二一八条a一項で示された中絶の免除規定によれば、「妊娠中絶が違法でないのは、1. 妊婦が妊娠中絶を要求し、かつ（特定の）証明書によって、手術の少なくとも三日前に、彼女が（自己の緊急状況あるいは葛藤状況に関して）相談を受けたことを証明し、2. 妊娠中絶が医師によって行われ、かつ3. 受胎後十二週を超える期間が経過していない場合である」（アルビン・エーザー「ドイツにおける妊娠中絶法の改革――国際比較法的観点において」今井猛嘉訳、『北大法学論集』、第四四巻第六号、三五四頁。

＊8　訳注6を参照。

＊9　関連省庁のもとに設置されている各種審議会とは別に、基本原則から議論し法制化が必要な問題について、連邦議会のもとに設けられる審議会。

＊10　ヨーロッパにある臓器移植ネットワーク。オランダ、ベルギー、ルクセンブルク、ドイツ、オーストリアの五ヶ国の移植施設が参加している。

＊11　体外受精ならびに遺伝子の分析・治療に関する現状と課題の究明を目的として、一九八四年に連邦憲法裁判所前長官エルンスト・ベンダを委員長として設置された委員会。一九八五年に報告書（「体外受精、ゲノム解析及び遺伝子治療」）をまとめた。

ビルンバッハーの功利主義とドイツの生命・環境倫理学——監訳者あとがきに代えて

「哲学は学説ではない。哲学の生命の核心にはむしろ活動・批判・反論・対決が位置しているのである」（ビルンバッハー『分析的倫理学入門』）。

私がディーター・ビルンバッハーに最初に会ったのは、第十三回ドイツ応用倫理学研究会の企画打ち合わせのために訪問したドイツ・デュッセルドルフ大学の学生部長室であった。このドイツ応用倫理学研究会は科研費の研究課題を遂行する目的で設立した研究会で、第十三回は二〇〇八年九月に開催されたので、この訪問はその前年であったと記憶している。ビルンバッハーはその時点ですでに二〇〇五年の初来日を終えており、その時の講演のことも話題になった。この講演は後述するように、いくつかの理論的に重要な影響を日本の生命倫理学研究に与えたが、ビルンバッハーはその講演原稿（「人間の尊厳——比較考量可能か否か?」（"Menschenwürde – abwägbar oder unabwägbar?", in: Matthias Kettner (Hrsg.), *Biomedizin und Menschenwürde*, Frankfurt a.M. 2004, S. 249-271））に加筆修正を施した内容を第十三回ドイツ応用倫理学（南山大学）で発表した。それは現在、加藤泰史編『尊厳概念のダイナミズム』（法政大学出版局、二〇一七年）に「生命倫理における人間の尊厳」（忽那敬三／高畑祐人訳）として収められている。その後ビルンバッハーは、一橋大学や南山大学も含めてドイツ応用倫理学会のために数回来日している。ドイツ哲学会（Deutsche Gesellschaft für Philosophie）でシンポジウムを終えて直ぐに来日したりと、研究発表も討論も大変熱心で真摯な態度を示し、ゲアハルト・シェーンリッヒとともにこの研究会の精神的支柱にもなっている。ドイツ応用倫理学会はデュッセルドルフ大学でも開催しているので、われわれはほぼ毎年日本かドイツで会っていたことになる。

ビルンバッハーと最初に会った時にテーマの選択や人選などの打ち合わせが大方済んだところで、日本の生命倫理学研究などに話が及んだが、その過程でドイツ語の「Bioethik」と英語の「bioethics」とのニュアンスの違いに気が付いたので、質問してみた。彼によれば、ドイツ語の「Bioethik」には環境というニュアンスも含まれるということであり、それを敢えて日本語にすれば「生命・環境倫理学」となろう。「Bioethik」のタイトルのもとでこの論文集に環境関連の論文が収められている所以でもある。通常ドイツ語の「Bioethik」も英語の「bioethics」と同じように、「生命倫理学／生命倫理」と訳されており、本訳書でもその訳語を当てたが、そもそも両者の含意するところがこのように異なって単なる辞書的な訳語関係に尽きるわけではないことはこの学問領域の内実を考察する際にもう少し意識されてよいし、また意識されるべきであると思う。

以下では、ビルンバッハーの経歴と業績から紹介してゆきたい。

1. ビルンバッハーの経歴と業績

『岩波世界人名辞典』（岩波書店、二〇一三年）によれば、ディーター・ビルンバッハーは、一九四六年にドイツのドルトムントに生まれ、一九六六年から七三年にかけてデュッセルドルフ大学・ケンブリッジ大学（一九六九年に文学士号（Bachelor of Arts）を取得）・ハンブルク大学で哲学・英文学・言語学を学び、一九七三年にハンブルク大学のライナー・ヴィール（Rainer Wiehl）の下で「規準の論理　後期ウィトゲンシュタイン分析（Die Logik der Kriterien. Analysen zur Spätphilosophie Wittgensteins）」によって博士号を取得した。この博士論文は翌年にマイナー（Meiner）社より刊行されている。この後、一九七四年から八五年にかけてエッセン大学で助手を務め（この時に「環境・社会・エネルギー」という研究グループに属していた）、八八年にエッセン大学に教授資格論文「未来世代への責任（Verantwortung für zukünftige Generationen)」を提出して教授資格を取得した。この教授資格論文は同年にレクラム（Reclam）社から刊行されている。そして一九九三年にドルトムント大学哲学講座教授（二〇〇七年にドルトムント工科大学に名称変更）に就任し、さらに九六年からデュッセルドルフ大学実践哲学講座正教授を務め、二〇一二年に定年退官して名誉教授となった。退官後は、一六年からドイツ死生学協会の会長やショーペンハウアー協会の副会長に就任して現在に至っている

この間ビルンバッハーは、連邦医師会中央倫理委員会やデュッセルドルフ大学倫理委員会の委員を歴任している。このことからもドイツの生命倫理学研究において、理論的にばかりでなく実践的にもビルンバッハーの占める地位がいかに重要であるかは明らかであろう。しかし日本では、まだ数本の論文が翻訳されているにすぎない。それゆえに、ビルンバッハーの生命倫理学研究の主著である本訳書を刊行することは、十分に意義があると私は確信している。

次にビルンバッハーのこれまでの業績を概観したい。ただし、論文に関しては多数ある中で日本語に翻訳された論文のみに限定した。

【単著】

- *Die Logik der Kriterien. Analysen zur Spätphilosophie Wittgensteins*. Hamburg: Meiner 1974.
- *Verantwortung für zukünftige Generationen*. Stuttgart: Reclam 1988.
- *Tun und Unterlassen*. Stuttgart: Reclam 1995.
- *Analytische Einführung in die Ethik*. Berlin: de Gruyter 2003.
- *Bioethik zwischen Natur und Interesse*. Mit einer Einleitung von Andreas Kuhlmann. Frankfurt am Main: Suhrkamp 2006.〔本訳書〕

- *Natürlichkeit*. Berlin: de Gruyter 2006.
- *Schopenhauer*. Stuttgart: Reclam 2009.
- *Negative Kausalität*. mit David Hommen. Berlin: de Gruyter 2012.
- *Klimaethik – Nach uns die Sintflut?* Stuttgart: Reclam 2016.
- *Tod*. Berlin: de Gruyter 2017.

【論文】（本訳書以外に翻訳されたものに限定する）

- Menschenwürde – abwägbar oder unabwägbar?, in: Matthias Kettner (Hrsg.): *Biomedizin und Menschenwürde*, Frankfurt am Main 2004, S. 249-271.〔「人間の尊厳——比較考量可能か否か」忽那敬三訳、『応用倫理学研究』第二号、二〇〇五年、八八—一〇四頁。再掲、忽那敬三／高畑祐人訳、『ドイツ応用倫理学研究』創刊号（二〇一〇年）、一一四—一二五頁。加筆版「生命倫理における人間の尊厳」忽那敬三／高畑祐人訳、加藤泰史編『尊厳概念のダイナミズム』法政大学出版局、二〇一七年、一八三—二一〇頁〕
- Limits to substitutability in nature conservation, in: Markku Oksanen (ed.): *Philosophy and biodiversity*, Cambridge 2004, S. 180-195.〔「自然保護における取り替え可能性にたいする制限」岩佐宣明訳、『ドイツ応用倫理学研究』第二号、二〇一一年、八六—九九頁〕
- Der Hirntod – eine pragmatische Verteidigung, in: *Jahrbuch für Recht und Ethik* 15 (2007), S. 459-477.〔「脳死に対するプラグマティズム的な擁護」島田信吾訳、『ドイツ応用倫理学研究』第三号、二〇一三年、六六—七七頁〕
- Gibt es ein Recht auf einen selbstbestimmten Tod?, in: Christian Thies (Hrsg.): *Der Wert der Menschenwürde*, Paderborn 2009, S. 181-192.〔「自己決定における死への権利は存在するか」中澤武訳、『ドイツ応用倫理学研究』第二号、二〇一一年、二八一—二八八頁〕

・Was kann "Würde des Lebens" heißen?, in: *Japanisches Jahrbuch für Wissenschaft und Ethik* 6, S. 153-170 (2016). 〔『ドイツ応用倫理学研究』第六号、原文初出。「『生命の尊厳』とはどういう意味か」中澤武訳、『思想』一一一四号、二〇一七年二月、三四—五三頁〕

【翻訳】

・John Stuart Mill: *Der Utilitarismus*. Übersetzung, Anmerkungen und Nachwort von Dieter Birnbacher. Stuttgart: Reclam 1976. Neuausgabe engl.-dt. 2006.

【編著】

・Dieter Birnbacher (Hrsg.): *Ökologie und Ethik*, Stuttgart: Reclam 1980.
・Dieter Birnbacher (Hrsg.): *Schopenhauer in der Philosophie der Gegenwart*, Würzburg: Königshausen & Neumann 1996.
・Dieter Birnbacher (Hrsg.): *Ökophilosophie*, Stuttgart: Reclam 1997.

以上からも分かるように、ビルンバッハーの研究業績はウィトゲンシュタインやショーペンハウアーから生命倫理学・環境倫理学・世代間倫理学などの応用倫理学の諸領域に至るまで多岐に亘り、しかも定年退官後も非常に精力的に研究を継続して第一線に留まっている。ここでとりわけ興味深いのは、ドイツの生命倫理学論争の中でビルンバッハーが占めている立ち位置にほかならない。次節ではそのことに触れてみたい。

2. ビルンバッハーの功利主義

ビルンバッハーの立場は、『岩波世界人名辞典』や翻訳された論文に付記された訳者解題（『思想』および『尊厳概念のダイナミズム』所収）も含めて、生命倫理学・環境倫理学・生命医療倫理学・世代間倫理学などの応用倫理学の諸分野で「功利主義的」な立場を取り、分析哲学の手法を応用して規範的および価値論的問題に取り組んできたと要約されることが多く、その「人間の尊厳」概念理解に関して言えば、尊厳概念が「Argument Stopper」として機能していることを問題視し、この概念を強い意味と弱い意味に区別した上で、弱い意味での尊厳概念から生じる権利とそれ以外の権利とは原理的に比較考量可能であると見なしたと評価される。それはもちろん決して間違いではない。しかしビルンバッハーが生命倫理学の分野で高く評価されている理由を知るには十分ではない。それを把握するのに格好の解説が本訳書の冒頭に用意されている。すなわち、アンドレアス・クールマンの「序文　ドイツにおける生命倫理学論争」にほかならない。

ここで迂路ながら、クールマンについても付言しておきたい（マルクス・デュヴェル（Marcus Düwell）の追悼文にもとづく）。クールマンは一九五九年にドイツ・ブレーメンに生まれた在野の哲学者であり、フランクフルト在住のフリーのジャーナリストでもある。ビーレフェルト大学で哲学を学び、博士号を取得している。クールマンはアドルノの美学とハーバーマスのコミュニケーション的行為理論の両方に共感を示す（両者への共感がどのように調停できるのかに関して私には直ちに理解することはできない）と同時に、生命倫理学にも大きな関心を寄せて『生の政治と死の政治——リベラル・デモクラシーにおける生命医療（*Politik des Lebens – Politik des Sterbens. Biomedizin in der liberalen Demokratie*. Berlin: Alexander Fest, 2001）』などの著作も刊行している。二〇〇九年に四九才で若くしてフランクフルトで死去した。クールマンの経歴や「序文」から読み取れるのは、在野の哲学者の質の高さであり層の厚さである（因みに、ドイツでは哲学新聞というジャンルがあり、キオスクでも簡単に入手できる。こうした新聞に寄稿しているのはクールマンのような在野の哲学者にほかならない）。クールマンは、先端医療技術に対する「健康信者」の嫌悪感に警鐘を鳴らしていたが、こうした生命医療倫理学上の立場からすると、クールマンがビルンバッハーを評価する理由もよく理解できる。

クールマンの「序文」に立ち戻ろう。クールマンが明示しているように、ビルンバッハーの功利主義は功利主義でも「古典的功利主義」であって、例えばピーター・シンガーのような現代の「選好功利主義」ではない。この違いは大きな意味を持つ。クールマンによれば、現代社会は常に先端医療技術や先端科学技術の挑戦を受け続けており、それゆえにこうした状況にあって現代社会は、「さまざまな新しい医学上の選択肢に目を向ければすぐに分かるとおり、われわれは、今まで思いもしなかったような決定を迫られており、弱い立場の人をどのように取り扱うべきかという問題について、どの程度しっかりした考えを持っているのかを試されている」(本訳書、五頁)というわけである。こうした状況の中で新たに応用倫理学の一分野として確立された生命倫理学は本来、先端医療技術などを現代社会がどのように受容するのか、あるいは場合によっては拒否するのかという喫緊の課題に対して、専門の研究者と市民とを媒介する重要な役割を担っている。しかしクールマンの見立てによれば、生命倫理学は「社会の近代化と技術的進歩の加速化に与する実行の倫理学」となって先端医療技術の社会的導入の正当化を果たしているだけで、限られた財である「生命」を最適に配分し管理する「管理者の視点」に立つにすぎないか、あるいはドイツの場合にはもう一つの極として、キリスト的社会倫理学の立場から「人間の尊厳」概念をやたら振り回して議論を止めてしまうかのどちらかに陥っている。前者は多くの場合に「選好功利主義」の立場に立つ生命倫理学の特徴を言い表し、後者はカトリックの立場を示す。後者に関してクールマンは、アイバッハの議論でそれを代表させて敷衍しているが(本訳書、二〇頁以下を参照のこと)、日本では所謂「人格主義生命倫理学」がこれに対応しよう。前者の「選好功利主義」は日本の場合、所謂「パーソン論」とともに、あるいはむしろ「パーソン論」という形を取って日本の生命倫理学の議論に実質的な影響を与えたと言えよう(多くの場合に、特に日本の生命倫理学が先端医療技術の導入に際してその後追い的な正当化の役割を果たしたことなどはこの実質的な影響の一つと認定できよう。その意味で日本の生命倫理学は十分に批判的な機能を果たしていなかったのではないかと思う)。これら両選択肢の対立を、例えばラルフ・シュテッカーは、尊厳概念理解を軸に、「性能コンセプト」と「持参金コンセプト」の対立として描き出してみせる(中澤武訳「人間の尊厳と障碍」、『尊厳概念のダイナミズム』所収。ただしここで問題なのは、シュテッカーが「持参金コンセプト」をキリスト教、とりわけカトリックの議論に定位して理解していることである。つまり、このコンセプトはカトリック的前提を受け入れて初めて理解可能で正当化可能になるというわけである。そうであるとすると、ここには哲学的概念としての「尊厳（Würde/dignity）」と神学的概念としての「神聖性（Heiligkeit/sanctity）」とのある種の混同がまだ見受けられる。こうした混同は日本では生命倫理学を導入する初期において顕著であり、それが「生命の尊厳」という日本独特の概念の淵源にもなっているのだが、両者の次元を原理的に区別することは現代ドイツではむしろ多くの哲学者によって共有されている。このことに関しては、加藤泰史「編者序文」『尊厳概念のダイナミズム』およびミヒャエル・クヴァンテ『人間の尊厳と人格の自律』、加藤泰史監訳、法政大学出版局（二〇一五年）を参照のこと)。

ビルンバッハーが直面していた生命倫理学的な問題状況は、こうした二つの選択肢が対立して膠着化に陥った状況であり、両方ともに理論的弱点を抱えているにも関わらず、それ以外には第三の選択肢がありえないのではないかいうジレンマにほかならない。そして「古典的功利主義」の立場からこの第三の選択肢を切り開いていった一人がビルンバッハーにほかならない。その意味でビルンバッハーの議論を理解するにはその「古典的功利主義」を把握することが不可欠である。

この点に関してもクールマンの分析は的確である。クールマンは積極的臨死介助と消極的臨死介助の問題に即して、「選好功利主義」の代表としてピーター・シンガーとヘルガ・クーゼを取り上げてビルンバッハーの「古典的功利主義」と比較する。その内実は本訳書の十一頁以下に詳しいが、ビルンバッハーの功利主義の要点は、「第三者の感情」、すなわち、「人類の一員としてのあらゆる個人に対する連帯という根本的な心情」、さらに言い換えれば、「行為の受益者あるいは犠牲者として直接の当事者となるわけではない人々の感情」も功利計算に組み込んでいる点である。管理者的観点から冷酷な判断を下しがちな「選好功利主義」に対して、ビルンバッハーはむしろこうした繰り込みを行うことで、管理者的道徳に対する保守的な態度が孕むリスクを回避しようと試みるわけである。

こうした第三の選択肢としての「古典的功利主義」を特徴づけるキーワードは「多元主義」であるが、それはビルンバッハーの主著の一つである『分析的倫理学入門（*Analytische Einführung in die Ethik*）』に詳しい。これをテーダ・レーボックの分析も加味しながら紹介してみたい（Theda Rehbock, Rezensionen: Dieter Birnbacher, *Analytische Einführung in die Ethik* (2003), in: *Ethik in der Medizin* 4 (2004)）。

『分析的倫理学入門』は「入門」という言い回しが付されてはいるものの、ビルンバッハー独自の倫理学的見解を展開した著作として重要である。まず第一に「分析的」（あるいは、より精確に言えば、「分析哲学的」となろう）と限定しながらも、メタ倫理学的分析に焦点を当てるのではなく、規範倫理学的な問題設定が前景に押し出されている点が指摘できる。しかもこの規範倫理学的な根本問題なり根本概念なりが応用倫理学の問題、その中でも特に生命倫理学の問題と関連づけられながら論じられている。その意味で規範倫理学（あるいは「原理倫理学」）と応用倫理学との解釈学的構造が的確に繰り込まれて展開されており、ここに『分析的倫理学入門』の特徴を見出すことは容易い。マティアス・ケットナーも応用倫理学が哲学において担う重要な役割をこうした解釈学的な循環構造の中に見定めている。欧米、特にヨーロッパではこうした見解は定着しており、現実に遂行されてもいる。それに対して日本の場合、所謂「二足の草鞋」を履いて応用倫理学にアプローチする際にこうした解釈学的構造が見出されるような事例は残念ながらまだ稀であると言えよう。規範倫理学ないし原理倫理学に関して取る哲学的立場と応用倫理学へのアプローチで選択する立場が異なる場合が依然として多いからである。さらに加えて、応用倫理学の成果から規範倫理学に対して原理的に問い返す作業がほとんど行われていないためでもある。この作業は確かに実際には困難な試みであるが、しかしこれが適切に遂行できるかどうかこそ今後の日本の応用倫理学の豊かで健全な発展の試金石となろう。

次に「多元主義」そのものに関して言えば、興味深いことにそれは、ビルンバッハーのカント理解と結び付いている。すなわち、ビルンバッハーはもちろん帰結主義の立場に立つのだが、しかしカントの非帰結主義的な義務論的倫理学に対する評価と関連づけて「多元主義」の内実を明確にしている。ビルンバッハーは、ハーバーマスと同じように、カント倫理学を二世界論と理解した上で、定言命法のような一つの最高原理にのみもとづく「一元論的」な義務論的倫理学と分析して、「厳格に義務論的」な倫理学と特徴づける。それはまた、「fiat iustitia pereat mundi（正義は為されよ、たとえ世界が滅ぶとも）」の意味でのみ理解可能になり、結局のところ道徳的狂信者または徳のテロリストのための倫理学にすぎず、むしろ規範倫理学としては硬直化して対話を拒否してしまうリスクが大きいとみなされる。ビルンバッハーのカント解釈にはハーバーマスの場合と同様に、例えばゲロルト・プラウスの二観点論的なカント解釈などを無視して相変わらず古色蒼然とした解釈に依拠しているので、カントの義務論的倫理学の脱形而上学化の可能性を見落とすなど問題がないわけではない。ただ、それをここで詳論する必要はなかろう。ビルンバッハーは、このような（私から見ると）いささか問題のあるカント解釈に寄りかかりながら「一元論的」な義務論的倫理学を描き出した上で、これに対して「多元主義的」な義務論的倫理学を複数の最高原理にもとづく受け入れ可能で合理的な倫理学と評価し、それを「厳格でない」義務論的倫理学と特徴づける。つまり、ビルンバッハーの「多元主義」とは複数の原理にもとづいて善き生の条件を構成する立場であり、複数の原理としては、「幸福の計算不可能性」・「反省的構造」・「認知主義」・「段階づけ可能性」・「幸福財の客観化可能性」などが考慮されている。このように、義務論的倫理学に関する独自の分析を通して「多元主義」の内実を明らかにした上で、ビルンバッハーは「多元主義的」で帰結主義的な功利主義の立場を選択するわけであるが、それは善き生の条件を解明するための手段でもあり、そうだからこそ道徳理論は空論に陥らずにすむわけである。もちろんこの時、空論にならないために応用倫理学が積極的な役割を担うことは改めて指摘するまでもない。さらに付言するならば、ビルンバッハーはこうした「多元主義」によって異なる道徳理論間の対話も可能になるとする。

以上のような「多元主義的」で帰結主義的な古典的功利主義の実践がまさに本訳書の諸論考にほかならない。

それはとりわけ「人間の尊厳」に関わる議論、換言すれば、「人間の尊厳」を強い概念と弱い概念に区分する議論に看取できる。功利主義を引き受けているかどうなのかという点では微妙であるものの、「多元主義」にもとづく段階づけという点では明らかにクヴァンテの先駆的存在と位置づけられよう。なお、アンゲリーカ・クレプスは『自然倫理学』(加藤泰史/高畑祐人訳、みすず書房、二〇一一年)の中で、ビルンバッハーの「生命・環境倫理学」の立場を感覚中心主義の一つに数え入れている。

3. 日本におけるビルンバッハー受容

最後に日本においてビルンバッハーの議論が特に生命倫理学の文脈でどのように受容され評価されているのかに言及しておきたい。それは、生命倫理学の諸問題の中でもとりわけ「尊厳」の問題に関係している。日本の生命倫理学の文脈でそもそも「尊厳」が問題になるのは、加藤尚武と飯田亘之が編集した優れたアンソロジーである『バイオエシックスの基礎』(東海大学出版会、一九八八年)に収録されているエドワード・W・カイザーリンクの「生命の尊厳と生命の質は両立可能か」の中で、QOL対SOLという図式に関して後者が「生命の尊厳」と訳されて導入されたことを嚆矢とする。SOLは現在では正しく「生命の神聖性」という訳語が当てられているが、すでに指摘しておいたように、当時は哲学的概念としての「尊厳」と神学的概念としての「神聖性」との区別が十分に自覚されておらず、こうした混乱が生じたと言えよう。いま「混乱」と述べたが、ここには「混乱」以上の「尊厳」理解をめぐる文化的受容の問題も読み取ることができる(加藤泰史「編者序文」『尊厳概念のダイナミズム』を参照のこと)。ただし、「生命の尊厳」は例えば「少子化社会対策基本法」(二〇〇三年)などを介して日本から発信され、巡り巡って「Würde des Lebens/dignity of life」と外国語に翻訳されてSOLと意味論的なズレが生じている。そしてビルンバッハーがこの「Würde des Lebens/dignity of life」としての「生命の尊厳」を論じてこの概念に否定的な評価を下したことも記憶に新しい(ビルンバッハー「『生命の尊厳』とはどういう意味か」

を参照のこと)。

その後は『ドイツ応用倫理学の現在』(ナカニシヤ出版、二〇〇二年)に至るまで、「尊厳」の問題は日本国内では『理想』および『法の理論』誌上とそれに関連した著作・論文などを除いてそれほど議論されていたわけではなかったのではないかと思う。とりわけ「尊厳」の概念そのものの考察はあまり多くはなく、少ない中でもやはり生命倫理学的文脈で論じられているものが大半と言えよう。

日本の生命倫理学の文脈で「人間の尊厳」を主題化した先駆的な試みの一つとして『理想』第六六八号(二〇〇二年)の特集を挙げることができる。これはビルンバッハーの初来日(二〇〇五年)以前であるが、この時にはすでにビルンバッハーの議論は一定程度注目されていた。具体的には山本達の「ヒトゲノム解析・遺伝子医療での人間の尊厳という問題」論文にほかならない。山本論文は「人格の尊厳」という言い回しに定位した上で、その「人格」を実体主義的に理解するのか、主観主義的に理解するのかという解釈図式を提起して、後者の主観主義的理解の代表的な一人としてビルンバッハーに言及する(ただし、本文中ではなく、注の中である)。この場合に実体主義とは胚や誕生以前の生命にも尊厳を認める立場であり、それに対して主観主義は自己意識など特定の特徴にもとづいて尊厳を判定する立場である。この山本論文で参照されているビルンバッハーの論文は、一九九〇年公刊の「Gefährdet die moderne Reproduktionsmedizin die menschliche Würde?」と一九九六年公刊の「Ethische Probleme der Embryonenforschung」であるが、これら両論文の時点でビルンバッハーはまだ尊厳概念に関して強い意味と弱い意味を明示的には区別していない。しかし胚の保護に関しては類/理念としての人間の尊厳しか認められず、それゆえに絶対的保護は要求できないというビルンバッハーの議論が紹介されているので、ここに尊厳概念に強弱を付けるという議論の萌芽があると解釈できよう。

初来日後に関して言えば、『法の理論26』(成文堂、二〇〇七年)の特集も重要な意味を持つ。この中では例えば、西野基継の「『人間の尊厳と人間の生命』試論」がビルンバッハーに言及している。この時、一九九〇年の前掲論文と新たに、一九九六年公刊の別の論文「Ambiguities in the concept of Menschenwürde」が参照されているが、興味深いことに「人間の尊厳」に関して強い意味と弱い意味との区別がここでは的確に踏まえられている（西野論文では、「中核の意味」と「拡張された意味」、あるいは「狭い概念」と「広い概念」と表現されている）。ビルンバッハーの議論自体がこの区別を明確にする方向で展開されたことに即して、そうした区別を踏まえた「人間の尊厳」理解の代表的な議論として認知されてきたわけである。

以上のように、ビルンバッハーの議論の一部はすでに日本でも受容されるとともに、検討に値する議論として高く評価されているが、本訳書を通して功利主義に与する読者にもそうでない読者にもビルンバッハーのさらに広範な議論が提供できることになることで、日本の生命・環境倫理学がより一層豊かに進展することに寄与できれば、監訳者の一人としてこれに優る慶びはない。

最後に本訳書を刊行する学術的意義を認めてくださった法政大学出版局と、担当編集者の前田晃一氏にこの場を借りて心より感謝申し上げたい。なお、原書には索引は付されていないが、本訳書ではそれを作成して訳語の統一に努めるとともに、ビルンバッハー自身の誤記に関しても直接問い合わせた上で修正を施した。また、監訳者の一人である高畑祐人氏から様々な資料の提供を受けて助けていただいたことを記して同じく深く感謝申し上げたい。

二〇一八年五月　日本哲学会の第七七回神戸大会を無事に終えたつかの間にて

加藤泰史

訳者：

加藤泰史（かとう・やすし）　監訳者
1956年生まれ。名古屋大学大学院文学研究科博士後期課程単位取得退学。修士（文学）。一橋大学大学院社会学研究科教授。哲学、倫理学専攻。『尊厳概念のダイナミズム』（編著、法政大学出版局、2017年）、「尊厳概念史の再構築に向けて」（『思想』第1114号、2017年）、『思想間の対話』（分担執筆、法政大学出版局、2015年）、『フィヒテ知識学の全容』（分担執筆、晃洋書房、2015年）、ほか。

高畑祐人（たかはた・ゆうと）　監訳者。翻訳担当：前書き、第4章、第5章
1961年生まれ。南山大学大学院文学研究科博士後期課程単位取得退学。修士（文学）。名古屋大学・南山大学非常勤講師。「エコフェミニズムの批判的変換――自然美学的読み替えの試み」（名古屋哲学研究会編『哲学と現代』第31号、2016年）、「本質的自然資本の規範的説得力――環境経済学と環境倫理学の生産的な協働に向けての一試論」（南山大学社会倫理学研究所『社会と倫理』第29号、2014年）、D・ビルンバッハー「生命倫理における人間の尊厳」（共訳、加藤泰史編『尊厳概念のダイナミズム』、法政大学出版局、2017年）、ほか。

中澤武（なかざわ・たけし）　監訳者。翻訳担当：序文
1963年生まれ。早稲田大学大学院文学研究科哲学専攻博士後期課程中退。ドイツ・トリーア大学博士（哲学 Dr. phil.）。早稲田大学文学学術院・明海大学歯学部・東京薬科大学非常勤講師。翻訳家。*Kants Begriff der Sinnlichkeit* (Stuttgart: frommann-holzboog, 2009)、『大学と学問の再編成に向けて』（分担執筆、行路社、2012年）、D・ビルンバッハー「『生命の尊厳』とは、どういう意味か」（『思想』第1114号、2017年）、ほか。

遠藤寿一（えんどう・としかず）　翻訳担当：第8章、第16章
1958年生まれ。東北大学大学院文学研究科博士後期過程単位取得退学。修士（文学）。岩手医科大学教養教育センター教授。哲学専攻。『教養としての生命倫理』（分担執筆、丸善、2016年）、「私たちは動物か――動物主義の妥当性について」（『東北哲学会年報』第31号、2015年）、ほか。

河村克俊（かわむら・かつとし）　翻訳担当：第13章
1958年生まれ。関西学院大学大学院文学研究科修士課程修了。ドイツ・トリーア大学博士（Dr. phil.）。関西学院大学法学部教授。*Spontaneität und Willkür. Der Freiheitsbegriff in Kants Antinomienlehre und seine historischen Wurzeln* (Stuttgart: frommann-holzboog, 1996)、『近代からの問いかけ――啓蒙と理性批判』（現代カント研究9、共編著、晃陽書房、2004年）、G・ベーメ『新しい視点から見たカント『判断力批判』』（監訳、晃陽書房、2018年）、ほか。

小谷英生（こたに・ひでお）　翻訳担当：第7章
1981年生まれ。一橋大学大学院社会学研究科博士後期課程単位取得退学。博士（社会学）。群馬大学准教授。哲学・倫理学・社会思想史専攻。「政治に対する道徳の優位――いわゆる『嘘論文』におけるカントのコンスタン批判について」（『群馬大学教育

学部紀要 人文・社会編』第67巻、2018年)、「道徳と〈幸福であるに値すること〉――カントは幸福にいかなる価値を認めたのか」(『現代カント研究14』、2018年)、ほか。

瀬川真吾(せがわ・しんご) 翻訳担当:第12章、第15章
1983年生まれ。ミュンスター大学大学院哲学科博士課程ならびに同大学生命倫理学研究所客員研究員。生命倫理学専攻。Die Gültigkeit des locke'schen Personenbegriffs in der biomedizinischen Ethik. In: Michael Quante, Hiroshi Goto, Tim Rojek und Shingo Segawa (Hrsg.): *Der Begriff der Person in systematischer und historischer Perspektive* (Münster: mentis, 2018),「ミヒャエル・クヴァンテ『人間の尊厳とパーソナルな自律　生命諸科学における民主主義的諸価値』における区分化戦略の有効性」(『ぷらくしす』第15号、広島大学応用倫理学プロジェクト研究センター編、2014年)、M・クヴァンテ「尊厳と多元主義――今日におけるヘーゲル哲学のアクチュアリティとその限界」(『思想』第1114号、2017年)、ほか。

馬場智一(ばば・ともかず) 翻訳担当:第10章
1977年生まれ。一橋大学大学院言語社会研究科博士課程単位取得退学。博士(学術)。ソルボンヌ・パリ第四大学大学院第五研究科博士課程修了。博士(哲学)。長野県立大学グローバルマネジメント学部准教授。『倫理の他者――レヴィナスにおける異教概念』(勁草書房、2012年)、「全体性の彼方へ――コーヘン、ゴルディーン、レヴィナス」(『京都ユダヤ思想研究』第6号、2016年)、J・デリダ『哲学への権利Ⅰ/Ⅱ』(共訳、みすず書房、2014/2015年)、ほか。

府川純一郎(ふかわ・じゅんいちろう) 翻訳担当:第6章
1983年生まれ。一橋大学大学院社会学研究科博士後期課程単位取得退学。修士(社会学)。横浜国立大学非常勤講師。哲学、美学専攻。「アドルノ『自然史の理念』における『意味』と『含意』――隠れた通奏低音からの読み直しの試み」(『唯物論』91号、2017年)、ほか。

松本大理(まつもと・だいり) 翻訳担当:第11章、第14章
1973年生まれ。ケルン大学人間科学部博士課程修了。Dr. Phil. 山形大学地域教育文化学部准教授。哲学、倫理学専攻。「カントの『理性の事実』とその背後の問い」(『東北哲学会年報』第29号、2013年)、「『道徳形而上学の基礎づけ』における実践哲学の限界」(『日本カント研究13』、2012年)、ほか。

南孝典(みなみ・たかのり) 翻訳担当:第9章
1975年生まれ。一橋大学大学院社会学研究科博士後期課程単位取得退学。修士(社会学)。東海大学・東邦大学非常勤講師。哲学、倫理学専攻。「ハイデガーの現象学――彼が最後まで手放さなかった思考の可能性として」(『唯物論』90号、2016年)、「フッサール――アルケーの探求者」(三崎和志・水野邦彦編著『西洋哲学の軌跡――デカルトからネグリまで』晃洋書房、2012年)、「フッサールにとってカントを語ることの意義とは何か――『危機』と関連草稿における『カント批判』を中心に」(『フッサール研究』第6号、2008年)、ほか。

山蔦真之（やまつた・さねゆき）　翻訳担当：第 1 章
1981 年生まれ。東京大学大学院人文社会系研究科博士課程修了。博士（文学）。名古屋商科大学国際学部准教授。主要論文「『生の哲学』としてのカント哲学」（『日本カント研究 18』、2017 年）、「統一の感情としての尊敬の感情」（『倫理学年報』第 63 集、2014 年）、「カント実践哲学における尊敬の感情」（『哲学』第 61 号、2010 年）、ほか。

横山陸（よこやま・りく）　翻訳担当：第 2 章、第 3 章
1983 年生まれ。一橋大学大学院社会学研究科博士課程修了。博士（社会学）。日本学術振興会特別研究員。哲学、倫理学専攻。「他者の心の知覚の問題」（『実存思想論集』第 33 号、2018 年）、「マックス・シェーラーの『感情の哲学』」（『現象学年報』第 33 号、2017 年）、"Offenbarung und Glückseligkeit bei Max Scheler" in: Markus Enders (Hrsg.): *Selbstgebung und Selbstgegebenheit* (Freiburg: Alber-Verlag, 2018)、ほか。

人名索引

タ行

ナ行

ハ行

マ行

ヤ行

ラ行

事項索引

サ行

タ行

ナ行

ハ行

マ行

ヤ行

ラ行

初出一覧

第1章.　»Welche Ethik ist als Bioethik tauglich?«, in: Ach, Johann S./Gaidt, Andreas (Hg.), *Herausforderung der Bioethik*, Stuttgart/Bad Cannstatt 1993, S. 45-67.

第2章.　»Das Dilemma des Personenbegriffs«, in: Strasser, Peter/Starz, Edgar (Hg.), *Personsein aus bioethischer Sicht*, Stuttgart 1997 (ARSP-Beiheft 73), S. 9-25.

第3章.　»Der künstliche Mensch – ein Angriff auf die menschliche Würde?«, in: Kegler, Karl R./Kerner, Max (Hg.), *Der künstliche Mensch. Körper und Intelligenz im Zeitalter ihrer technischen Reproduzierbarkeit*, Köln 2002, S. 165-189.

第4章.　»Utilitarismus und ökologische Ethik: eine Mesalliance?«, in: Engels, Eve-Marie (Hg.), *Biologie und Ethik*, Stuttgart 1999, S. 43-70.

第5章.　»Funktionale Argumente in der ökologischen Ethik«, in: *Aufklärung und Kritik* 2 (1997), S. 84-98.

第6章.　»›Natur‹ als Maßstab menschlichen Handelns«, in: *Zeitschrift für philosophische Forschung* 45 (1991), S. 60-76. Wiederabgedruckt in: Birnbacher, Dieter (Hg.), *Ökophilosophie*, Stuttgart 1997.

第7章.　»Das Tötungsverbot aus der Sicht des klassischen Utilitarismus«, in: Hegselmann, Rainer/Merkel, Reinhard (Hg.), *Zur Debatte über Euthanasie. Beiträge und Stellungnahmen*, Frankfurt am Main 1991, S. 25-50.

第8章.　»Suizid und Suizidprävention aus ethischer Sicht«, veröffentlicht unter dem Titel: »Selbstmord und Selbstmordverhütung aus ethischer Sicht«, in: Leist, Anton (Hg.), *Um Leben und Tod*, Frankfurt am Main 1990, S. 395-422.

第9章.　»Dürfen wir Tiere töten?«, erweiterte Fassung von »Dürfen wir Tiere töten?«, in: Hammer, C./Meyer, J. (Hg.), *Tierversuche im Dienste der Medizin*, Lengerich 1995, S. 26-41.

第10章．»Eine Verteidigung des Hirntodkriteriums«, revidierte Fassung von: »Fünf Bedingungen für ein akzeptables Todeskriterium«, in: Ach, Johann S./Quante, Michael (Hg.), *Hirntod und Organverpflanzung. Ethische, medizinische, psychologische und rechtliche Aspekte der Transplantationsmedizin*, Stuttgart/Bad Cannstatt 1997, S. 49-74.

第11章．»Hirngewebstransplantation und neurobionische Eingriffe – Anthropologische und ethische Fragen«, in: *Jahrbuch für Wissenschaft und Ethik* 3 (1998), S. 79-96.

第12章．»Aussichten eines Klons«, in: Ach, Johann S./Brudermüller, Gerd/Runtenberg, Christa (Hg.), *Hello Dolly? Über das Klonen*, Frankfurt am Main 1998, S. 46-71.

第13章．»Selektion von Nachkommen«, veröffentlicht unter dem Titel »Selektion von Nachkommen – Ethische Aspekte«, in: Mittelstraß, Jürgen (Hg.), *Die Zukunft des Wissens. XVIII Deutscher Kongreß für Philosophie 1999*, Berlin 2000, S. 457-471.

第14章．»Allokation und Rationierung im Gesundheitswesen. Eine utilitaristische Perspektive«, in: Schmidt, Volker H./Gutmann, Thomas (Hg.), *Rationierung und Allokation im Gesundheitswe*sen, Weilerswist 2002, S. 91-110.

第15章．»Forschung an embryonalen Stammzellen – die Rolle der ›complicity‹«, in: Vollmann, Jochen (Hg.), *Medizin und Ethik*, Erlangen 2003, S. 61-82.

第16章．»Das Stammzellgesetz – ein Fall von Doppelmoral?« 未発表．

著者：

ディーター・ビルンバッハー（Dieter Birnbacher）
1946年、ドルトムントに生まれる。デュッセルドルフ、ケンブリッジ、ハンブルクで哲学などを学び、1973年にハンブルク大学で哲学博士号、1988年にエッセン大学で教授資格を得た。ドルトムント工科大学教授を経て、1996年より2012年までデュッセルドルフ大学教授。現在は同大学名誉教授。応用倫理学（とくに世代間倫理、環境倫理、生命医療倫理）の分野で功利主義的立場を取り、分析哲学の手法を応用し、規範的ならびに価値論的な問題に取り組んでいる。1980年代以来、ドイツ応用倫理学の論争状況に影響を与え続けており、ショーペンハウアー研究の第一人者としても知られている。主要著作に *Analytische Einleitung in die Ethik* (Walter de Gruyter, 2003), *Verantwortung für zukünftige Generationen* (Reclam, 1988),「生命倫理における人間の尊厳」（忽那敬三／高畑祐人訳、加藤泰史編『尊厳概念のダイナミズム』法政大学出版局、2017年)、「『生命の尊厳』とは、どういう意味か」（中澤武訳、『思想』第1114号、2017年)、など。

《叢書・ウニベルシタス　1081》
生命倫理学
自然と利害関心の間

2018年6月29日　初版第1刷発行

ディーター・ビルンバッハー
アンドレアス・クールマン 序文
加藤泰史／高畑祐人／中澤武 監訳
遠藤寿一・河村克俊・小谷英生・瀬川真吾・馬場智一・
府川純一郎・松本大理・南孝典・山蔦真之・横山陸 訳
発行所　一般財団法人　法政大学出版局
〒102-0071 東京都千代田区富士見2-17-1
電話03(5214)5540 振替00160-6-95814
組版：HUP　印刷：平文社　製本：積信堂

Printed in Japan

ISBN978-4-588-01081-1